Manuel de Matos Fernandes

Mecânica dos Solos

conceitos e princípios fundamentais

volume 1

Manuel de Matos Fernandes

Mecânica dos Solos

conceitos e princípios fundamentais

volume 1

oficina de textos

Grafia atualizada conforme o Acordo Ortográfico da Língua Portuguesa de 1990, em vigor no Brasil desde 2009.

Capa e projeto gráfico Malu Vallim
Diagramação Douglas da Rocha Yoshida
Preparação de textos Carolina A. Messias
Revisão técnica Marcos Massao Futai
Revisão de textos Maria Rosa Carnicelli Kushnir
Impressão e acabamento Rettec artes gráficas

Dados Internacionais de Catalogação na Publicação (CIP)
(Câmara Brasileira do Livro, SP, Brasil)

Fernandes, Manuel de Matos
Mecânica dos solos : conceitos e princípios fundamentais, volume 1 / Manuel de Matos Fernandes. -- São Paulo : Oficina de Textos, 2016.

Bibliografia
ISBN 978-85-7975-180-6

1. Geotécnica 2. Mecânica dos solos 3. Mecânica dos solos - Estudo e ensino I. Título.

16-00920 CDD-624.1513

Índices para catálogo sistemático:
1. Mecânica dos solos : Engenharia geotécnica 624.1513

Rua Cubatão, 798
CEP 04013-003 São Paulo SP
tel. (11) 3085-7933 fax (11) 3083-0849
www.ofitexto.com.br
atend@ofitexto.com.br

À memória do meu pai.

apresentação

Convidou-me o Manuel de Matos Fernandes para apresentar a edição brasileira do seu *Mecânica dos Solos: conceitos e princípios fundamentais*.

O livro me havia impressionado desde a versão publicada em Portugal, da qual recebi um exemplar diretamente do autor. Em leitura rápida percebi logo que o volume 1 tratava de forma muito completa e rigorosa dos aspectos mais fundamentais da Mecânica dos Solos.

Por coincidência, naquela época um colega fez-me uma pergunta sobre a segurança do fundo de uma escavação contra o levantamento hidráulico. Pediu-me que preparasse um modelo de memória de cálculo que pudesse ser utilizado com facilidade no dia a dia de projeto. Como eu acabara de receber o livro, ocorreu-me de imediato consultá-lo para conferir o tratamento que dava ao assunto. Não precisei consultar nenhuma outra fonte! Lá estava o assunto, exposto de forma concisa, clara e rigorosa.

A experiência repetiu-se inúmeras vezes desde então, em diversos outros temas e sempre com os melhores resultados, pelo que o *Mecânica dos Solos: conceitos e princípios fundamentais* tornou-se minha obra predileta para uma primeira consulta (e frequentemente a última necessária), seja para atender a tarefas específicas de Engenharia Geotécnica, seja para guiar-me nas constantes revisões das disciplinas da área por mim ministradas na Escola Politécnica da Universidade de São Paulo.

Fiquei muito feliz quando soube que estava sendo preparada uma edição brasileira, e mais ainda quando fui convidado a apresentá-la. Acompanhei o cuidado e carinho do Manuel de Matos Fernandes na completa revisão de forma e conteúdo: desde as pequenas diferenças de nomenclatura até aos exemplos de solos típicos do Brasil.

O livro vem complementar a literatura brasileira de Mecânica dos Solos com um texto cujas características e méritos, anteriormente destacados, serão de grande utilidade para estudantes, acadêmicos e profissionais da Engenharia Geotécnica, a qual só pode ser exercida com qualidade se fundada sobre uma sólida base de Mecânica dos Solos, tal como aquela oferecida por este texto.

Recordo-me com muita admiração da magistral Conferência Pacheco Silva proferida em 2014 pelo amigo Manuel de Matos Fernandes, no COBRAMSEG de Goiânia, sobre "Grandes Escavações Urbanas: novos desenvolvimentos para controle e previsão dos movimentos induzidos em solos moles". Ela permitiu antever o muito que a comunidade geotécnica de língua portuguesa pode esperar do Manuel de Matos Fernandes, inclusive para além do volume 2, *Mecânica dos Solos: introdução à Engenharia Geotécnica*.

Torcemos todos para que ele abrace novos desafios com o mesmo entusiasmo, dedicação e zelo que transparecem nos dois volumes da sua *Mecânica dos Solos*.

WALDEMAR HACHICH
Escola Politécnica da USP
São Paulo, fevereiro de 2016

prefácio da edição brasileira

Como referi no prefácio da edição portuguesa, este livro foi escrito visando de modo muito particular quem se inicia no estudo da Mecânica dos Solos. Tal não significa que tenha projetado escrever um livro com abordagem relativamente superficial dos tópicos essenciais da disciplina. Pelo contrário, ambicionei atingir um tratamento aprofundado e abrangente da matéria, de modo a tornar o livro útil também para os estudantes da área da Geotecnia em nível de pós-graduação e para quem já está no exercício da profissão.

Em relação à edição portuguesa, a presente edição acrescenta um número significativo de referências a solos do Brasil e a contribuições de autores brasileiros. Estou certo, todavia, que muitas omissões a respeito de outras contribuições relevantes subsistem ainda, pelo que rogo a tolerância dos respectivos autores e também do leitor. Por outro lado, o texto foi adaptado de modo a respeitar os termos técnicos em uso no Brasil.

Para levar a bom porto este projeto de publicar os meus livros no Brasil contei com o incentivo, primeiro, e com o aconselhamento técnico, mais tarde, de distintos acadêmicos e geotécnicos brasileiros, a quem estou imensamente grato. Dada a especial ajuda que forneceram, devo destacar (por ordem alfabética) Alberto Sayão, Anna Laura Nunes, Arsênio Negro Jr., Denise Gerscovich, Faiçal Massad, Fernando Danziger, Márcio Almeida, Marcos Massao Futai, Sandro Sandroni, Waldemar Hachich e Willy Lacerda.

Ao meu querido amigo Waldemar Hachich agradeço também o amável e generoso texto de apresentação desta edição. Ao Marcos Massao Futai devo especial agradecimento pela cuidada revisão e crítica do texto original.

Por último, e não menos importante, deixo expresso um voto de gratidão à Shoshana Signer por ter, desde a primeira hora, acreditado no interesse da publicação dos meus livros pela Oficina de Textos e por ter coordenado a adaptação do texto aos termos técnicos brasileiros.

Manuel de Matos Fernandes

Porto, outubro de 2015

prefácio da edição portuguesa

O autor tem sido responsável pelo ensino da Mecânica dos Solos na Faculdade de Engenharia da Universidade do Porto (FEUP) há mais de 25 anos. Este livro trata dos *conceitos e princípios fundamentais*, matéria lecionada num semestre aos alunos de Engenharia Civil. Foi escrito visando de modo muito particular quem se inicia no estudo da Mecânica dos Solos. Tal não significa que se tenha projetado escrever um livro com abordagem relativamente superficial dos tópicos essenciais. Pelo contrário, ambicionou-se atingir um tratamento aprofundado e abrangente da matéria, que pudesse ser considerado adequado aos engenheiros que a Faculdade de Engenharia pretende formar. Daí que se admita que o livro possa de igual modo ser útil a quem está já no exercício da Engenharia.

Para a elaboração do livro o autor contou com não poucas ajudas de amigos e colegas. Algumas, pela sua importância, devem ser objeto de referência neste prefácio.

A primeira é devida a Jorge Almeida e Sousa, a quem o autor deseja expressar o mais profundo reconhecimento; durante anos, encorajou a escrita deste livro e criticou, enriqueceu e reviu com entusiasmo as diversas versões que lhe foram enviadas.

A José Couto Marques o autor agradece não apenas a meticulosa revisão do manuscrito e das provas do livro, bem como as inúmeras ajudas em aspectos pontuais que, no seu conjunto, representaram uma contribuição extremamente relevante.

A Rui Correia e a António Cardoso o autor exprime sentido reconhecimento pela revisão da versão (quase) final do manuscrito e pelas críticas formuladas, que conduziram a significativo progresso no rigor atingido.

A António Gomes Coelho, António Viana da Fonseca, António Pedro e Cláudia Pinto, pelas suas contribuições valiosas, é também devido um agradecimento.

A elaboração das figuras e o processamento do texto estiveram a cargo de Jorge Bernardes e de Manuel Carvalho, a quem o autor dedica um caloroso obrigado.

Finalmente, o autor agradece à sua instituição, a Faculdade de Engenharia, as condições proporcionadas para a realização deste trabalho.

MANUEL DE MATOS FERNANDES

Porto e FEUP, julho de 2006

simbologia

S.1 – Alfabeto latino

A	Parâmetro de pressões neutras de Skempton para carregamento por meio de tensões deviatórias	Eq. 6.3
A_f	Parâmetro de pressões neutras de Skempton na ruptura para carregamento por meio de tensões deviatórias	Eq. 6.4 e Tab. 6.2
a	Lado de quadrado de rede de fluxo Ordenada na origem da linha k_f	Cap. 3 Caps. 5 e 6
A_t	Atividade de um mineral de argila	Eq. 1.8
a_v	Coeficiente de compressibilidade	Eq. 4.4
B	Largura de área carregada à superfície Parâmetro de pressões neutras de Skempton para carregamento isotrópico	Cap. 2 Eq. 6.2 e Tab. 6.1
b	Lado de quadrado de rede de fluxo Semilargura de área carregada à superfície	Cap. 13 Caps. 2 e 4
C	Constante empírica Constante de integração	Eq. 3.13 Cap. 3
C_a	Coeficiente de adensamento secundário	Eq. 4.62 e Tab. 4.3
C_c	Índice de compressibilidade	Fig. 4.9
C_C	Coeficiente de curvatura	Eq. 1.2
C_r	Índice de recompressão	Fig. 4.9
CR	Compacidade relativa	Eq. 1.3
C_s	Índice de expansão	Fig. 4.9
C_U	Coeficiente de não uniformidade	Eq. 1.1
c	Coesão	Cap. 5
c'	Coesão efetiva	Caps. 5 e 6
c_h	Coeficiente de adensamento horizontal ou radial	Eq. 4.55
c_v	Coeficiente de adensamento vertical	Eq. 4.39
D	Diâmetro de partícula Diâmetro de cilindro de ruptura no ensaio de palheta *in situ*	Cap. 1 Fig. 6.25
D_{aq}	Espessura de aquífero confinado	Fig. 3.6b
D_{10}	Diâmetro efetivo, dimensão correspondente a 10% de material passado numa curva granulométrica	Caps. 1 e 3
$D_{\%}$	Dimensão correspondente à % de material passado numa curva granulométrica (p. Ex., 15%, D_{15})	Caps. 1 e 3
d	Espessura de camada Variação infinitesimal (p. ex., dh, variação de carga hidráulica)	Cap. 3
$d_{\%}$	Dimensão correspondente à % de material passado numa curva granulométrica (p. ex., 85%, D_{85})	Cap. 3

E	Módulo de Young, módulo de deformabilidade Empuxo hidrostático	Cap. 2 Cap. 3
E_i	Módulo de deformabilidade tangente inicial	Cap. 5
E_{oed}	Módulo edométrico (tem o mesmo significado que $E_{\epsilon h}$=0)	Eq. 4.19
E_u	Módulo de deformabilidade não drenado	Cap. 6
E_{50}	Módulo de deformabilidade secante no ponto correspondente a 50% da resistência ao cisalhamento	Cap. 5
$E_{\varepsilon h}$=0	Mesmo significado de E_{oed}	Eq. 4.17
e	Índice de vazios Índice de vazios natural	Quadro 1.1
e_{cr}	Índice de vazios crítico	Cap. 5
e_{max}	Índice de vazios máximo de uma areia	Cap. 1
e_{min}	Índice de vazios mínimo de uma areia	Cap. 1
e_0	Índice de vazios inicial	Cap. 4
F	Força aplicada a uma seção Coeficiente de segurança	Cap. 2 Cap. 3
F_m	Força da mola no modelo analógico de Terzaghi	Fig. 4.3
f	Porcentagem Altura enterrada de cortina ensecadeira	Eq. 3.15 Fig. 3.17
G_s	Densidade das partículas sólidas	Quadro 1.1
g	Aceleração da gravidade	
H	Máximo percurso da água numa camada em adensamento Altura do cilindro de ruptura no ensaio de palheta *in situ*	Cap. 4 Fig. 6.25
h	Carga hidráulica Espessura de camada ou de amostra	Cap. 3 Cap. 4
h_0	Espessura inicial de camada ou de amostra	Cap. 4
h_c	Altura de ascensão capilar	Cap. 3
$h_{c,max}$	Altura de ascensão capilar máxima	Cap. 3
$h_{c,min}$	Altura de ascensão capilar mínima	Cap. 3
h_s	Fração da altura de amostra correspondente à fase sólida do solo	Fig. A8.1
h_v	Fração da altura de amostra correspondente aos vazios do solo	Fig. A8.1
h_{v0}	Fração da altura de amostra correspondente aos vazios iniciais do solo	Fig. A8.1
h_w	Altura piezométrica	Cap. 3
I_C	Índice de consistência	Eq. 1.5
I_L	Índice de liquidez	Eq. 1.6
I_s	Parâmetro adimensional	Eq. 2.41
I_P	Índice de plasticidade	Eq. 1.4
i	Gradiente hidráulico	Cap. 3

i_{cr}	Gradiente hidráulico crítico	Eq. 3.81
i_{max}^{jus}	Gradiente hidráulico máximo junto à face de jusante	Cap. 3
i_{med}^{bpi}	Gradiente hidráulico médio no bloco potencialmente instável	Cap. 3
J	Resultante das forças de percolação num dado volume	Cap. 3
j	Força de percolação	Eq. 3.12
j_{cr}	Força de percolação quando o gradiente hidráulico é igual ao crítico	Fig. 3.16
K_f	Símbolo da envoltória de ruptura em tensões efetivas num sistema de eixos s', t	Cap. 5 e 6
K_0	Coeficiente de empuxo em repouso	Eq. 2.14
K_0 (NC)	Coeficiente de empuxo em repouso num solo normalmente adensado	Cap. 4
K_0 (OC)	Coeficiente de empuxo em repouso num solo sobreadensado	Cap. 4
k	Coeficiente de permeabilidade Coeficiente adimensional	Eqs. 3.7 e 3.8 Eq. 5.13
k_e	Coeficiente de permeabilidade equivalente	Cap. 3
k_h	Coeficiente de permeabilidade na direção horizontal	Cap. 3
k_h^e	Coeficiente de permeabilidade equivalente de um maciço estratificado num escoamento na direção paralela às camadas	Eq. 3.28
k_s	Coeficiente de anisotropia da resistência não drenada	Eq. 6.11
k_v	Coeficiente de permeabilidade na direção vertical	Cap. 3
k_v^e	Coeficiente de permeabilidade equivalente de um maciço estratificado num escoamento na direção normal às camadas	Eq. 3.29
L	Dimensão longitudinal de área carregada Comprimento	Cap. 2
l	Comprimento Afastamento em planta de drenos verticais	 Fig. 4.28
M	Coeficiente de proporcionalidade entre E_u e s_u Variável adimensional	Eq. 6.25 Eq. 4.46
M_{bf}	Momento da resistência do solo na base do cilindro de ruptura no ensaio de palheta *in situ*	A18
M_{lf}	Momento da resistência do solo na superfície lateral do cilindro de ruptura no ensaio de palheta *in situ*	A18
M_R	Momento das forças resistentes em relação ao centro de uma superfície potencial de deslizamento	Fig. 6.29
M_S	Momento das forças desfavoráveis em relação ao centro de uma superfície potencial de deslizamento	Fig. 6.29
M_t	Momento torsor aplicado no ensaio de palheta *in situ*	Fig. 6.25
M_{tf}	Momento torsor máximo aplicado no ensaio de palheta *in situ*	Eq. 6.16

m	Coeficiente adimensional Variável inteira adimensional	Eq. 4.3
m_v	Coeficiente de variação volumétrica	Eq. 4.5
N	Componente normal de força aplicada a uma seção	Caps. 2 e 5
N'	Parcela da componente normal da força aplicada a uma seção que é transmitida pelo esqueleto sólido	Cap. 2
N_e	Número de quedas de potencial numa rede de fluxo	Cap. 3
N_f	Número de canais de fluxo numa rede de fluxo	Cap. 3
n	Porosidade Razão do raio de influência de um dreno vertical pelo raio do dreno Coeficiente adimensional (expoente)	Quadro 1.1 Eq. 4.62 Eq. 5.13 e 6.19
OCR	Razão de sobreadensamento	Eq. 4.2
OM	Teor de matéria orgânica	Fig. 1.22
P_d	Peso do disco no modelo analógico de Terzaghi	Fig. 4.3
P_o	Peso do objeto no modelo analógico de Terzaghi	Fig. 4.3
p_a	Pressão atmosférica	
p_F	Sucção	Cap. 3
Q	Vazão	Cap. 3
Q_h	Vazão na direção horizontal	Cap. 3
Q_N	Vazão na rede de fluxo na escala natural	Fig. 3.13
Q_T	Vazão na rede de fluxo na escala transformada	Fig. 3.13
Q_v	Vazão na direção vertical	Cap. 3
R	Raio do cilindro de influência de um dreno vertical	Cap. 4
$R_{\%}$	Razão entre $D_{\%}$ do material de filtro e $d_{\%}$ do solo a proteger (p. ex., $R_{50} = D_{50} / d_{50}$)	Cap. 3
r	Raio de superfície cilíndrica Raio de tubo capilar Variável espacial	
r_w	Raio de dreno vertical	Cap. 4
S	Área ou superfície	
SF	Fator adimensional dependente da forma das partículas	Eq. 3.15
S_{ext}	Superfície exterior de uma partícula	Tab. 1.3
s_{fv}	Resistência ao cisalhamento determinada pelo ensaio de cisalhamento rotativo *in situ*	Cap. 6
S_r	Grau de saturação	Quadro 1.1
S_t	Sensibilidade de uma argila	Eq. 6.18
s_u	Resistência não drenada	Cap. 6
$s_u\,(h)$	Resistência não drenada em ensaios de tração triaxial	Cap. 6
$s_u\,(v)$	Resistência não drenada em ensaios extensão triaxial	Cap. 6
s_{ur}	Resistência não drenada do solo remoldado	Eq. 6.18
S_0	Superfície exterior das partículas por unidade de volume das mesmas	Eq. 3.15

s	Recalque Semissoma da maior e da menor tensão total principal Superfície da seção transversal de tubo num permeâmetro de carga variável	Cap. 2 Eq. 2.31 Fig. 3.7
s'	Semissoma da maior e da menor tensão efetiva principal	Eq. 2.32
s_c	Recalque por adensamento	Cap. 4
s_d	Recalque por adensamento secundário	Eq. 4.53
s_i	Recalque imediato	Caps. 4 e 6
s'_f	Semissoma da maior e da menor tensão efetiva principal na ruptura por cisalhamento	Cap. 5
T	Componente tangencial de força aplicada a uma seção Tensão superficial Fator tempo num processo de adensamento generalizado	Caps. 2 e 5 Cap. 3 Eq. 4.41
$T_{\%}$	Fator tempo correspondente a um grau de adensamento médio na % indicada (p. ex., T_{90}, 90%)	Cap. 4
T_r	Fator tempo num processo de adensamento radial	Eq. 4.63
t	Variável temporal Semidiferença da maior e da menor tensão principal	Eq. 2.33
t_f	Tensão de cisalhamento máxima na ruptura por cisalhamento	Cap. 5
t_{fd}	Tensão de cisalhamento máxima na ruptura por cisalhamento drenado	Cap. 6
t_{fin}	Valor de t no fim de um intervalo de tempo	Eq. 3.27
t_{fu}	Tensão de cisalhamento máxima na ruptura por cisalhamento não drenado	Cap. 6
t_{in}	Valor de t no início de um intervalo de tempo	Eq. 3.27
$t_{\%}$	Valor da variável temporal quando o grau de adensamento médio tem a % indicada (p. ex., t_{90}, 90%)	Cap. 4
U	Resultante das pressões da água num dado volume Grau de adensamento pontual num processo de adensamento generalizado	Cap. 3 Cap. 4
$\overline{U}$	Grau de adensamento médio num processo de adensamento generalizado	Cap. 4
$\overline{U}_r$	Grau de adensamento médio num processo de adensamento radial	Cap. 4
U_z	Grau de adensamento pontual num processo de adensamento vertical	Eq. 4.47
$\overline{U}_z$	Grau de adensamento médio num processo de adensamento vertical	Cap. 4
u	Pressão neutra, pressão na água dos poros ou poropressão Componente do vetor deslocamento segundo o eixo dos xx	Cap. 2
u_c	Pressão neutra na amostra na fase de adensamento na câmara triaxial	Quadros 6.2 e 6.3
u_e	Excesso de pressão neutra	Cap. 4

$u_e\ (0)$	Excesso de pressão neutra inicial	Cap. 4
u_{res}	Pressão neutra numa amostra indeformada após a retirada do maciço e na fase de preparação dos ensaios de cisalhamento	Quadros 6.2 e 6.3
u_s	Pressão neutra numa amostra na fase de saturação na câmara triaxial	Quadros 6.2 e 6.3
u_{ss}	Pressão neutra de equilíbrio	Cap. 4
u_0	Pressão neutra em repouso	Cap. 2
V	Volume total de uma amostra ou de um bloco de solo	Quadro 1.1
V_a	Volume de ar numa amostra de solo	Quadro 1.1
V_s	Volume das partículas sólidas numa amostra de solo	Quadro 1.1
V_v	Volume de vazios numa amostra de solo	Quadro 1.1
V_w	Volume da água numa amostra de solo	Quadro 1.1
v	Componente do vetor deslocamento segundo o eixo dos yy Velocidade de percolação	Cap. 2 Cap. 3
v_s	Velocidade de sedimentação de uma partícula	Eq. A3.1
W	Peso de uma amostra ou de um bloco de solo	Quadro 1.1
W'	Peso submerso de bloco de solo	Cap. 3
W_a	Peso de ar numa amostra de solo	Quadro 1.1
W_s	Peso das partículas sólidas numa amostra de solo	Quadro 1.1
W_w	Peso de água numa amostra de solo	Quadro 1.1
W1-W5	Graus de alteração de rochas segundo a ISRM	Quadro 1.2
w	Teor de umidade Componente do vetor deslocamento segundo o eixo dos zz	Quadro 1.1 Cap. 2
w_L	Limite de liquidez	Cap. 1
w_P	Limite de plasticidade	Cap. 1
w_S	Limite de contração ou de retração	Cap. 1
X	Componente da força mássica segundo o eixo dos xx	Cap. 2
x	Variável espacial	
x_T	Variável espacial transformada	Eq. 3.79
Y	Componente da força mássica segundo o eixo dos yy	Cap. 2
y	Variável espacial	
Z	Componente da força mássica segundo o eixo dos zz Fator de profundidade	Cap. 2 Eq. 4.40
z	Carga altimétrica Variável espacial	

S.2 – Alfabeto grego

α	Ângulo que define a inclinação da linha k_f Ângulo da normal exterior a um plano com a direção de σ_1	Caps. 5 e 6 A4
β	Ângulo que define a inclinação da superfície do terreno	Cap. 5

γ	Peso específico Deformação por cisalhamento ou distorção	Quadro 1.1
γ'	Peso específico submerso	Quadro 1.1
γ_d	Peso específico seco	Quadro 1.1
$\gamma_{d,max}$	Peso específico seco máximo	Cap. 1
$\gamma_{d,min}$	Peso específico seco mínimo	Cap. 1
γ_s	Peso específico das partículas sólidas	Cap. 1
γ_{sat}	Peso específico saturado	Quadro 1.1
γ_w	Peso específico da água	
γ_{xz}	Deformação por cisalhamento ou distorção no plano *xoz*	
Δ	Variação de uma grandeza, p. ex., $\Delta\sigma$	
ΔQ_s	Carga aplicada à superfície	
Δq_s	Sobrecarga aplicada à superfície	
Δ_h	Perda de carga hidráulica entre dois pontos	Cap. 3
Δ_u	Excesso de pressão neutra	Cap. 6
Δu_f	Excesso de pressão neutra na ruptura por cisalhamento	Cap. 6
δ	Vetor deslocamento	
ϵ	Deformação	
ε_a	Deformação axial	
ε_h	Deformação horizontal	
ε_v	Deformação vertical	
ε_1, ε_3	Deformações segundo as direções de σ_1 e de σ_3	Fig. 5.9
ε_{vol}	Deformação volumétrica	
η	Viscosidade	Eq. A3.1
θ	Ângulo da tensão superficial com as paredes de um tubo capilar Ângulo de rotação no ensaio de palheta *in situ*	Fig. 3.24 Fig. 6.25
μ	Coeficiente de correção dos resultados do ensaio de cisalhamento rotativo *in situ*	Eq. 6.17
ν	Coeficiente de Poisson	
ν_u	Coeficiente de Poisson não drenado	Cap. 6
ν'	Coeficiente de Poisson do esqueleto sólido	Cap. 4
ξ	Razão k_h/k_v	Fig. 4.21
ρ	Inclinação da envoltória de ruptura, admitindo como plano de ruptura o plano horizontal num ensaio de cisalhamento direto	Cap. 5
σ	Tensão normal total	
σ'	Tensão efetiva	
σ_a	Tensão total axial ou vertical na câmara triaxial	A14

σ_c	Tensão total isotrópica de adensamento na câmara triaxial	Cap. 6
σ'_c	Tensão efetiva isotrópica de adensamento na câmara triaxial	Cap. 6
σ_f	Tensão total na ruptura	Caps. 5 e 6
σ'_f	Tensão efetiva na ruptura	Caps. 5 e 6
σ_h	Tensão total horizontal	
σ'_h	Tensão efetiva horizontal	
σ'_{hc}	Tensão efetiva horizontal de adensamento na câmara triaxial	Cap. 6
σ_{hf}	Tensão total horizontal na ruptura	Cap. 6
σ'_{hf}	Tensão efetiva horizontal na ruptura	Caps. 5 e 6
σ_{h0}	Tensão total horizontal de repouso	
σ'_{h0}	Tensão efetiva horizontal de repouso	
σ'_n	Tensão efetiva normal no ensaio de cisalhamento direto	Caps. 5 e 6
σ_{oct}	Tensão total normal octaédrica	A17
σ'_{vm}	Tensão efetiva vertical de pré-adensamento	Cap. 4
σ_r	Tensão total radial ou horizontal na câmara triaxial	A14
σ'_{res}	Tensão efetiva isotrópica numa amostra indeformada após a retirada do maciço	Quadros 6.2 e 6.3
σ_s	Tensão total isotrópica na fase de saturação na câmara triaxial	Quadros 6.2 e 6.3
σ'_s	Tensão efetiva isotrópica na fase de saturação na câmara triaxial	Quadros 6.2 e 6.3
σ_v	Tensão total vertical	
σ'_v	Tensão efetiva vertical	
σ'_{vc}	Tensão efetiva vertical de adensamento na câmara triaxial	Cap. 6
σ_{vf}	Tensão total vertical na ruptura	Cap. 6
σ'_{vf}	Tensão efetiva vertical na ruptura	Caps. 5 e 6
σ_{v0}	Tensão total vertical de repouso	
σ'_{v0}	Tensão efetiva vertical de repouso	
σ_x, σ_y, σ_z	Tensões totais na direção dos eixos dos xx, yy e zz	
σ_1, σ_2, σ_3	Tensões totais principais máxima, intermediária e mínima	
σ'_1, σ'_2, σ'_3	Tensões efetivas principais máxima, intermediária e mínima	
σ_{1c}, σ_{3c}	Tensões totais de adensamento na câmara triaxial	Quadros 6.2 e 6.3
σ'_{1c}, σ'_{3c}	Tensões efetivas de adensamento na câmara triaxial	Caps. 5 e 6

σ_{1f}, σ_{3f}	Tensões totais principais na ruptura	Cap. 6
$\sigma'_{1f}, \sigma'_{3f}$	Tensões efetivas principais na ruptura	A4
σ_α	Tensão total num plano cuja normal faz um ângulo α com a direção de σ_1	A4
τ	Tensão tangencial ou de cisalhamento	
τ_a	Tensão de cisalhamento resistente atribuível ao atrito puro	Fig. 5.18
τ_f	Tensão de cisalhamento na ruptura	Cap. 5
τ_h	Tensão de cisalhamento num plano horizontal	Cap. 5
τ_{hf}	Tensão de cisalhamento num plano horizontal na ruptura	Cap. 5
τ_i	Tensão de cisalhamento resistente atribuível ao imbricamento	Fig. 5.18
τ_p	Tensão de cisalhamento na ruptura de pico num ensaio de cisalhamento direto	Fig. 5.20
τ_v	Tensão de cisalhamento num plano vertical	Cap. 5
τ_{vf}	Tensão de cisalhamento num plano vertical na ruptura	Cap. 5
τ_x	Tensão tangencial num plano perpendicular ao eixo dos xx	
τ_{xz}	Tensão tangencial na direção do eixo dos zz num plano normal ao eixo dos xx	
τ_α	Tensão tangencial num plano cuja normal faz um ângulo α com a direção de σ_1	A4
ϕ	Função potencial hidráulico	Cap. 3
ϕ_{cu}	Parâmetro impropriamente designado por ângulo de atrito adensado não drenado	A16
ϕ'	Ângulo de atrito efetivo	Caps. 5 e 6
ϕ'_{cr}	Ângulo de atrito crítico	Cap. 5
ϕ'_{cv}	Ângulo de atrito de volume constante	Caps. 5 e 6
ϕ'_{ps}	Ângulo de atrito efetivo em estado plano de deformação	Eq. 6.20
ϕ'_r	Ângulo de atrito residual	Cap. 6
ϕ'_μ	Ângulo de atrito puro entre grãos	Fig. 5.18
ψ	Função de corrente Ângulo de dilatância	Cap. 3 Cap. 5
χ	Razão dos coeficientes de permeabilidade horizontal e vertical equivalentes de um maciço estratificado	Eq. 3.30

S.3 – ÍNDICES DE VARIÁVEIS

a	Ar, axial
b	Base
bpi	Do bloco potencialmente instável
c	Capilaridade, adensamento

comp	Em ensaios de compressão triaxial
cr	Crítico
cu	Adensado não drenado
cv	Volume constante
d	Seco, drenado, secundário
e	Equivalente, excesso
ext	Exterior, em ensaios de extensão triaxial
f	Ruptura
fin	Final
fp	Na ruptura de pico
h	Horizontal
*h*0	Horizontal de repouso
i	Variável inteira genérica, imediato
in	Inicial
j	Variável inteira genérica
jus	Na face de jusante
l	Lateral
M	Maior
m	Menor
max	Máximo
med	Médio
min	Mínimo
mob	Mobilizado
N	Natural
NC	Normalmente adensado
n	Normal
n.f.	Nível freático
obra	Referente à obra a construir
OC	Sobreadensado
oct	Octaédrico
oed	Edométrico
p	Pré-adensamento
ps	Em estado plano de deformação
R	Resistente
r	Radial
res	Residual

S	Solicitante
s	Sólido, à superfície, saturação
T	Transformada
temp	Temporário
u	Não drenado
v	Vazio, vertical
*v*0	Vertical de repouso
vol	Volumétrico
w	Água, dreno vertical
x,*y*	Direções no plano horizontal
z	Direção vertical
0	Inicial, de repouso
1,2,3	Tensões principais
10, 30, ...	Referente a dada porcentagem
α	Direção angular
μ	Tal como em ϕ_μ

S.4 – Outros símbolos

bp	Contrapressão
DSS	Cisalhamento direto simples
NC	Normalmente adensado
OC	Sobreadensado
PS	Em estado plano de deformação
TC	Compressão triaxial
TE	Extensão triaxial Tensões efetivas
TR	Em condições triaxiais
TT	Tensões totais
TTE	Trajetória de tensões efetivas
TTT	Trajetória de tensões totais
°	Graus
$\int$	Integral
∂	Derivada parcial
/	Por
Σ	Somatório
▼	Nível da água, nível freático

sumário

Os depósitos arenosos de baixa compacidade sofrem redução do índice de vazios com as vibrações provocadas pelos sismos.

Recalque diferencial entre o encontro de uma ponte rodoviária (fundada em estacas) e o aterro, sismo de Los Angeles, EUA, 1994
Foto: Aníbal Costa.

Recalque diferencial entre um edifício (fundado em estacas) e o terreno envolvente (ver posição do veículo de carga, cujo eixo traseiro se apoia no edifício e cujo eixo dianteiro se apoia no terreno), sismo de Kobe, Japão, 1995
Foto: António Gomes Coelho.

A Cidade do México foi edificada sobre um depósito argiloso com altíssimo teor de umidade e índice de vazios. Os edifícios históricos revelam com frequência a grande compressibilidade do terreno de fundação.

Basílica de Guadalupe e Templo de Las Capuchinas, Cidade do México, antes das obras de reforço e reabilitação
Foto: cortesia da Sociedade Mexicana de Mecánica de Suelos.

Igreja de Santa Vera Cruz, Cidade do México
Foto: Márcia Oliveira.

Propriedades físicas e de identificação. Solos arenosos e argilosos de origem sedimentar e solos residuais

1

1.1 Introdução

1.1.1 Definição de solo ou maciço terroso. Classificação quanto à origem

Grande parte da superfície da Terra, quer nas áreas emersas, quer nas vastas regiões submersas, está coberta por solos ou maciços terrosos.

Nas áreas emersas, a espessura da camada de solos sobre o substrato rochoso é particularmente importante nas zonas geologicamente mais recentes, como no litoral dos continentes e junto aos vales formados pelos grandes rios. Como é precisamente nessas regiões que tendem a se concentrar as populações e as áreas urbanas mais importantes, daí resulta que a grande maioria das estruturas de Engenharia Civil esteja implantada sobre maciços terrosos.

Esses maciços são formados por partículas minerais, que resultaram da desintegração física e da decomposição química das rochas, podendo também conter matéria orgânica. Os espaços não ocupados pelas partículas são designados como poros ou vazios, os quais podem conter água e ar, de forma isolada ou conjunta. Quando os poros estão integralmente preenchidos por água diz-se que o solo está saturado.

São inúmeros os processos que a Natureza contempla para formar solos a partir de maciços rochosos, como, aliás, o são também os processos em que rochas são formadas a partir de solos. Tal matéria é objeto da Geologia e não será aqui aprofundada. Para uma breve revisão do assunto, recomenda-se a leitura do Anexo A1.

De qualquer forma, interessa lembrar que os maciços terrosos, quanto ao seu modo de formação ou origem na Natureza, podem ser classificados em dois grandes grupos, cada um incluindo solos com propriedades físicas e mecânicas muito diversas:

- *os solos sedimentares;*
- *os solos residuais.*

Os solos sedimentares são aqueles que foram formados por acumulação, num dado local ou depósito, de partículas minerais resultantes da decomposição e da desintegração de rochas existentes em outro local. Os processos de transporte das partículas para o depósito sedimentar incluem a gravidade, o vento e a água, seja a água líquida ou o gelo (geleiras).

Os chamados solos residuais, por sua vez, são solos que ocupam o lugar da rocha que lhes deu origem, a chamada *rocha-mãe*. As partículas resultantes da alteração e da decomposição da rocha não sofreram, neste caso, qualquer transporte. Em geral, os solos residuais ocorrem sobre formações rochosas semelhantes à respectiva rocha-mãe.

É oportuno mencionar ainda uma terceira categoria de maciços terrosos – *os aterros* – cuja formação é artificial, isto é, são construção humana. Para tanto, o solo é removido do seu local natural de jazida, em seguida, é transportado para o local da obra, onde é espalhado e, por fim, compactado, para lhe serem conferidas propriedades adequadas ao seu fim. Os processos de compactação convencionais consistem na passagem repetida dos rolos compactadores sobre as camadas a serem compactadas.

1.1.2 Objetivo da Mecânica dos Solos. Ciências auxiliares

O objetivo da Mecânica dos Solos é, primeiramente, estabelecer teorias que permitam explicar o comportamento mecânico e hidráulico dos maciços terrosos. Dessa explicação derivam metodologias de previsão do comportamento sob as ações impostas pelas estruturas que sobre eles ou no seu interior se pretende construir.

De forma simplificada, o comportamento mecânico refere-se ao modo como o solo responde, em termos de deformação, a alterações do estado de tensão impostas por aquelas estruturas. Aspecto particularmente importante desse comportamento é a resistência, que permite estabelecer os estados de tensão para além dos quais o solo tende a exibir deformações praticamente infinitas. Como se verá, as relações tensões-deformações-resistência são muitas vezes, nos solos, dependentes do tempo.

Salvo raras exceções, nos maciços terrosos existe uma massa de água livre que, em determinadas condições, muitas vezes criadas pelas construções humanas, experimenta um escoamento, atravessando o meio poroso que o solo constitui. O comportamento hidráulico dos solos tem não só a ver com grandezas hidráulicas, como a vazão que atravessa o maciço, mas também com o fato de o escoamento afetar, de modo mais ou menos significativo, as tensões instaladas no solo. Por isso, como a seu tempo o leitor compreenderá, o comportamento hidráulico dos solos está intimamente relacionado com o respectivo comportamento mecânico.

Sendo os solos, no caso geral, formados por três fases ou componentes, isto é, pelas partículas (fase sólida), que compõem o que se designa como *esqueleto sólido* do solo, pela água (fase líquida) e pelo ar (fase gasosa), estas últimas preenchendo os poros, é possível compreender que o seu comportamento mecânico seja mais difícil de interpretar e de prever do que, por exemplo, o de um sólido ou o de um fluido. De qualquer modo, como será visto, a Mecânica dos Sólidos e a Mecânica dos Fluidos são, em conjunto com a Geologia, as ciências de base fundamentais da Mecânica dos Solos.

A propósito da relevância da Geologia interessa notar que ela transcende largamente os aspectos relacionados com os processos de formação dos solos e com as suas propriedades físicoquímicas e, em particular, mineralógicas. Com efeito, o modo como cada solo foi, no passado, solicitado mecanicamente (carregado) pela Natureza – aquilo que se designará como *história de tensões* do solo – condiciona de modo muito nítido a resposta desse solo às ações comunicadas pelas estruturas de Engenharia Civil. Ora, como é óbvio, a história de tensões está intrinsecamente ligada à história geológica do maciço em questão. Daí as fecundas inter-relações que nos solos a Geologia e a Mecânica revelam.

Sendo os solos resultantes de complexos e variados processos de formação na Natureza, eles são tipicamente heterogêneos, isto é, as suas características podem, com frequência, experimentar variabilidade espacial bastante acentuada. Esta variabilidade condiciona de forma substancial a confiabilidade das previsões do comportamento dos solos. Não é de estranhar que, nas décadas mais recentes, tenha ganhado progressiva importância, como ciência auxiliar, a Estatística, com as suas abordagens probabilísticas, como forma de ultrapassar as limitações das teorizações de tipo determinístico da Mecânica dos Solos clássica.

1.1.3 Organização do livro

Este primeiro capítulo visa, antes de tudo, apresentar as grandezas e propriedades com base nas quais é possível obter uma descrição essencialmente física dos solos. Trata-se, como será visto, de características em geral bastante simples, que podem ser obtidas por meio de metodologias e ensaios relativamente simples.

Em estreita relação com as propriedades físicas descritivas dos solos, ensaia-se neste capítulo uma apresentação dos três tipos fundamentais de maciços terrosos: os solos arenosos e os solos argilosos, ambos de origem sedimentar, e os solos residuais. Com isso pretende-se que o leitor interiorize tão cedo quanto possível, um sólido quadro de referência acerca dos principais arquétipos de solos, das suas tendências básicas de comportamento e da forma como as propriedades físicas anteriormente apresentadas permitem antecipar ou prever, com razoável aproximação, tais tendências.

Esse quadro de referência é, progressivamente, desenvolvido ao longo dos capítulos seguintes, com a introdução dos conceitos e grandezas próprios da Mecânica, como as tensões e as deformações, no Cap. 2; dos conceitos e grandezas associados à hidráulica dos solos, no Cap. 3; e dos métodos teóricos e experimentais que permitem proceder a uma avaliação mais rigorosa e quantitativa do comportamento mecânico dos solos, o que é feito com maior desenvolvimento nos Caps. 4, 5 e 6.

1.2 Grandezas básicas

Como os solos são constituídos por três fases (sólida, líquida e gasosa), existe um determinado número de grandezas necessárias para descrever o seu estado físico, que não são usadas no estudo de outros materiais. Essas grandezas estão definidas no Quadro 1.1, e nessa definição, estão envolvidos os volumes das três fases (respectivamente V_s, V_w e V_a) e os pesos das fases sólida e líquida (respectivamente, W_s e W_w). O peso da fase gasosa, W_a, é considerado desprezível. É de notar que o volume de vazios, V_v, é a soma dos volumes das fases líquida e gasosa.

Todas as grandezas definidas encontram-se inter-relacionadas. Por exemplo, quanto maior for o índice de vazios, maior será a porosidade e vice-versa. Quanto maiores forem essas duas grandezas, menores serão o peso específico, o peso específico seco e o peso específico submerso. Quanto maior for o teor de umidade, para um dado índice de vazios, maiores serão o grau de saturação e o peso específico. No Anexo A2, inclui-se a dedução de algumas expressões que relacionam as grandezas definidas.

Os três volumes (V_s , V_w, V_a) e os três pesos (W_s , W_w, W_a) do Quadro 1.1 definem completamente o estado físico do solo. Na realidade, porém, não é necessário proceder à determinação dessas seis grandezas. O peso da fase gasosa, como foi referido, é desprezível; V_w e W_w estão relacionados pelo peso

Quadro 1.1 Definição das grandezas básicas descritivas do estado físico dos solos

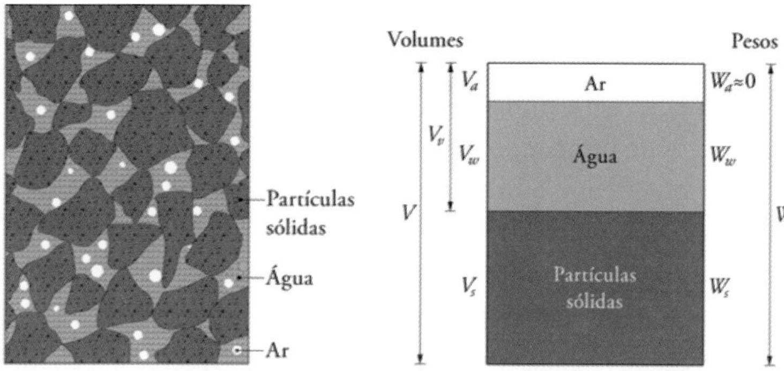

Grandeza	Símbolo	Definição	Unidades	Observações
Índice de vazios	e	$\frac{V_v}{V_s}$	–	–
Porosidade	n	$\frac{V_v}{V}$	–	Exprime-se em %.
Grau de saturação	S_r	$\frac{V_w}{V_v}$	–	Exprime-se em %.
Teor de umidade	w	$\frac{W_w}{W_s}$	–	Exprime-se em %.
Peso específico	γ	$\frac{W_s + W_w}{V}$	kN/m³	Quando $S_r = 100\%$, designa-se como peso específico saturado, γ_{sat}.
Peso específico seco	γ_d	$\frac{W_s}{V}$	kN/m³	–
Peso específico submerso (1)	γ	$\gamma - \gamma_w$	kN/m³	γ_w é o peso específico da água.
Peso específico das partículas sólidas	γ_s	$\frac{W_s}{V_s}$	kN/m³	Em geral, está no intervalo 25,5-27,5.
Densidade das partículas sólidas	G_s	$\frac{\gamma_s}{\gamma_w}$	–	Em geral, está no intervalo 2,6-2,8.

1. Para compreender a definição de γ', note-se que 1 m^3 de solo submerso recebe um empuxo hidrostático igual a γ_w; o peso específico submerso é a resultante da ação da força da gravidade e do empuxo hidrostático sobre 1 m^3 de solo.

específico da água que, para efeitos práticos, pode ser tomado como constante e igual a 9,81 kN/m^3. Por outro lado, o volume (ou o peso) total da amostra é obviamente arbitrário. Assim, restam três grandezas para a caracterização física do solo, que se reduzem a duas apenas quando o solo está saturado.

Na prática, determinam-se experimentalmente as três grandezas seguintes: o teor de umidade, o peso específico e o peso específico das partículas. O Anexo A3 contém algumas notas sucintas sobre a determinação destas grandezas.

1.3 Composição granulométrica

A *composição granulométrica* e os *limites de Atterberg* constituem as chamadas *propriedades de identificação* do solo, usualmente consideradas as propriedades mais básicas do solo, e que por isso devem ser sempre determinadas, por regra, antes de quaisquer outras. A avaliação dos limites de Atterberg será abordada na seção 1.5.3.

A composição granulométrica é definida como a distribuição em porcentagem ponderal (isto é, em porcentagem do peso total) das partículas do solo de acordo com as suas dimensões.

Para as partículas de maiores dimensões, o método convencional para a determinação da composição granulométrica é o de *peneiramento*. Para as partículas de menores dimensões, usa-se geralmente o método de *sedimentação*. O Anexo A3 contém alguns elementos sobre os métodos de peneiramento e de sedimentação para a determinação da curva granulométrica.

Os resultados da análise granulométrica são representados em gráficos como o da Fig. 1.1. Nesses gráficos, as dimensões (diâmetros) das partículas (em milímetros) estão representadas em abscissas em escala logarítmica. Na parte de baixo da Fig. 1.1, observa-se uma classificação das partículas dos solos de acordo com as suas dimensões, por ordem crescente de dimensões: classificam-se em *argilas*, *siltes*, *areias* e *pedregulhos*. Os siltes, areias e pedregulhos podem ainda dividir-se em *finos*, *médios* e *grossos*.

A Fig. 1.2 mostra imagens em escala real de areias (fina, média e grossa) e de pedregulhos (fino, médio e grosso). Pedregulhos formados por partículas subarredondadas como as representadas são, muitas vezes, denominados *seixos rolados*.

Existem ainda designações consagradas para partículas cujo diâmetro ultrapassa 60 mm, o maior representado no gráfico da Fig. 1.1. Partículas com diâmetro superior a 200 mm são chamadas *matacões*.

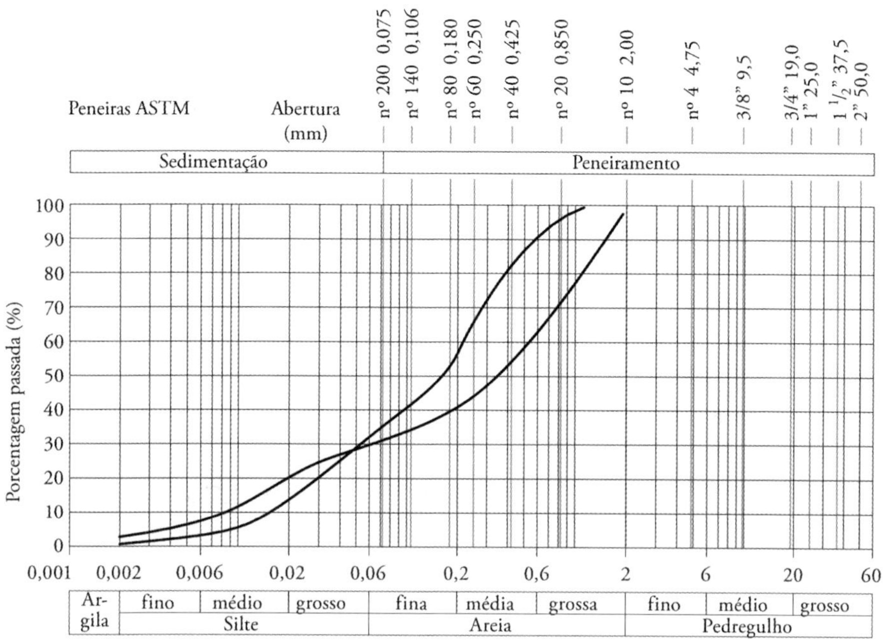

Fig. 1.1 *Gráfico usado para representação da curva granulométrica dos solos*

Como se pode constatar, o processo de peneiramento apenas serve para a distribuição granulométrica das areias e pedregulhos, já que a malha da peneira nº 200 (0,075 mm) praticamente coincide com a dimensão que separa as areias dos siltes (0,06 mm). Estes e as argilas terão a sua distribuição granulométrica determinada, em geral, por sedimentação.

Como alternativa ao processo de sedimentação, bastante lento e trabalhoso, é possível recorrer a aparelhos designados por *granulômetros*, que procedem à análise granulométrica por meio da varredura do solo com raios *laser*. Nesses casos a fração mais grossa é ainda analisada por peneiramento, sendo introduzida no granulômetro a parte do solo passada na peneira nº 40.

Em geral, os solos naturais são constituídos por partículas cujas dimensões podem variar mais ou menos largamente, algumas correspondendo à classificação argila, outras a silte etc. Por exemplo, os dois solos cujas curvas granulométricas são representadas na Fig. 1.1 são essencialmente constituídos por areia (cerca de 70%) e por silte (cerca de 30%). Poderão, assim, ser designados como areias siltosas, correspondendo o substantivo (areia) à fração mais importante e utilizando-se o adjetivo (siltosa) para dar a ideia da fração secundária.

Fig. 1.2 *Imagens em escala real (de cima para baixo, respectivamente) de areia fina, média e grossa*
Foto: Rui Cardoso.

Fig. 1.2 (continuação) *Imagens em escala real (de cima para baixo, respectivamente) de pedregulho fino, médio e grosso*
Foto: Rui Cardoso.

O diagrama da Fig. 1.3, o chamado triângulo de Feret, poderá orientar a escolha dos termos mais apropriados para a designação dos solos naturais após a determinação da respectiva curva granulométrica.

Existem algumas grandezas que podem ser retiradas do exame da curva granulométrica e que fornecem informações muito úteis sobre o solo.

A primeira delas é o chamado *diâmetro efetivo*, D_{10}. Um solo com determinado diâmetro efetivo tem 10% em peso de partículas com dimensões inferiores a D_{10}. No Cap. 3, relativo à água nos solos, será visto que esse parâmetro é correlacionável com o coeficiente de permeabilidade do solo.

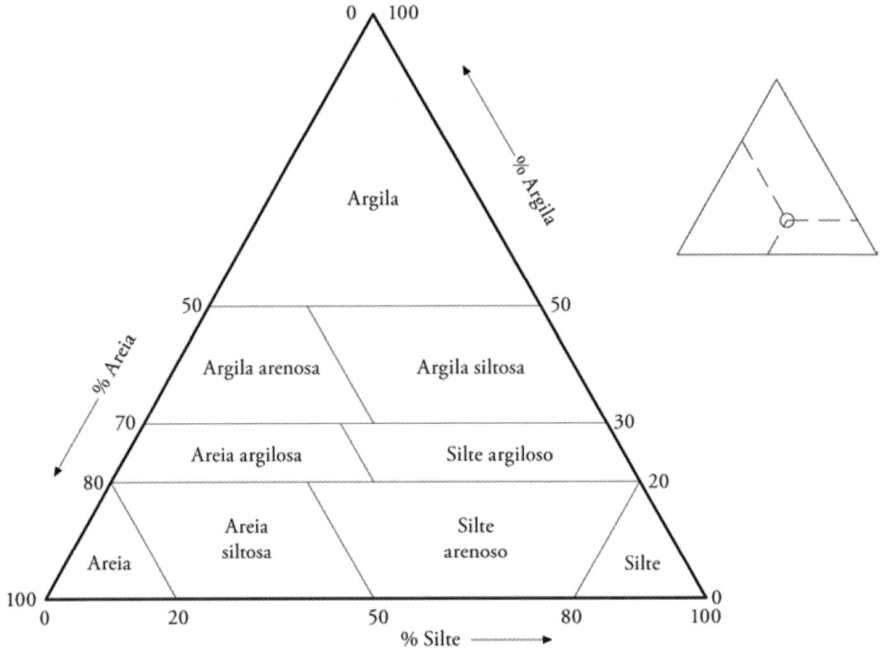

Fig. 1.3 *Triângulo de Feret: nomes atribuídos aos solos de acordo com a respectiva curva granulométrica*

Uma outra grandeza que se retira da curva granulométrica é o chamado coeficiente de não uniformidade, C_U:

$$C_U = \frac{D_{60}}{D_{10}} \tag{1.1}$$

em que D_{60} tem um significado análogo a D_{10}, anteriormente definido. O coeficiente de não uniformidade dá uma ideia da variedade de dimensões que as partículas de um dado solo possuem. Quanto maior for C_U, maior será essa variedade. Em geral considera-se que um solo é *bem graduado* quando C_U for maior que 4 a 6 (ver seção 1.7); ao contrário, o solo é considerado *mal graduado*. Quando C_U é próximo da unidade, o solo é designado como *uniforme*

Finalmente, uma terceira grandeza que pode ser a propósito definida é o *coeficiente de curvatura*, C_C:

$$C_C = \frac{(D_{30})^2}{D_{10} \cdot D_{60}} \tag{1.2}$$

em que D_{30} tem um significado óbvio, depois de terem sido definidos D_{10} e D_{60}. O coeficiente de curvatura está relacionado com a forma da curva granulométrica entre D_{60} e D_{10}: se ela consagrar uma equilibrada representação dos diâmetros intermediários àqueles, C_C estará compreendido entre valores da ordem de 1 a 3. Esta é uma condição, também, para que o solo seja considerado bem graduado (ver seção 1.7).

Antes de concluir este assunto, é talvez útil notar que os processos de análise granulométrica para a fração mais fina do solo são passíveis de erros mais ou menos apreciáveis. Isso não tem, todavia, particular relevância porque é em especial para os solos com claro predomínio da fração grossa que o comportamento é mais dependente da forma e das dimensões das respectivas partículas, logo é para esses solos que a distribuição granulométrica e os coeficientes dela retirados são mais informativos.

1.4 Maciços de origem sedimentar formados por solos granulares ou areias

1.4.1 Relação entre a curva granulométrica e o intervalo entre os índices de vazios máximo e mínimo

Designam-se como *solos granulares* ou, simplesmente, como *areias* os solos em que há um predomínio de partículas grossas (partículas que se distinguem macroscopicamente com maior ou menor facilidade), nomeadamente partículas com dimensão de areia e pedregulho. É para esses solos que os conceitos já aflorados de boa ou má graduação se aplicam e têm relevância.

As partículas grossas apresentam em geral as duas seguintes propriedades:

i) são constituídas essencialmente por quartzo, material quimicamente muito estável (praticamente inerte);

ii) são aproximadamente equidimensionais, isto é, tomando três dimensões com direções ortogonais entre si, elas são, em geral, da mesma ordem de grandeza.

A primeira propriedade tem como consequência que as forças de interação que cada partícula estabelece com o exterior resultam exclusivamente da gravidade. A segunda propriedade permite tomar a forma esférica como um modelo simplificado de cada partícula.

Um dado conjunto de partículas grossas, descrito pela respectiva curva granulométrica, pode assumir um número praticamente infinito de arranjos. A esses distintos arranjos correspondem valores do índice de vazios dentro de determinado intervalo. Os valores do índice de vazios que limitam esse intervalo, e_{max} e e_{min}, estão intrinsecamente associados à curva granulométrica. O Anexo A3 contém algumas observações sobre a determinação experimental de e_{max} e e_{min}.

Como sugere a parte superior da Fig. 1.4, nos solos bem graduados, ou seja, nos solos cujas partículas são muito variadas em termos de dimensão, geralmente a gama de índices de vazios ($e_{max} - e_{min}$) é mais ampla e, sobretudo, e_{min} atinge valores mais baixos. Para entender este último fato, é possível imaginar que nesses solos as partículas de diâmetros intermediários e menores podem arrumar-se nos espaços entre as maiores, gerando arranjos com um pequeno índice de vazios.

Já nos solos de granulometria pobre ou mal graduados, como sugere a parte inferior da Fig. 1.4, a gama de índices de vazios é mais estreita e, em especial, o índice de vazios mínimo é significativamente mais alto do que nos solos bem graduados. Com efeito, sendo as partículas muito semelhantes em termos de dimensões, mesmo para um arranjo muito compacto, é praticamente impossível deixarem de existir vazios relativamente grandes.

Como exemplo, a Tab. 1.1 inclui os valores mínimos e máximos do índice de vazios e os correspondentes valores mínimos e máximos do peso específico seco de alguns solos granulares. Note-se que, entre os diversos pesos específicos definidos no Quadro 1.1, o peso específico seco é o que reflete a maior ou menor compacidade do solo, já que é independente da água eventualmente presente nele.

Na primeira linha da Tab. 1.1 incluem-se, como referência, os valores limite do índice de vazios de um conjunto de esferas de igual diâmetro. A comparação tem sentido já que as partículas grossas são, em muitos casos, aproximadamente equidimensionais.

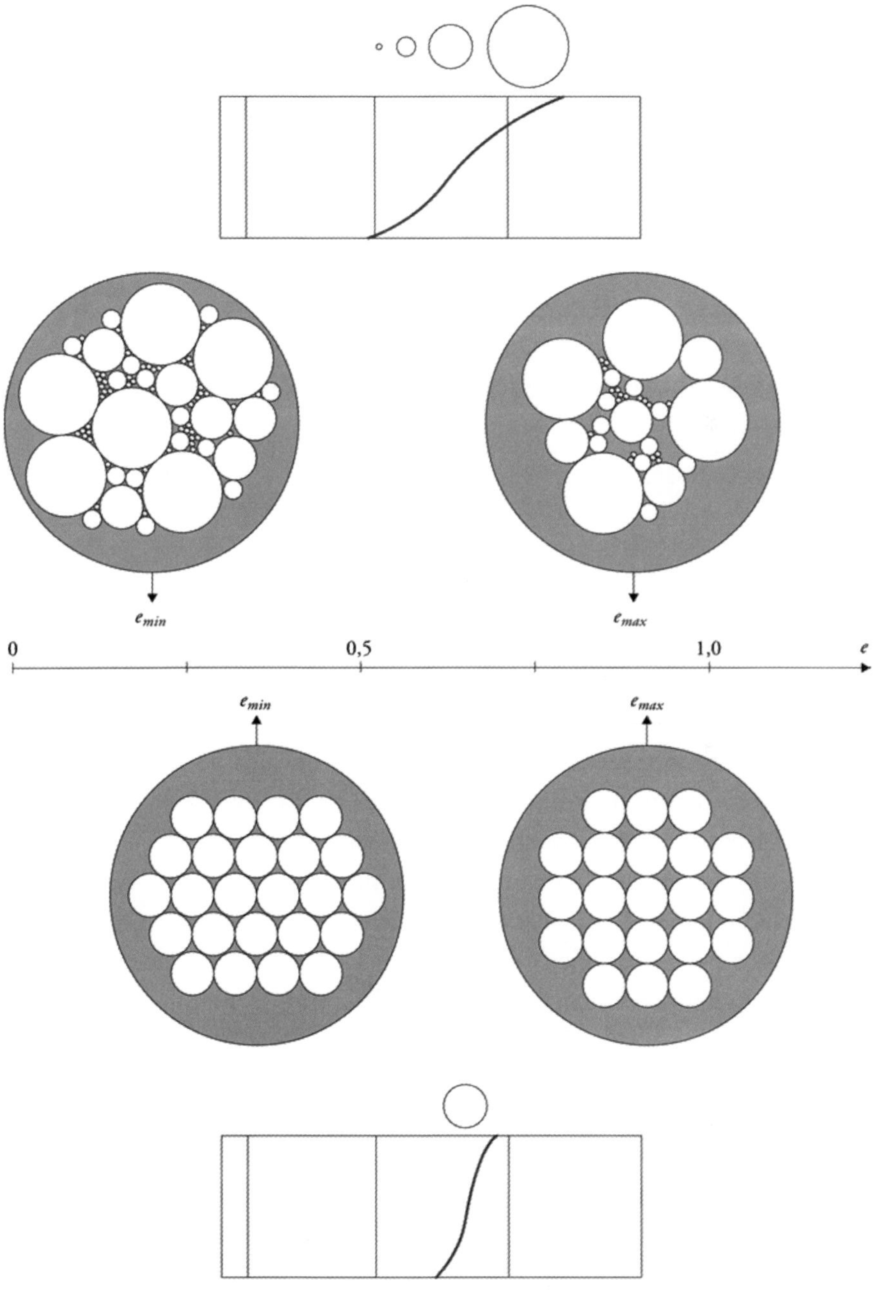

FIG. 1.4 *Dependência do intervalo $e_{max} - e_{min}$ de uma areia em relação à curva granulométrica (os esquemas dentro dos círculos sugerem os ajustes das partículas para os valores limite do índice de vazios)*

TAB. 1.1 VALORES LIMITE DO ÍNDICE DE VAZIOS E DO PESO ESPECÍFICO SECO DE ALGUNS SOLOS GRANULARES

	Índice de vazios		Peso específico seco (kN/m³) (1)	
	e_{max}	e_{min}	$\gamma_{d,max}$	$\gamma_{d,min}$
Esferas de diâmetro igual	0,91	0,35	13,6	19,3
Areia uniforme	1,00	0,40	13,0	18,6
Silte uniforme e inorgânico	1,10	0,40	12,4	18,6
Areia siltosa	0,90	0,30	13,7	20,0
Areia (mistura de fina e grossa)	0,95	0,20	13,3	21,7
Areia com mica	1,20	0,40	11,8	18,6
Areia, silte e pedregulho misturados	0,85	0,14	14,1	22,8

1. Admitindo $\gamma_s = 26,0$ kN/m³.
Fonte: adaptado de Lambe e Whitman (1979).

Para se ter ideia do índice de vazios máximo de um solo granular uniforme, a Fig. 1.5 apresenta o arranjo de um conjunto de esferas de igual diâmetro no estado menos compacto possível. Como se vê, aquele índice de vazios máximo é próximo da unidade, embora um pouco inferior. São, de fato, dessa ordem de grandeza os índices de vazios máximos dos solos granulares, como se pode constatar pelo exame da Tab. 1.1.

A Fig. 1.6 mostra, para um grande número de solos arenosos naturais, a relação (em abscissas) entre o coeficiente de não uniformidade e (em ordenadas) o peso específico seco máximo e o índice de vazios mínimo. A análise dessa figura confirma as considerações anteriormente apresentadas:

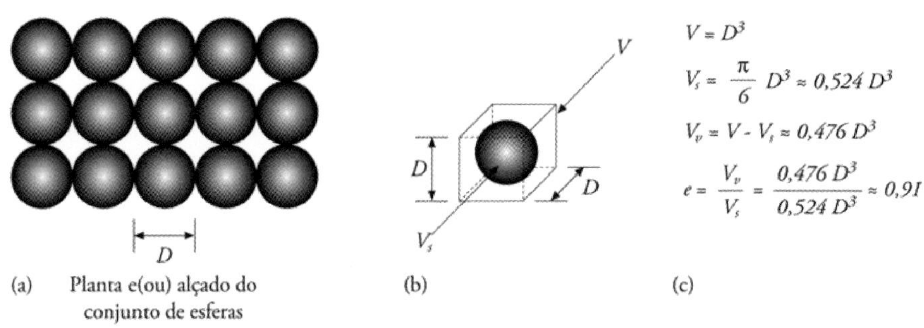

FIG. 1.5 *Solo granular uniforme modelado através de esferas de igual diâmetro: a) arranjo correspondente à compacidade mínima; b) amostra representativa; c) cálculo do índice de vazios*

o índice de vazios mínimo é tanto menor quanto mais bem graduado é o solo. A figura revela também que a forma das partículas influencia o índice de vazios mínimo. De fato, para um dado valor do coeficiente de não uniformidade, o índice de vazios mínimo é maior no caso de as partículas serem angulosas, o que parece razoável.

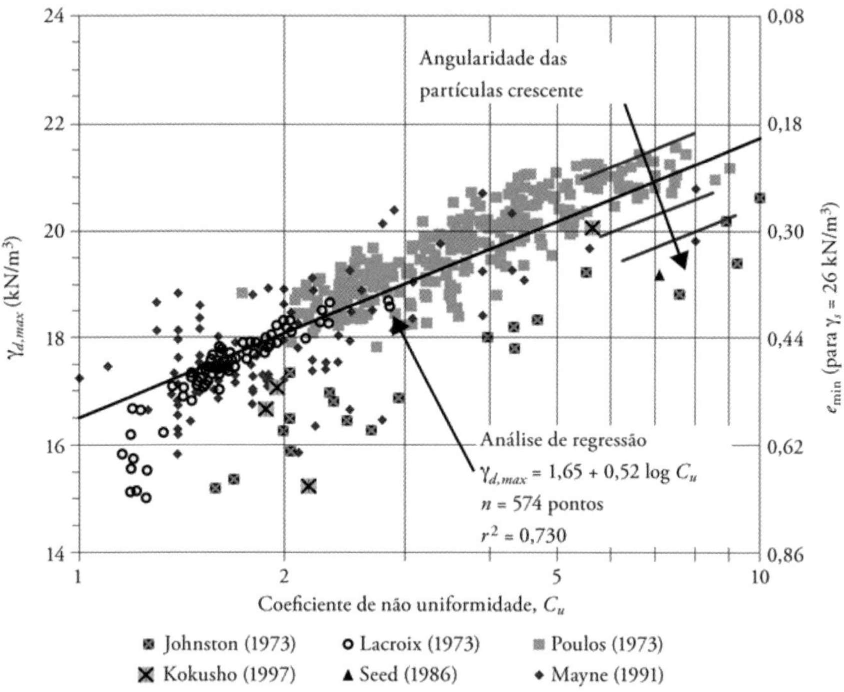

FIG. 1.6 *Coeficiente de não uniformidade versus peso específico seco máximo e índice de vazios mínimo para solos arenosos naturais*
Fonte: Mayne et al. (2001).

1.4.2 O ÍNDICE DE VAZIOS NATURAL (E) E A COMPACIDADE RELATIVA

Aquilo que determina a posição do índice de vazios que um dado depósito arenoso exibe *in situ*, designado em geral como *índice de vazios natural* (e) no intervalo $e_{max} - e_{min}$ é a história de tensões do solo, associada à respectiva história geológica.

Assim, em depósitos arenosos muito recentes, o índice de vazios natural é geralmente próximo do máximo. Com efeito, o processo de simples sedimentação após transporte não é, por si só, suscetível de proporcionar ao conjunto das partículas significativa compacidade. Aliás, o ensaio para determinação de e_{max} não é mais do que a simulação em laboratório de um solo que acabou de sedimentar (ver Anexo A3).

A progressiva redução do índice de vazios acompanhará a história geológica do depósito sedimentar. Essa redução estará associada, por um lado, ao carregamento por novas camadas que, entretanto, sedimentaram sobre o solo em questão. Todavia, mais do que o carregamento estático, as vibrações provocadas pelos sismos, especialmente os de grande intensidade, são particularmente eficazes no processo de aproximação progressiva do índice de vazios em relação ao limite inferior do intervalo. Esse fato é bem ilustrado por duas fotografias que abrem o presente capítulo.

É interessante, considerado determinado solo, comparar o respectivo índice de vazios natural com os valores máximo e mínimo que essa grandeza pode assumir. Define-se então o parâmetro designado por *compacidade relativa* como:

$$CR = \frac{e_{max} - e}{e_{max} - e_{min}} \times 100(\%) \tag{1.3}$$

grandeza que varia entre 0 e 100%, conforme o solo apareça na compacidade mínima ou máxima, respectivamente. Para este parâmetro é também usada a denominação de índice de compacidade, com o símbolo I_D. Na Tab. 1.2 apresenta-se uma classificação dos solos arenosos quanto à compacidade.

Tab. 1.2 Classificação dos solos arenosos quanto à compacidade

Areia	CR (%)
Muito fofa	0 – 20
Fofa	20 – 40
Medianamente compacta	40 – 60
Compacta ou densa	60 – 80
Muito compacta ou muito densa	80 – 100

A compacidade relativa é um parâmetro de grande utilidade já que fornece indicações sobre a maior ou menor suscetibilidade do solo em experimentar deformações volumétricas quando carregado, isto é, sobre a sua compressibilidade. Como é óbvio, quanto maior for a compacidade relativa menos compressível será o solo. Adiante serão discutidos outros aspectos do comportamento mecânico a respeito dos quais o índice em questão fornece igualmente indicações úteis.

As considerações anteriores, como terá ficado claro, referem-se ao comportamento de depósitos arenosos carregados nas exatas condições em que a Natureza os formou. Contexto muito distinto ocorre nas obras em que o solo granular é usado como *material de aterro*.

Tipicamente, nas chamadas obras de aterro o solo a usar é retirado do local de jazida, a chamada *área de empréstimo*, e transportado para o local da obra, onde é compactado. Desta forma, não é relevante se o solo está fofo ou compacto no estado natural, mas sim, a compacidade que pode atingir quando compactado. Compreende-se que nesse contexto o que é importante é a graduação do solo: quanto melhor graduado ele for, mais baixo será o índice de vazios que a compactação lhe pode conferir, logo, melhor será o seu comportamento sob as cargas atuantes no aterro.

1.5 MACIÇOS DE ORIGEM SEDIMENTAR FORMADOS POR SOLOS ARGILOSOS OU ARGILAS

1.5.1 BREVE INTRODUÇÃO AOS MINERAIS DE ARGILA

Nesta seção será feita uma primeira abordagem ao comportamento dos solos em que ocorre um predomínio de partículas muito finas, com dimensões da ordem de 1 μm (1 milésimo de milímetro). A grande maioria das partículas deste tamanho corresponde, em termos mineralógicos, a silicatos hidratados de alumínio, magnésio e ferro, isto é, a argilas.

Os solos cujo comportamento é essencialmente controlado por essas partículas são designados como *solos argilosos* ou, simplesmente, *argilas*.

A Fig. 1.7 mostra partículas de argila (caulinita) fotografadas com auxílio de microscópio eletrônico. As partículas de argila apresentam algumas propriedades que interessa destacar:

i) além de terem dimensão muito pequena, a sua forma é tipicamente laminar;
ii) são quimicamente muito ativas.

A constituição químico-mineralógica das argilas é tema vasto e complexo, não se justificando o seu tratamento aprofundado aqui, até porque esse assunto não é estritamente indispensável para se compreender o essencial do seu comportamento mecânico. Desta forma, as considerações apresentadas em seguida correspondem a uma visão muito simplificada, para a qual o autor pede a indulgência dos especialistas.

Fig. 1.7 *Fotografia de partículas de caulinita obtida com microscópio eletrônico*
Fonte: Begonha (1989).

A Tab. 1.3 mostra, nas duas primeiras linhas, duas partículas de forma cúbica com arestas de 1 mm e de 1 µm, dimensões típicas de partículas de areia e de argila, respectivamente. Na tabela estão calculados, para cada caso, a superfície exterior das partículas, o seu volume e a razão daquela por este; esta razão, por sua vez, é proporcional à chamada *superfície específica*, incluída na última coluna, que é definida como a razão da superfície exterior pela massa de partícula. Os resultados apresentados mostram que quando a dimensão da partícula desce três ordens de grandeza, a superfície específica sobe três ordens de grandeza.

Como é sabido, enquanto a forma cúbica é uma razoável aproximação para uma partícula (grossa) de areia, isso não sucede com uma partícula de argila. Para avaliar as consequências desse fato, atente-se nas duas últimas linhas da tabela, em que são mostradas duas partículas de forma laminar cujas faces apresentam dimensão coincidente com as da partícula cúbica de 1 µm de aresta. Pode concluir-se facilmente que a forma laminar constitui igualmente fator relevante no crescimento da superfície específica das partículas de argila.

A Tab. 1.4 fornece dados, a título indicativo, acerca das dimensões e da ordem de grandeza da superfície específica dos três minerais de argila mais abundantes na Natureza: as *caulinitas*, as *ilitas* e as *montmorillonitas*. Incluem-se ainda na tabela, para comparação, valores para partículas de dimensão areia. Os valores apresentados, que de algum modo corroboram a tabela anterior, atestam os elevadíssimos valores atingidos pela superfície específica, em particular nas ilitas e, sobretudo, nas montmorillonitas.

Das características geométricas apresentadas resulta que uma significativa porcentagem das moléculas que constituem as partículas de argila se encontra junto da respectiva superfície, em contato com o exterior. Por outro lado, a natureza e o arranjo dos átomos nessas moléculas, por meio de valências químicas não saturadas, conferem às partículas cargas elétricas negativas nas faces e cargas elétricas positivas nas bordas, com grande predominância da carga negativa.

Tab. 1.3 Cálculo da superfície específica de partículas de forma geométrica simples e dimensões correspondentes a areia e argila

Forma / Dimensões (1)	S_{ext} **(m²)**	V **(m³)**	S_{ext}/V **(m⁻¹)**	**Sup. específica (m²/g) (2)**
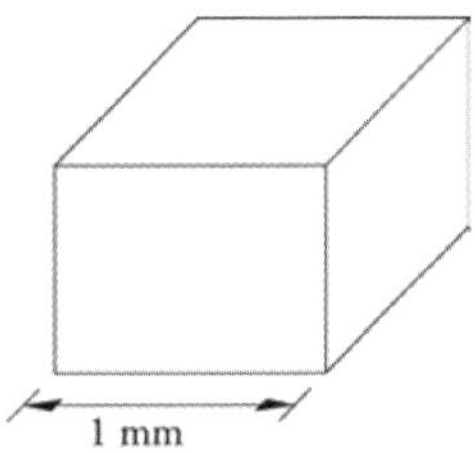	6×10^{-6}	10^{-9}	6×10^{3}	$2{,}2 \times 10^{-3}$
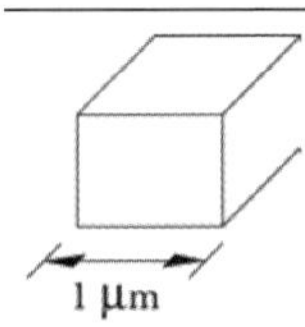	6×10^{-12}	10^{-18}	6×10^{6}	2,2
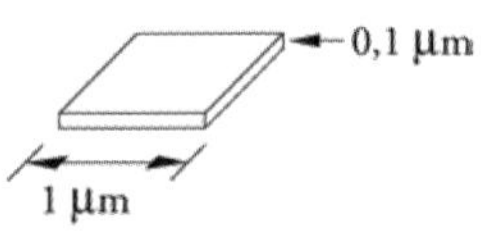	$2{,}4 \times 10^{-12}$	10^{-19}	$2{,}4 \times 10^{7}$	8,9
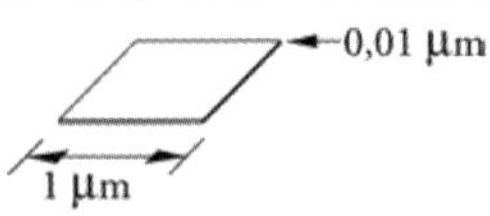	$2{,}04 \times 10^{-12}$	10^{-20}	$2{,}04 \times 10^{8}$	75,6

1. As figuras não se encontram à escala.
2. Calculada admitindo $G_s = 2{,}7$, isto é, a massa específica igual a $2{,}7 \times 10^6$ g/m³.
Nota adicional: Os valores inscritos nas duas últimas colunas correspondem igualmente (nos dois primeiros casos) a partículas de forma esférica com diâmetros coincidentes com as arestas dos cubos e (nos dois casos restantes) a partículas em forma de disco com diâmetros coincidentes com o lado das faces quadradas e espessuras iguais, em cada caso, às das partículas representadas.

Do exposto decorre a propensão para as partículas de argila interagirem com o exterior por meio de forças de natureza elétrica, atraindo, como mostra a Fig. 1.8, íons positivos (cátions) de sais dissolvidos na água (Na^+, K^+, Mg^{2+}, Ca^{2+}, Al^{3+} etc.), bem como moléculas de água, moléculas que são dipolos, isto é, compreendem um íon positivo (o hidrogênio, H^+) e outro negativo (a oxidrila, OH).

Tab. 1.4 Geometria e valores típicos da superfície específica de partículas de três minerais de argila e de areia

Partículas	Diâmetro (μm)	Espessura/ Diâmetro	Sup. específica (m^2/g)
Montmorillonita	1,0 – 0,1	1/100	800
Ilita	2,0 – 0,1	1/10	80 – 100
Caulinita	3,0 – 0,3	1/3 – 1/10	10 – 20
Areia	2000 – 60	≈1	0,001 – 0,04

Fonte: adaptado de Lambe e Whitman, (1979)

As moléculas de água mais próximas da superfície da partícula estão submetidas a tensões elevadíssimas, encontrando-se praticamente no estado sólido. Designa-se essa água como *água adsorvida*, água não libertável por secagem em estufa. Cada partícula pode atrair várias camadas de moléculas de água e de íons positivos até ficar eletricamente neutralizada. Com o aumento da distância à superfície de cada partícula, a concentração de íons na água do solo reduz-se progressivamente, logo o mesmo acontece com a grandeza das forças de atração da própria água.

O conjunto de cargas elétricas representado na Fig. 1.8, que envolve as sediadas na superfície da partícula e as que formam a camada difusa na periferia da mesma, designa-se como *dupla camada elétrica* (Castro, 1974).

Além dessas forças de natureza elétrica, e das forças da gravidade, existem ainda as chamadas forças atrativas de Van der Waals. Essas forças desenvolvem-se entre as moléculas de uma partícula e igualmente entre moléculas de partículas vizinhas. A grandeza dessas forças, para distâncias muito pequenas, varia inversamente com o cubo da distância entre partículas.

No interior de um solo argiloso, as partículas adotarão, assim, posições relativas de modo que em cada ponto haja equilíbrio entre forças atrativas (as forças de Van der Waals e as forças elétricas entre cargas de sinal contrário), forças repulsivas (as forças elétricas entre cargas do mesmo sinal) e forças da gravidade. A quantidade de água na periferia de cada partícula desempenha nesse arranjo e na distância média entre partículas, logo na própria grandeza das forças interpartículas, um papel fundamental.

Em resumo: entre as partículas de uma argila desenvolvem-se *forças de superfície* que, em muitos casos, ultrapassam em importância as *forças da gravidade*. A *atividade química* das argilas manifesta-se precisamente por meio dessas forças de superfície. Compreende-se que quanto maior é a superfície específica das partículas, maior é a importância das forças de superfície em relação ao peso próprio e maior é a atividade química das argilas.

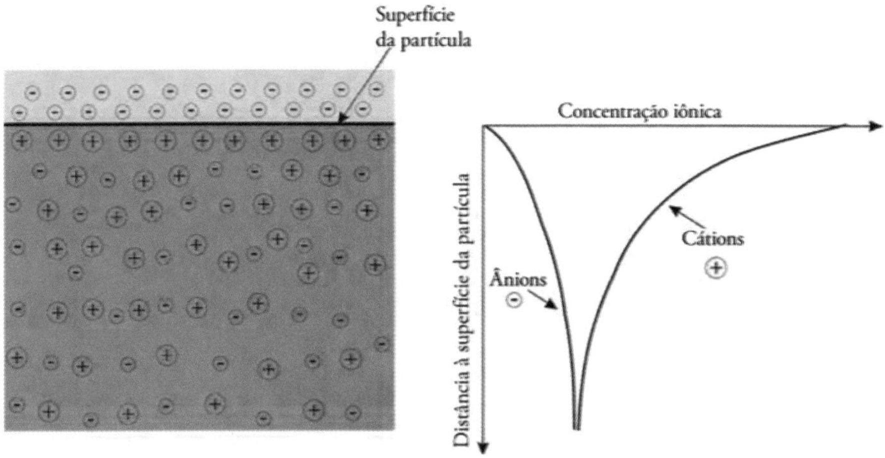

FIG. 1.8 *A dupla camada elétrica numa partícula de argila*

Partículas cujo comportamento seja comandado pelas forças de superfície e não pelo peso próprio denominam-se *coloides*. Em geral, partículas com superfícies específicas superiores a 25 m^2/g têm *comportamento coloidal*. Nas partículas grossas (dimensão areia e pedregulho), com superfície específica muitíssimo inferior àquele valor (ver Tab. 1.4), as forças de superfície são desprezíveis, sendo as forças interpartículas quase integralmente associadas à gravidade.

1.5.2 FENOMENOLOGIA BÁSICA NUMA BACIA DE SEDIMENTAÇÃO. CURVAS DE SEDIMENTAÇÃO-COMPRESSÃO

Imagine-se o que se passa na superfície de uma bacia de sedimentação (isto é, no leito de um rio ou de um lago, ou no fundo do oceano) na camada de solo argiloso que aí sedimentou muito recentemente, logo em contato direto com a água livre. A Fig. 1.9 representa essa situação para um ambiente de sedimentação marinho.

Nessas circunstâncias, cada partícula tenderá a atrair para a sua periferia uma espessa "nuvem" de moléculas de água e íons salinos até ficar eletricamente neutralizada. O solo assumirá, então, um teor de umidade

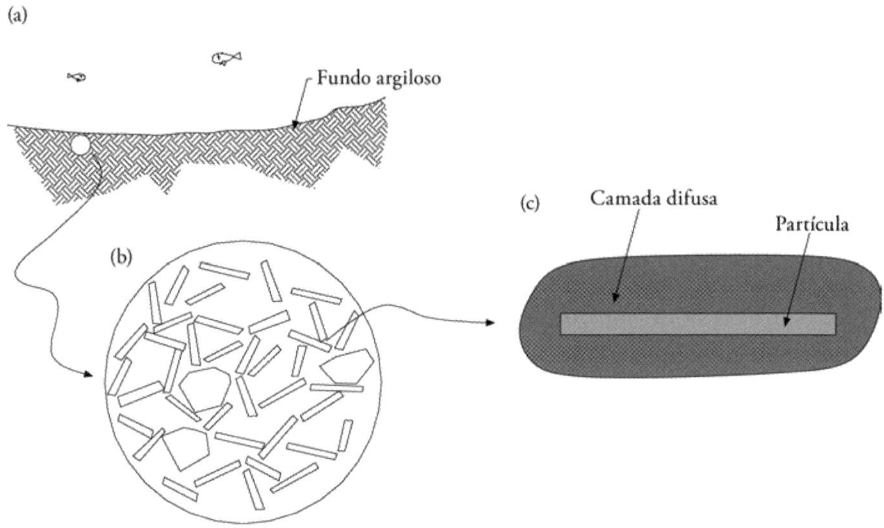

Fig. 1.9 *Solos argilosos: (a) depósito sedimentar argiloso no fundo do mar; (b) estrutura floculada, própria de sedimentos argilosos marinhos recentes; (c) partícula de argila com a camada difusa de água e de cátions dissolvidos*

muito alto, as distâncias entre partículas serão grandes, o balanço entre forças atrativas e repulsivas estabelece-se num nível relativamente baixo, isto é, para valores reduzidos dessas forças. O solo argiloso, em termos geológicos, nasce com uma consistência extremamente baixa.

O mecanismo fundamental que a Natureza contempla para melhorar os sedimentos argilosos recentes é o carregamento por longos períodos por novas camadas sedimentares. Com efeito, o peso dessas camadas adiciona-se às forças atrativas, forçando um rearranjo do esqueleto sólido do solo, rearranjo que implica expulsão de água dos poros do solo, logo redução progressiva do teor de umidade e do índice de vazios.

Esse processo será adiante designado como adensamento. Com a redução do teor de umidade, muitas das assimetrias elétricas da superfície de cada partícula não podem já ser neutralizadas apenas com os cátions e dipolos de água que lhe estão mais próximos, atraindo também os que estão na órbita das partículas vizinhas. O balanço entre forças atrativas e repulsivas estabelece-se então para menores distâncias entre partículas, o que implica um nível (grandeza dessas forças) muito mais elevado. O solo experimenta, por via desse processo, um progressivo ganho de consistência.

A forma como, no solo, as partículas estão orientadas e distribuídas denomina-se *estrutura* do solo. A estrutura que se representa na Fig. 1.9b designa-se como *estrutura floculada* e é típica de argilas que sedimentaram em ambientes marinhos.

Em depósitos argilosos sedimentares antigos, em que o peso das camadas sobrejacentes é muito elevado e atuou por longos períodos de tempo, a estrutura da argila tenderá a evoluir, em relação à da Fig. 1.9, para uma outra caracterizada por um paralelismo mais pronunciado entre as partículas, denominada *estrutura orientada*.

O que anteriormente foi descrito (com exclusão dos dois últimos parágrafos) é particularmente bem explicado por meio da Fig. 1.10 (Skempton, 1970a). Para 20 depósitos argilosos em outros tantos locais do planeta, a Fig. 1.10 representa a relação entre o teor de umidade e o índice de vazios (eixos das ordenadas) com a profundidade e a tensão efetiva vertical de repouso (eixos das abscissas), estas expressas em escala logarítmica. A tensão efetiva vertical de repouso num ponto a dada profundidade representa o peso das terras sobrejacentes subtraído do empuxo hidrostático correspondente às camadas submersas (ver Cap. 2). Em todos os casos, trata-se de depósitos normalmente adensados, isto é, que nunca estiveram sob tensão efetiva (ou profundidade) maior que a existente atualmente.

Os pontos ou símbolos ligados por segmentos de reta correspondem ao mesmo local ou depósito, representando resultados do teor de umidade ou do índice de vazios a diversas profundidades (entre o topo e a base do depósito), traduzem a chamada *curva de sedimentação-compressão* do respectivo solo.

Os resultados reunidos na Fig. 1.10 ilustram claramente a progressiva redução do teor de umidade e do índice de vazios, desde as argilas muito recentes, situadas imediatamente abaixo do fundo do mar, passando por argilas quaternárias a algumas dezenas de metros de profundidade, até argilas do fim do período Terciário (Plistocênico) a mais de mil metros de profundidade. O exame mais detalhado da figura permite concluir que:

i) os solos argilosos apresentam teor de umidade e índice de vazios variando dentro de intervalos extremamente grandes;
ii) em geral, os solos argilosos muito recentes, logo, que existem a uma profundidade muito pequena, apresentam teor de umidade e índice de vazios muito elevados, tendendo a se reduzir com o carregamento de novas camadas, ou seja, com a profundidade e a idade do depósito;

iii) o índice de vazios e o teor de umidade de solos argilosos que acabaram de sedimentar variam consideravelmente de caso para caso;

iv) para cada depósito, a curva de sedimentação-compressão, representando as tensões efetivas verticais em escala logarítmica, é essencialmente linear. Esse assunto será novamente abordado no Cap. 4.

O que foi mencionado em iii) merece particular ponderação: note-se que enquanto nos maciços arenosos que acabaram de sedimentar o índice de vazios é, em geral, muito próximo da unidade, tal não ocorre nos maciços argilosos muito recentes. Nestes casos, o índice de vazios, assumindo geralmente valores bastante acima da unidade, é muito variável.

O que explica essa variabilidade? A explicação tem de ser procurada naquilo que determina o teor de umidade que o solo assume no momento da sedimentação. Do discutido em 1.5.1, pode compreender-se que quanto maior for a atividade química do mineral (ou dos minerais) de argila presente(s) no solo – traduzida numa maior superfície específica, logo num maior número

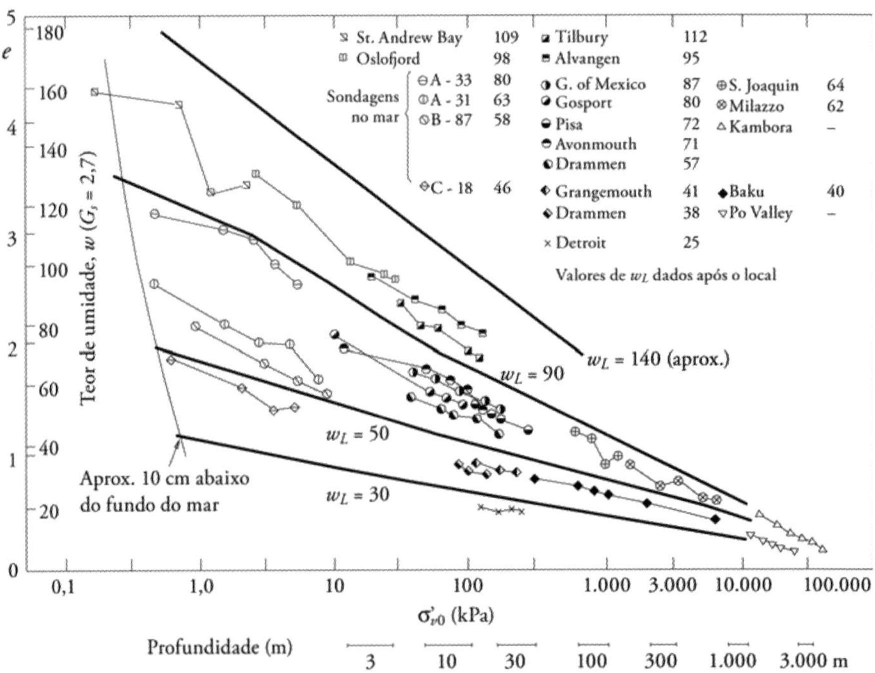

Fig. 1.10 *Curvas de sedimentação-compressão para depósitos argilosos normalmente adensados*

Fonte: Skempton (1970a).

de valências químicas não saturadas por unidade de peso – maior tenderá a ser aquele teor de umidade.

Ao aspecto que acaba de ser apresentado, adiciona-se um outro: muito raramente os solos argilosos naturais são argilas puras (100% de partículas de argila). Isso quer dizer que apresentam, em geral, fração grossa, logo quimicamente inerte. Naturalmente, o maior ou menor desenvolvimento dessa fração afeta também o teor de umidade que o solo, acabado de sedimentar, vai assumir.

1.5.3 Limites de Atterberg ou de consistência

Definição

Recorda-se que para os solos granulares foram introduzidos os conceitos de e_{max} e e_{min} como valores notáveis ou de referência do índice de vazios. A comparação do índice de vazios natural com aqueles limites reveste-se de utilidade e permite antecipar, pelo menos de modo qualitativo, certos aspectos do comportamento mecânico do solo.

Do que acaba de ser exposto nas seções imediatamente precedentes para os solos argilosos, será possível compreender que o teor de umidade é, nesses solos, o parâmetro físico fundamental. Com efeito, enquanto num solo granular o índice de vazios não depende do teor de umidade, num solo fino saturado esse índice é mera consequência do teor de umidade.

Daqui decorre que, quando foi ponderada a introdução de valores notáveis ou de referência de um parâmetro físico que, para as argilas, pudesse rapidamente antecipar certas tendências do comportamento mecânico, tenha sido escolhido o teor de umidade e não – como nas areias – o índice de vazios (Casagrande, 1948).

É precisamente essa a função dos chamados *limites de Atterberg*, cuja apresentação será feita em seguida, usando para a designação dos sucessivos estados do solo os termos adotados por Folque (1987). Observe-se a Fig. 1.11, onde, em abscissas, representa-se o teor de umidade de uma pasta de solo argiloso misturado homogeneamente com água e, em ordenadas, o respectivo índice de vazios.

Para valores muito elevados do teor de umidade, a mistura água-solo comporta-se como um *líquido*, isto é, toma a forma do recipiente em que for introduzida. Reduzindo de forma homogênea e progressiva o teor de umidade, a partir de certo ponto, a pasta passa a ter um comportamento *moldável*, isto é, conserva a forma que lhe for conferida por qualquer processo.

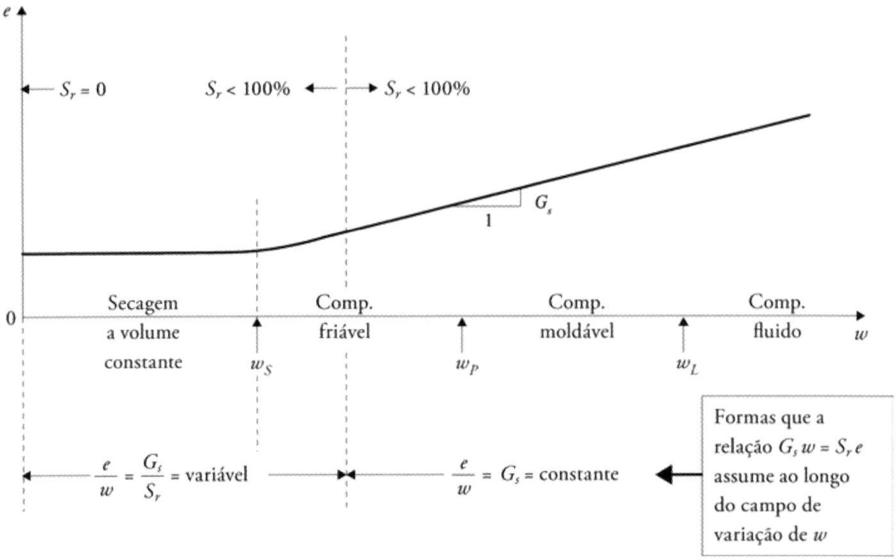

Fig. 1.11 *Definição dos limites de consistência ou de Atterberg*

Prosseguindo na redução de w, a partir de certo valor dessa grandeza, o comportamento do solo passa a ser *friável* (semissólido), ou seja, separa-se em fragmentos quando se tenta moldá-lo. Se a redução da água presente no solo continuar, a partir de certo ponto, ela deixa de acarretar uma redução do volume (ou do índice de vazios), passando a secagem a fazer-se a *volume constante*.

Os três valores do teor de umidade que balizam ou limitam as quatro zonas de diferentes comportamentos são, respectivamente, o *limite de liquidez*, w_L, o *limite de plasticidade*, w_P, e o *limite de retração*, w_S (o índice S provém da palavra inglesa *shrinkage*, que significa *retração*). A diferença entre os limites de liquidez e de plasticidade (os dois limites mais utilizados e que mais informações úteis fornecem acerca do comportamento do solo) designa-se como *índice de plasticidade*, I_P:

$$I_P = w_L - w_P \tag{1.4}$$

o qual se exprime (tal como o teor de umidade) em porcentagem.

No Anexo A3 incluem-se elementos sobre a determinação laboratorial dos três limites que acabam de ser definidos.

Comentário

Das considerações tecidas em 1.5.2 compreende-se que os solos argilosos muito recentes terão o teor de umidade próximo, isto é, um pouco acima ou um pouco abaixo, do limite de liquidez, w_L. O carregamento dos solos argilosos por novos sedimentos afastará o teor de umidade, para baixo, em relação ao limite de liquidez, aproximando-o progressivamente do limite de plasticidade, w_P.

Essas tendências são bem ilustradas pela Fig. 1.12, que mostra resultados do teor de umidade natural e dos limites de liquidez e de plasticidade de um depósito argiloso ao longo de mais de 60 m abaixo do fundo do oceano (Burland, 1990). O exame da Fig. 1.12 permite também identificar no depósito duas camadas distintas de argila: uma camada mais plástica ($w_L \cong 60\%$; $w_P \cong 20\%$) até cerca de 25 m de profundidade e uma outra inferior de menor plasticidade ($w_L \cong 35\%$; $w_P \cong 15\%$).

Valores do teor de umidade próximos, um pouco acima ou um pouco abaixo, do limite de plasticidade, são já típicos de solos relativamente antigos, que sofreram carregamento substancial por novos sedimentos.

Ainda das considerações tecidas em 1.5.2, é possível compreender que a grandeza do limite de liquidez, w_L, é condicionada quer pela fração argilosa, quer pela atividade química dos minerais presentes nessa fração, aumentando com ambas. Isso acontece também, aliás, com o limite de plasticidade, w_P, e com a sua distância ao limite de liquidez, isto é, com o índice de plasticidade, I_P. Isso quer dizer que a escala do eixo das abscissas da Fig. 1.11 varia de solo argiloso para solo argiloso, sendo maior nas chamadas *argilas muito plásticas* e menor nas *argilas pouco plásticas*.

É importante, ainda, chamar a atenção que as fronteiras entre os sucessivos estados do solo descritos na Fig. 1.11 não são pontuais ou rigorosas, mas antes mais ou menos difusas. Consequentemente, os valores dos limites de Atterberg usados na prática estão estritamente vinculados a ensaios normalizados, que se encontram resumidos no Anexo A3. Neste anexo, o leitor poderá constatar que os procedimentos concretos de ensaio para os dois primeiros limites, w_L e w_P, são completamente alheios ao processo físico-químico que determina na Natureza a evolução do teor de umidade do solo, isto é, ao processo de sedimentação do solo e ao seu posterior carregamento por novos sedimentos. Este fato resulta da dificuldade e morosidade que qualquer simulação em laboratório daquele processo envolveria. É de notar, a propósito, que no caso da determinação laboratorial dos índices físicos de referência usados para as areias, e_{max} e e_{min}, a simulação do processo natural é, no essencial, efetuada.

Desta forma, os procedimentos concretos de ensaio para determinação de w_L *e de* w_P foram concebidos para rapidamente identificarem amostras de solo com consistência muito reduzida (correspondente pois, aproximadamente, ao limite de liquidez, w_L) e com consistência elevada (correspondente ao limite de plasticidade, w_P). Por todas essas razões, os valores numéricos precisos dos limites de Atterberg, em particular de w_L e w_P, não devem ser

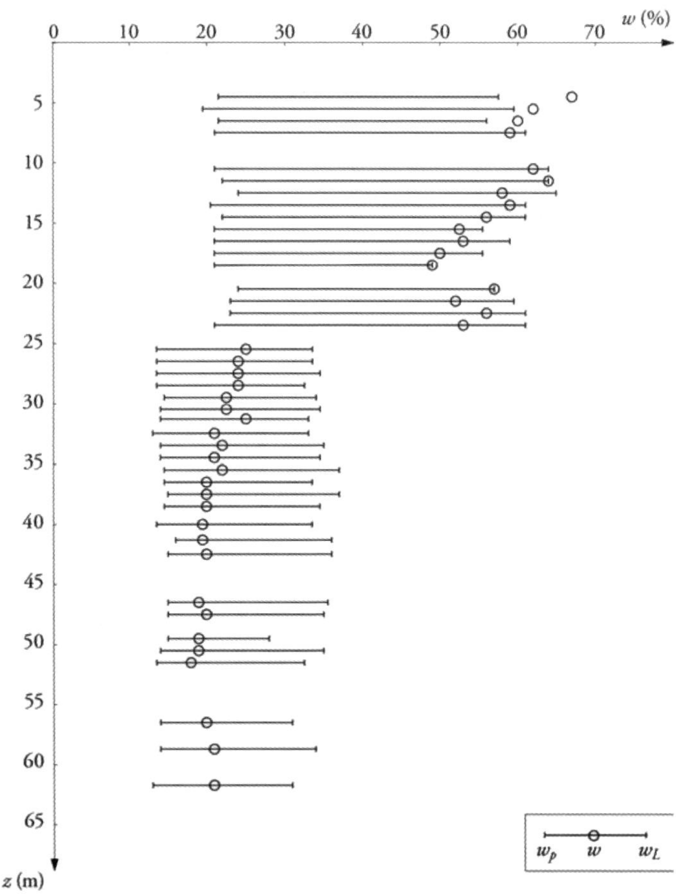

Fig. 1.12 *Valores do teor de umidade e dos limites de liquidez e de plasticidade de um depósito argiloso marinho (campo petrolífero de Troll, Mar do Norte, ao largo da Costa da Noruega)*
Fonte: Burland (1990).

interpretados como correspondendo a comportamentos ou situações clara e rigorosamente identificáveis. Por exemplo: é apropriado afirmar que em geral (isto é, na maioria dos casos) o valor de w_L corresponde a *uma aproximação* ao teor de umidade do solo quando este era geologicamente muito recente. Ao contrário, não será rigoroso afirmar que o limite de liquidez *é o valor* do teor de umidade que o solo assumiu quando acabou de se formar à superfície do depósito sedimentar.

O limite de contração ou de retração – como se compreenderá pela sua definição e determinação experimental – corresponde a um comportamento do solo mais objetivamente identificável. De qualquer modo, a sua relevância prática é menor que a do limite de liquidez e a do limite de plasticidade, como se constatará no que se segue. É de notar (ver a propósito a evolução da curva $w - e$ da Fig. 1.11) que valores do teor de umidade nas proximidades do limite de retração apenas ocorrem em solos não saturados. É o caso, em regra, de solos argilosos muito antigos, que se encontram emersos, e que exibem resistência muito elevada, sendo muitas vezes classificados como rochas brandas.

Índices de consistência e de liquidez

A comparação do teor de umidade natural, w, de um dado solo argiloso com os limites de Atterberg fornece uma indicação aproximada da consistência do solo. Para tanto é comum usar o chamado *índice de consistência*, I_C, de equação:

$$I_C = \frac{w_L - w}{w_L - w_P} = \frac{w_L - w}{I_P} \tag{1.5}$$

O índice de consistência pode ser superior à unidade (quando no seu estado natural o solo ocorre com um teor de umidade inferior ao limite de plasticidade, caso em que o solo argiloso será já muito consistente). Na Tab. 1.5 inclui-se uma classificação dos solos argilosos quanto à consistência.

Como alternativa, alguns autores usam o chamado *índice de liquidez*, I_L, de equação:

$$I_L = \frac{w - w_P}{w_L - w_P} \tag{1.6}$$

É fácil verificar que os dois índices anteriormente definidos estão relacionados por meio da equação

Tab. 1.5 Classificação dos solos argilosos quanto à consistência

Argila	I_C
Muito mole	0,0 – 0,25
Mole	0,25 – 0,50
Média	0,50 – 0,75
Rija	0,75 – 1,00
Dura	> 1,00

$$I_L = 1 - I_C \tag{1.7}$$

de onde se pode concluir que I_L pode ser negativo.

Atividade das argilas

Como já foi mencionado, a grandeza do teor de umidade que o solo assume quando acaba de sedimentar tende a aumentar com: i) a atividade química do mineral (ou dos minerais) de argila presente(s) no solo; ii) com a fração de argila. Compreende-se que isso aconteça quer com o limite de liquidez, quer com o índice de plasticidade, como foi comprovado pelas experiências de Skempton (1953), cujos resultados se apresentam na Fig. 1.13.

Para diversos solos naturais, o autor procedeu à separação das partículas de dimensão argila das restantes, para seguidamente proceder de novo à sua mistura, mas conduzindo as amostras para ensaio com a fração argilosa variando num intervalo relativamente largo. A Fig. 1.13a mostra que em cada caso a proporcionalidade entre o índice de plasticidade e a fração de argila é evidente. O fato de o declive das retas ser distinto de caso para caso reflete a influência do mineral de argila. A este declive dá-se o nome de *atividade da argila* presente no solo:

$$A_t = \frac{I_P}{\% < 2\mu m} \tag{1.8}$$

Os resultados da Fig. 1.13b, por sua vez, foram obtidos misturando frações de argila bem identificadas mineralogicamente com areia de quartzo. O declive das três retas fornece os valores da atividade para os três minerais de argila, a caulinita, a ilita e a montmorillonita sódica.

A Tab. 1.6 inclui uma classificação dos minerais da argila quanto à atividade. Do exame conjunto da Fig. 1.13b e da Tab. 1.6 pode-se concluir que as montmorillonitas são muito ativas, as ilitas são normais e as caulinitas são pouco ativas.

A comparação do valor de A_t para um dado solo com os valores conhecidos da atividade dos principais minerais de argila (ver Fig. 1.13b) ajudará a conhecer, por via indireta, a composição mineralógica da argila em questão. Ora, esse aspecto assume importância muito particular. Primeiro, porque

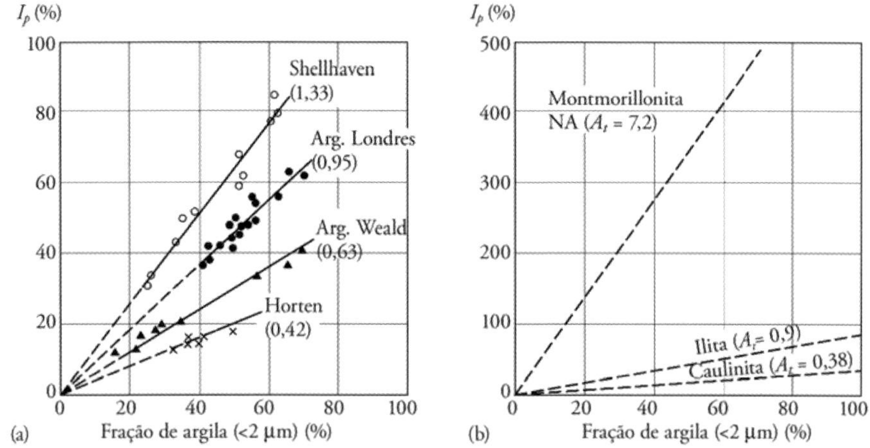

FIG. 1.13 *Relação entre a porcentagem de argila e o índice de plasticidade: (a) quatro solos naturais; (b) misturas de areia de quartzo com frações puras de caulinita, ilita e montmorillonita*
Fonte: Skempton (1953).

aquela composição determina (em termos qualitativos), como já se viu, a atividade do solo, que tem óbvios reflexos nas propriedades deste, que são relevantes em Engenharia Civil. Segundo, porque a determinação por via direta da composição mineralógica exigiria processos relativamente sofisticados e de custo elevado (raios X, microscópio eletrônico etc.).

TAB. 1.6 CLASSIFICAÇÃO DOS MINERAIS DE ARGILA QUANTO À ATIVIDADE

Argila	A_t
Pouco ativa	< 0,75
Normal	0,75 – 1,25
Muito ativa	> 1,25

1.6 SOLOS RESIDUAIS

1.6.1 CONSIDERAÇÕES GERAIS

Depois de terem sido analisadas as propriedades físicas típicas dos solos argilosos e arenosos de origem sedimentar, isto é, formados após transporte, muitas vezes ao longo de centenas ou milhares de quilômetros, e deposição das partículas no local da jazida, é indispensável fazer referência aos solos residuais.

Muitos dos maciços rochosos formam-se em condições de pressão e de temperatura muito distintas daquelas que existem à superfície da Terra ou nas imediatas proximidades desta. A adaptação daqueles maciços às condições prevalecentes à superfície da Terra, quando em contato com a atmosfera, a hidrosfera e a biosfera, vai conduzir à chamada *meteorização* ou *intemperismo*. Sempre que os processos de desintegração física e de decomposição química associados ao intemperismo se desenvolvem mais rapidamente do que os processos de erosão e de transporte dos grãos resultantes daqueles, formam-se no próprio local da chamada rocha-mãe maciços terrosos designados como solos residuais.

Os solos residuais são especialmente frequentes nas regiões de clima tropical ou de clima temperado marítimo porque a precipitação, a temperatura e a umidade elevadas proporcionam ambiente favorável às reações químicas envolvidas no processo de alteração das rochas. Por outro lado, a forte e densa vegetação existente em climas com aquelas características defende os solos da erosão, facilitando a acumulação do material meteorizado no local de formação.

Naturalmente, a rocha-mãe condiciona de modo muito relevante as propriedades mineralógicas, físicas e mecânicas do solo residual que dela resulta. Existe, pois, uma grande variedade de solos residuais, provenientes quer das rochas ígneas (incluindo nestas as rochas plutônicas e as rochas vulcânicas), quer das rochas sedimentares, quer, ainda, das rochas metamórficas. Quanto maior for o contraste entre as condições de formação da rocha e as condições à superfície, mais intenso tende a ser o resultado do intemperismo. Não surpreende, pois, que rochas plutônicas como os granitos, formadas a grande profundidade no interior da crosta, sob pressão e temperatura extremamente elevadas, sejam particularmente suscetíveis ao intemperismo. Como, por outro lado, são rochas muito abundantes na Natureza, os solos residuais delas resultantes têm um interesse muito particular.

Os solos residuais do granito ocupam parte significativa da região Noroeste de Portugal. Cidades como o Porto, Braga e Guimarães encontram-se (literalmente) fundadas em solos residuais do granito. Os solos residuais do granito e de rochas petrograficamente similares como os gnaisses são, por outro lado, predominantes em vastas regiões do Brasil, em particular nos Estados do Rio de Janeiro, São Paulo, Minas Gerais, Brasília e Pernambuco, onde se situam as maiores metrópoles do país (Vargas, 1971; Lacerda, 2010).

1.6.2 Perfil típico de alteração. Classificação quanto ao grau de alteração

A Fig. 1.14 ilustra um perfil típico num maciço granítico com zona superficial alterada e com recobrimento de solos residuais. No

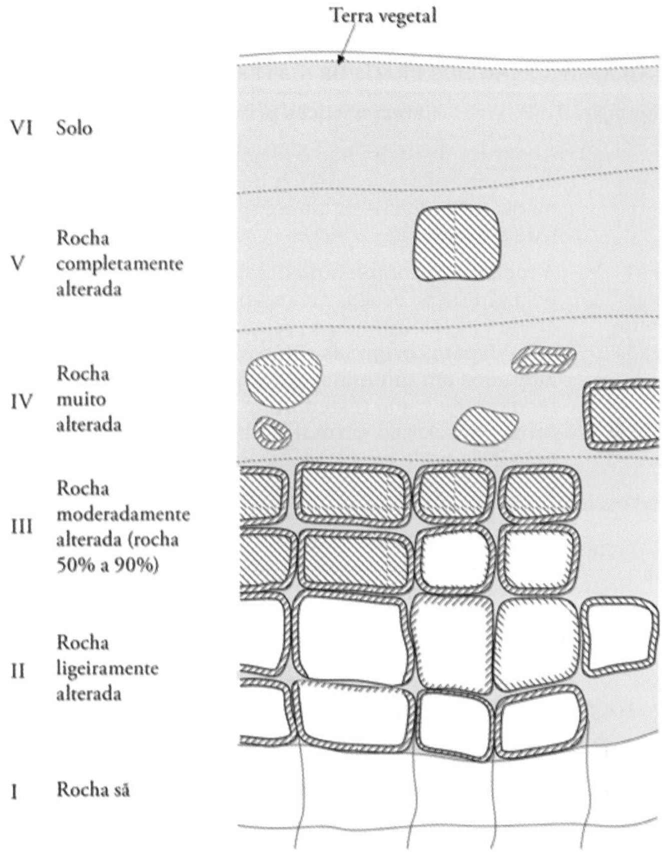

Fig. 1.14 *Perfil típico de um maciço granítico com zona superficial alterada e com solos residuais*
Fonte: Little (1969).

Quadro 1.2, as seis zonas em que o maciço está dividido são descritas em detalhe. Na coluna da direita incluem-se os símbolos *W1* a *W5* – classificação da International Society for Rock Mechanics (ISRM, 1981) – que, em geral, são usados nos relatórios dos estudos de reconhecimento geotécnico dos locais para caracterizar de modo sucinto as diversas zonas atravessadas.

Essa letra W presente nos símbolos deriva do fato de a palavra inglesa para intemperismo ser *weathering*.

Os graus V e VI da Fig. 1.14 e do Quadro 1.2 correspondem ao solo residual. No âmbito deste, Vargas (1974) designou a parte mais superficial (grau VI) como solo residual *maduro*, zona onde o intemperismo foi tão intenso que a textura da rocha-mãe não é mais reconhecível, e a parte inferior do solo

Quadro 1.2 Classificação dos graus de alteração

Grau	Designação	Características principais	ISRM (1)
VI	Solo	A textura da rocha não é reconhecível, as zonas mais superficiais contêm húmus e raízes de plantas. Instável em taludes quando a cobertura é destruída.	
V	Rocha completamente alterada	A rocha está completamente decomposta pela alteração *in situ*, mas a textura original é ainda visível. Quando a rocha-mãe é o granito, os feldspatos originais estão completamente alterados em minerais de argila, não sendo recuperada como testemunho de sondagem em furos por rotação normal. Pode ser escavada à mão. Não pode ser utilizada como fundação de barragens de concreto ou de grandes estruturas. É possível empregar-se como fundação de barragens de aterro e como aterro. É instável em cortes muito altos e abruptos. Requer proteção contra a erosão.	*W5*
IV	Rocha muito alterada	A rocha está tão enfraquecida pela alteração que mesmo grandes fragmentos são facilmente partidos ou esmigalhados à mão. Muitas vezes é recuperada como testemunho de sondagem em furos à rotação executados cuidadosamente. Apresenta coloração por causa da limonita. Contém menos de 50% de rocha.	*W4*
III	Rocha moderadamente alterada	Alteração considerável em toda a rocha. Possui alguma resistência: grandes fragmentos (testemunhos com diâmetro NX) não são partidos à mão. Muitas vezes apresenta coloração por causa da limonita. A porcentagem de rocha está compreendida entre 50 e 90%. É escavada com grande dificuldade sem a utilização de explosivos.	*W3*
II	Rocha pouco alterada	Distintamente alterada na maior parte da rocha e com alguma coloração por causa da limonita. Nos granitos há alguma decomposição dos feldspatos. A resistência aproxima-se da rocha sã. Mais de 90% do material é rocha. Necessita de utilização de explosivos na escavação.	*W2*
I	Rocha sã	A rocha sã pode apresentar alguma coloração por causa da limonita em diáclases imediatamente abaixo da rocha alterada.	*W1*

1. Segundo a classificação da International Society for Rock Mechanics (ISRM).
Fonte: Little (1969).

residual (grau V) como solo residual *jovem*, solo que em grande parte ainda preserva o aspecto visual, a estrutura (microfábrica) e as descontinuidades da rocha-mãe. Para esses dois horizontes foi estabelecida a designação técnica internacional de, respectivamente, solo *laterítico* (*lateritic*, em inglês) e de solo *saprolítico* (*saprolitic*, em inglês). Sob este último encontra-se o chamado *saprólito* (grau IV), material de transição entre a cobertura terrosa e o maciço rochoso subjacente, que compreende os grau III, II e I.

O termo *laterítico* para designar o solo residual maduro deve ser usado com reserva. De fato, pode haver solo residual maduro sem ter sofrido as alterações químicas que formam a *laterização* e pode haver laterização de solos de origem sedimentar (Futai; Cecílio Jr.; Abramento, 2012). A laterização está relacionada com o depósito de óxidos (de ferro, alumínio, cálcio ou sílica) entre as partículas do solo, conferindo-lhe uma coloração avermelhada ou alaranjada. Como se verá adiante, essas alterações químicas, com intensa formação de *minerais secundários*, têm profundas consequências no comportamento mecânico do solo. Denominam-se minerais secundários os minerais formados por meio de reações químicas da rocha-mãe com os agentes de alteração.

O horizonte mais superficial de solo residual maduro aparece normalmente bem individualizado nas regiões tropicais, de mais intenso intemperismo, sendo ao contrário difícil de detectar ou mesmo inexistente nas regiões de clima temperado, onde o solo saprolítico ocorre em geral à superfície. Neste último caso, o intemperismo é muitas vezes designado de *tipo esquelético*, por implicar substanciais perdas de material da rocha-mãe em conjugação com uma baixa quantidade de minerais secundários (Sequeira Braga, 1988).

Como exemplo, representa-se na Fig. 1.15 a face de um talude de escavação numa formação de solos residuais de gnaisse no Estado do Rio de Janeiro (Lacerda, 2010). A parte mais superficial avermelhada representa o solo residual maduro ou laterítico, enquanto os horizontes amarelados correspondem ao solo saprolítico. O saprólito, rocha alterada, está abaixo do grupo de pessoas que aparece na parte direita da fotografia.

Para comparação, representa-se na Fig. 1.16 a face de um talude de escavação em formações graníticas do Noroeste de Portugal, onde o solo residual pode ser classificado como saprolítico.

Fig. 1.15 *Perfil típico de solos residuais num maciço de gnaisse, exposto por uma escavação com 40 m de altura, mostrando o solo laterítico (avermelhado) e saprolítico (amarelado), no Estado do Rio de Janeiro, Brasil*
Foto: Willy Lacerda.

Fig. 1.16 *Fotografia de um perfil de alteração de formações graníticas. Autoestrada A11, Sublanço Vizela – Felgueiras, Portugal*
Foto: João Lages.

1.6.3 Os solos residuais do granito e do gnaisse de Portugal e do Brasil

Em termos dos parâmetros físicos do solo, com o avanço da alteração química das rochas (logo, quanto mais perto da superfície, tendo como referência o perfil de alteração esquematizado na Fig. 1.14): i) aumentam a porosidade e o índice de vazios; ii) reduz-se o peso específico; iv) diminui o tamanho médio das partículas. Embora essas tendências sejam gerais, elas manifestam-se de modo muito distinto entre o horizonte superficial de solo residual maduro ou laterítico e o horizonte do solo residual jovem ou saprolítico.

No que diz respeito aos solos lateríticos, estes adquirem uma estrutura porosa com elevado índice de vazios (e=1,5) e com fração argila que atinge ou ultrapassa mesmo 50%. Não obstante, como se encontram a reduzida profundidade, geralmente acima do nível freático, podem assumir resistência muito elevada. Como refere Lacerda (2010), no seu estado mais avançado de alteração, tais solos formam as chamadas *lateritas*. Elas são tão rijas que em certas regiões do Brasil, onde o material rochoso é raro, são usadas como inertes para a fabricação de concreto ou aplicadas em pavimentos viários ou na proteção contra a erosão de paramentos de barragens de terra.

Passando agora a comentar os solos saprolíticos, a Fig. 1.17 mostra o resultado de mais de 100 análises granulométricas sobre solos do Noroeste de Portugal, nesta região normalmente designados como *saibros*. Como se pode constatar, trata-se de solos de granulometria muito variada, cobrindo dimensões desde o pedregulho fino até à argila. A fração predominante é a areia, sendo solos geralmente classificados, no que diz respeito à granulometria, como areias siltosas. A granulometria de solos saprolíticos brasileiros resultantes da alteração do granito e do gnaisse é razoavelmente similar, embora com presença mais forte da fração silte e menor da fração areia (Futai; Almeida; Lacerda, 2004).

Nesses solos saprolíticos a fração argila é geralmente muito reduzida, sendo nessa fração predominantes a caulinita e a gibsita, resultantes da alteração dos feldspatos (a primeira) e das micas (ambas) (Begonha, 2001).

Sendo reduzida a fração argila e sendo os minerais desta pouco ativos, em geral os solos graníticos saprolíticos são solos pouco plásticos ou mesmo *não plásticos*. Designam-se como não plásticos os solos em relação aos quais não é possível a determinação dos limites de Atterberg. A propósito, Futai,

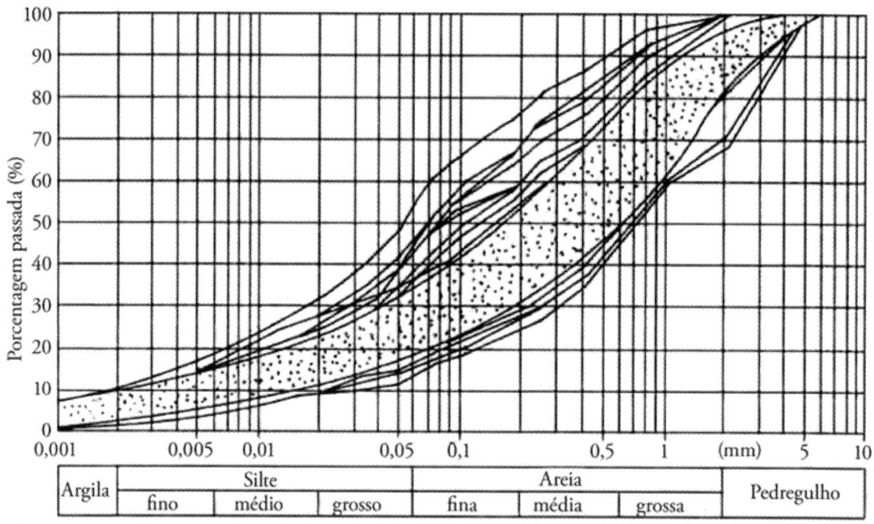

FIG. 1.17 *Curvas granulométricas de solos residuais do granito do Noroeste de Portugal – o fuso ponteado corresponde a mais de 100 curvas*
Fonte: Viana da Fonseca et al. (1994).

Cecílio Jr. e Abramento (2012) referem que uma característica dos solos residuais tropicais é a presença de partículas de minerais de argila na fração silte, o que faz com que solos com muito pequena fração argila possam ainda assim apresentar certa plasticidade.

A Tab. 1.7 inclui valores correntes de alguns parâmetros físicos dos solos saprolíticos do granito e do gnaisse de Portugal e do Brasil. Os valores referentes aos solos do Noroeste de Portugal correspondem aos solos cujas curvas granulométricas estão representadas na Fig. 1.17.

Um exame atento da Tab. 1.7 mostra que existe uma tendência para os solos brasileiros exibirem maior plasticidade e maior índice de vazios, o que parece coerente com o fato de, como foi mencionado, a sua fração areia ser menor e a de silte maior em comparação com os solos portugueses. É manifesto que esses resultados expressam o mais intenso intemperismo nos solos brasileiros, em coerência com as respectivas condições climáticas.

1.6.4 ALGUNS ASPECTOS TÍPICOS DO COMPORTAMENTO DOS SOLOS SAPROLÍTICOS DO GRANITO E DO GNAISSE

Tendo em 1.4 e 1.5 sido esboçados, em traços muito gerais, os aspectos básicos do comportamento dos solos arenosos e dos solos argilosos de origem sedimentar, é provável que neste ponto o leitor se interro-

Tab. 1.7 Valores típicos de parâmetros físicos de solos saprolíticos do granito e do gnaisse de Portugal e do Brasil

Local	w_L (%)	I_P (%)	e	γ (kN/m³)	Fonte
Noroeste de Portugal	25-40[1]	<13[1]	0,40-0,85	17,0-22,0	Viana da Fonseca, Matos Fernandes e Cardoso (1997).
São Paulo, EPUSP	44,4 (5,1)	17,1 (3,9)	0,85 (0,19)	18,3 (1,2)	ABEF (1989).
São Paulo, Pinheiros	35,3 (0,4)	5,4 (0,8)	0,68 (0,13)	18,9 (1,2)	Futai e Gonçalves (2007).
São Paulo, Caxingui	47,3 (5,1)	20 (3,9)	0,60	20,4	Cecílio Jr. (2009).
Ouro Preto	41-57	16-29	0,75-1,0	16,3-18,8	Futai, Almeida e Lacerda (2004).

1. *Frequentemente os solos são não plásticos.*
2. *Valores entre parênteses referem-se ao desvio padrão.*

gue acerca das semelhanças e das diferenças dos solos residuais do granito e do gnaisse em relação àqueles dois paradigmas.

É possível adiantar que existe entre os solos sedimentares ou transportados e os solos residuais uma primeira distinção interessante: os primeiros tendem a experimentar uma evolução no tempo geológico que normalmente se traduz numa melhoria gradual das suas propriedades mecânicas; ao contrário, os segundos vêm experimentando e experimentarão no futuro uma progressiva degradação mecânica. Essa distinção não tem, todavia, relevância em Engenharia, já que a degradação dos solos residuais se processa numa escala de tempo que não é a das construções humanas!

Apesar de os solos residuais cobrirem partes muito significativas da superfície da Terra, os conhecimentos da Mecânica dos Solos a seu respeito encontram-se mais limitados do que os referentes aos solos transportados. O fato explica-se porque as bases da Mecânica dos Solos foram estabelecidas tendo como referência privilegiada esses últimos solos, porque são mais abundantes nos países e regiões mais desenvolvidos e também porque o comportamento dos solos residuais coloca problemas menos delicados do que, por exemplo, o das argilas moles ou o das areias fofas.

De qualquer modo, o processo de formação dos solos residuais confere-lhes características e comportamentos particularmente complexos, mais difíceis de teorizar com generalidade. Conceitos como solo bem ou mal graduado e parâmetros como a compacidade relativa, os índices de liquidez e

Perfil B-B'

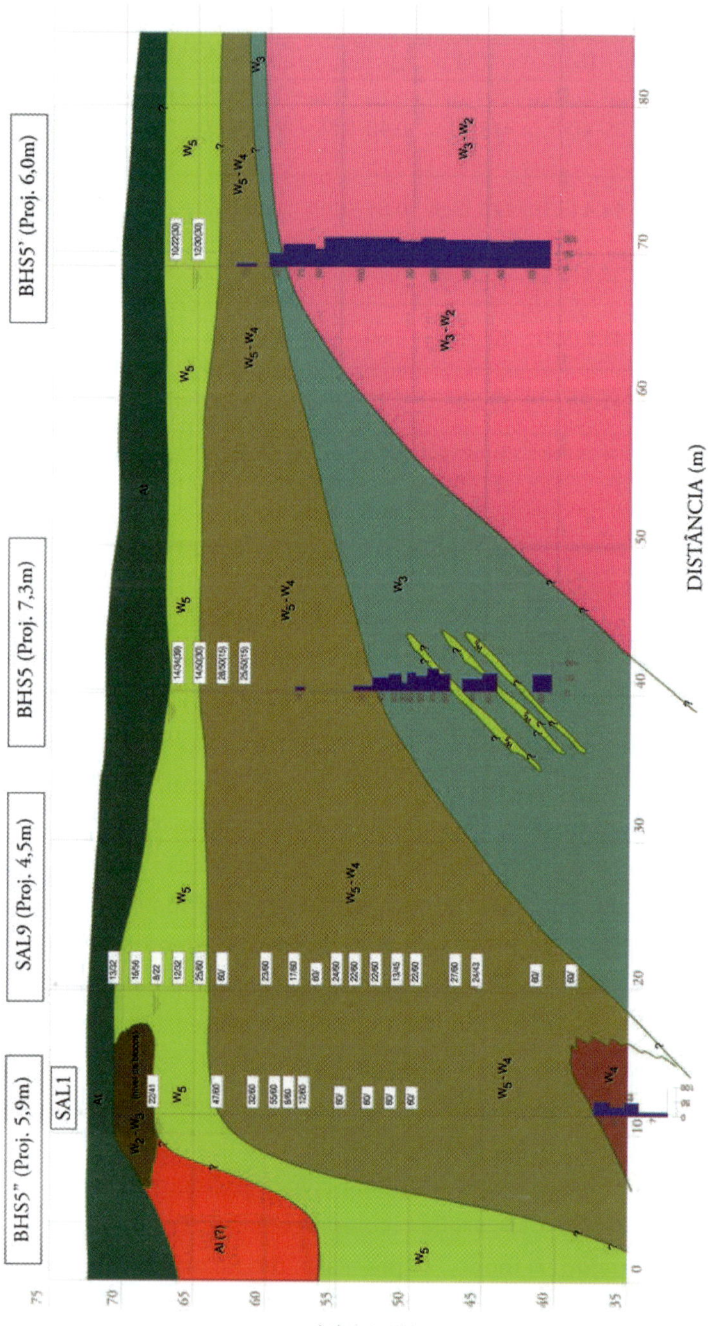
BHS5" (Proj. 5,9m)
SAL1
SAL9 (Proj. 4,5m)
BHS5 (Proj. 7,3m)
BHS5' (Proj. 6,0m)
At
Al (?)
W_5
W_5-W_4
W_2-W_3
W_4
W_3
W_3-W_2
COTAS (m)
DISTÂNCIA (m)

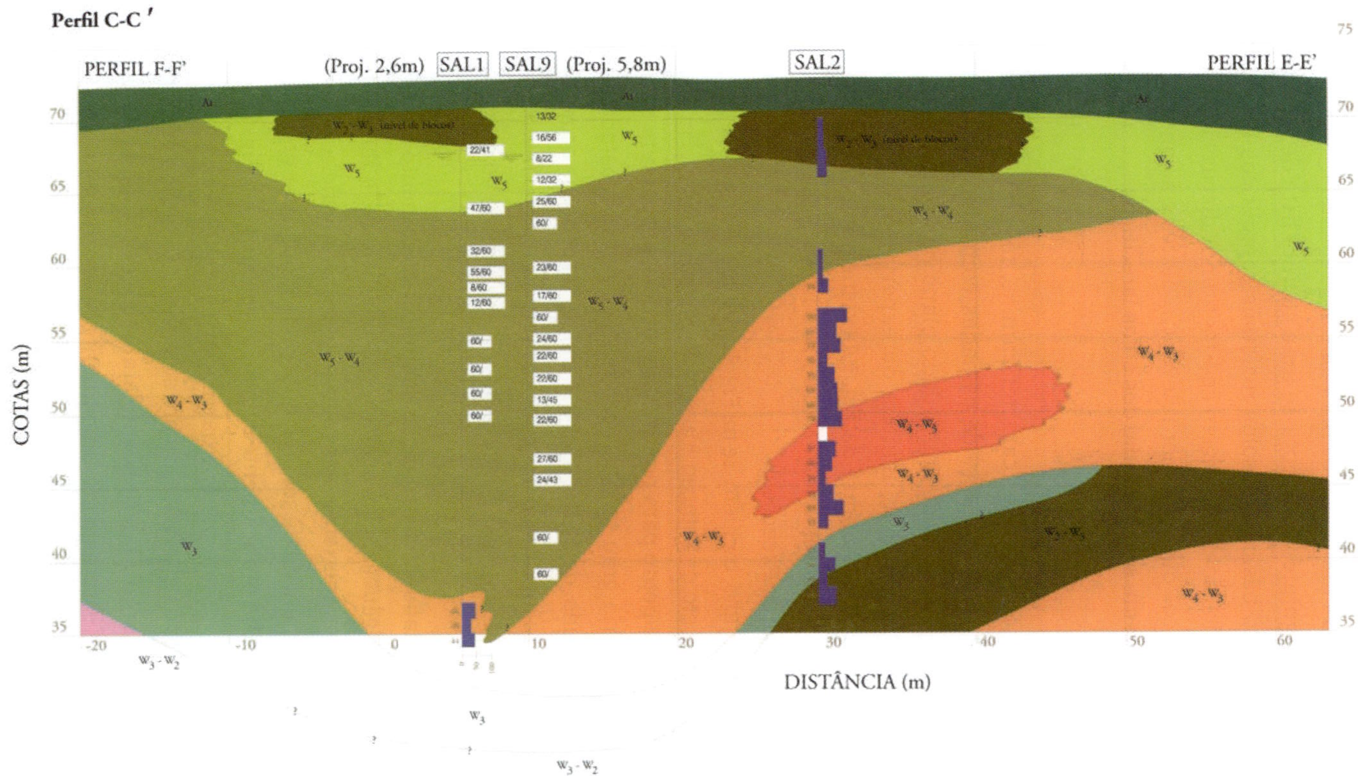

FIG. 1.18 *Perfis geológico-geotécnicos da Avenida dos Aliados no Porto, Portugal*
Fonte: cortesia do Metro do Porto, Portugal.

de consistência, a porcentagem de argila, extremamente informativos acerca das tendências de comportamento dos solos sedimentares, são-no muito menos, ou mesmo nada informativos para os solos residuais.

Nos pontos seguintes apresenta-se uma sucinta lista de aspectos em que o comportamento básico dos solos residuais saprolíticos do granito e do gnaisse se afasta dos solos de origem sedimentar. A discussão restringe-se aos solos saprolíticos dada a maior relevância destes e a condição muito particular, anteriormente mencionada, dos solos lateríticos.

Heterogeneidade

Os depósitos sedimentares caracterizam-se, na grande maioria das situações, por uma sucessão de camadas com uma muito razoável constância de propriedades num dado plano horizontal, ao longo do qual as características se mantêm ou experimentam variação relativamente suave. Da análise da Fig. 1.14 o mesmo poderia se pensar a respeito dos solos residuais. Nada mais falso: o esquema da figura conhece inúmeras exceções!

A título de exemplo, incluem-se na Fig. 1.18 dois perfis geológico-geotécnicos retirados do projeto da Estação Aliados do Metro do Porto, Portugal.

Por um lado, de ponto para ponto da superfície a espessura da camada decomposta e o próprio grau de alteração podem variar substancialmente. Tal deriva, antes de tudo, de a alteração dos maciços rochosos ocorrer essencialmente por causa da infiltração das águas pluviais e estas penetrarem mais abundante e profundamente nas zonas onde o fraturamento do maciço é mais intenso, logo, onde os blocos da rocha original apresentavam menores dimensões. Sendo a intensidade e a distribuição daquele fraturamento muitas vezes extremamente heterogêneas, elas acabam por condicionar a intensidade do grau atingido pelo intemperismo sob cada ponto da superfície. Pela mesma razão, numa espessa camada de solo residual podem aparecer grandes blocos quase esféricos de rocha praticamente sã (ver, por exemplo, a Fig. 1.16).

Por outro lado – e este ponto é particularmente relevante – sob níveis rochosos mais ou menos alterados, ou até sob níveis rochosos praticamente sãos, pode voltar a ocorrer material completamente decomposto, isto é, solo residual. Note-se que esse aspecto dificilmente ocorreria se a alteração da rocha *num dado local* (o da Fig. 1.18, por exemplo) resultasse exclusivamente da precipitação ocorrida no passado *nesse preciso local*. Todavia, as águas pluviais depois de se infiltrarem no terreno na vertical num dado local vão empreender uma circulação em subterrâneo, condicionada pela topografia regional, provocando a alteração das rochas em locais mais ou menos afastados do local em que incidiram primeiramente sobre o terreno. É essa basicamente a explicação para as inúmeras situações em que não se verifica em profundidade uma contínua redução do grau de alteração dos maciços.

Todos os aspectos mencionados estão documentados na Fig. 1.18, referente ao centro da cidade do Porto, onde, como pode ser verificado, a espessura de solo residual do granito chega a ultrapassar 30 m.

Como se compreenderá, essa heterogeneidade extremamente marcada acarreta dificuldades consideráveis quer no projeto quer na construção de estruturas que vão interagir com esses terrenos e exige campanhas de caracterização geotécnica mais onerosas pela necessidade de, especificamente, aumentar o número de pontos de sondagem de reconhecimento.

Já neste século, foi construída a primeira fase do Metro do Porto, que envolveu a construção de cerca de 8 km de túneis, ao abrigo de máquinas tuneladoras, em cenários similares aos da Fig. 1.18. Essas obras foram consideradas um relevante marco no domínio da execução de túneis com tuneladoras, que tiveram que ser adaptadas à extrema heterogeneidade do maciço escavado que, numa dada seção do túnel, poderia conter desde solo residual até rocha praticamente sã, em porcentagens da área da seção e em posições na mesma seção as mais diversas (Babendererde et al., 2004).

Estrutura cimentada

Aspecto particularmente interessante é a estrutura típica desses solos saprolíticos. Sendo solos, como se viu, de granulometria muito variada, as partículas não têm uma distribuição espacial uniforme, como seria razoável esperar num solo sedimentar de idêntica granulometria.

Como mostra a Fig. 1.19, há uma estrutura, digamos, primária, formada pelas partículas mais grossas, em geral os grãos de quartzo, enquanto as partículas finas formam *pontes* ou *ligações cimentícias* nos pontos de contato com as grossas. Essas pontes podem corresponder a ligações da antiga rocha não destruídas ou a outras reconstruídas no âmbito do processo químico de decomposição da rocha.

Diz-se então que esses solos apresentam *estrutura cimentada*. Essa estrutura parece constituir explicação para o fato de esses solos residuais, quando carregados por uma fundação, por exemplo, exibirem geralmente

Fig. 1.19 *Fotografia com microscópio binocular de um solo residual do granito, no qual se pode observar a sua estrutura cimentada*
Foto: António Viana da Fonseca.

menor deformabilidade do que solos sedimentares de granulometria e índice de vazios similares.

As diáclases reliquiares

O processo químico que conduziu à decomposição da rocha original formou uma massa terrosa aparentemente contínua na qual as primitivas fraturas ou diáclases, em muitas situações, são dificilmente detectáveis ou mesmo não detectáveis. Parece razoável aceitar, todavia, que aquele processo não é suscetível de estabelecer entre partículas que, embora vizinhas, pertenciam a blocos rochosos distintos, ligações tão resistentes como as prevalecentes entre partículas do mesmo bloco. Isso quer dizer que as antigas diáclases, embora disfarçadas, persistem no solo residual como superfícies de (mais) baixa resistência. Designam-se essas superfícies como *diáclases reliquiares*.

Elas evidenciam-se em certas instabilizações que ocorrem nesses solos, por exemplo, em faces de taludes de escavações ou na frente de túneis, que se assemelham mais a rupturas típicas de maciços rochosos, pois consistem no destacamento de blocos prismáticos, como se mostra na Fig. 1.20. A relevância dessas superfícies de baixa resistência é maior precisamente nas obras do tipo mencionado, em que a descompressão do terreno, inerente a qualquer escavação, subterrânea ou a céu aberto, facilita a abertura das diáclases reliquiares.

Fig. 1.20 *Fotografia mostrando instabilidade de um bloco de solo residual determinado por diáclases reliquiares*
Foto: António Viana da Fonseca.

1.7 Classificação unificada

Entre as classificações dos solos destinadas a aplicações destaca-se a chamada *classificação unificada*, reproduzida no Quadro 1.3. Essa classificação, destinada a orientar a utilização dos solos como materiais de aterro (aterros para estradas, aeródromos, barragens de terra etc.), divide os solos em 15 grupos – divisão essa que é feita com base nas respectivas propriedades de identificação (composição granulométrica e limites de consistência).

Na versão apresentada, relativa à revisão efetuada em 1985 pela ASTM (American Society for Testing and Materials), a classificação do solo, isto é, o seu grupo, corresponde a um símbolo (duas letras maiúsculas, em geral) e a um nome. Anexa à norma referida encontra-se vasta informação destinada a exemplificar a sua aplicação, especificamente nos casos menos comuns, e ainda com respeito aos processos a adotar na preparação das amostras e nos ensaios necessários à classificação.

A utilidade dessa classificação reside no fato de a experiência de muitas obras ter possibilitado uma associação de cada um dos grupos de solos referidos a determinados comportamentos mais ou menos desejáveis para diversos fins. Na fase de estudo de determinada obra de aterro é assim possível, com base em ensaios tão simples como os de identificação, escolher, entre os solos que se apresentem como passíveis de utilização, os que melhor correspondam às exigências daquela. A título de exemplo, o

Quadro 1.3 Classificação de solos de acordo com a ASTM D2487/85

Critérios para designação dos símbolos e nome dos grupos utilizando ensaios de laboratório (a)				Classificação do solo: Símbolo do grupo	Classificação do solo: Nome do grupo (b)
Solos grossos mais de 50% retido na peneira nº 200	Pedregulho mais de 50% da fração grossa retida na peneira nº 4	Pedregulhos limpos (c) Menos de 5% de finos	$C_U \geq 4$ e $1 \leq C_C \leq 3$ (e)	GW	Pedregulho bem graduado (f)
			$C_U < 4$ e/ou $C_C < 1$ e/ou $C_C > 3$ (e)	GP	Pedregulho mal graduado (f)
		Pedregulhos com finos (c) Mais de 12% de finos	Finos classificados como ML ou MH	GM	Pedregulho siltoso (f), (g), (h)
			Finos classificados como CL ou CH	GC	Pedregulho argiloso (f), (g), (h)
	Areias 50% ou mais da fração grossa passada na peneira nº 4	Areias limpas (d) Menos de 5% de finos	$C_U \geq 6$ e $1 \leq C_C \leq 3$ (e)	SW	Areia bem graduada (i)
			$C_U < 6$ e/ou $C_C < 1$ e/ou $C_C > 3$ (e)	SP	Areia mal graduada (i)
		Areias com finos (d) Mais de 12% de finos	Finos classificados como ML ou MH	SM	Areia siltosa (g), (h), (i)
			Finos classificados como CL ou CH	SC	Areia argilosa (g), (h), (i)
Solos finos 50% ou mais passado na peneira nº 200	Siltes e argilas $w_L < 50\%$	Inorgânico	$I_P > 7$ e situa-se na linha A ou acima desta (j)	CL	Argila pouco plástica (k), (l), (m)
			$I_P < 4$ ou situa-se abaixo da linha A (j)	ML	Silte (k), (l), (m)
		Orgânico	$\frac{w_L(\textit{seco em estufa})}{w_L(\textit{sem secagem})} < 0{,}75$	OL	Argila orgânica (k), (l),(m), (n) Silte orgânico (k), (l), (m), (o)

Quadro 1.3 (Cont.)

Critérios para designação dos símbolos e nome dos grupos utilizando ensaios de laboratório (a)				Classificação do solo: Símbolo do grupo	Classificação do solo: Nome do grupo (b)
50% ou mais passado na peneira nº 200	Siltes e argilas $w_L \geq 50\%$	Inorgânico	I_P situa-se na linha A ou acima desta	CH	Argila muito plástica (k), (l), (m)
			I_P situa-se abaixo da linha A	MH	Silte elástico (k), (l), (m)
		Orgânico	$\frac{w_L(seco\ em\ estufa)}{w_L(sem\ secagem)} < 0{,}75$	OH	Silte orgânico (k), (l), (m), (q)
Solos muito orgânicos, principalmente matéria orgânica, cor escura e odor orgânico				Pt	Turfa

Nota do autor: no contexto desta norma, a separação entre areia e pedregulho é referida à peneira nº 4 (4,75 mm).

(a) Fundamentado no material passado na peneira 3" (75 mm).
(b) Se a amostra virgem tiver blocos e/ou calhaus, deve-se incluir "com blocos e/ou calhaus" no nome do grupo.
(c) Pedregulho com 5% a 12% de finos precisa de dois símbolos: GW – GM Pedregulho bem graduado com silte; GW – GC Pedregulho bem graduado com argila; GP – GM Pedregulho mal graduado com silte; GP – GC Pedregulho mal graduado com argila.
(d) Areia com 5% a 12% de finos precisa de dois símbolos: SW – SM Areia bem graduada com silte; SW – SC Areia bem graduada com argila; SP – SM Areia mal graduada com silte; SP – SC Areia mal graduada com argila.
(e) $C_U = D_{60} / D_{10}$; $C_C = (D_{30})^2 / (D_{10} \cdot D_{60})$.
(f) Se o solo possuir ≥ 15% de areia, deve-se incluir "com areia" no nome do grupo.
(g) Se os finos se classificam como CL-ML, deve-se usar dois símbolos: GC-GM, SC-SM.
(h) Se os finos forem orgânicos, deve-se incluir "com finos orgânicos" no nome do grupo.
(i) Se o solo possuir ≥ 15% de pedregulho, deve-se incluir "com pedregulho" no nome do grupo.
(j) Se os limites de Atterberg se situarem na zona sombreada da carta de plasticidade (Fig. 1.21), o solo é um CL-ML, argila siltosa.
(k) Se o solo possuir 15% a 30% retido na peneira nº 200, deve-se incluir "com areia" ou "com pedregulho" no nome do grupo, conforme o predominante.
(l) Se o solo possuir ≥ 30% retido na peneira nº 200, predominantemente arenoso, deve-se incluir arenoso no nome do grupo.
(m) Se o solo possuir ≥ 30% retido na peneira nº 200, predominantemente pedregulho, deve-se incluir *pedregulhento* no nome do grupo.
(n) $I_P \geq 4$ e situa-se na linha A ou acima desta.
(o) $I_P < 4$ ou situa-se abaixo da linha A.
(p) I_P situa-se na linha A ou acima desta.
(q) I_P situa-se abaixo da linha A.

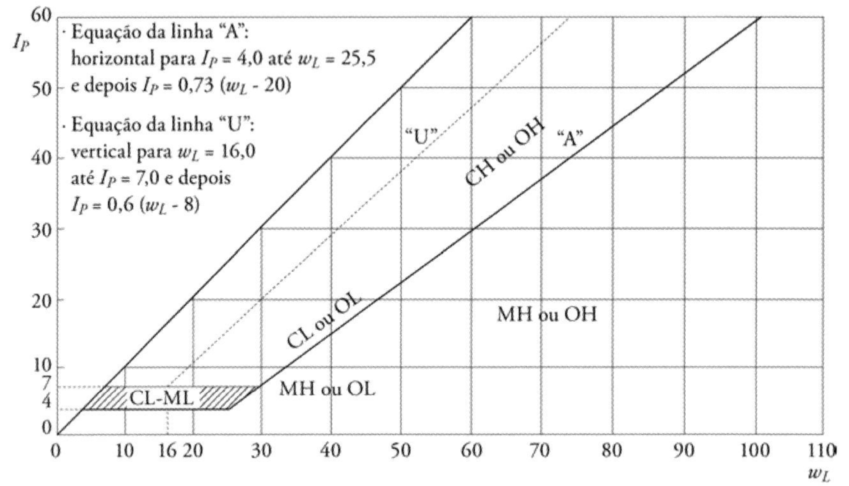

Fig. 1.21 *Carta de plasticidade de Casagrande*
Nota: os resultados que conduzam a pontos acima da linha "U" são provavelmente irrealistas já que os correspondentes ensaios deverão ser repetidos cuidadosamente.

Quadro 1.4 resume algumas importantes propriedades dos solos dos grupos em que se divide a Classificação Unificada depois de compactados.

1.8 Três perfis de solos portugueses

1.8.1 Aluviões moles do Baixo Mondego

Como exemplo típico dos solos argilosos que se formaram por sedimentação nos vales do litoral do continente português será apresentado o caso das aluviões do Baixo Mondego. Naqueles vales os depósitos sedimentares moles formaram-se nos últimos 10 mil a 12 mil anos, após a última glaciação, o que corresponde ao chamado Período Holocênico da Era Quaternária.

No local designado por Quinta do Foja, junto à autoestrada entre a Figueira da Foz e Coimbra, Coelho (2000) desenvolveu um completo estudo de caracterização do depósito aluvionar mole com cerca de 20 m de espessura.

A Fig. 1.22 ilustra a evolução em profundidade das principais propriedades físicas e de identificação do solo. Por sua vez, a Fig. 1.23 mostra, para o mesmo depósito, algumas propriedades de compressibilidade, de permeabilidade e de resistência. As grandezas desta última figura só serão introduzidas nos capítulos seguintes, não sendo, por agora, comentadas.

Quadro 1.4 Tendências de comportamento dos grupos da Classificação Unificada quando usados em obras de aterro

Símbolo do grupo	Propriedades importantes			
	Permeabilidade quando compactado	**Resistência ao cisalhamento quando compactado e saturado**	**Compressibilidade quando compactado e saturado**	**Trabalhabilidade como material de construção**
GW	Permeável	Excelente	Desprezível	Excelente
GP	Muito permeável	Boa	Desprezível	Boa
GM	Semipermeável a impermeável	Boa	Desprezível	Boa
GC	Impermeável	Boa a razoável	Muito baixa	Boa
SW	Permeável	Excelente	Desprezível	Excelente
SP	Permeável	Boa	Muito baixa	Razoável
SM	Semipermeável a impermeável	Boa	Baixa	Razoável
SC	Impermeável	Boa a razoável	Baixa	Boa
ML	Semipermeável a impermeável	Razoável	Média	Razoável
CL	Impermeável	Razoável	Média	Boa a razoável
OL	Semipermeável a impermeável	Fraca	Média	Razoável
MH	Semipermeável a impermeável	Razoável a fraca	Alta	Fraca
CH	Impermeável	Fraca	Alta	Fraca
OH	Impermeável	Fraca	Alta	Fraca
Pt	-	-	-	-

Fonte: adaptado de Lambe e Whitman (1979).

No que diz respeito à granulometria, a fração silte é predominante, sendo a fração argila, em média, da ordem de 20%, apenas. O mineral predominante na fração argila é a caulinita, que, como é sabido, tem atividade química relativamente baixa.

Não obstante o observado, verifica-se que o solo exibe plasticidade relativamente elevada. Essa plasticidade é conferida ao solo pela matéria orgânica, cujo teor é bastante significativo. Com efeito, o autor citado verificou que os valores dos limites w_L e w_P eram muito distintos conforme fossem determinados trabalhando com o solo a partir da umidade natural ou, como é usual, a partir de solo previamente seco em estufa ou ao ar. A secagem, em particular a secagem em estufa, conduz à eliminação de parte substancial da matéria orgânica do solo.

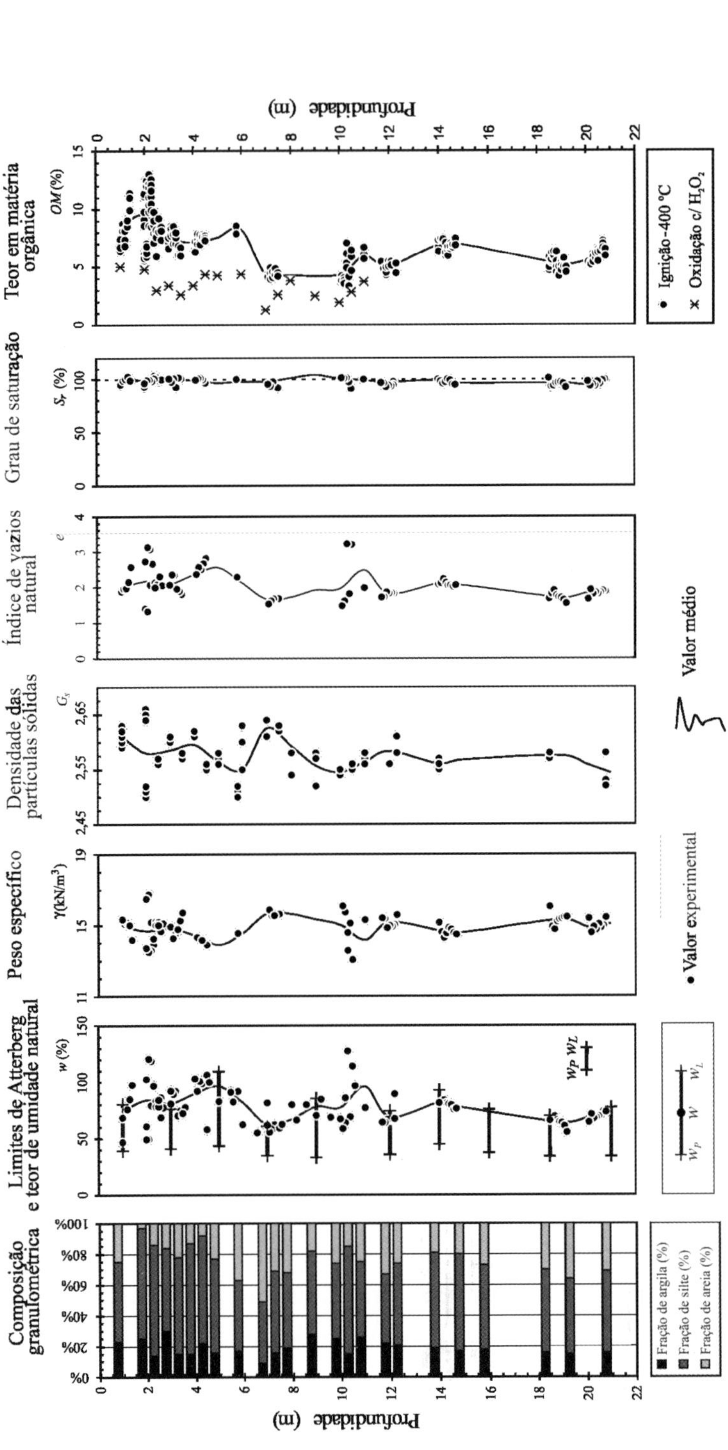

Fig. 1.22 *Propriedades granulométricas, limites de Atterberg e índices físicos de aluviões moles do Baixo Mondego – Quinta do Foja*
Fonte: Coelho (2000).

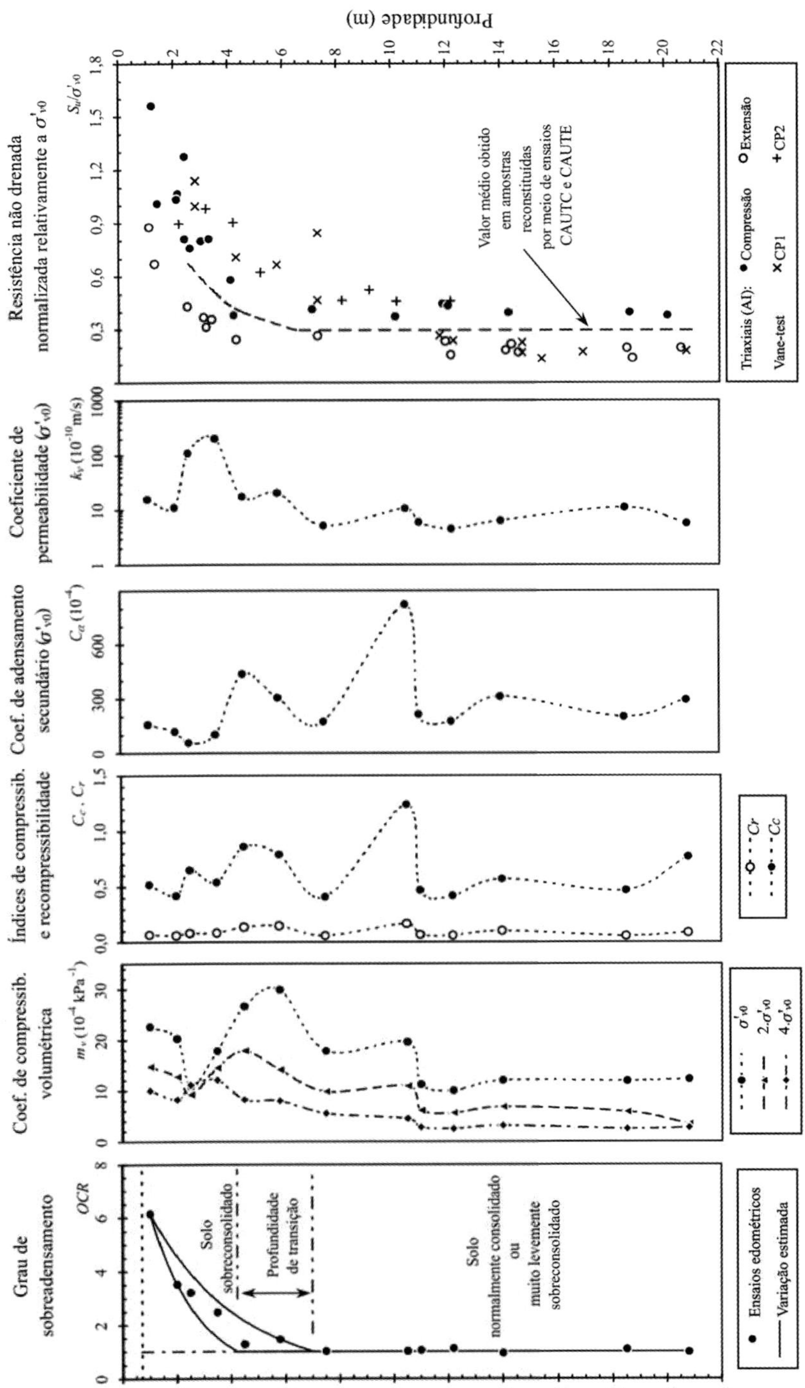

Fig. 1.23 *Razão de sobreadensamento, propriedades de compressibilidade, de permeabilidade e de resistência de aluviões moles do Baixo Mondego – Quinta do Foja*
Fonte: Coelho (2000).

Parece oportuno chamar a atenção para o Quadro 1.3 da Classificação Unificada. Nele, os solos são classificados como *orgânicos* (grupos OL e OH) quando é menor que 0,75 a razão do valor do limite de liquidez determinado com o solo previamente seco em estufa pelo valor do mesmo limite determinado sem secagem prévia.

Os valores dos limites de liquidez e de plasticidade incluídos na Fig. 1.22 são assim resultantes de ensaios com o solo trabalhado a partir da umidade natural. Pode-se observar na mesma figura que o teor de umidade natural é muito próximo do limite de liquidez, o que naturalmente explica a muito baixa consistência do solo.

Estando o teor de umidade próximo do limite de liquidez, e sendo o solo bastante plástico, o valor absoluto do teor de umidade é elevado, o que conduz a valores do índice de vazios também bastante altos (de 2,0 a 3,0).

É ainda interessante observar que, apesar da razoável homogeneidade granulométrica (e também mineralógica) do depósito, este apresenta uma variabilidade muito grande das suas propriedades físicas, especificamente do teor de umidade, do índice de vazios e do peso específico. Aquela dispersão de valores parece ser determinada pela própria variabilidade do teor de matéria orgânica, muito em particular nos horizontes mais superficiais, logo mais recentes. Essa variabilidade do teor de matéria orgânica e o respectivo valor médio tendem a reduzir-se em profundidade, o que parece razoável.

Tendo sido apontada a importância do teor de matéria orgânica do solo, justifica-se uma breve observação acerca da sua determinação.

O processo mais utilizado no âmbito da Mecânica dos Solos é o chamado método das perdas por ignição, que consiste na eliminação da matéria orgânica a altas temperaturas. A quantidade de matéria orgânica é estimada pela perda de peso da amostra de solo relativamente ao da amostra seca à chamada temperatura de referência.

As temperaturas de referência e de ignição não se encontram normalizadas; no caso em questão o autor citado adotou, respectivamente, as temperaturas de 50 °C e 400 °C, mantidas durante 24 horas. Em termos quantitativos, o teor de matéria orgânica é a razão, expressa em porcentagem, da perda de peso da amostra pelo peso da mesma à temperatura de referência.

1.8.2 Solos sedimentares miocênicos de Lisboa – *campus* do Instituto Superior Técnico (IST)

Parte importante da cidade de Lisboa está fundada em solos do Período Miocênico, da Era Terciária. Naquele período, há cerca de seis milhões de anos, formaram-se na região de Lisboa solos sedimentares de tipo muito diverso, quer arenosos, quer argilosos.

Estudo de caracterização muito completo foi realizado por Marques (1998) na Alameda D. Afonso Henriques, junto ao *campus* do Instituto Superior Técnico, onde foi construído um túnel para o Metropolitano de Lisboa.

No local estudado, sob uma camada superficial de aterro antigo de reduzida espessura, aparecem dois solos miocênicos:

i) dos 2,0 m aos 11,0 m de profundidade ocorrem areias finas silto-argilosas, compactas, denominadas na Carta Geológica de Lisboa como *Aréolas da Estefânia*;

ii) dos 11,0 m aos 31,0 m de profundidade aparecem argilas siltosas, muito rijas a duras, denominadas na Carta Geológica de Lisboa como *Argilas de Prazeres*.

A Fig. 1.24 mostra a evolução em profundidade da granulometria e de outros índices físicos desses solos até 31,0 m de profundidade, estando as argilas mais cabalmente caracterizadas, como é patente.

No que diz respeito à primeira camada, as chamadas aréolas, salvo um horizonte muito superficial, não exibem plasticidade. Em média são constituídas por 70% de areia, 24% de silte e 6% de argila, daí poderem ser classificadas como areias siltosas ou areias silto-argilosas.

São solos mal graduados, apesar de apresentarem valores do coeficiente de não uniformidade, C_U, muito elevados (muito acima de 6), os valores do coeficiente de curvatura, C_C, situam-se fora do intervalo de 1 a 3. Isso deve-se ao fato de possuírem uma estreita faixa granulométrica francamente predominante – mais de 60% das partículas correspondem à dimensão areia fina.

O autor citado não reporta, ainda para a primeira camada, o índice de vazios. Admitindo o solo saturado e tomando os valores médios da densidade das partículas sólidas e do teor de umidade, respectivamente, iguais a 2,58 e a 19%, pode-se estimar para o solo um índice de vazios médio de 0,49. Esse valor é bastante baixo, pois, sendo o solo mal graduado, o índice de vazios mínimo (não disponível) não será provavelmente muito inferior. Isso

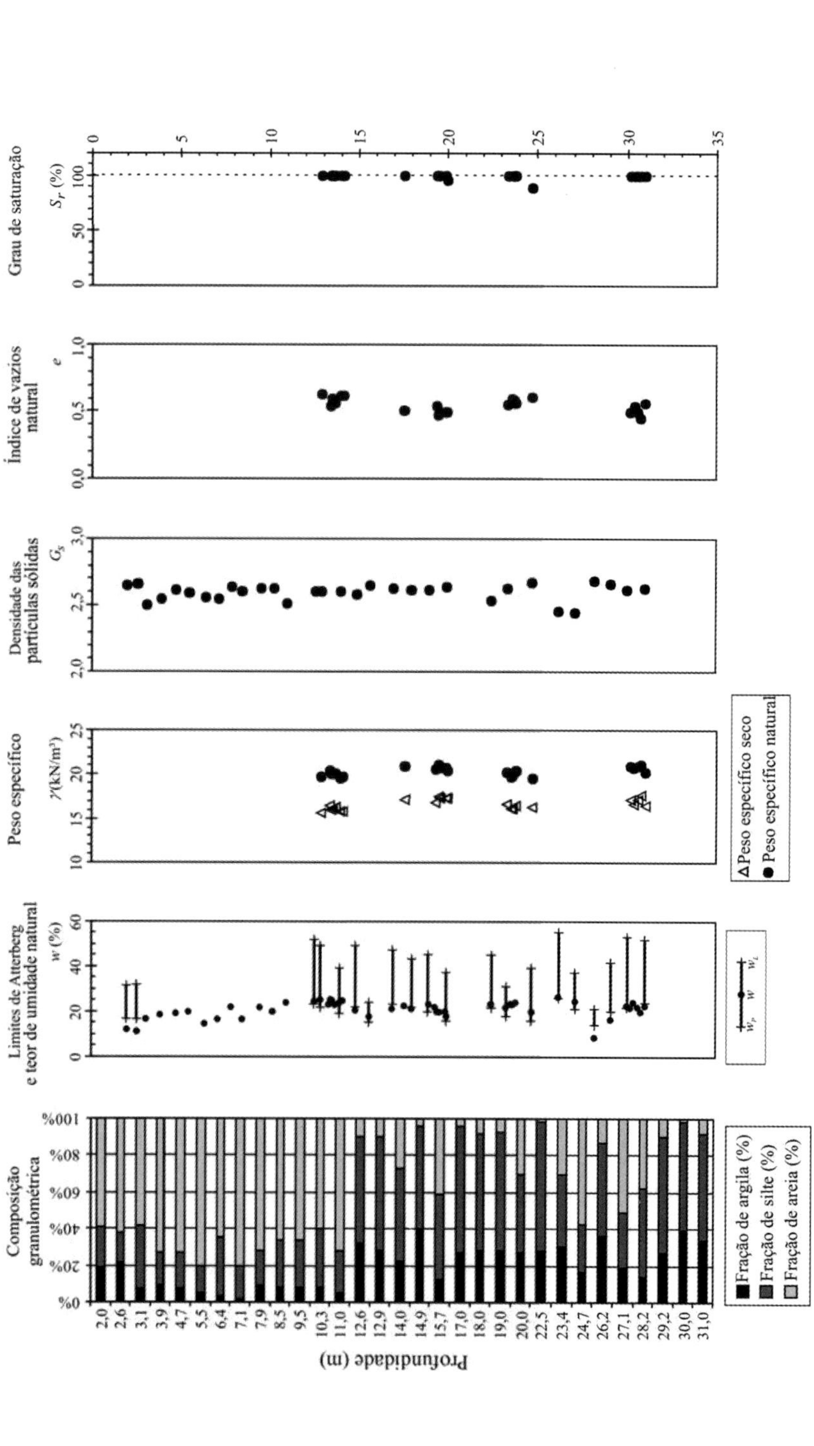

Fig. 1.24 *Propriedades granulométricas, limites de Atterberg e índices físicos de solos miocênicos na Alameda D. Afonso Henriques em Lisboa*

Fonte: Marques (1998).

quer dizer que a camada das aréolas se encontra bastante compacta, o que aliás é natural tendo em conta tratar-se de um solo antigo.

Comentando agora os resultados para a camada de argila, pode-se observar, antes de tudo, que variam substancialmente as porcentagens de areia, silte e argila em profundidade. Este fato vai conduzir a uma também significativa variação dos limites de liquidez e de plasticidade em profundidade. É interessante notar que é nos níveis em que a fração arenosa é mais importante (por exemplo, cerca dos 16 m e dos 25 m de profundidade) que aqueles limites, bem como a respectiva diferença, o índice de plasticidade, são mais baixos.

Tratando-se de solos antigos, não surpreende que o teor de umidade natural se revele muito inferior ao limite de liquidez, sendo em geral bastante próximo do limite de plasticidade. O índice de consistência é, assim, próximo de 1,0, o que corresponde a solos rijos a duros.

Apesar da mencionada variabilidade da granulometria e dos limites de Atterberg, pode-se detectar uma tendência para a redução do teor de umidade e do índice de vazios em profundidade.

1.8.3 Solos residuais do granito do Porto – *campus* da Faculdade de Engenharia da Universidade do Porto (FEUP)

Como já foi mencionado, os solos residuais do granito cobrem parte substancial da região norte de Portugal. Estudo muito detalhado sobre os mesmos solos foi realizado num campo experimental situado no *campus* da FEUP (Viana da Fonseca et al., 2006).

Em termos geológicos, o local é formado por uma camada relativamente espessa de solo residual (que em certos locais ultrapassa 20 m) sobre um maciço rochoso complexo. De fato, no local o contato do granito com outras formações mais antigas produziu um acentuado grau de metamorfismo, que se traduz pela ocorrência, para além dos granitos, de rochas como gnaisses e migmatitos.

A Fig. 1.25a mostra a distribuição granulométrica do solo residual determinada a partir de amostras coletadas numa sondagem que atingiu cerca de 20 m de profundidade. Por sua vez, a Fig. 1.25b representa, para as partículas de dimensão argila, os minerais constituintes. Como comentário aos resultados obtidos, pode-se adiantar o seguinte: i) a distribuição granulométrica está de acordo, essencialmente, com o que foi mencionado em 1.6.2;

ii) verifica-se uma clara tendência para o crescimento da fração fina (silte e argila) com a aproximação da superfície, refletindo o crescimento da alteração química do material; iii) a caulinita é o mineral predominante na fração argila, e é possível notar, além disso, que essa predominância se acentua com a aproximação da superfície, ainda pela razão anteriormente invocada.

A Fig. 1.26 mostra para os primeiros 8 m do solo residual, sucessivamente, a granulometria, os limites de Atterberg (nos horizontes em que o

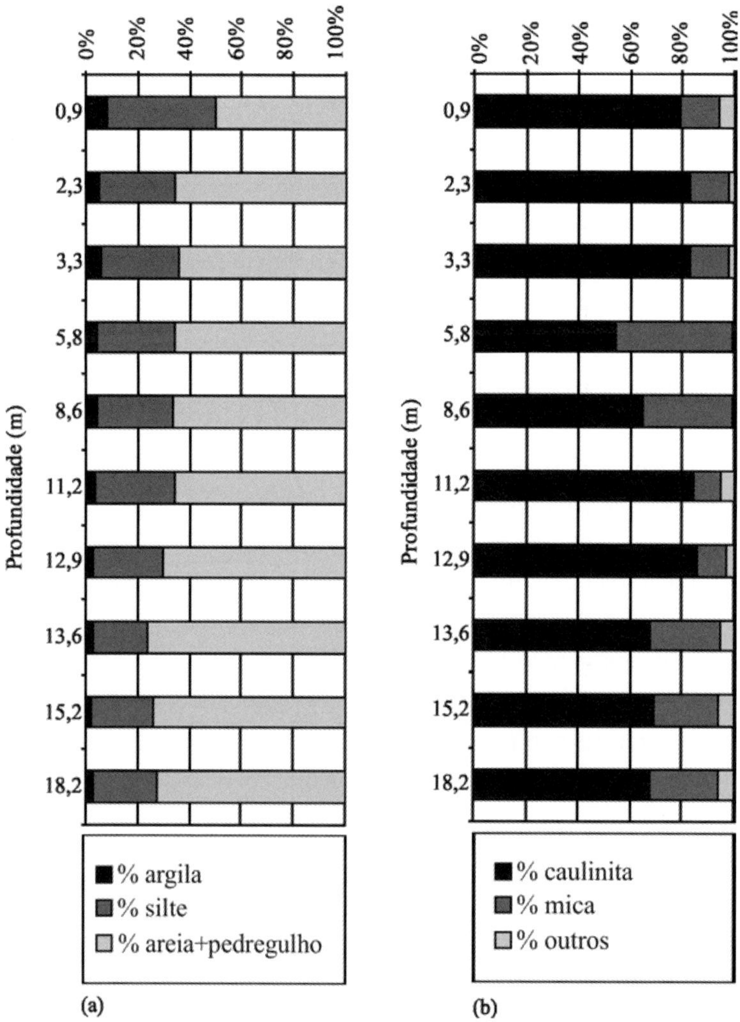

Fig. 1.25 *Solo residual do granito do campus da FEUP: (a) evolução em profundidade da granulometria; (b) constituição mineralógica da fração argila*
Fonte: Viana da Fonseca et al. (2006).

solo exibe plasticidade) e o teor de umidade, o peso específico, a densidade das partículas sólidas, o índice de vazios e o grau de saturação. Esses resultados foram obtidos a partir de amostras colhidas em diversas sondagens e também em poços.

Os resultados com respeito à granulometria apresentam sensíveis discrepâncias em relação aos da Fig. 1.25a. Para além da heterogeneidade do solo, a explicação reside no fato de os resultados incluídos nas duas figuras terem sido obtidos por processos diferentes: por meio de um granulômetro (os da Fig. 1.25a) e por peneiramento-sedimentação (os da Fig. 1.26). De qualquer modo, para os resultados desta última figura, é também possível identificar a tendência para aumento da fração fina de baixo para cima, embora com menos nitidez que na figura anterior, tendo em conta que agora a caracterização se restringe a um horizonte mais restrito e superficial.

O solo caracterizado encontra-se acima do nível freático, o que explica que apresente um grau de saturação bastante inferior a 100%, dado que condiciona também o teor de umidade, que aparece abaixo do limite de plasticidade. Importa, todavia, recordar que os limites de Atterberg e o teor de umidade não têm, para esse tipo de solos, a relevância e o significado que apresentam para os solos argilosos de origem sedimentar. Daí também não serem usados para os solos residuais os índices de consistência e de liquidez.

Com efeito, no caso presente, a posição do teor de umidade em relação aos limites de Atterberg não reflete a história de tensões do solo. O valor absoluto do teor de umidade é, no essencial, condicionado pela posição do nível freático, não se repercutindo o seu aumento, associado a uma eventual subida daquele nível, por uma expansão (aumento de volume) ou degradação mecânica do solo, até porque este tem uma fração grossa muito importante. Aliás, é fácil verificar numericamente, com os dados da Fig. 1.26, que a saturação do solo corresponde a um teor de umidade muito próximo do limite de plasticidade.

1.9 Quatro perfis de solos brasileiros

1.9.1 Argilas moles de Sarapuí, Rio de Janeiro

Como exemplo de solos argilosos que se formaram por sedimentação no litoral brasileiro no Período Holocênico da Era Quaternária, selecionou-se a argila muito mole de Sarapuí, localizada numa vasta área plana na margem esquerda do rio Sarapuí, junto à baía da Guanabara, a curta distância da cidade do Rio de Janeiro.

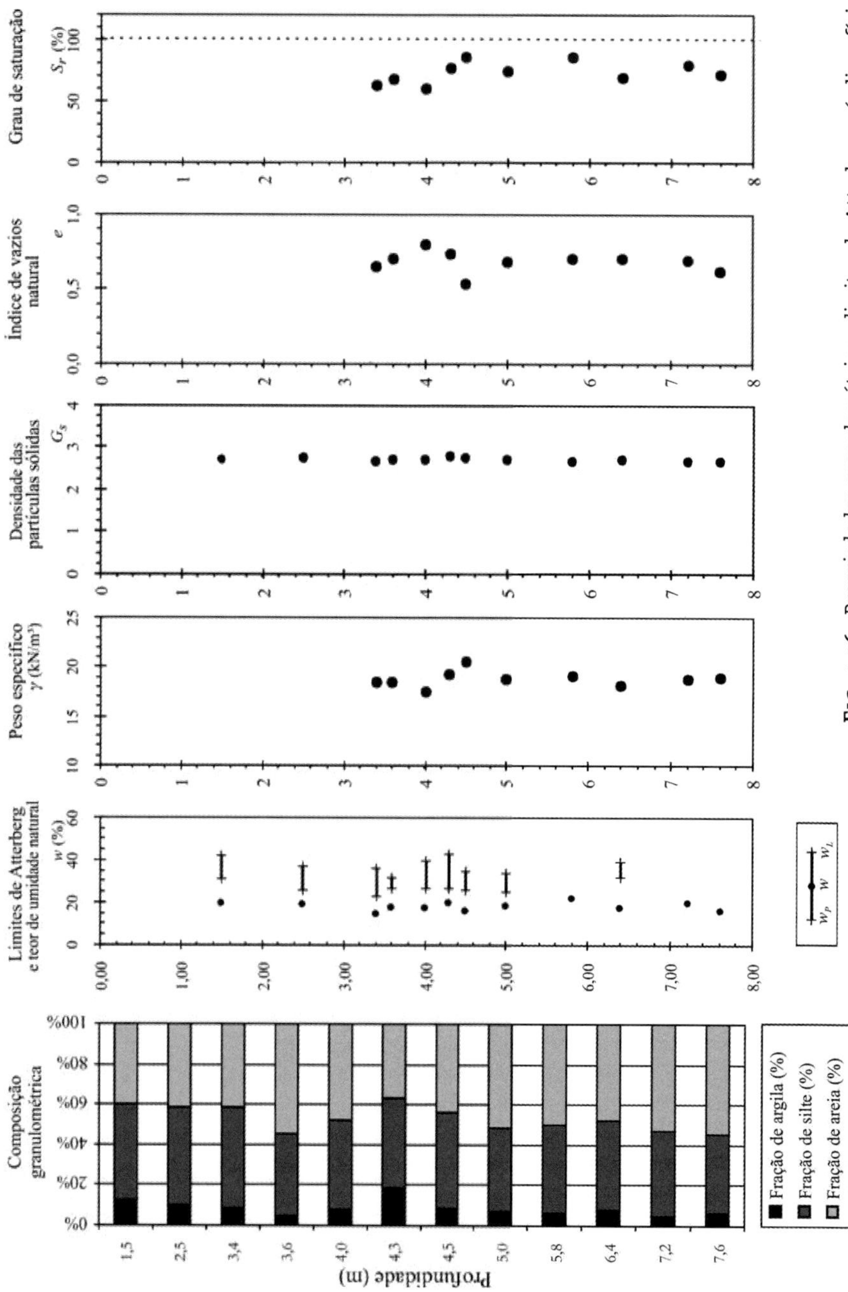

Fig. 1.26 *Propriedades granulométricas, limites de Atterberg e índices físicos do solo residual do campus da FEUP*

O local tem sido desde há muitos anos objeto de estudos de caracterização geológico-geotécnica (Pacheco Silva, 1953; Coutinho, 1976; Lacerda *et al.*, 1977; Ortigão *et al.*, 1983; Sayão e Sandroni, 1986; Danziger *et al*, 1997; Almeida e Marques, 2003).

Os resultados apresentados neste livro são muito recentes e foram obtidos por uma equipe da Coppe/UFRJ no local de Sarapuí II, a cerca de 1,5 km do campo experimental onde foram realizados os primeiros estudos (Jannuzzi, 2013; Januzzi; Danziger; Martins, 2015).

A Fig. 1.27 ilustra a evolução em profundidade das principais características físicas e de identificação do solo. Por sua vez, a Fig. 1.28 mostra, para o mesmo depósito, algumas características de compressibilidade, rigidez e resistência. Analogamente ao que foi feito anteriormente, apenas a primeira figura será comentada no presente capítulo.

O solo argiloso mole estende-se desde a superfície até cerca de 8 m de profundidade, encontrando-se limitado na parte inferior por camadas de silte argiloso, areia argilosa e argila siltosa de maior resitência.

No que diz respeito à granulometria, pode observar-se que a fração argilosa é claramente predominante, mantendo-se próxima de 60% em profundidade.

O limite de liquidez cresce em profundidade, passando de um valor de cerca de 105% perto da superfície para valores muito superiores logo abaixo, chegando a ultrapassar 200%. Os valores do limite de plasticidade variam muito menos em profundidade, mantendo-se dentro do intervalo 35%-45%, donde o índice de plasticidade cresce de 60%-70% à superfície, para valores que chegam a ultrapassar 150% pouco abaixo e se aproximam de 100% no resto do perfil. Pode observar-se também que o teor de umidade natural é de modo geral próximo do limite de liquidez, o que corrobora a consistência muito mole do solo. Os valores muito inferiores na base do perfil pertencem já à camada siltosa subjacente.

Considerando que a fração de argila é sensivelmente constante em profundidade, a evolução do parâmetro de atividade é muito similar à do índice de plasticidade.

Comentando agora a distribuição dos minerais de argila, obtida pela difração por raios X, verifica-se que a caulinita é predominante ao longo do perfil, aumentando a sua porcentagem em profundidade. Nota-se, todavia, que a fração de esmectita é também bastante elevada no horizonte entre 1,2 m e 3,5 m de profundidade, que é em parte aquele onde o solo exibe maior plasticidade.

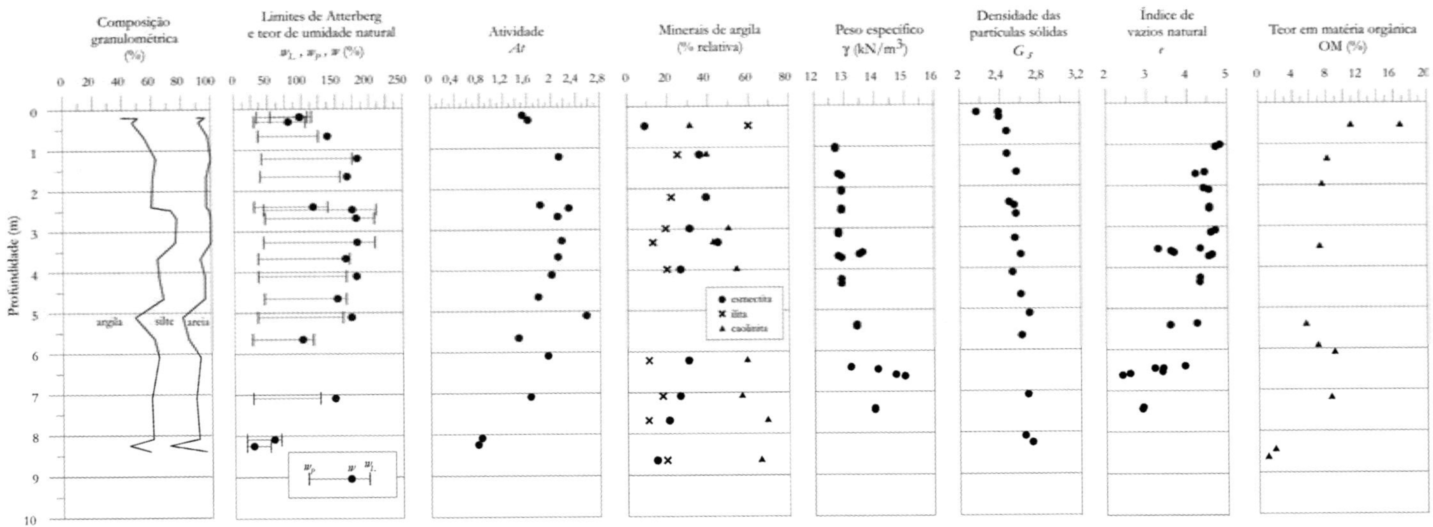

Fig. 1.27 *Características de granulometria, limites de Atterberg, minerais de argila e índices físicos das argilas muito moles de Sarapuí II, Rio de Janeiro*

Fonte: adaptado de Jannuzzi, Danziger e Martins (2015).

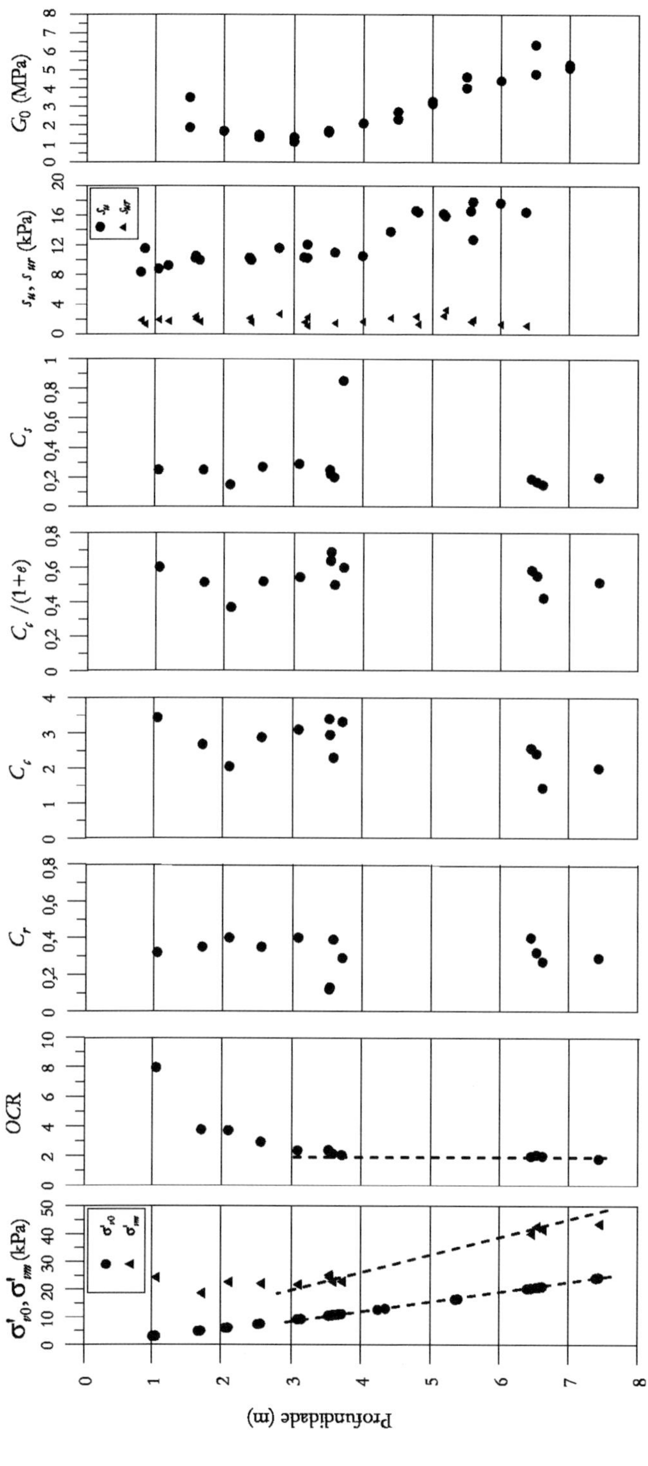

FIG. 1.28 *Características de compressibilidade, rigidez e resistência das argilas muito moles de Sarapuí II, Rio de Janeiro*

Fonte: adaptado de Jannuzzi, Danziger e Martins (2015).

Os valores da densidade das partículas crescem linearmente com a profundidade, exceto muito próximo da superfície, devido à influência das raízes. O teor de matéria orgânica, avaliado pelo método das perdas por ignição a 440°C, decresce com a profundidade até cerca de 3,0 m, de uma faixa de 11-18% para 5-6%, mantendo-se a partir daí sensivelmente constante até cerca de 6,0 m; de 6,0 m a 8,0 m volta a crescer, situando-se na faixa de 7-9%. Os valores de 1-2% deste teor na base são já representativos da camada inferior de silte argiloso.

Tratando-se, como se viu, de um solo muito plástico, com teor de umidade próximo do limite de liquidez, o índice de vazios tem que ser necessariamente muito elevado, situando-se no intervalo 4-5 na maior parte do perfil. Esse fato, agravado pelo baixo valor de G_s anteriormente comentado, vai conduzir a valores do peso específico do solo muito reduzidos, inferiores a 13 kN/m^3 na maior parte do perfil.

1.9.2 Sedimentos marinhos da Baixada Santista

Os terrenos da planície costeira de Santos – a chamada Baixada Santista – têm constituído desde sempre um grande desafio para a engenharia de solos, dada a presença de sedimentos marinhos argilosos e arenosos quaternários com grande espessura e diversidade sobre um embasamento de rochas graníticas e gnáissicas. A diversidade e a complexidade dos sedimentos e do seu comportamento estão relacionadas com as flutuações do nível do mar durante o Quaternário.

Um trabalho de grande rigor e profundidade sobre os solos da Baixada Santista foi publicado por Massad (2009). Foi com base nesse trabalho que se escreveram as breves linhas seguintes e se selecionou um perfil de solo ilustrativo das condições geotécnicas da região.

A planície litorânea santista estende-se ao longo de cerca de 40 km entre o oceano Atlântico e a Serra do Mar, com largura máxima de cerca de 15 km, sendo drenada por uma série de rios e canais de maré, num ambiente flúvio-lagunar. Nessas difíceis condições geológico-geotécnicas, cresceu a cidade de Santos e o seu porto, o maior da América Latina.

Na Fig. 1.29, representa-se um perfil do terreno na região de Alemoa, junto à cidade de Santos (Massad, 2009). Podem ser observadas duas camadas de argila: i) a primeira até 16 m de profundidade; ii) a segunda abaixo dos 20 m de profundidade (com uma intercalação de areias entre os 30 m e 35 m). Essas

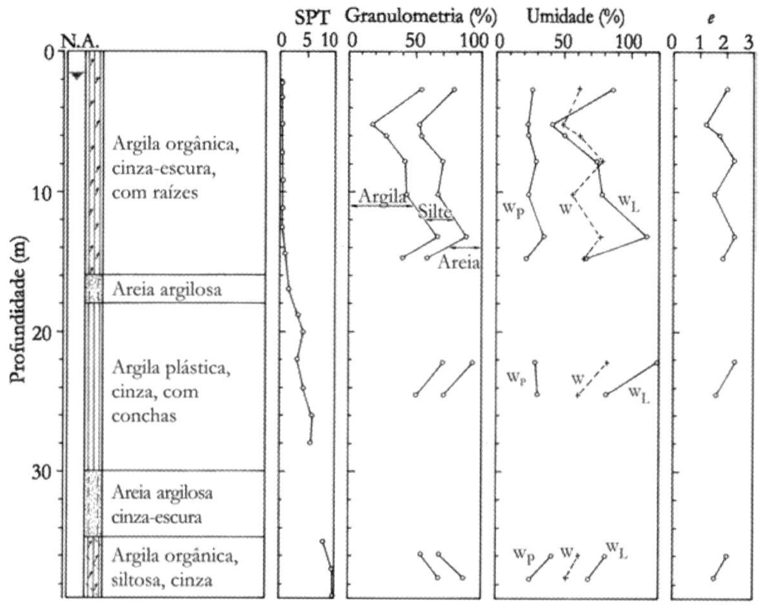

FIG. 1.29 *Corte geológico-geotécnico na região de Alemoa, na Baixada Santista*
Fonte: adaptado de Massad (2009).

camadas de argila apresentam características fisicas e propriedades de engenharia bastante contrastantes, algumas das quais se resumem na Tab. 1.8.

A camada argilosa inferior foi formada no período Plistocênico em associação com uma forte transgressão marinha (subida do nível do mar) até ao sopé da Serra do Mar. Essa transgressão favoreceu a deposição de sedimentos finos em ambiente marinho. Seguiu-se uma regressão marinha pronunciada, estimando-se que o nível do mar tenha estado 110 m abaixo do atual, com formação de cordões litorâneos e dunas eólicas. Durante essa fase, parte dos sedimentos plistocênicos foi erodida e a parte que permaneceu, devido à descida do nível da água, sofreu um processo que no Cap. 4 será designado como adensamento (melhoria das características mecânicas associadas à redução do teor de umidade e do índice de vazios). Na transgressão recente, durante o Holoceno, o mar penetrou nas zonas baixas, favorecendo a deposição de sedimentos argilosos num ambiente flúvio-lagunar. Esses sedimentos correspondem à camada argilosa superficial muito mole. Essa última transgressão, ao implicar a subida do nível do mar, tornou a camada argilosa rija inferior sobreadensada (conceito que será apresentado e desenvolvido no Cap. 4).

Tab. 1.8 Algumas características geotécnicas das camadas argilosas da Fig. 1.29

Características	Camada superficial (até 16 m)		Camada profunda (entre 20 m e 40 m)	
	Média	Faixa de variação	Média	Faixa de variação
% < 5μ	42	19-66	68	66-70
w_L (%)	72	41-111	87	68-120
I_P (%)	45	18-77	57	40-92
At	1,3	1,1-1,35	1,1	0,8-1,5
w (%)	65	49-78	70	60-80
I_C	0,02	-0,44-0,44	0,43	0,39-0,5
e	1,84	1,2-2,3	1,8	1,6-2,3
γ (kN/m³)	15,5	15,0-17,0	15,3	14,5-16,3
C_c	0,93	0,5-1,3	1,3	0,8-1,8
N (SPT)	0	-	-	4-10
s_u (kPa)	29	20-45	-	-
OM (%)	3,0-3,1 (dois valores)		2,3 (um valor)	
Minerais	k/I/M + Cl ou k/I/Cl (duas determinações)		k/I/M + Cl (uma determinação)	

Nota: k – Caulinita; I – Ilita; Cl – Clorita; M + Cl – Camadas mistas de montmorillonita e clorita.
Fonte: adaptado de Massad (2009).

Como breve comentário acerca dos parâmetros apresentados na Tab. 1.8, pode verificar-se que a camada argilosa inferior é mais plástica, essencialmente porque tem maior fração fina (a atividade da fração argila é similar nas duas camadas). Essa diferença de plasticidade permite explicar um fato curioso: as duas camadas apresentam valores do teor de umidade natural, do índice de vazios e do peso específico bastante similares e, não obstante, têm consistência contrastante: a camada inferior tem consistência média a rija enquanto que a camada superficial é muito mole. Esse exemplo mostra que os parâmetros físicos como o teor de umidade e o índice de vazios, por si só, pouco dizem sobre o comportamento de um solo argiloso. Só a comparação do teor de umidade com os limites de Atterberg do solo permite concluir algo, em termos qualitativos, sobre as tendências do comportamento desse solo quando carregado.

1.9.3 Argilas vermelhas da Avenida Paulista, São Paulo

A cidade de São Paulo está construída sobre uma bacia sedimentar formada na Era Terciária (Períodos Paleógeno e Neógeno) de origem flúvio-lacustre, apresentando solos extremamente variados, com um embasamento rochoso de rochas gnáissicas e graníticas (Massad, 1985; Futai; Cecílio Jr; Abramento, 2012).

Nas zonas mais altas da cidade, os solos sedimentares ficaram sujeitos a um intenso processo de intemperismo. Nesses locais, os solos mais superficiais, de natureza argilosa, sofreram laterização, que deu origem a argilas vermelhas, por via da concentração de óxidos de ferro. Esses solos podem, por exemplo, ser encontrados na Avenida Paulista, de que se mostra um perfil na Fig. 1.30 (Massad, 1985).

Como se pode observar, trata-se de solos não saturados (o nível freático médio está perto da base do perfil representado) com uma importante fração argilosa.

A primeira camada, devido a mais intensa laterização, apresenta uma macroestrutura muito porosa. Pode ser observado também que o teor de umidade está sensivelmente abaixo do limite de plasticidade, o que corresponde, por aplicação da Eq. 1.5, a um índice de consistência superior a 1,0. Num solo argiloso "clássico", saturado, isso corresponderia a uma consistência relativamente elevada. Todavia, a argila vermelha porosa exibe elevada compressibilidade, quando carregada à superfície, devido ao seu elevado índice de vazios conferido pelo intemperismo. Sousa Pinto (2002) refere, a propósito, que esse solo tem *caráter colapsível*, podendo exibir igualmente grandes deformações induzidas por um aumento brusco do teor de umidade, por exemplo, associado a uma excepcional subida do nível freático, infiltração de água da chuva ou, até, a ruptura de adutoras.

Abaixo da camada de argila porosa encontra-se a camada de argila de consistência rija. Essa camada, como se pode observar, apresenta granulometria e limites de Atterberg parecidos com a camada superior, sendo o contraste em termos de consistência explicado pelo menor índice de vazios. O grau de saturação é também mais elevado (logo também o peso específico) em virtude da maior proximidade em relação ao nível freático.

Massad (2012) salienta que o perfil corresponde de fato ao mesmo solo, mas com distinto grau de intemperismo, decrescendo naturalmente esse grau em profundidade.

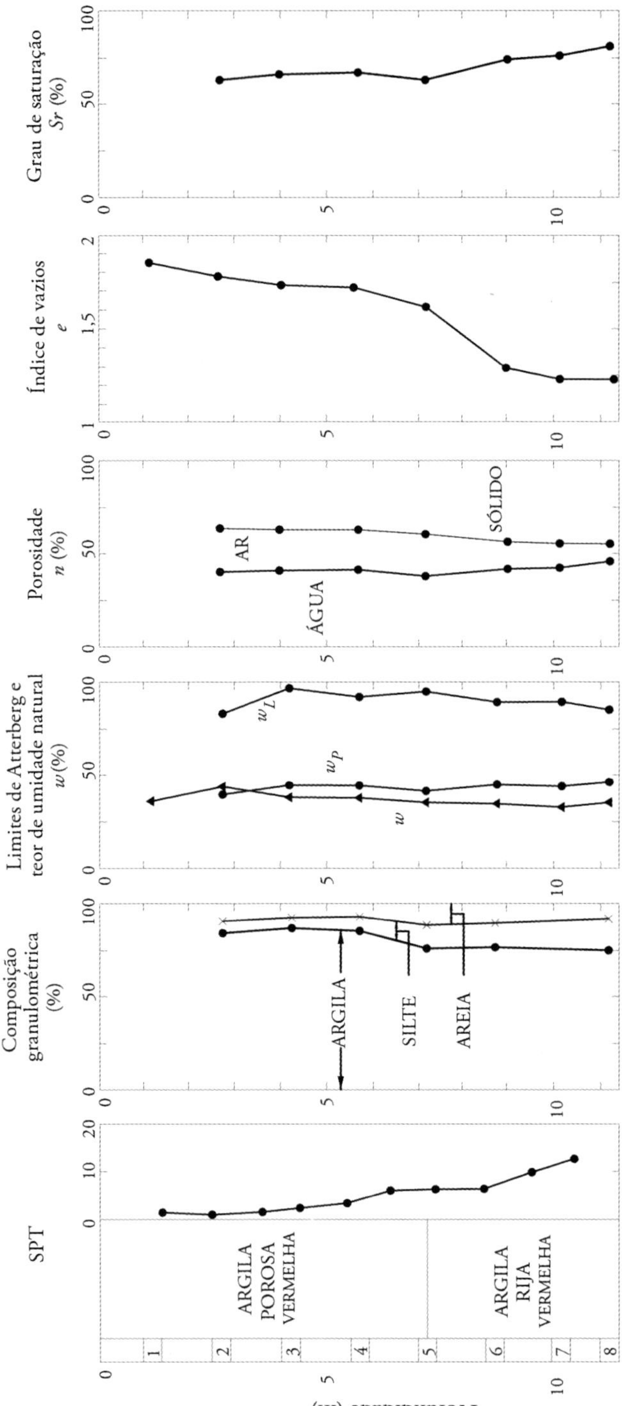

Fig. 1.30 *Perfil geológico-geotécnico na Avenida Paulista, São Paulo*
Fonte: adaptado de Massad (1985).

1.9.4 SOLOS RESIDUAIS DE GNAISSE DE OURO PRETO, MINAS GERAIS

Um exemplo de perfil geotécnico de um solo residual de gnaisse, da cidade de Ouro Preto, Minas Gerais, está representado na Fig. 1.31 (Futai, 2002).

O solo estudado tem duas camadas bem distintas. A camada superficial (horizonte B), de cor avermelhada, é mais argilosa e consequentemente mais plástica, o que explica o mais elevado índice de vazios e o mais reduzido peso específico. Naturalmente, isso está relacionado com o mais avançado grau de intemperismo dessa camada superficial, em processo de laterização.

A camada inferior (horizonte C) é um solo saprolítico típico no Brasil, estendendo-se em profundidade muito para além do representado (mais de 40 m de profundidade). Após uma estreita zona superior de transição, verifica-se que a granulometria e os limites de liquidez e de plasticidade variam relativamente pouco com a profundidade, o que também ocorre com o índice de vazios e o peso específico natural.

A posição do teor de umidade em relação aos limites de Atterberg não tem nesses solos residuais o significado (muitíssimo relevante) que foi discutido para os solos argilosos de origem sedimentar. No caso presente, o nível freático encontra-se abaixo da base do perfil representado, estando os solos superiores não saturados. O teor de umidade em cada nível é naturalmente condicionado pela posição do nível freático.

A densidade das partículas sólidas apresenta dois valores médios: 2,63 no horizonte B e 2,68 no solo saprolítico. Essa diferença deve ser atribuída a composições mineralógicas distintas das duas camadas.

O perfil de composição mineralógica mostra perfeitamente a alteração dos minerais. O quartzo, por ser quimicamente inerte, permanece inalterado na fração areia e num pequeno porcentual na fração silte ao longo de todo o perfil representado. A caulinita é o mineral de argila dominante, não somente na fração argila como também na fração silte, o que é comum nesses solos tropicais. No horizonte mais superficial, a degradação da caulinita pela evolução pedogenética, devido à alta lixiviação e drenagem, transformou parte da caulinita em gibsita. O ferro é liberado durante o processo de formação da caulinita e foi quantificado por meio dos íons na água intersticial. A alteração da caulinita em gibsita libera a sílica (SiO_2) amorfa.

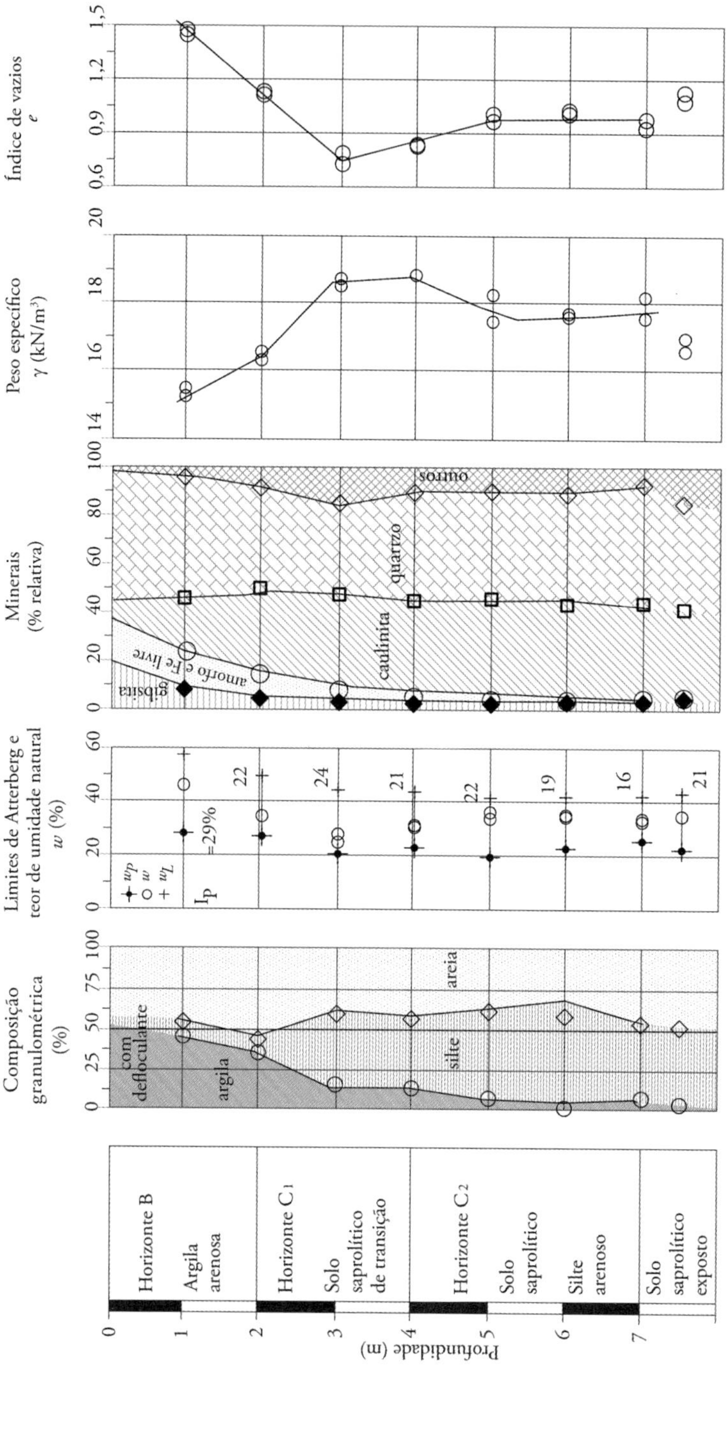

Fig. 1.31 *Perfil de solo residual de gnaisse em Ouro Preto, Minas Gerais*
Fonte: Futai (2002).

Informações sobre as características mecânicas desse solo foram apresentados por Futai, Almeida e Lacerda (2004) e a influência da condição não saturada pode ser consultada no trabalho de Futai e Almeida (2005).

Anexos

A1 A origem dos solos

Tradução livre de um excerto de **Soil Mechanics and Engineering** *(Scott; Schoustra, 1968).*

Os solos são, na sua maioria, resultantes da desintegração e da decomposição das rochas constituintes da crosta terrestre. Tais rochas, por sua vez, podem resultar da cristalização de magma ejetado do interior da Terra para a crosta terrestre ou podem ter se desenvolvido a partir da alteração de outras rochas em resultado de variações de pressão e temperatura.

As rochas originais podem desintegrar-se e decompor-se em solos, os quais, por sua vez, quando sujeitos a elevadas pressões e temperaturas, se transformam novamente em matéria rochosa constituindo as chamadas rochas sedimentares. Se as temperaturas forem suficientemente altas, as partículas individuais do solo podem perder a sua identidade numa massa em fusão, que, recristalizando, forma as rochas metamórficas.

Nesses processos de formação dos solos e das rochas na crosta terrestre, as rochas e os solos podem se formar alternadamente muitas vezes, sendo periodicamente desintegrados e reagregados os materiais da crosta.

Muitos processos estão envolvidos na transformação das rochas em solos.

Quer as rochas sejam formadas a grandes profundidades submetidas a elevadíssimas pressões das formações geológicas sobrejacentes, quer sejam formadas à superfície da Terra devido à extrusão de magma em fusão por sobre a crosta (vulcões), sempre que a massa rochosa arrefece, desenvolvem-se tensões no seu interior. Tais tensões são o resultado do arrefecimento e também das deformações que a massa experimenta devido a movimentos de natureza tectônica. Em consequência, todos os maciços rochosos apresentam maior ou menor fraturamento, que reflete de algum modo a distribuição de tensões e a disposição cristalina no seu interior.

Numa eventual exposição à superfície da Terra, o maciço rochoso fraturado estará sujeito à ação física da água, do vento e da gravidade, fazendo blocos da massa rochosa original se desligarem e se moverem para novas posições de equilíbrio. O movimento será geralmente acompanhado por novo fraturamento e fissuração de cada bloco, quando este entra em contato com outras rochas ou fragmentos, à medida que é movido e cai em resultado do vento, da água ou da ação do gelo nas fissuras. Assim, qualquer massa rochosa tende a ser gradualmente desintegrada em fragmentos cada vez menores, formando os solos. Esse processo é designado intemperismo. Quanto mais aqueles fragmentos entram em contato com outros em resultado do escorregamento pelas encostas, do transporte pelos cursos de água ao longo dos respectivos leitos ou pelo vento sobre os desertos, tanto mais arredondados se tornam.

Usualmente, o processo natural de ação do vento e da água tende a segregar as partículas de forma que os grãos de determinado tamanho se concentrem em determinado local. Assim, é comum deparar-se com depósitos relativamente uniformes de sedimentos transportados pelo vento (eólicos) ou pela água (aluviais).

No que diz respeito aos glaciares, quando em movimento, eles arrancam e levantam rochas na sua passagem transportando-as no interior da massa de gelo ou "raspando-as" contra outras que não foram movidas, presentes no leito e nas margens. De tal ação resultam solos de granulometria muito variada, apresentando desde finíssimas partículas até grandes blocos. Esses materiais podem ser transportados por muitos quilômetros sob a ação dos glaciares, sendo depositados quando se verifica o degelo daqueles. Tais depósitos, em forma de morenas, podem ser retransportados posteriormente em novos avanços do nível gelado. Eles são também, depois da deposição, levados pela água ou pelo vento para formar novos depósitos em lagos, deltas ou dunas em qualquer outro local.

À medida que os grãos do solo se tornam cada vez menores, a sua massa diminui de tal forma que, para minerais com determinada resistência, atinge-se o limite a partir do qual as tensões resultantes do choque dos grãos com qualquer outra massa deixam de ser suficientes para ocasionar novas fraturas e subdivisões nos mesmos grãos.

Assim, os processos físicos de formação dos solos têm um limite inferior no que diz respeito às dimensões médias das partículas dos solos que originam (com a exceção já referida dos solos de origem glaciar). Se outros processos de tipo diferente não existissem, então os grãos mais finos dos solos não teriam, em média, dimensões inferiores a algumas dezenas de mícrons (1 μm = 0,001 mm). Contudo, existem de fato processos de outro tipo – processos químicos – que intervêm também na formação dos solos.

Considere-se, por exemplo, um grão de solo de forma cúbica com aresta igual a 1 cm; o seu volume será de 1 cm^3 e a área da sua superfície exterior, 6 cm^2. Se agora se considerar outro grão cúbico com 0,1 cm de aresta, o seu volume será de 10^{-3} cm^3, enquanto a área da sua superfície valerá 6 x 10^{-2} cm^2. Para o primeiro grão, a razão da superfície pelo volume é igual a 6 cm^{-1}, enquanto que no segundo a mesma razão vale 60 cm^{-1}. Isso significa que a razão da superfície exterior pela massa (massa que é proporcional ao volume), designada como superfície específica, varia na razão inversa das dimensões das partículas.

Sendo assim, se as partículas do solo estiverem em contato com um líquido cujas propriedades tendam a desenvolver combinações químicas com os minerais de que o solo é composto, a alteração química em toda a massa do solo será tanto mais profunda quanto maior for a proporção de moléculas existentes à superfície das partículas, ou seja, quanto maior for a superfície específica das partículas do solo. Consequentemente, a eficácia da ação química da água cresce com o aumento da superfície específica das partículas, ou seja, quando o tamanho das partículas diminui.

As reações químicas entre os ácidos dissolvidos na água e as partículas do solo dão lugar à solução de minerais presentes nos grãos; esses minerais em solução recombinarão e recristalizarão sob diferentes condições de pressão e temperatura em outros pontos nos quais a água os conduzir, dando lugar a novos minerais.

Esse processo tende a criar partículas minerais muito pequenas, de forma laminar, com diâmetro ou comprimento dezenas ou centenas de vezes superiores à respectiva espessura, em contraste com as partículas aproximadamente equidimensionais formadas pela alteração física das rochas. Os novos minerais formados pela ação química são conhecidos como minerais de argila e as partículas que os constituem têm diâmetros que vão de algumas dezenas de mícrons a alguns centésimos do mícron.

Quando transportadas pela água corrente para um lago ou para o oceano, as reduzidíssimas dimensões daquelas partículas fazem com que demorem longo tempo a sedimentar, formando depósitos de solos muito finos. No caso dos lagos ou dos oceanos continuamente alimentados por rios transportando uma larga gama de materiais sólidos, os minerais de argila podem sedimentar em conjunto com outras partículas minerais de maiores dimensões, dando origem a depósitos de granulometria muito variada. Seja como for, os depósitos sedimentares de argilas ou outros sedimentos podem ser subsequentemente elevados e reerodidos pelas forças da Natureza, formando sucessivos depósitos de diferentes características, de acordo com a natureza e a sucessão das reações químicas, sedimentações, ciclos de molhagem e secagem, variações do estado de tensão etc., que experimentem.

Com a enorme variedade de processos naturais disponíveis, compreende-se que a diversidade de solos que daqueles podem resultar é também imensa!

A2 Equações que relacionam as grandezas básicas

Considere-se a situação esquematizada na Fig. A2.1 e admita-se que é unitário o volume ocupado pelas partículas sólidas, $V_s = 1$. Atendendo às definições apresentadas no Quadro 1.1, é fácil concluir então que $V_v = e$ e $V_w = S_r e$.

Partindo dessa situação e das definições do Quadro 1.1, podem ser obtidas algumas expressões de interesse prático.

$$n = \frac{V_v}{V} = \frac{e}{1+e} \quad ; \quad n = \frac{e}{1+e} \quad ; \quad e = \frac{n}{1-n} \tag{A2.1}$$

$$w = \frac{W_w}{W_s} = \frac{\gamma_w V_w}{\gamma_s V_s} = \frac{\gamma_w S_r e}{\gamma_s} = \frac{S_r e}{G_s} \quad ; \quad G_s w = S_r e \tag{A2.2}$$

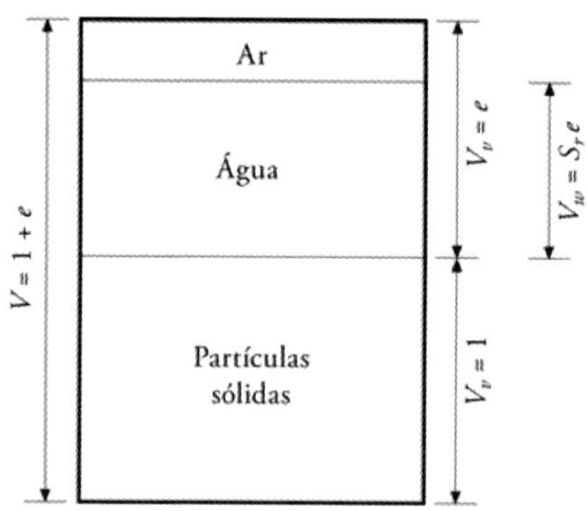

Fig. A2.1 *Três fases do solo com os respectivos pesos e volumes*

$$\gamma = \frac{W_s + W_w}{V} = \frac{\gamma_s V_s + \gamma_w V_w}{1+e} = \frac{\gamma_s + \gamma_w S_r e}{1+e} = \frac{\gamma_s + \gamma_w G_s w}{1+e} = \frac{\gamma_s + \gamma_s w}{1+e}; \qquad \gamma = \gamma_s \frac{1+w}{1+e} \tag{A2.3}$$

$$\gamma_d = \frac{W_s}{V} = \frac{\gamma_s V_s}{1+e} = \frac{\gamma_s}{1+e} \quad ; \quad \gamma_d = \frac{\gamma_s}{1+e} \tag{A2.4}$$

Dividindo membro a membro as Eqs. A2.3 e A2.4, obtém-se:

$$\gamma = \gamma_d (1+w) \tag{A2.5}$$

Da Eq. A2.4 resulta ainda:

$$\gamma_{d,min} = \frac{\gamma_s}{1+e_{max}} \tag{A2.6}$$

e

$$\gamma_{d,max} = \frac{\gamma_s}{1+e_{min}} \tag{A2.7}$$

A3 Ensaios para determinação das propriedades físicas dos solos

Neste anexo são apresentados os ensaios referidos no corpo do capítulo. Para cada caso, descreve-se de modo sucinto a concepção ou ideia-base do ensaio. A sequência detalhada de operações e os equipamentos podem ser encontrados nas normas que, também para cada caso, são referidas no Quadro A3.1.

A3.1 *Determinação do teor de umidade (w)*

A3.1.1 Método da secagem em estufa

A determinação do teor de umidade pelo método de secagem em estufa consiste basicamente no seguinte:

1. determinação do peso (úmido) da amostra do solo cujo teor de umidade se pretende determinar;
2. secagem da amostra em estufa;
3. determinação do peso da amostra seca;
4. cálculo da diferença dos pesos determinados em 1 e 3, que representa o peso da água na amostra nas condições iniciais;
5. cálculo da razão do peso determinado em 4 pelo determinado em 3, a qual representa o teor de umidade do solo.

A3.1.2 Método fundamentado na radioatividade

Este método é correntemente usado para a determinação *in situ* do teor de umidade de camadas de solo que acabaram de ser compactadas.

O equipamento, ilustrado na Fig. A3.1, consta basicamente de uma fonte radioativa e de um receptor-contador. Na fonte existem dois tipos de materiais radioativos: um para a emissão de raios gama (ver A3.2.3) e outro para a emissão de nêutrons.

Quadro A3.1 Principais documentos normativos referentes aos ensaios de caracterização física dos solos

Parâmetro	Método	Documento (1)
Teor de umidade		ISO/TS 17892-1
	Secagem em estufa	ASTM D 2216-98
	Radioativo	ASTM D 3017-96(01)
Peso específico		ISO/TS 17892-2
	Extrator de amostras	ASTM D 2937-94
	Frasco de areia	ASTM D 1556-90(00)
	Radioativo	ASTM D 2922-96(01)
Densidade das partículas sólidas	Picnômetro	ISO/TS 17892-3 ASTM D 854-98(02)
Granulometria		ABNT NBR 7181 (1988) ISO/TS 17892-4
	Peneiramento	ASTM D 6913-04
	Sedimentação	ASTM D 422-63(02)
Índice de vazios máximo		ABNT NBR 12004 ASTM D 4254-83
Índice de vazios mínimo		ABNT NBR 12051 ASTM D 4253-83
Limite de liquidez		ISO/TS 17892-12
	Aparelho de Casagrande	ABNT NBR 6459 (1984) ASTM D 4318-98(00)
	Fall cone test	BS 1377:1990
Limite de plasticidade		ABNT NBR 7180 (1988) ISO/TS 17892-12 ASTM 4318-98(00) BS 1377:1990
Limite de retração		ABNT NBR 7183 ISO/TS 17892-12 NP143 (1969) ASTM D 427-98(04)

1. ABNT NBR – Associação Brasileira de Normas Técnicas (Norma Brasileira); ASTM – American Society for Testing and Materials; ISO – International Organization for Standardization; BS – British Standards.

O aparelho é colocado sobre a superfície do terreno cujo teor de umidade se pretende determinar. Para definição do teor de umidade, a fonte emite nêutrons, quer a partir da superfície do terreno (transmissão indireta), quer a partir de seu interior (transmissão direta), sendo, neste caso, introduzida num furo previamente realizado. A intensidade da resposta detectada no receptor é proporcional ao teor de umidade do solo. Esse equipamento necessita de calibração periódica.

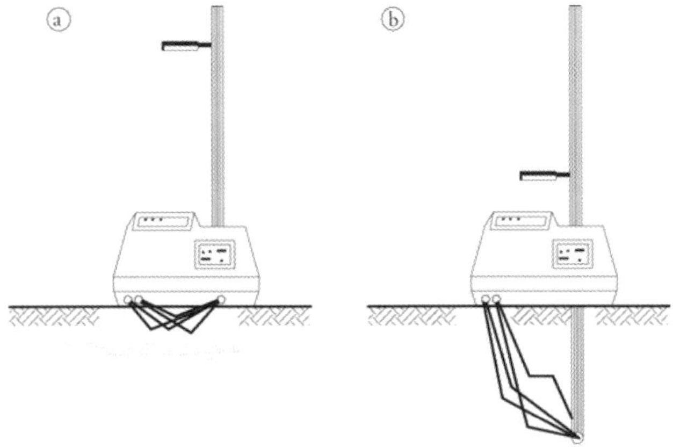

FIG. A3.1 *Célula radioativa para determinação do teor de umidade e do peso específico: (a) transmissão indireta; (b) transmissão direta*

A3.2 Determinação do peso específico (γ)

A3.2.1 EXTRAÇÃO DE AMOSTRAS INDEFORMADAS

Em certos tipos de solos é possível obter amostras indeformadas por meio de aparelhos chamados amostradores: tubos de aço de parede fina, que são cravados cuidadosamente no solo de modo a englobar uma amostra cilíndrica (ver 5.2.5).

Essa cravação pode ser efetuada no fundo de um furo de sondagem, para o qual o amostrador é conduzido por um conjunto de hastes apropriado, ou de modo direto, no fundo ou nas paredes de uma vala ou de um poço (Fig. A3.2a).

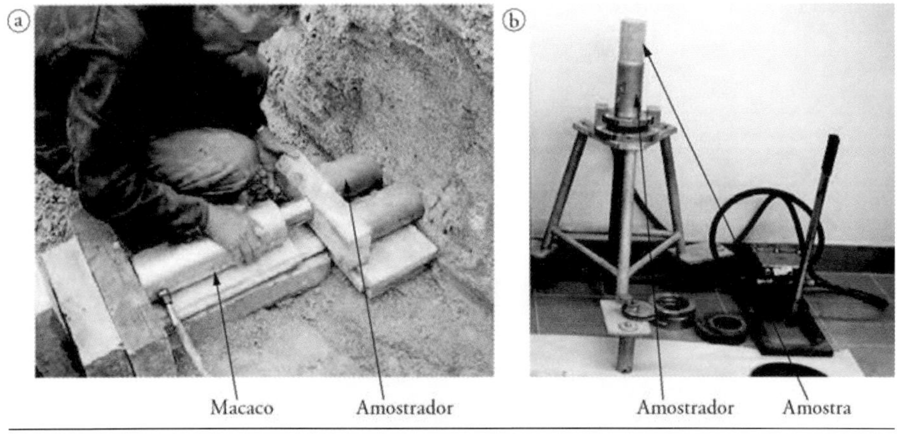

FIG. A3.2 *Amostras indeformadas: (a) cravação de amostradores na parede de uma vala; (b) extração da amostra em laboratório*
Foto: (a) António Viana da Fonseca; (b) Armando Pinto.

As amostras são transportadas para o laboratório dentro dos próprios tubos amostradores, devidamente obturados e protegidos da perda de água.

Extraída cuidadosamente a amostra do corpo do amostrador em laboratório (Fig. A3.2b), a determinação de seu peso específico é imediata após pesagem e medição da altura e do diâmetro interior do amostrador para o cálculo do volume do solo.

A3.2.2 Método do frasco de areia

Este método é apropriado para a determinação *in situ* e quando é possível o acesso direto ao solo cujo peso específico se pretende determinar. É aconselhável para solos em que a coleta de amostras indeformadas descrita em A3.2.1 não é exequível. A Fig. A3.3 mostra o equipamento e a Fig. A3.4 ilustra o procedimento que essencialmente consiste no seguinte:

1. após regularização da superfície do terreno e colocação do tabuleiro, procede-se à remoção de certa quantidade de solo de modo a realizar uma pequena cavidade de seção horizontal aproximadamente circular e de fundo arredondado;

Fig. A3.3 *Imagem do equipamento empregado no método do frasco de areia*
Foto: Luís Miguel Pinto.

2. todo o material retirado da cavidade é cuidadosamente recolhido e pesado;
3. procede-se ao preenchimento da cavidade por meio de uma areia seca (preparada em laboratório e vazada a partir de um *frasco*), sendo contabilizado o peso de areia necessário;
4. a areia usada é previamente calibrada em laboratório, de modo a determinar o respectivo peso específico em condições similares àquelas em que é colocada no ensaio;
5. conhecendo-se aquele peso específico e o peso de areia necessária para preencher a cavidade, pode-se calcular o volume desta, logo, o volume da cavidade;
6. com base no peso do material removido e no volume de cavidade, é calculado o peso específico do solo *in situ*.

É de notar que o peso de areia que sai do frasco corresponde não só ao material necessário para preencher a cavidade mas também ao material que preenche o cone entre a superfície do terreno e a boca do frasco. Como o

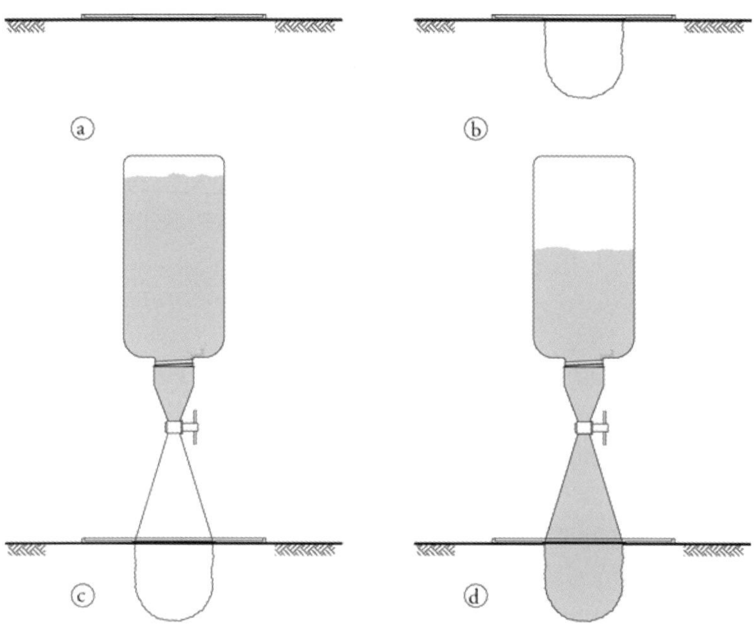

Fig. A3.4 *Ensaio com o frasco de areia: (a) regularização da superfície e colocação do tabuleiro; (b) realização da cavidade mantendo fixo o tabuleiro e recolhendo todo o solo escavado; (c) ajuste do cone e do frasco à borda do tabuleiro; (d) abertura do frasco, preenchimento da cavidade e do cone com areia e fechamento do frasco*

volume do cone é conhecido, o peso correspondente de areia é também facilmente calculado, permitindo assim calcular o peso de areia que preenche a cavidade.

A3.2.3 Método fundamentado na radioatividade – gamadensímetro

Este método é correntemente usado para a determinação *in situ* do peso específico em camadas acabadas de compactar. Usa o mesmo equipamento referido em A3.1.2 (ver Fig. A3.1).

A quantidade de raios gama captada por unidade de tempo no contador Geiger-Müller situado na célula é inversamente proporcional ao peso específico do material atravessado. Tal como para o teor de umidade, é necessária calibração periódica.

A3.3 Determinação da densidade das partículas sólidas (G_s)

A determinação da densidade das partículas sólidas pode ser feita sobre amostras previamente secas em estufa ou sobre amostras úmidas. Para solos finos é este último método o recomendado e o que será em seguida sumariamente apresentado.

O método consiste essencialmente nos seguintes passos:

1. determinação do peso do picnômetro (vaso de vidro graduado) cheio de água destilada;
2. determinação do peso do picnômetro com a amostra de solo no interior e atestado com água destilada;
3. secagem da amostra em estufa para determinação do seu peso seco;
4. cálculo da diferença dos pesos determinados em 2 e 3; tal diferença representa o peso do picnômetro mais o peso em água de um volume igual ao volume do picnômetro menos o volume das partículas sólidas;
5. cálculo da diferença entre o peso determinado em 1 e o determinado em 4; tal diferença representa o peso em água de um volume coincidente com o volume das partículas sólidas da amostra;
6. cálculo da razão do peso determinado em 3 pelo determinado em 5; essa razão representa a densidade das partículas sólidas.

A3.4 *Determinação da curva granulométrica*

A3.4.1 Peneiramento

Para a separação das partículas de maiores dimensões é usado o peneiramento: o solo é obrigado a passar por uma série de peneiras de malha quadrada cada vez mais apertada (ver Quadro A3.2 e Fig. A3.5a).

O peneiramento pode ser manual ou mecânico. Em qualquer caso as peneiras são submetidas a movimentos de translação e de rotação, cujos sentidos são alternados várias vezes, sem manipulação das partículas ou fragmentos do solo.

O material retido numa dada peneira representa a fração do solo com dimensão superior à da malha dessa peneira e inferior à da peneira precedente. Esse material é pesado para averiguar qual porcentagem representa do peso total da amostra.

A peneira de malha mais apertada habitualmente empregada é a nº 200 da ASTM, cuja malha tem 0,075 mm de lado, dimensão muito próxima da que separa os siltes das areias. Para partículas que passam pela peneira nº 200, a análise granulométrica é, em geral, realizada por sedimentação. Essas partículas, que correspondem, aproximadamente, às frações silte e argila, são denominadas finos do solo.

A3.4.2 Sedimentação

O processo de sedimentação consiste em misturar o solo (parte da fração passada na peneira nº 200) com água destilada e observar em seguida o processo de sedimentação das partículas (Fig. A3.5b). Segundo a lei de Stokes, a velocidade de sedimentação de uma partícula esférica de diâmetro D e peso específico γ_s num líquido de viscosidade η e peso específico γ_w é dada pela expressão:

$$v_s = \frac{g}{18} \cdot \frac{\gamma_s - \gamma_w}{\eta} \cdot D^2 \tag{A3.1}$$

em que g é a aceleração da gravidade.

O ensaio é feito medindo a densidade do líquido em certos intervalos de tempo. A diferença de densidades medirá a quantidade de partículas que sedimentou ao fim de um certo tempo t, ou seja, a quantidade de partículas que no tempo t percorreu uma certa distância h (distância necessária para

Quadro A3.2 Abertura das peneiras da série ASTM

Peneiras	3"	2"	1,5"	1"	3/4"	3/8"	nº 4	nº 10	nº 20	nº 40	nº 60	nº 80	nº 140	nº 200
Abertura (mm)	75,0	50,0	37,5	25,0	19,0	9,5	4,75	2,00	0,850	0,425	0,250	0,180	0,106	0,075

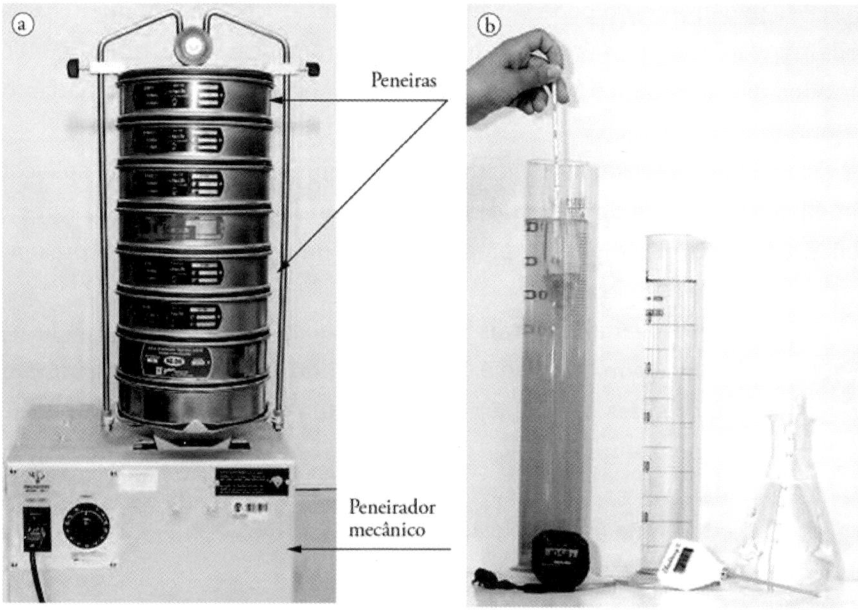

Fig. A3.5 *Análise granulométrica: (a) conjunto de peneiras e peneirador mecânico; (b) suspensão da fração fina para estudo da sedimentação*
Foto: Rui Cardoso.

ficar fora da influência do bulbo do densímetro). Essas partículas sedimentaram com velocidade $\gamma = h/t$. Conhecendo γ, calcula-se, por meio da Eq. A3.1, o respectivo diâmetro, D, logo a distribuição granulométrica.

Duas observações são necessárias sobre esse método de sedimentação. Em primeiro lugar é essencial que o solo esteja convenientemente defloculado, isto é, que as partículas estejam separadas umas das outras não formando *flocos*. Caso isso aconteça, e como a velocidade de sedimentação é proporcional ao quadrado do diâmetro, os flocos sedimentarão muito mais depressa, falseando a distribuição granulométrica. A defloculação é obtida adicionando-se à mistura água-solo determinados produtos químicos designados por defloculantes (metafosfato de sódio, por exemplo).

Em segundo lugar, a lei de Stokes aplica-se a partículas esféricas. Ora, deve ser sublinhado que muitas das partículas menores – precisamente aquelas cujas dimensões são determinadas usando o processo de sedimentação – têm em geral uma forma muito diferente da esférica. Assim, o que acaba por ser determinado pelo processo de sedimentação não é verdadeiramente o *diâmetro* da partícula, mas o *diâmetro equivalente*, ou seja, o diâmetro de uma esfera do mesmo material que a partícula e que sedimenta com a mesma velocidade desta.

A3.5 DETERMINAÇÃO DOS ÍNDICES DE VAZIOS MÁXIMO E MÍNIMO DE UM SOLO GRANULAR (e_{MAX}, e_{MIN})

A3.5.1 *Determinação de* e_{max}

A amostra de areia, previamente seca em estufa, é colocada lenta e uniformemente em um molde cilíndrico, ajustando-se durante a operação o funil de modo a tornar a altura de queda das partículas tão pequena quanto possível. O dispositivo de vazamento move-se em espiral, da periferia para o centro, de modo a formar cada camada com espessura uniforme. A operação prossegue até que todos os pontos da superfície do solo estejam acima do plano da borda superior do molde. O solo acima desse plano é cuidadosamente removido. Em seguida:

1. determina-se o peso do molde preenchido com solo e, por subtração do peso do molde vazio, obtém-se o peso do solo;
2. calcula-se a razão do peso do solo pelo volume do molde, que representa o peso específico seco do solo, no caso presente, o peso específico seco mínimo, $\gamma_{d,min}$;
3. calcula-se o índice de vazios máximo por meio da expressão:

$$e_{max} = \frac{\gamma_s - \gamma_{d,min}}{\gamma_{d,min}} \quad \text{(A3.2)}$$

em que γ_s é o peso específico das partículas sólidas.

A3.5.2 *Determinação de* e_{min}

O ensaio pode ser realizado com areia previamente seca em estufa ou com areia úmida (neste último caso, quer com a umidade natural, quer com água acrescentada à areia previamente seca). O ensaio com areia úmida é recomendado porque em geral conduz a valores menores do índice de vazios. Os moldes coincidem com os usados para a determinação de e_{max}.

O molde é preenchido com areia vazada a partir de um dispositivo tipo funil, regularizando-se a superfície do solo. Algumas pancadas com um martelo de borracha são aplicadas nas paredes do molde de modo que o solo assente expulsando ar. É em seguida aplicada à superfície do solo uma sobrecarga de 14 kPa. O conjunto é colocado sobre uma mesa vibratória e é submetido a uma vibração na direção vertical. O tempo, a frequência e a amplitude de vibração são fixados nas normas dentro de determinados intervalos. Em seguida, após a remoção da sobrecarga:

1. por meio da medição da posição da superfície do solo em relação ao plano de borda superior do molde, determina-se o volume do solo;
2. por pesagem, determina-se o peso do solo no molde (sabendo-se previamente o peso do molde vazio); caso tenha sido usado solo úmido, este é seco em estufa de modo a determinar o seu peso seco;
3. calcula-se a razão do peso do solo seco pelo respectivo volume, que representa, no caso presente, o peso específico seco máximo, $\gamma_{d,max}$;
4. calcula-se o índice de vazios mínimo por meio de expressão:

$$e_{min} = \frac{\gamma_s - \gamma_{d,max}}{\gamma_{d,max}} \tag{A3.3}$$

A3.6 Determinação dos limites de Atterberg

A3.6.1 *Preparação das amostras*

As amostras para determinação dos limites de Atterberg correspondem apenas à fração do solo que passa na peneira nº 4.

Os ensaios podem ser realizados sobre amostras preparadas a partir do teor de umidade natural ou sobre amostras previamente secas. Para certos solos, em particular aqueles que possuem matéria orgânica, os resultados com aqueles dois tipos de amostras podem ser significativamente distintos.

Se a determinação dos limites de Atterberg se destinar à previsão do comportamento do solo no seu estado natural, é conveniente que os ensaios sejam realizados sobre amostras que não sofreram secagem prévia.

A3.6.2 *Determinação do limite de liquidez* (w_L)

MÉTODO QUE USA O APARELHO DE CASAGRANDE

Uma pasta de solo é colocada no chamado aparelho de Casagrande (Fig. A3.6a). Com uma peça apropriada (o cinzel) é executada uma ranhura, separando o solo em duas metades. Em seguida, com o mecanismo próprio do aparelho, este é repetidas vezes afastado da plataforma de base e deixado cair sobre essa plataforma, em repetidos golpes.

O limite de liquidez, w_L, é considerado como o valor do teor de umidade para o qual após 25 golpes a ranhura é fechada ao longo de uma distância de meia polegada (12,7 mm).

O valor de w_L é determinado por interpolação entre diversos ensaios (no mínimo cinco na Norma Brasileira), em que o fecho da ranhura se verifica para um número de golpes abaixo e acima de 25, sendo aquele número

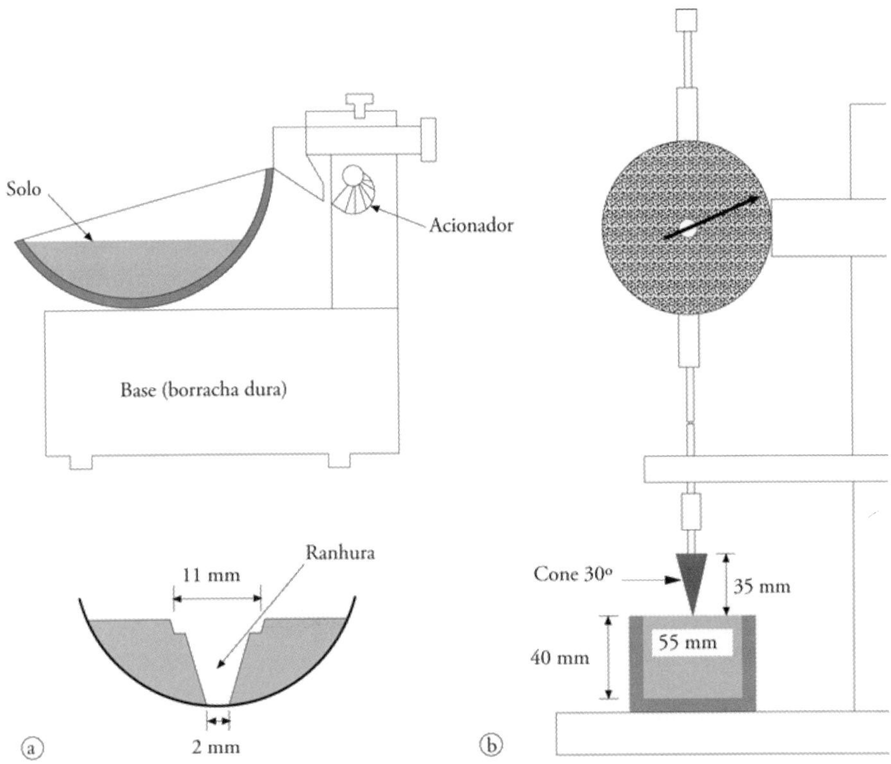

FIG. A3.6 *Equipamentos para determinar o limite de liquidez: (a) aparelho de Casagrande; (b)* fall cone test

representado em abscissas, em escala logarítmica, e o teor de umidade em ordenadas, em escala aritmética.

Método que usa a queda de um cone (*fall cone test*)

O aparelho consiste num cone metálico (30° é o ângulo do vértice do cone) com 35 mm de comprimento, ligado a uma haste metálica vertical, que pode ser fixa ou ser deslizante (Fig. A3.6b).

Uma pasta de solo é colocada numa taça cilíndrica metálica e nivelada de modo que a sua superfície superior coincida com o plano da borda da taça.

O cone e a haste são colocados de modo que o vértice daquele fique adjacente à superfície do solo. Em seguida, o conjunto é deixado cair livremente durante 5 segundos, provocando a penetração do cone na pasta de solo.

Na prática realizam-se diversos ensaios (no mínimo cinco, na Norma Britânica), cujos resultados são representados num diagrama marcando em abscissas a penetração e em ordenadas o teor de umidade e traçando a reta que melhor ajusta os resultados.

O limite de liquidez é considerado o valor do teor de umidade para o qual a penetração do cone é de 20 mm.

Comentário

O método do cone é recomendado pelas normas britânicas, sendo considerado por muitos autores como vantajoso em relação ao método tradicional que usa o aparelho de Casagrande, essencialmente pelas seguintes razões (Coelho, 2000):

i) apresenta melhor reprodutibilidade de resultados, por depender menos da intervenção do operador e de variações do equipamento;
ii) adapta-se melhor, pela sua maior sensibilidade, à obtenção do limite de liquidez de solos com muito reduzida plasticidade, os quais são muitas vezes considerados como não plásticos pelo aparelho de Casagrande.

Os resultados do limite de liquidez de um dado solo determinados pelos dois métodos são em geral bastante próximos, e são sensivelmente mais elevados os valores obtidos a partir do cone na maioria dos casos relatados na bibliografia.

Determinação do limite de plasticidade (w_P)

Prepara-se uma pasta de solo, moldando a partir dela três amostras (no mínimo, de acordo com a Norma Brasileira) de forma esférica e de volume semelhante.

Pega-se em cada uma das amostras e rola-se a amostra entre a palma da mão e uma placa de vidro de modo a formar um filamento cilíndrico com cerca de 3 mm de diâmetro, como mostra a Fig. A3.7. Quando o filamento atinge esse diâmetro, volta-se a formar a esfera e a rolá-la de modo a formar o filamento com o diâmetro anteriormente indicado.

Essas operações são repetidas até que, por progressiva secagem da amostra, o filamento se quebre em vários fragmentos quando atingir 3 mm de diâmetro. O teor de umidade da amostra quando isso ocorrer é, convencionalmente, considerado o limite de plasticidade, w_P.

O valor concreto de w_P é obtido a partir da média aritmética do teor de umidade assim determinado para as amostras que foram preparadas.

Determinação do limite de retração (w_S)

Prepara-se uma pasta amassando o solo com água destilada de modo que a amostra fique com um teor de umidade correspondente ao limite de liquidez ou superior. Com essa pasta é preenchida cuida-

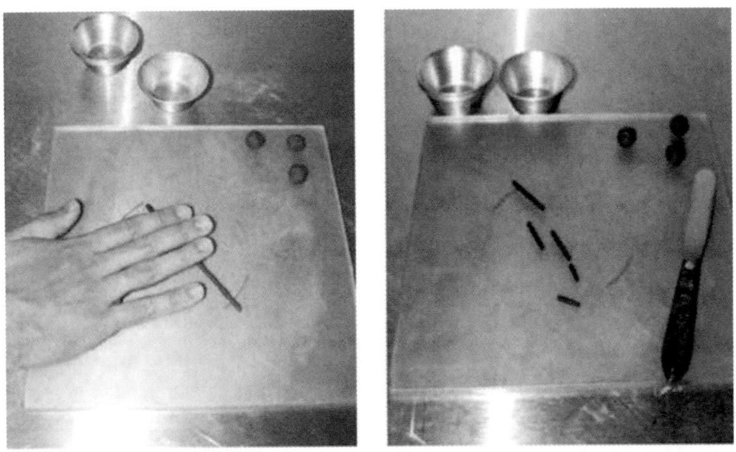

Fig. A3.7 *Determinação do limite de plasticidade*
Foto: Luís Miguel Pinto.

dosamente uma cápsula de porcelana, de modo que a superfície do solo coincida com o plano da borda superior da cápsula. O peso e o volume interior da cápsula são conhecidos. Pesa-se a cápsula com o solo no seu interior. O solo no interior da cápsula é, em seguida, seco na estufa. A amostra seca é pesada e o seu volume é determinado (pela técnica de deslocação de um volume equivalente de mercúrio).

Considerando a simbologia da Fig. A3.8a (notar que *W* maiúsculo simboliza o peso enquanto *w* minúsculo simboliza a umidade), a umidade inicial da amostra vale:

$$w_{in} = \frac{W_{in} - W_{fin}}{W_{fin}} \times 100(\%) \qquad \text{(A3.4)}$$

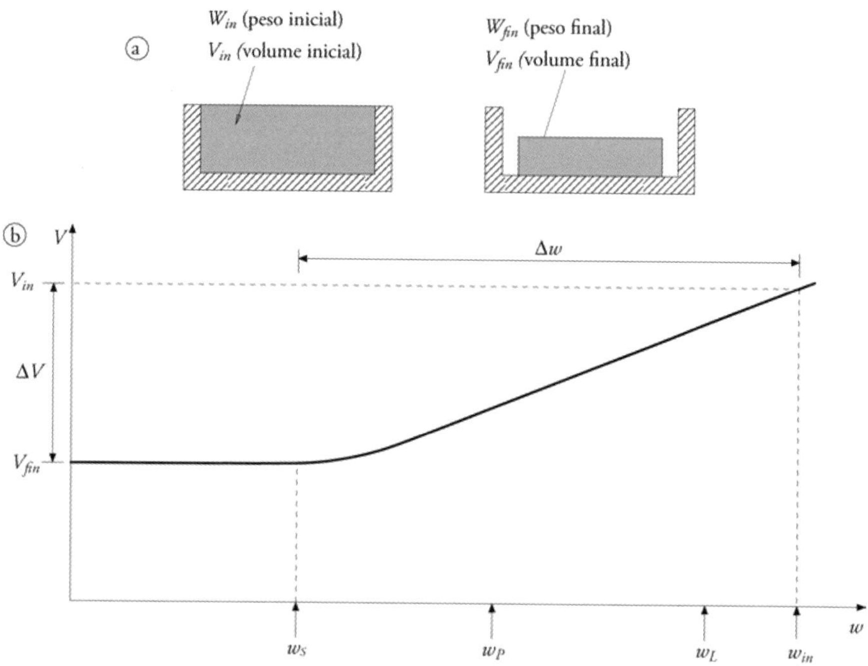

Fig. A3.8 *Determinação do limite de retração: (a) cápsula com amostra acabada de colocar e com a amostra seca em estufa; (b) evolução do teor de umidade e do volume da amostra entre as condições inicial e final*

Atendendo agora à Fig. A3.8b, a variação do teor de umidade da amostra entre o estado inicial e a altura em que a secagem deixou de implicar redução de volume vale:

$$\Delta w = \frac{(V_{in} - V_{fin})\gamma_w}{W_{fin}} \times 100(\%) \qquad \text{(A3.5)}$$

O limite de retração será, então:

$$w_S = w_{in} - \Delta w \qquad \text{(A3.6)}$$

ou seja:

$$w_S = \frac{W_{in} - W_{fin} - W_w}{W_{fin}} \qquad \text{(A3.7)}$$

em que w_w é o peso em água de um volume igual a $V_{in} - V_{fin}$.

O limite de retração do solo é considerado igual à média aritmética dos resultados obtidos nas amostras.

Karl Terzaghi, o fundador da Mecânica dos Solos

Karl Terzaghi nasceu em 1883 em Praga, então capital da Boêmia, província do Império Austro Húngaro, filho de uma família com tradição militar. Licenciou se na Technische Hochschule de Graz em 1904 e doutorou se na mesma escola em 1912 com uma tese sobre concreto armado.

Depois de combater na I Guerra Mundial como oficial do Império na frente sérvia, foi transferido para Istambul, a pedido de um seu antigo professor em Graz, Philipp Forchheimer, que havia sido encarregado de ali reorganizar o ensino da Engenharia. O fato de ter lecionado, entre outras matérias, estradas, fundações e termodinâmica, bem como a colaboração com Forchheimer foram decisivos para o desenvolvimento da sua teoria do adensamento e para o livro *Erdbaumechanik* (Terzaghi, 1925), que iria dar o nome a uma nova disciplina da Engenharia Civil: a Mecânica dos Solos.

Nesses trabalhos Terzaghi introduziu o *princípio da tensão efetiva*, que constituiu a chave para, nas décadas seguintes, se desenvolver de forma fulgurante uma abordagem científica ao comportamento mecânico dos maciços terrosos. Por isso, embora na disciplina se incluam hoje contribuições científicas notáveis anteriores aos seus trabalhos, como as de Coulomb (1773), Darcy (1856) e Rankine (1857), Karl Terzaghi é unanimemente considerado como o fundador da Mecânica dos Solos.

Entre 1925 e 1929, Terzaghi trabalhou no MIT (Massachusetts Institute of Technology), tendo acedido ao título de *Professor* em 1928. Depois de um regresso à Europa, onde trabalhou na Technische Hochschule de Viena entre 1929 e 1938, fixou-se definitivamente nos EUA a partir de 1939, como professor da Universidade de Harvard.

Durante esse período continuou a exercer grande influência no progresso da Mecânica dos Solos. Foi durante longos anos presidente da Sociedade Internacional de Mecânica dos Solos e Engenharia de Fundações. Os seus livros *Theoretical Soil Mechanics* (1943) e *Soil Mechanics in Engineering Practice* (1948), este último em coautoria com Ralph B. Peck, contribuíram decisivamente para consolidar e divulgar em nível mundial a nova disciplina. Dois dias antes de morrer trabalhava ainda afincadamente num artigo científico. Morreu em Winchester, Massachusetts, em 25 de outubro de 1963.

O estabelecimento do *princípio da tensão efetiva* por Terzaghi constituiu o impulso decisivo para o desenvolvimento da Mecânica dos Solos em bases científicas.

Retrato a carvão de Karl Terzaghi feito por Eugene Montgomery, sob encomenda de Soiltest, Inc., Chicago (EUA)

Estado de tensão nos maciços terrosos

2

No Cap. 1 tratou-se dos parâmetros que permitem caracterizar os solos do ponto de vista essencialmente físico. Como foi discutido, esses parâmetros, quando corretamente interpretados, permitem antecipar de modo qualitativo certas características do comportamento mecânico dos solos.

A avaliação aproximada e quantitativa daquele comportamento exige, naturalmente, uma abordagem *mecânica* do problema, formulada com base nas tensões instaladas nos maciços e nas deformações associadas.

Essa abordagem inicia-se neste Cap. 2 e será sucessivamente desenvolvida nos seguintes. Neste capítulo serão tratados os aspectos relacionados com os estados de tensão nos solos – quer aqueles que resultam do seu peso próprio, quer os induzidos por cargas exteriores.

2.1 Conceito de tensão em Mecânica dos Solos

Sendo os solos formados por partículas, a noção de tensão é neles mais complexa do que nos meios contínuos, sejam estes sólidos ou fluidos.

Considere-se um solo emerso em equilíbrio estático sob a ação do seu peso próprio e de forças aplicadas à superfície, como mostra a Fig. 2.1. Nessa figura está também representado o sistema de eixos cartesianos de referência que será considerado em grande parte do presente trabalho. A origem do sistema está situada à superfície, o eixo vertical é o eixo dos zz com sentido positivo descendente, o eixo dos *xx* será considerado no plano da figura e o eixo dos yy perpendicular ao plano desta.

Imagine-se uma seção horizontal, S, na imediata vizinhança de um ponto P. Admita-se que a seção tem dimensões (dx dy) suficientemente pequenas para que seja legítimo admitir que a força nela atuante se distribui uniformemente, mas suficientemente grandes para que sejam muito superiores ao diâmetro das partículas do solo. Suponha-se também que S faz pequeníssimos desvios do seu plano médio de modo a não secionar nenhuma partícula, antes passando nos pontos de contato.

Através da seção S uma parte do maciço transmite à outra uma força, Fz, força essa que é transmitida pelos contatos interpartículas. Essa força poderá ser decomposta numa força normal, N_z, e em outra força tangencial, Tz, à seção; esta última, por sua vez, poderá ainda se decompor em duas forças sobre o plano que contém S, paralelas aos eixos *ox* e *oy*, respectivamente, T_{zx} e T_{zy}.

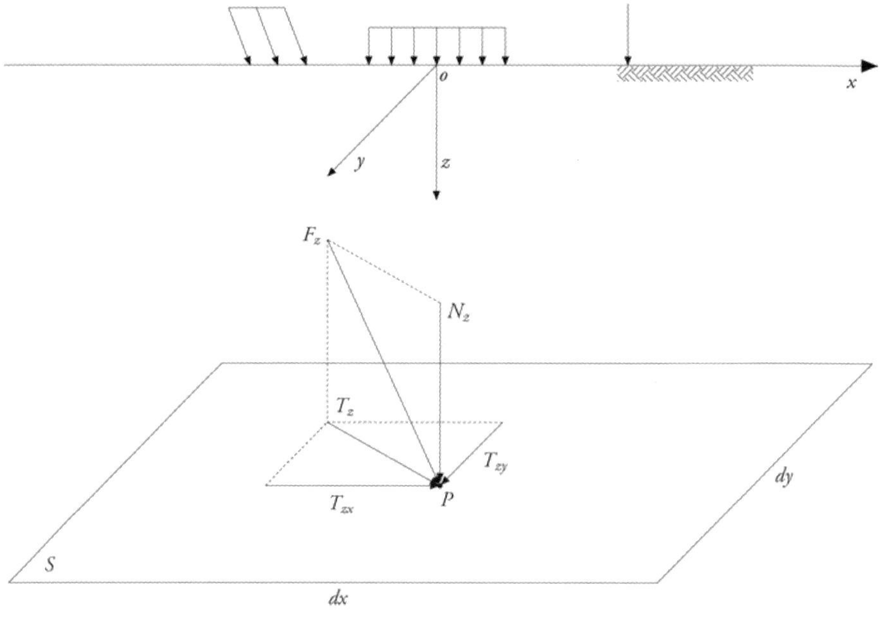

Fig. 2.1 *Forças transmitidas através de uma seção genérica num maciço terroso emerso*

No âmbito da Mecânica dos Solos, as tensões na seção *S* serão definidas por:

$$\sigma = \sigma_z = \frac{N_z}{dx\,dy} \tag{2.1}$$

$$\tau_z = \frac{T_z}{dx\,dy} \tag{2.2}$$

$$\tau_{zx} = \frac{T_{zx}}{dx\,dy} \tag{2.3}$$

$$\tau_{zy} = \frac{T_{zy}}{dx\ dy} \quad (2.4)$$

É possível concluir que o conceito de tensão usado em Mecânica dos Solos é, pode dizer-se, *macroscópico*, pois as tensões são obtidas dividindo as forças aplicadas a uma dada seção pela área total desta, área que compreende, de acordo com os pressupostos, os contatos entre partículas e os poros. No âmbito da Mecânica dos Solos, consideram-se positivas as tensões normais de compressão.

Estudos da especialidade indicam que a área dos contatos entre as partículas é muito pequena, representando em geral menos de 1% da área de qualquer seção semelhante a S (Lambe; Whitman, 1979). Sendo a área dos contatos muito pequena, as tensões neles instaladas são muito elevadas, no mínimo duas ordens de grandeza acima daquelas que foram definidas anteriormente.

2.2 Princípio da Tensão Efetiva

2.2.1 Formulação

Suponha-se agora que o maciço na zona em análise está submerso, isto é, nele existe um *aquífero*. Chama-se aquífero à massa de água livre existente nos maciços terrosos. O termo *água livre* aplica-se à água cujo comportamento é essencialmente condicionado pela gravidade, logo não significativamente afetado pelas forças de natureza eletroquímica que se desenvolvem na superfície de algumas partículas, especialmente as partículas muito finas. A superfície que limita superiormente essa massa, onde a pressão da água é igual à pressão atmosférica, chama-se *nível freático*.

Considere-se então novamente, como mostra a Fig. 2.2, o ponto P e a seção S e admita-se que a pressão na água dos poros do solo naquele ponto tem o valor *u*. Esse valor pode ser medido por meio de um piezômetro cuja base coincide com o ponto em questão. O Anexo A7 do Cap. 3 descreve os principais tipos de piezômetros.

Para designar a pressão da água usam-se diversos termos em Mecânica dos Solos: *pressão neutra*, *pressão na água dos poros* ou *pressão intersticial*. Embora a primeira designação seja muito utilizada, muitos autores preferem atualmente a segunda. No âmbito deste livro serão usadas as duas primeiras designações.

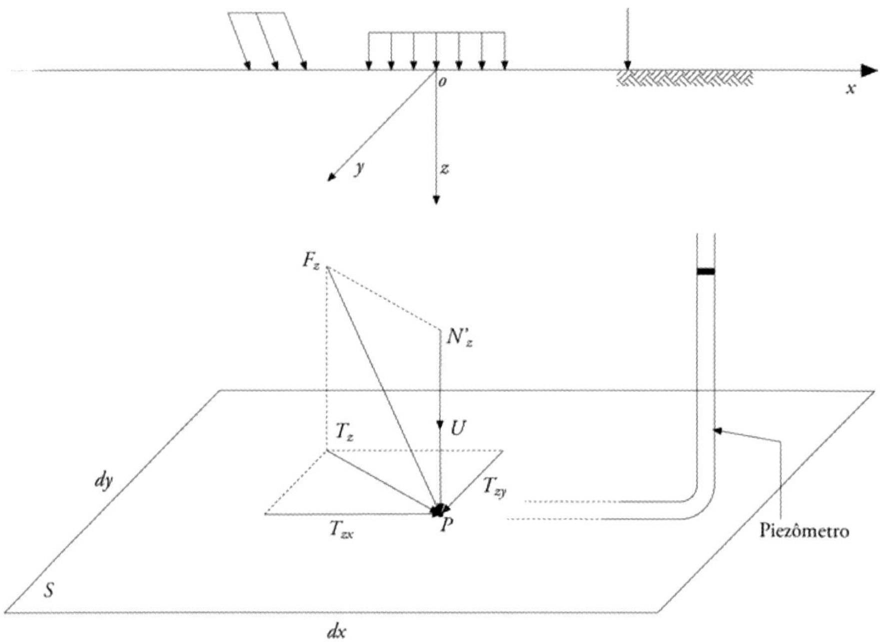

FIG. 2.2 *Forças transmitidas através de uma seção genérica num maciço terroso submerso*

Nessas novas condições, a seção S atravessa contatos interpartículas (de área muito pequena, recorde-se) e água, já que o solo, neste caso, está saturado. Considerando que os poros representam a quase totalidade da área da seção, pode escrever-se que através da água dos poros na seção S é transmitida uma força U de valor:

$$U = u\,dx\,dy \tag{2.5}$$

Note-se que essa força é puramente normal porque, como é sabido, nos fluidos as tensões em qualquer seção são puramente normais, daí designarem-se usualmente como pressões. Admite-se, no contexto deste livro, que a viscosidade da água livre é desprezível. Sendo assim, a parcela da força normal total transmitida através dos contatos entre partículas será a força N'_z de valor:

$$N'_z = N_z - U \tag{2.6}$$

Dividindo ambos os membros da Eq. 2.6 por *dx dy* virá:

$$\frac{N'_z}{d_x\, d_y} = \frac{N_z}{d_x\, d_y} - \frac{U}{d_x\, d_y} \tag{2.7}$$

e, atendendo às Eqs. 2.1 e 2.5,

$$\frac{N'_z}{d_x\, d_y} = \sigma - u \quad (\text{note que } \sigma = \sigma_z) \tag{2.8}$$

No que se segue a tensão normal, σ, passará a designar-se *tensão total*, pois resulta da razão da força normal total instalada na seção pela área desta.

Quanto ao primeiro membro da Eq. 2.8, nota-se que ele está coerente com o conceito de tensão já introduzido para os solos (e denominado macroscópico): representa a força transmitida pelos contatos entre partículas dividida pela área da seção. Em Mecânica dos Solos, essa tensão chama-se *tensão efetiva*, e para ela usa-se o símbolo σ'. Assim:

$$\sigma' = \sigma - u \quad (\text{note que } \sigma' = \sigma'_z) \tag{2.9}$$

Essa equação representa o chamado *princípio da tensão efetiva*: nos solos a tensão efetiva é igual à tensão total subtraída da pressão na água dos poros.

Note-se que a tensão efetiva é a parcela da tensão total instalada no chamado esqueleto sólido, isto é, na estrutura formada pelas partículas sólidas.

A opção pela Eq. 2.9 e não, por exemplo, por uma equação matematicamente equivalente, da forma:

$$\sigma = \sigma' + u \tag{2.10}$$

para traduzir o princípio da tensão efetiva, corresponde a uma metodologia muito própria da Mecânica dos Solos: não sendo possível determinar diretamente a tensão efetiva, ela será em qualquer caso determinada a partir do cálculo prévio da tensão total e da pressão na água dos poros ou pressão neutra. A determinação da tensão total será tratada neste capítulo. Quanto à estimativa da pressão na água dos poros, ela será abordada nos capítulos seguintes, com particular destaque no Cap. 3. No âmbito do presente capítulo, a pressão na água dos poros será admitida igual à pressão hidrostática, em cada ponto.

Nota-se que a Eq. 2.9 é válida para qualquer seção que se considere no maciço. Por outro lado, ela aplica-se apenas à componente normal da tensão. Com efeito, considerando que os fluidos não equilibram tensões tangenciais, estas precisam ser suportadas pela estrutura formada pelas partículas. Em outras palavras, em termos de tensões tangenciais, não haverá diferença entre tensões totais e tensões efetivas.

Desta forma, tomando novamente a seção S, e relembrando que ela é horizontal, o Quadro 2.1 resume a tensão nela atuante.

Quadro 2.1 Tensões na seção horizontal *S* da Fig. 2.2

Tensão total	Pressão neutra	Tensão efetiva
σ_z	u	$\sigma'_z = \sigma_z - u$
τ_{zx}	–	τ_{zx}
τ_{zy}	–	τ_{zy}

2.2.2 Importância do princípio da tensão efetiva

O estabelecimento do princípio da tensão efetiva por Karl Terzaghi na década de 1920 (Terzaghi, 1925) revelou-se decisivo para o desenvolvimento da Mecânica dos Solos como disciplina com sólidas bases científicas nas décadas seguintes, embora algumas contribuições notáveis para essa disciplina tenham sido já fornecidas por autores anteriores ao século XX.

A relevância daquele princípio reside na influência da própria tensão efetiva – daí o seu nome – no comportamento mecânico dos solos. Embora ao longo dos capítulos seguintes esta questão seja sucessivamente aprofundada, pode desde já adiantar-se uma breve explicação.

Numa perspectiva ampla, um solo pode ser considerado uma estrutura. Como é sabido, o comportamento mecânico de uma estrutura é caracterizado pela resistência e pela rigidez. De forma simples, a rigidez pode ser definida como a oposição à deformação e a resistência como o conjunto dos estados de tensão a que correspondem deformações praticamente infinitas.

Tome-se como exemplo, mais fácil de imaginar, um maciço de areia. Quando carregado à superfície por uma construção, o solo vai experimentar, em cada ponto, deformações. Estas resultam de deslocamentos relativos – maiores ou menores, conforme o caso – entre as partículas porque as forças de contato entre elas se modificaram em consequência do carregamento. A deformação do esqueleto sólido do solo resulta de deslocamentos relativos entre partículas, com escorregamentos nos pontos de contato. Compreender-se-á que quanto maiores forem as forças normais instaladas nos contatos, maior será a resistência localizada àqueles escorregamentos, porque maior é o atrito mobilizável. Isso explica a importância determinante das tensões efetivas, que refletem, como se viu, essas forças normais entre partículas.

2.3 Estado de Tensão de Repouso

2.3.1 Tensões principais de repouso num maciço de superfície horizontal

As tensões nos solos naturais podem, sob outro prisma, dividir-se em tensões virgens, isto é, que independem de qualquer obra humana, e tensões induzidas, associadas às ações impostas pelas obras que sobre os solos ou no interior destes são construídas.

As tensões virgens podem ainda dividir-se em tensões associadas ao peso próprio do terreno e tensões tectônicas, originadas pelas forças com o mesmo nome que se desenvolvem no interior da crosta terrestre. As tensões tectônicas apenas assumem importância em certos maciços rochosos. Nos solos subsiste, portanto, unicamente a avaliação das tensões originadas pelo peso próprio do solo, que são denominadas *tensões de repouso.*

Considere-se o maciço terroso homogêneo de superfície horizontal representado na Fig. 2.3 com peso específico, γ, constante em profundidade. Considere-se igualmente, e por questão de simplicidade, que a água freática se encontra em repouso (distribuição de pressões hidrostáticas) com o seu nível superior coincidente com a superfície do terreno. Considere-se, na vizinhança infinitesimal de P, três pares de planos ou elementos de superfície perpendiculares aos eixos coordenados (na Fig. 2.3 representa-se apenas um plano para cada par mencionado). Nesses planos as tensões tangenciais são nulas, isto é, as tensões são puramente normais; os planos designam-se como *planos principais*, as tensões que nelas atuam são chamadas *tensões principais*; as direções dessas tensões são as *direções principais de tensão.*

A tensão total vertical em P atua nos planos horizontais e vale, naturalmente

$$\sigma_{v0} = \gamma\, z \tag{2.11}$$

O índice *zero* será doravante usado para simbolizar que a tensão é exclusivamente devida ao peso próprio, ou seja, é uma *tensão de repouso.*

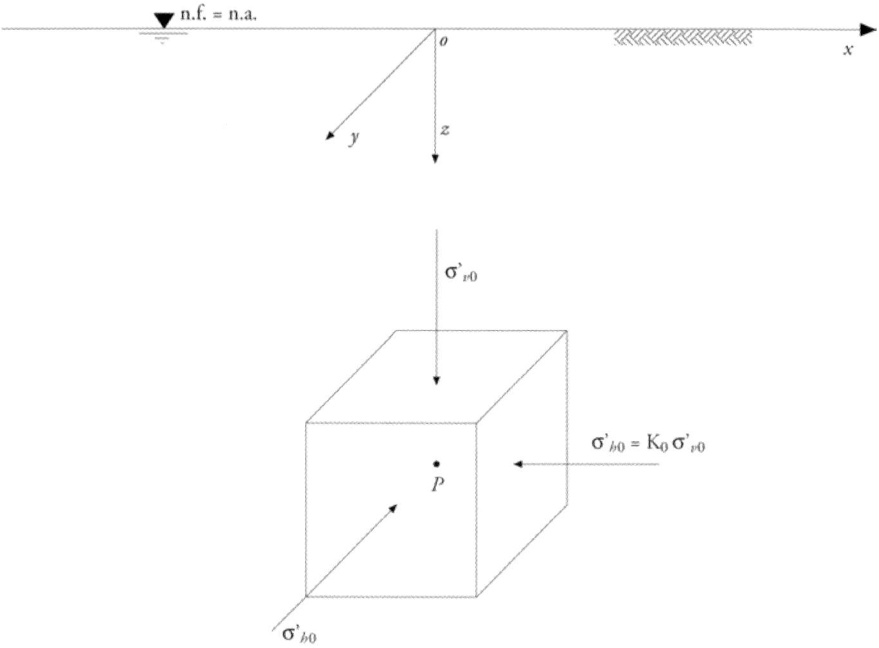

Fig. 2.3 *Tensões principais efetivas de repouso num ponto de um maciço terroso de superfície horizontal*

Por outro lado, estando a água em condições hidrostáticas e o nível freático à superfície do terreno, a pressão na água dos poros em P vale:

$$u_0 = \gamma_w z \tag{2.12}$$

A tensão efetiva vertical de repouso vale, aplicando a Eq. 2.9:

$$\sigma'_{v0} = (\gamma - \gamma_w)z = \gamma' z \tag{2.13}$$

em que γ' é o peso específico submerso.

Nos planos verticais as tensões atuantes, logo tensões horizontais de repouso, serão naturalmente iguais entre si. Ao contrário das verticais, todavia, o seu cálculo não resulta puramente da gravidade. Para tanto, é necessário introduzir um parâmetro – o chamado *coeficiente de empuxo em repouso*, K_0 – que é igual à razão da tensão efetiva horizontal de repouso pela tensão efetiva vertical de repouso no mesmo ponto:

$$K_0 = \frac{\sigma'_{h0}}{\sigma'_{v0}} \tag{2.14}$$

Sendo assim, as tensões horizontais efetiva e total no estado de repouso são, respectivamente:

$$\sigma'_{h0} = K_0\,\sigma'_{v0} = K_0\,\gamma'\,z \tag{2.15}$$

$$\sigma_{h0} = \sigma'_{h0} + u_0 = K_0\,\gamma'\,z + \gamma_w\,z \tag{2.16}$$

Nos maciços terrosos de superfície horizontal são iguais duas das tensões principais no estado de repouso.

Quando $K_0 < 1$, então:

$$\begin{cases}\sigma_{v0} = \sigma_1 \\ \sigma_{h0} = \sigma_2 = \sigma_3\end{cases};\ \begin{cases}\sigma'_{v0} = \sigma'_1 \\ \sigma'_{h0} = \sigma'_2 = \sigma'_3\end{cases} \tag{2.17}$$

Quando $K_0 > 1$, virá:

$$\begin{cases}\sigma_{h0} = \sigma_1 = \sigma_2 \\ \sigma_{v0} = \sigma_3\end{cases};\ \begin{cases}\sigma'_{h0} = \sigma'_1 = \sigma'_2 \\ \sigma'_{v0} = \sigma'_3\end{cases} \tag{2.18}$$

Quando $K_0 = 1$:

$$\sigma_{v0} = \sigma_{h0} = \sigma_1 = \sigma_2 = \sigma_3;\ \sigma'_{v0} = \sigma'_{h0} = \sigma'_1 = \sigma'_2 = \sigma'_3 \tag{2.19}$$

Nos dois primeiros casos, os estados de tensão (total e efetiva) são simétricos em relação ao eixo dos *zz*, isto é, são iguais em qualquer plano vertical contendo aquele eixo; designam-se como *estados de tensão axissimétricos*. No terceiro, os estados de tensão (total e efetiva) são designados como *estados de tensão hidrostáticos* ou *isotrópicos*.

A Fig. 2.4a ilustra a evolução em profundidade das tensões definidas pelas Eqs. 2.11 a 2.16 para o valor do peso específico e de K_0 indicados, num qualquer plano vertical contendo o eixo dos *zz*. Por sua vez, a Fig. 2.4b mostra os *círculos de Mohr* representativos dos estados de tensão total e efetiva de repouso num ponto a 10 m de profundidade. Como se pode verificar, estão representados dois círculos de Mohr, um correspondente ao estado de tensão total e outro respeitante ao estado de tensão efetiva. Considerando que, para o caso em análise, K_0 <1, σ_{v0} e σ'_{v0} são, respectivamente, a maior tensão total principal e a maior tensão efetiva principal. Os dois círculos têm o mesmo diâmetro, dado que $\sigma_1 - \sigma_3 = \sigma_{v0} - \sigma_{h0} = \sigma'_1 - \sigma'_3 = \sigma'_{v0} - \sigma'_{h0}$. Os pontos dos dois círculos representativos das tensões total e efetiva num dado plano têm a mesma ordenada e abscissas diferindo do valor da pressão na água dos poros no ponto em questão, o que está em acordo com o já referido sobre o fato de as tensões de cisalhamento coincidirem nos estados de tensão total e efetiva (ver Quadro 2.1).

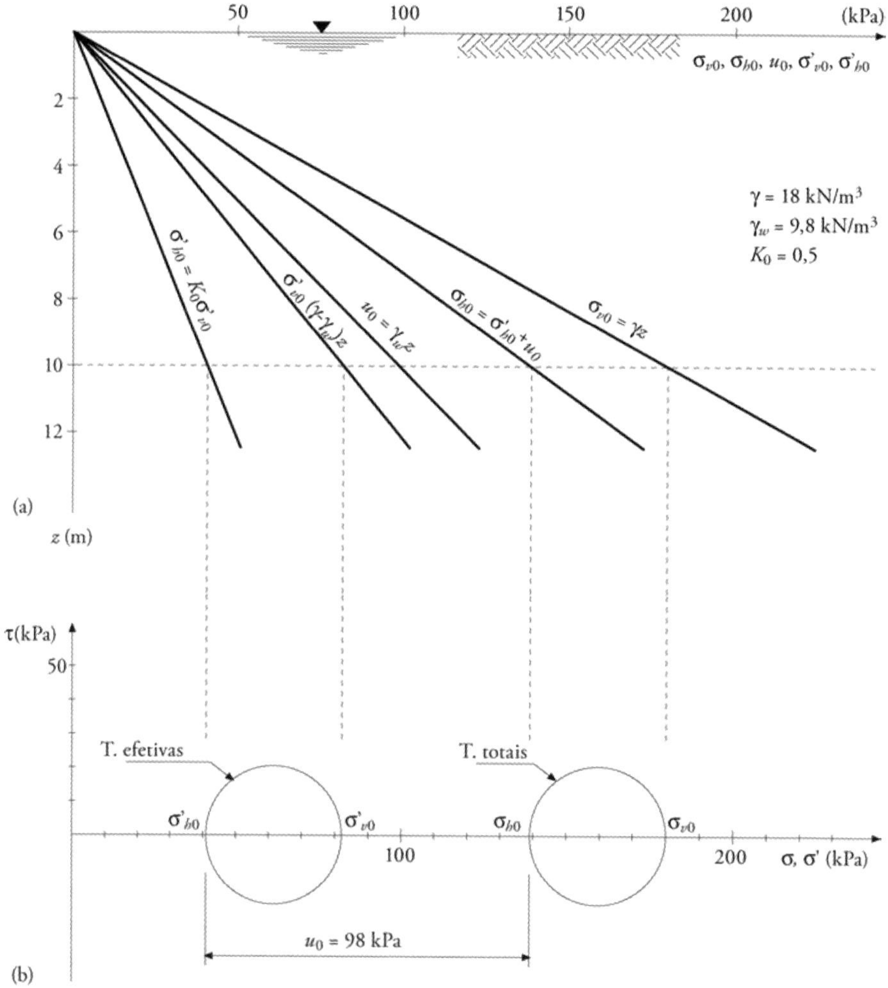

Fig. 2.4 *Maciço homogêneo com o nível freático à superfície: (a) evolução em profundidade das tensões de repouso; (b) círculos de Mohr representativos dos estados de tensões total e efetiva, num ponto a 10 m de profundidade*

No Anexo A4, poderá o leitor rever o conceito de *círculo de Mohr*, com as convenções próprias da Mecânica dos Solos.

2.3.2 Nota sobre o coeficiente de empuxo em repouso (K_0)

O coeficiente K_0 depende essencialmente da história geológica do maciço que, como é óbvio, determina a evolução das tensões por este experimentadas, habitualmente denominada *história de tensões* do maciço. Não existem, assim, métodos teóricos para a determinação de K_0. A sua avaliação em cada caso é efetuada por meio de ensaios, especificamente ensaios *in situ*, com base em correlações empíricas com outros parâmetros de mais simples determinação, ou com recurso a valores já estimados para maciços com histórias de tensões semelhantes, quando estas são particularmente simples e bem conhecidas.

Contudo, pode adiantar-se que, em maciços de origem sedimentar geologicamente muito recentes (muitos dos quais serão adiante designados como *normalmente adensados*), K_0 é inferior a 1, muitas vezes não muito distante de 0,5. Valores próximos ou inferiores a este podem ocorrer em solos residuais do granito e do gnaisse. Em maciços sedimentares antigos, com histórias de tensões complexas, envolvendo um ou mais ciclos de carregamento-descarregamento provocados por deposição seguida de remoção de camadas sedimentares mais recentes (os quais serão adiante designados como *sobreadensados*), K_0 pode ser superior à unidade. Esse assunto será retomado em 4.2.2.

2.4 Tensões induzidas por forças exteriores

2.4.1 Formulação geral

As estruturas de Engenharia Civil vão modificar o estado de tensão de repouso de forma mais ou menos significativa numa dada região do maciço subjacente e(ou) envolvente. Em muitos casos, como nos capítulos seguintes será comprovado, para o projeto dessas estruturas, é necessário avaliar as tensões por elas induzidas nos maciços.

No âmbito deste trabalho será considerado apenas o caso de forças aplicadas à superfície, representativas das ações das estruturas edificadas sobre a superfície natural do terreno ou a reduzida profundidade.

A avaliação das tensões induzidas no maciço – assimilado a um meio semi-indefinido limitado por um plano horizontal, como mostra a Fig. 2.5 –

envolve uma formulação matematicamente complexa, cujo desenvolvimento não se justifica no presente trabalho, pelo que daquela serão expostos apenas alguns aspectos básicos. O leitor interessado em aprofundar o assunto, deve consultar tratados da especialidade (Timoshenko; Goodier, 1951; Correia de Araújo, 1962; Salençon, 2001; Dias da Silva, 2004).

A formulação do problema envolve, em cada caso, a escrita e a subsequente integração de um sistema formado pelas seguintes equações diferenciais:

i) *equações de equilíbrio* entre as tensões que atuam em qualquer elemento de volume do interior do meio (equações de equilíbrio indefinido) ou na respectiva fronteira (equações de equilíbrio na fronteira); é nessas equações que aparecem as forças exteriores volumétricas, nas primeiras, e as aplicadas à superfície do meio em análise, nas segundas;
ii) *equações de compatibilidade*, que impõem que elementos contíguos antes da deformação continuem a ser compatíveis após a deformação;
iii) *equações constitutivas*, que traduzem as relações entre as tensões e as deformações.

Equações de equilíbrio de tensões

Considere-se, como mostra a Fig. 2.5, um meio semi-indefinido limitado por um plano horizontal, plano este que se encontra carregado de determinada forma em determinados pontos. Considere-se também um elemento de dimensões infinitesimais dx, dy e dz na imediata vizinhança de um ponto do meio.

A figura mostra as tensões atuantes em cada face do elemento, com os sentidos positivos marcados segundo a convenção corrente em Mecânica dos Solos:

i) as tensões normais são positivas quando são de compressão;
ii) τ_{ij} é a tensão de cisalhamento atuando paralelamente ao eixo j sobre um plano normal ao eixo i;
iii) τ_{ij} é positiva quando é dirigida no sentido positivo do eixo j e atua num plano cuja normal exterior aponta no sentido negativo do eixo i, ou quando é dirigida no sentido negativo do eixo j e atua num plano cuja normal exterior aponta no sentido positivo do eixo i.

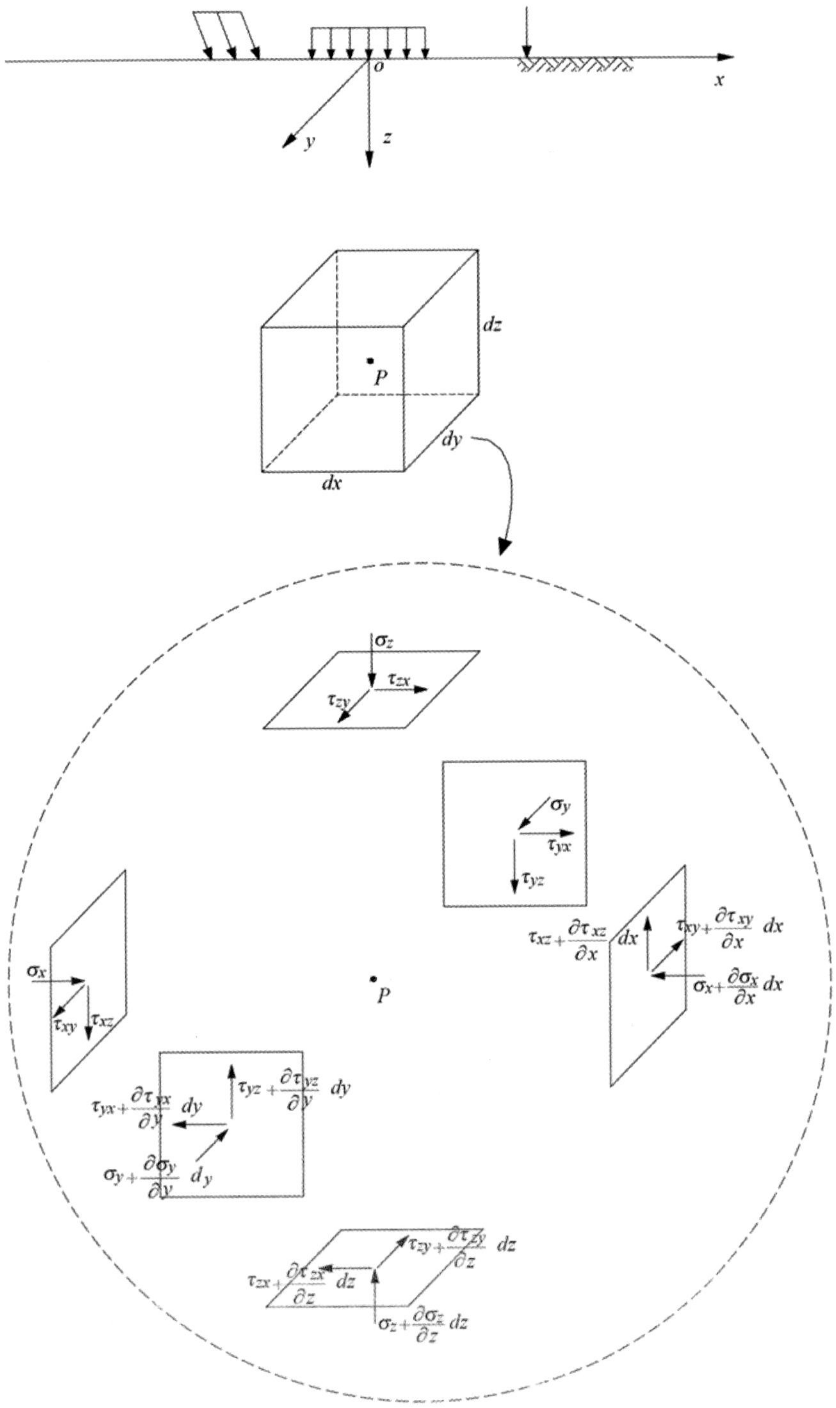

Fig. 2.5 *Meio semi-indefinido, carregado à superfície, e elemento de volume com as tensões atuantes nos respectivos planos*

As *equações de equilíbrio* indefinido aplicáveis ao elemento expressam-se da seguinte forma:

$$\begin{aligned}
&\frac{\partial \sigma_x}{\partial x}+\frac{\partial \tau_{xy}}{\partial y}+\frac{\partial \tau_{xz}}{\partial z}-X=0\\
&\frac{\partial \sigma_y}{\partial y}+\frac{\partial \tau_{xy}}{\partial x}+\frac{\partial \tau_{yz}}{\partial z}-Y=0\\
&\frac{\partial \sigma_z}{\partial z}+\frac{\partial \tau_{xz}}{\partial x}+\frac{\partial \tau_{yz}}{\partial y}-Z=0
\end{aligned} \tag{2.20}$$

em que X, Y e Z são as componentes das forças mássicas, isto é, das forças por unidade de volume no ponto em questão. No caso do problema da Fig. 2.5, $X = Y = 0$ e $Z = \gamma$, sendo γ o peso específico.

Essas equações precisam ser satisfeitas em todo o meio. Para os elementos cuja face superior coincide com a superfície, as equações de equilíbrio assumem forma particular. Com efeito, nessa face, as tensões atuantes: i) assumem um valor determinado, coincidente com o carregamento instalado no ponto em questão; ii) ou são nulas, se nesse ponto a superfície estiver descarregada. Tais equações constituem as chamadas *condições-fronteira*, próprias de cada problema específico, e são indispensáveis para a integração do sistema de equações.

Equações de compatibilidade das deformações

Sendo u, v e w as componentes do vetor deslocamento de um ponto genérico do meio, paralelas aos eixos dos xx, dos yy e dos zz, respectivamente, as componentes da deformação no ponto, no domínio das pequenas deformações, são definidas por meio das seguintes equações:

$$\begin{cases}
\varepsilon_x=\dfrac{\partial u}{\partial x}\\
\varepsilon_y=\dfrac{\partial v}{\partial y}\\
\varepsilon_z=\dfrac{\partial w}{\partial z}\\
\gamma_{xy}=\dfrac{\partial u}{\partial y}+\dfrac{\partial v}{\partial x}\\
\gamma_{xz}=\dfrac{\partial u}{\partial z}+\dfrac{\partial w}{\partial x}\\
\gamma_{yz}=\dfrac{\partial v}{\partial z}+\dfrac{\partial w}{\partial y}
\end{cases} \tag{2.21}$$

correspondendo as três primeiras às *extensões* ou deformações lineares e as três últimas às *distorções* ou deformações por cisalhamento.

O campo das deformações não pode ser qualquer. Com efeito, elementos vizinhos precisam se deformar mantendo-se compatíveis, isto é, não se interpenetrando nem abrindo espaços entre si. As condições que as deformações precisam satisfazer são denominadas *equações de compatibilidade* e são as seguintes:

$$\begin{cases} \dfrac{\partial^2 \varepsilon_x}{\partial y^2} + \dfrac{\partial^2 \varepsilon_y}{\partial x^2} = \dfrac{\partial^2 \gamma_{xy}}{\partial x\, \partial y} \\ \dfrac{\partial^2 \varepsilon_y}{\partial z^2} + \dfrac{\partial^2 \varepsilon_z}{\partial y^2} = \dfrac{\partial^2 \gamma_{yz}}{\partial y\, \partial z} \\ \dfrac{\partial^2 \varepsilon_z}{\partial x^2} + \dfrac{\partial^2 \varepsilon_x}{\partial z^2} = \dfrac{\partial^2 \gamma_{xz}}{\partial x\, \partial z} \end{cases} \tag{2.22}$$

Leis constitutivas. Alguns conceitos básicos sobre modelos de comportamento dos materiais

Foram assim apresentadas seis equações diferenciais – três equações de equilíbrio e três equações de compatibilidade –, as quais envolvem ao todo 12 funções incógnitas, seis referentes ao estado de tensão e seis referentes ao estado de deformação em todos os pontos do meio em análise. Sem mais equações o problema em questão seria indeterminado. O problema torna-se determinado quando se consideram as relações ou *leis constitutivas do material*, isto é, as equações que relacionam para o material em questão as tensões e as deformações.

As leis constitutivas pretendem traduzir por via *matemática* a resposta *física* dos materiais, observada em ensaios que envolvem o carregamento estático ou dinâmico sobre elementos de reduzida dimensão ou em escala real. Essa resposta é muitas vezes classificada de acordo com os chamados *modelos de comportamento* ou *modelos reológicos*.

Parece oportuno abrir um parêntese para esclarecer alguns conceitos relacionados com os modelos de comportamento dos materiais, e em particular dos solos, que ajudarão à compreensão de considerações subsequentes.

Um material *elástico* é aquele que exibe reversibilidade de deformações, isto é, as deformações experimentadas sob a ação de forças ou tensões aplicadas ao material anulam-se quando estas são retiradas. Se, além disso, houver proporcionalidade entre tensões e deformações, o material diz-se *elástico linear* (Fig. 2.6a); caso contrário, será designado como *elástico não linear* (Fig. 2.6b).

Classifica-se um material como *elastoplástico* (Fig. 2.6c) quando, na descarga, isto é, quando as ações exteriores são removidas, apenas parte das deformações é recuperada. As deformações remanescentes designam-se como *deformações plásticas*, enquanto as que foram recuperadas são chamadas, naturalmente, de *deformações elásticas*.

Um material *elastoplástico perfeito* é aquele que até um dado valor da tensão, designado como *tensão de escoamento*, apresenta um comportamento elástico (isto é, reversível), passando a partir daí a sofrer deformações puramente plásticas sob uma tensão constante igual à tensão de escoamento; esse material pode ter o ramo elástico linear (Fig. 2.6d) ou não linear (Fig. 2.6e).

Um material análogo ao anterior, mas no qual são nulas as deformações até ser atingida a tensão de escoamento, designa-se como *rígido-plástico* (Fig. 2.6f).

Em certos casos de materiais de comportamento elastoplástico, após atingida a tensão de escoamento, esta não se mantém constante, podendo decrescer ou, ao contrário, aumentar. Esses comportamentos são designados, respectivamente, como *elastoplástico com amolecimento* e *elastoplástico com endurecimento*.

Quando o comportamento mecânico de um dado material depende do tempo diz-se que ele tem um *comportamento viscoso*. Há necessidade de recorrer, por vezes, a *modelos viscoelásticos* ou *viscoelastoplásticos*, conforme as deformações, além de serem função do tempo, são, respectivamente, na sua totalidade ou apenas em parte reversíveis.

Os diagramas da Fig. 2.6 ilustram de modo simples as relações tensões-deformações, digamos, de forma unidimensional, isto é, exprimem apenas a relação entre *uma* componente da tensão e *uma* componente da deformação. De fato, as equações constitutivas matematicamente expressas, mesmo as mais simples, como as correspondentes ao modelo elástico linear, são mais complexas porque traduzem a relação entre dois tensores ou matrizes de segunda ordem, o tensor das tensões e o tensor das deformações. Matematicamente corresponderão portanto, no caso geral, a tensores de quarta ordem.

Na Mecânica dos Solos clássica – e este livro insere-se nesse contexto – são usados modelos de comportamento em geral muito simples, correspondendo a leis constitutivas também simples, expressas por meio de

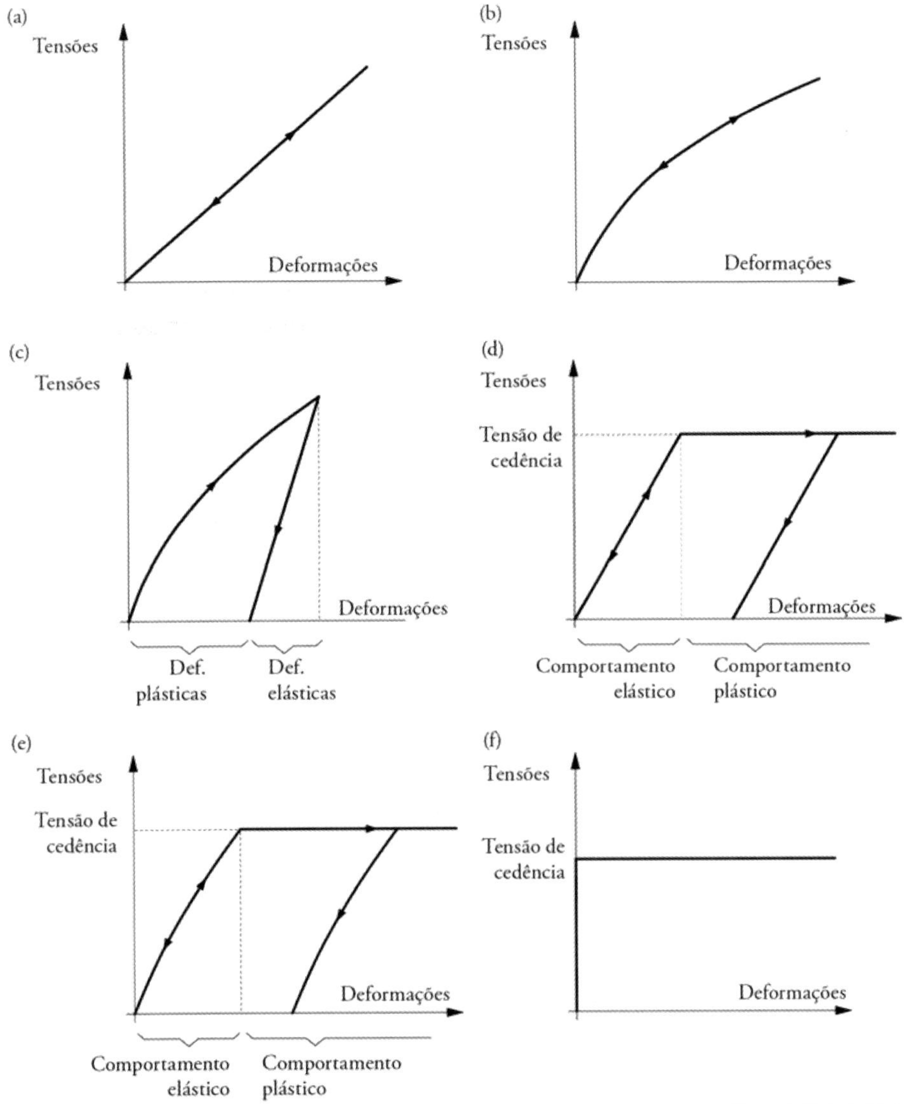

FIG. 2.6 *Alguns modelos de comportamento usados em Mecânica dos Solos: (a) elástico linear; (b) elástico não linear; (c) elastoplástico; (d) elástico perfeitamente plástico; (e) elástico não linear perfeitamente plástico; (f) rígido-plástico*

reduzido número de parâmetros, com significado físico bem conhecido. Basicamente, serão usados, de acordo com os problemas em análise, os modelos de comportamento elástico linear, rígido-plástico, viscoelástico e, em certa medida, elastoplástico.

Depois desse parêntese – motivado pela importância da chamada de atenção ao leitor dos modelos de comportamento – justifica-se regressar ao objeto desta seção, o cálculo das tensões induzidas nos maciços por forças exteriores. Com esse objetivo, é usual admitir para o maciço um comportamento elástico linear. Na prática, são usadas soluções para as tensões induzidas em meios semi-indefinidos (isto é, meios infinitos mas limitados por um plano), contínuos e elásticos lineares, obtidas no âmbito da Teoria da Elasticidade. Antes de apresentar a formulação elástica do problema e algumas soluções decorrentes dessa formulação, justifica-se proceder a uma breve discussão acerca da razoabilidade de tal opção.

2.4.2 Aplicação das soluções de Teoria da Elasticidade às tensões induzidas nos maciços terrosos

Considere-se uma fundação assente sobre a superfície de um maciço terroso submetido a uma carga vertical centrada crescente, ΔQ_s, como mostra a Fig. 2.7a. A Fig. 2.7b ilustra o aspecto típico do diagrama carga-recalque. Em geral, para valores de ΔQ_s relativamente baixos o diagrama exibe uma pequena inclinação e curvatura praticamente nula ou muito reduzida. A partir de certo valor da carga, a curvatura experimenta um aumento cada vez mais pronunciado até se atingir um outro ramo praticamente retilíneo de grande inclinação com recalques tendencialmente infinitos.

Chama-se a atenção ao fato de o recalque da fundação ser o integral das deformações verticais nos pontos do maciço subjacente. Dessa forma,

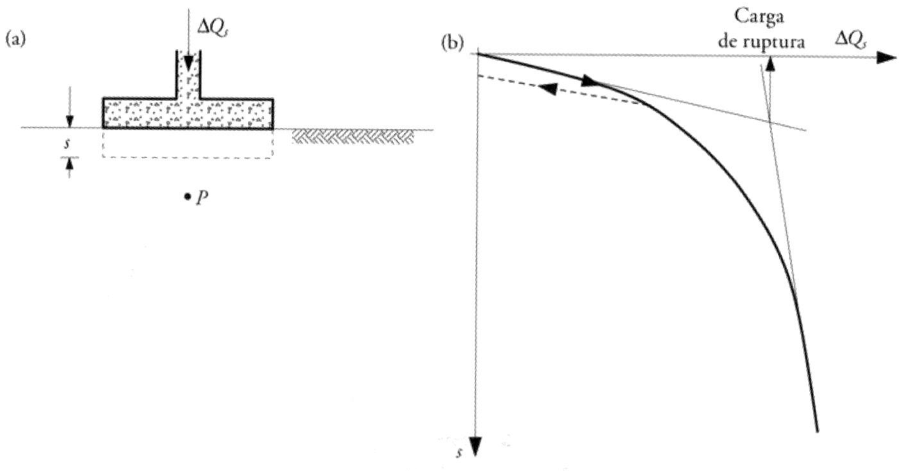

Fig. 2.7 *Carregamento de maciços à superfície: (a) esquema-tipo; (b) aspecto típico do diagrama carga-recalque*

pelo menos no ramo inicial da curva, constata-se então uma proporcionalidade entre a carga aplicada à superfície e a deformação no ponto genérico do maciço, *P*. Sendo essa proporcionalidade um fato verificável fisicamente, para a mesma gama de valores de ΔQ_s parece razoável admitir então uma outra entre a carga aplicada e as tensões incrementais no mesmo ponto, *P*. Isto é, para uma dada gama de valores de ΔQ_s existe uma aproximada proporcionalidade entre tensões induzidas no maciço e as deformações resultantes. O terreno comporta-se nessa altura como um material elástico linear.

Na grande maioria dos problemas envolvendo o carregamento de maciços terrosos por estruturas de Engenharia Civil, estas são dimensionadas de modo que a carga ΔQ_s transmitida ao terreno se mantenha consideravelmente abaixo daqueles valores que tenderiam a induzir a ruptura do maciço, isto é, deformações tendencialmente infinitas. Tal opção visa atingir essencialmente dois objetivos: i) obter uma confortável margem de segurança em relação a um estado limite último no solo de fundação; ii) controlar as deformações do mesmo solo dentro de limites reduzidos, dessa forma acautelando eventuais estados limites últimos e de utilização da própria estrutura.

Considerando o exposto, a adoção de um modelo de comportamento elástico linear para o maciço parece aceitável, o que permite recorrer a soluções analíticas conhecidas da Teoria de Elasticidade dos corpos sólidos.

Cabe aqui fazer uma reserva, pois, mesmo sendo modesta a tensão transmitida ao terreno, se ela for removida, as deformações não serão, em geral, recuperadas na sua totalidade, como sugere o diagrama tracejado na Fig. 2.7b. Isso pode ser explicado porque, em geral, os carregamentos tendem a conferir aos solos arranjos do agregado de partículas de maior estabilidade. Não obstante o que acaba de ser referido, na maior parte dos carregamentos envolvendo estruturas de Engenharia Civil, as solicitações são essencialmente monótonas, ou seja, aumentam até um dado valor e em seguida experimentam variações que em geral são relativamente pequenas quando comparadas com o valor médio da carga aplicada ao terreno.

Concluindo, em muitos problemas que envolvem o carregamento de solos à superfície ou perto desta, as soluções da Teoria da Elasticidade são aplicadas para o cálculo do estado de tensão induzido. Resultados experimentais sustentam que a aproximação obtida com aquelas soluções é muito razoável, sendo, portanto, defensável a sua aplicação mesmo em estudos de exigência acima da média.

2.4.3 Formulação do problema bidimensional do cálculo das tensões induzidas no âmbito da Teoria da Elasticidade Linear

Neste parágrafo será resumidamente apresentada a formulação do cálculo das tensões induzidas por cargas exteriores num meio elástico linear e homogêneo, tomando agora como referência um estado de tensão bidimensional, em particular um estado plano de deformação.

Em problemas bidimensionais, as equações de equilíbrio indefinido (Eq. 2.20) reduzem-se às duas seguintes:

$$\begin{aligned} \frac{\partial \sigma_x}{\partial x} + \frac{\partial \tau_{-xz}}{\partial z} = 0 \\ \frac{\partial \sigma_z}{\partial z} + \frac{\partial \tau_{xz}}{\partial x} - Z = 0 \end{aligned} \qquad (2.23)$$

Por outro lado, sendo u e w as componentes do vetor deslocamento de um ponto genérico do meio elástico bidimensional quando este sofre deformação, as componentes do estado de deformação são agora apenas as três seguintes:

$$\begin{cases} \varepsilon_x = \dfrac{\partial u}{\partial x} \\ \varepsilon_z = \dfrac{\partial w}{\partial z} \\ \gamma_{xz} = \dfrac{\partial u}{\partial z} + \dfrac{\partial w}{\partial x} \end{cases} \qquad (2.24)$$

Como já foi referido, essas componentes da deformação não podem ser arbitrárias, já que são função de u e w. A relação a que devem obedecer, chamada equação de compatibilidade, obtém-se derivando a primeira duas vezes em ordem a z, a segunda duas vezes em ordem a x e a terceira uma vez em ordem a cada uma das variáveis:

$$\frac{\partial^2 \varepsilon_x}{\partial z^2} + \frac{\partial^2 \varepsilon_z}{\partial x^2} = \frac{\partial^2 \gamma_{xz}}{\partial x\, \partial z} \qquad (2.25)$$

Às Eqs. 2.23 e 2.25 junta-se, numa abordagem de acordo com a Teoria da Elasticidade, a lei de Hooke, que relaciona as três componentes do estado de tensão com as três componentes do estado de deformação.

Entre os equilíbrios bidimensionais aqueles que assumem maior interesse prático em Mecânica dos Solos são os estados planos de deformação ou estados de deformação plana. Considerando, por exemplo, o caso do aterro da Fig. 2.8, a deformação ϵ_y em qualquer ponto do interior da massa terrosa é igual a zero. A distribuição das tensões σ_y é igual em qualquer plano paralelo ao plano oxz, isto é, é independente de y. Assim, só σ_x , σ_z e τ_{xz} são variáveis independentes, o que justifica dizer-se que se está perante um problema plano ou bidimensional.

Para um estado plano de deformação num material elástico e isotrópico de constantes elásticas E e ν, respectivamente o *módulo de elasticidade* ou *módulo de Young* e o *coeficiente de* Poisson, a expressão da lei de Hooke generalizada toma a forma:

$$\begin{Bmatrix} \sigma_x \\ \sigma_z \\ \tau_{xz} \end{Bmatrix} = \frac{E(1-\nu)}{(1+\nu)(1-2\nu)} \begin{bmatrix} 1 & \frac{\nu}{1-\nu} & 0 \\ \frac{\nu}{1-\nu} & 1 & 0 \\ 0 & 0 & \frac{1-2\nu}{2(1-\nu)} \end{bmatrix} \begin{Bmatrix} \varepsilon_x \\ \varepsilon_z \\ \gamma_{xz} \end{Bmatrix} \tag{2.26}$$

Por aplicação da lei de Hooke pode escrever-se a equação de compatibilidade Eq. 2.25, em função das componentes do estado de tensão. Veja-se como isso pode ser feito para o caso de um estado de deformação plana. Da Eq. 2.26 pode deduzir-se que:

$$\begin{cases} \varepsilon_x = \dfrac{1}{E}\left[\left(1-\nu^2\right)\sigma_x - \nu(1+\nu)\sigma_z\right] \\ \varepsilon_z = \dfrac{1}{E}\left[\left(1-\nu^2\right)\sigma_z - \nu(1+\nu)\sigma_x\right] \\ \gamma_{xz} = \dfrac{2(1+\nu)}{E}\tau_{xz} \end{cases} \tag{2.27}$$

Substituindo a Eq. 2.27 na Eq. 2.25, obtém-se:

$$\frac{\partial^2}{\partial z^2}\left[\left(1-\nu^2\right)\sigma_x - \nu(1+\nu)\sigma_z\right] + \frac{\partial^2}{\partial x^2}\left[\left(1-\nu^2\right)\sigma_z - \nu(1+\nu)\sigma_x\right] = 2(1+\nu)\frac{\partial^2 \tau_{xz}}{\partial x\, \partial z} \tag{2.28}$$

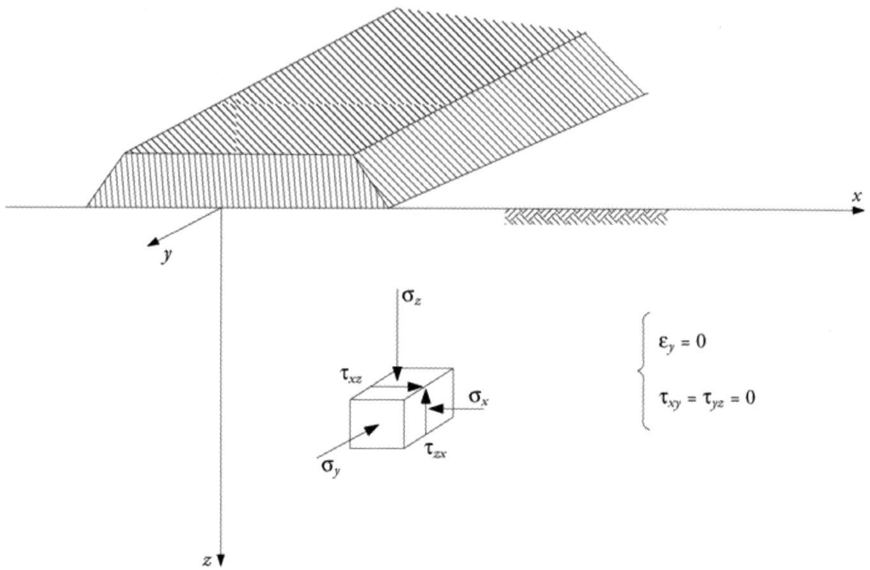

FIG. 2.8 *Carregamento de um maciço terroso induzindo um equilíbrio plano de deformação*

Por outro lado, diferenciando a primeira Eq. 2.23 em ordem a x, a segunda em ordem a z, e somando-as, obtém-se:

$$2\frac{\partial^2 \tau_{xz}}{\partial x\, \partial z} = \frac{\partial X}{\partial x} + \frac{\partial Z}{\partial z} - \frac{\partial^2 \sigma_x}{\partial x^2} - \frac{\partial^2 \sigma_z}{\partial z^2} \tag{2.29}$$

Combinando a Eq. 2.28 e a Eq. 2.29, obtém-se, finalmente:

$$\left(\frac{\partial^2}{\partial x^2} + \frac{\partial^2}{\partial z^2}\right)(\sigma_x + \sigma_z) = \frac{1}{1-\nu}\left(\frac{\partial X}{\partial x} + \frac{\partial Z}{\partial z}\right) \tag{2.30}$$

As equações de equilíbrio 2.23 junto com a equação de compatibilidade 2.30 (ou outra deduzida de forma análoga para condições que não as de deformação plana) constituem um sistema de equações em σ_x, σ_z e τ_{xz} cuja integração fornece a distribuição completa das tensões no problema bidimensional. Essa integração tem que atender às condições-fronteira específicas de cada caso, isto é, ao carregamento aplicado à superfície, em particular, à forma e às dimensões da área carregada e à distribuição do carregamento nessa mesma área.

Para os casos mais simples de carregamento, que, aliás, são também os de maior interesse prático, são conhecidas soluções analíticas do problema, algumas das quais são apresentadas adiante.

2.5 Soluções elásticas mais usadas em Mecânica dos Solos

2.5.1 Considerações gerais

No Anexo A5 apresenta-se uma recolha de algumas das soluções analíticas da teoria da elasticidade com maior interesse prático para a avaliação das tensões induzidas em maciços terrosos por cargas exteriores, assimilando o maciço a um meio elástico, semi-indefinido, isotrópico e homogêneo (Poulos; Davis, 1974). Algumas delas, pela sua importância, serão todavia apresentadas em seguida no corpo do capítulo.

De modo a salientar que se trata de tensões incrementais, que se vão somar ao estado de tensão de repouso, optou-se no presente trabalho por incluir sistematicamente o símbolo Δ antes do símbolos usuais para as componentes da tensão.

As expressões das tensões incrementais têm em comum o seguinte: i) todas as componentes das tensões são diretamente proporcionais à força, ΔQ_s, ou à tensão, Δq_s, aplicadas à superfície; ii) todas as componentes das tensões dependem das coordenadas do ponto, referidas a um sistema de eixos cuja origem coincide com o ponto de aplicação da carga ou com o centro da área carregada; iii) as tensões normais no plano horizontal dependem do coeficiente de Poisson do meio elástico; iv) as tensões induzidas são independentes do módulo de elasticidade do meio (suposto homogêneo).

2.5.2 Problemas de Boussinesq e de Flamant

As primeiras soluções analíticas com interesse para a determinação do estado de tensão no interior de maciços terrosos foram deduzidas por Boussinesq (1885) para o caso de um meio elástico, isotrópico e semi-indefinido carregado à superfície por uma carga vertical concentrada. Essas expressões, em coordenadas polares, estão incluídas na Fig. 2.9, representando ν o coeficiente de Poisson do meio.

Por meio da integração das soluções anteriores, Flamant (1892) obteve as tensões para o caso de um meio do mesmo tipo carregado à superfície por uma carga vertical linear uniforme, situação correspondente a um equilíbrio bidimensional (estado plano de deformação). A Fig. 2.10 inclui as expressões citadas.

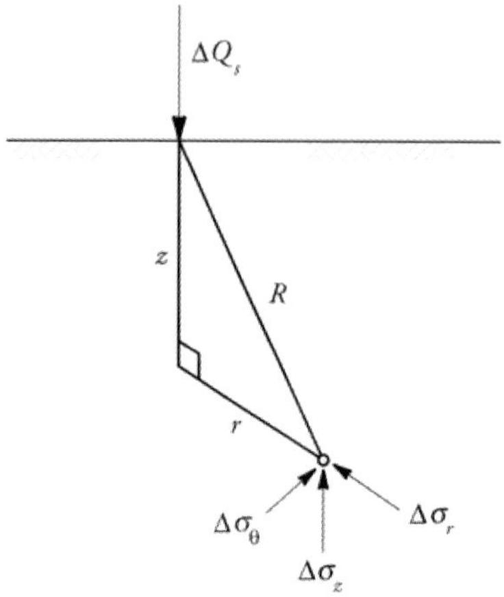

$$\Delta\sigma_z = \frac{3\Delta Q_s z^3}{2\pi R^5}$$

$$\Delta\sigma_r = -\frac{\Delta Q_s}{2\pi R^2}\left[\frac{-3r^2 z}{R^3} + \frac{(1-2\nu)R}{R+z}\right]$$

$$\Delta\sigma_\theta = -\frac{(1-2\nu)\Delta Q_s}{2\pi R^2}\left[\frac{z}{R} - \frac{R}{R+z}\right]$$

$$\Delta\tau_{rz} = \frac{3\Delta Q_s r z^2}{2\pi R^5}$$

Fig. 2.9 *Problema de Boussinesq: tensões num meio elástico, isotrópico, homogêneo e semi-indefinido induzidas por uma carga vertical concentrada na superfície*

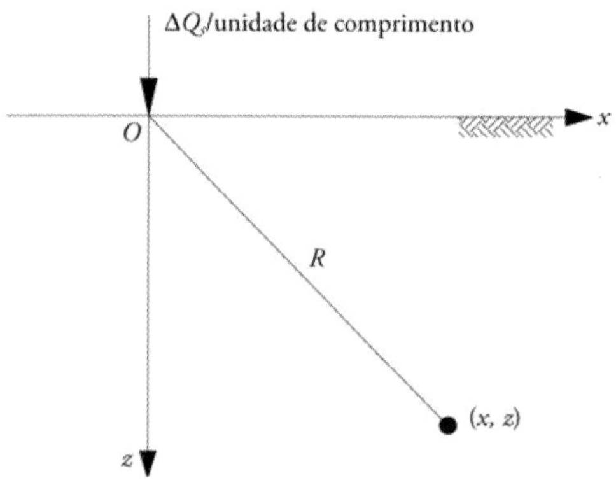

$$\Delta\sigma_x = \frac{2\Delta Q_s}{\pi}\frac{x^2 z}{R^4}$$

$$\Delta\sigma_z = \frac{2\Delta Q_s}{\pi}\frac{z^3}{R^4}$$

$$\Delta\tau_{xz} = \frac{2\Delta Q_s}{\pi}\frac{xz^2}{R^4}$$

$$\Delta\sigma_y = \frac{2\Delta Q_s \nu}{\pi}\frac{z}{R^2}$$

Fig. 2.10 *Problema de Flamant: tensões num meio elástico, isotrópico, homogêneo e semi-indefinido induzidas por uma carga vertical, linear e uniforme na superfície*

2.5.3 Faixa de comprimento infinito carregada uniformemente

A Fig. 2.11 mostra uma faixa de desenvolvimento infinito carregada por uma pressão uniforme, Δq_s. O equilíbrio gerado por um carregamento desse tipo corresponde a um estado plano de deformação.

As expressões analíticas para as tensões incrementais correspondentes estão incluídas no Anexo A5, juntamente com alguns valores tabelados.

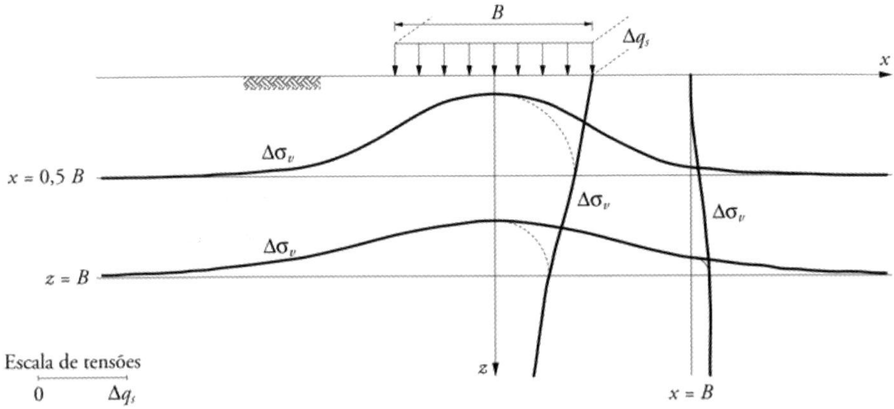

FIG. 2.11 *Tensões verticais induzidas por uma faixa de desenvolvimento infinito carregada uniformemente*

Está representada na Fig. 2.11 a distribuição das tensões verticais incrementais em dois planos horizontais a distintas profundidades. O exame da figura permite identificar algumas tendências interessantes: i) as tensões são simétricas em relação ao eixo da área carregada; ii) as tensões são máximas no eixo e tendem a reduzir-se com o afastamento deste, assemelhando-se a sua distribuição a um *sino* muito aberto; iii) as tensões reduzem-se com o aumento da profundidade.

A mesma figura mostra ainda a distribuição das tensões verticais incrementais em profundidade ao longo de dois alinhamentos verticais situados sobre o eixo de simetria e fora da área carregada a uma distância do eixo igual à largura da faixa. A observação dos gráficos da figura mostra que: i) ao longo do eixo da área carregada, o incremento de tensão vertical é máximo à superfície (na qual vale, naturalmente, o valor da sobrecarga superficial) e decresce de forma monótona em profundidade, tendendo para zero; ii) fora da área carregada, o incremento de tensão vertical é nulo à superfície, cresce até certa profundidade e a partir desta decresce monotonamente até se anular.

2.5.4 Bulbos de tensões

Uma forma particularmente sugestiva de representar as tensões incrementais é por meio dos chamados *bulbos de tensões*. A Fig. 2.12a representa o bulbo das tensões verticais incrementais para o caso da faixa de desenvolvimento infinito a que se refere a figura anterior. Cada uma das curvas representadas – cuja forma sugeriu o nome mencionado – representa o lugar geométrico dos pontos em que o incremento de tensão vertical vale uma determinada fração da pressão aplicada à superfície.

É interessante notar que as tendências anteriormente discutidas sobre os resultados dos gráficos da Fig. 2.11 podem ser todas identificadas na Fig. 2.12.

Por sua vez, a Fig. 2.12b ilustra os bulbos de tensões verticais para o caso de uma área quadrada uniformemente carregada à superfície, num plano vertical que passa pelo centro da área quadrada e é normal a dois dos lados dessa área. A comparação dessa figura com a anterior mostra que as profundidades até às quais as tensões incrementais representam uma fração significativa da pressão superficial dependem da geometria da área carregada, isto é da dimensão transversal e da dimensão longitudinal, crescendo com ambas. Por exemplo, o bulbo correspondente a 0,1 Δq_s estende-se em profundidade até cerca de seis vezes a largura da faixa de comprimento infinito e apenas cerca de duas vezes o lado da área quadrada.

A Fig. 2.13 mostra os bulbos de tensões verticais incrementais induzidos por duas faixas paralelas de comprimento infinito, de igual largura, carregadas com a mesma pressão vertical e cuja distância entre eixos é o dobro da largura comum, isto é, tendo entre ambas uma faixa descarregada com igual largura (Matos Fernandes, 1994). A comparação dessa figura com a Fig. 2.12 mostra claramente que a existência de zonas carregadas relativamente próximas vai provocar sob cada uma delas e a uma dada profundidade incrementos de tensões mais elevados, logo, vai aumentar a profundidade até à qual são significativos aqueles incrementos.

2.5.5 Outras soluções e condições

Como foi anteriormente mencionado, as soluções apresentadas referem-se a meios elásticos semi-indefinidos, isotrópicos e homogêneos e decorrem da integração analítica dos sistemas de equações diferenciais correspondentes.

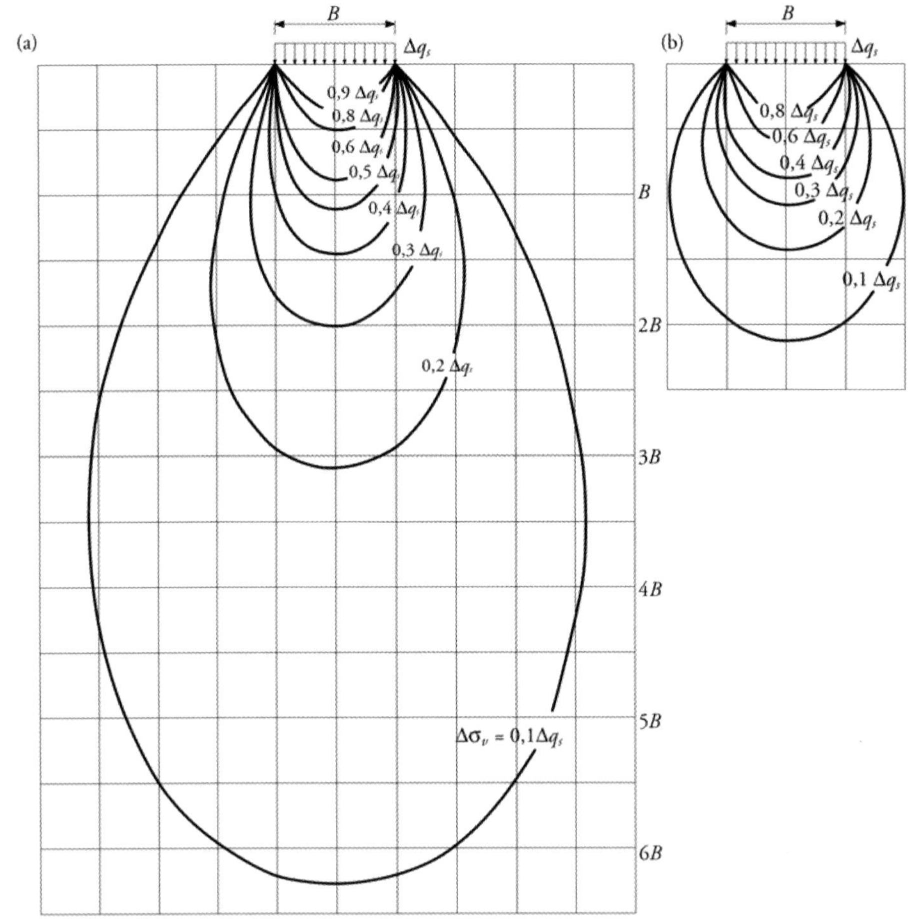

FIG. 2.12 *Linhas de igual incremento da tensão vertical (bulbos de tensões): (a) faixa infinita uniformemente carregada; (b) área quadrada uniformemente carregada*

Para tipos de carregamento menos simples do que os apresentados, seja pela geometria da área carregada, seja pela distribuição do carregamento naquela e(ou) para condições mais complexas referentes ao meio elástico, como a anisotropia, a variação das constantes elásticas em profundidade ou, ainda, a existência de uma face rígida inferior, a resolução dos correspondentes sistemas de equações diferenciais é processada, na grande maioria dos casos, por via numérica. Na bibliografia da especialidade podem-se encontrar, sob a forma de ábacos e tabelas, soluções para alguns desses casos (Poulos; Davis, 1974). O uso desses elementos é, todavia, pouco cômodo, sendo preferível, atualmente, para essas situações, a utilização de progra-

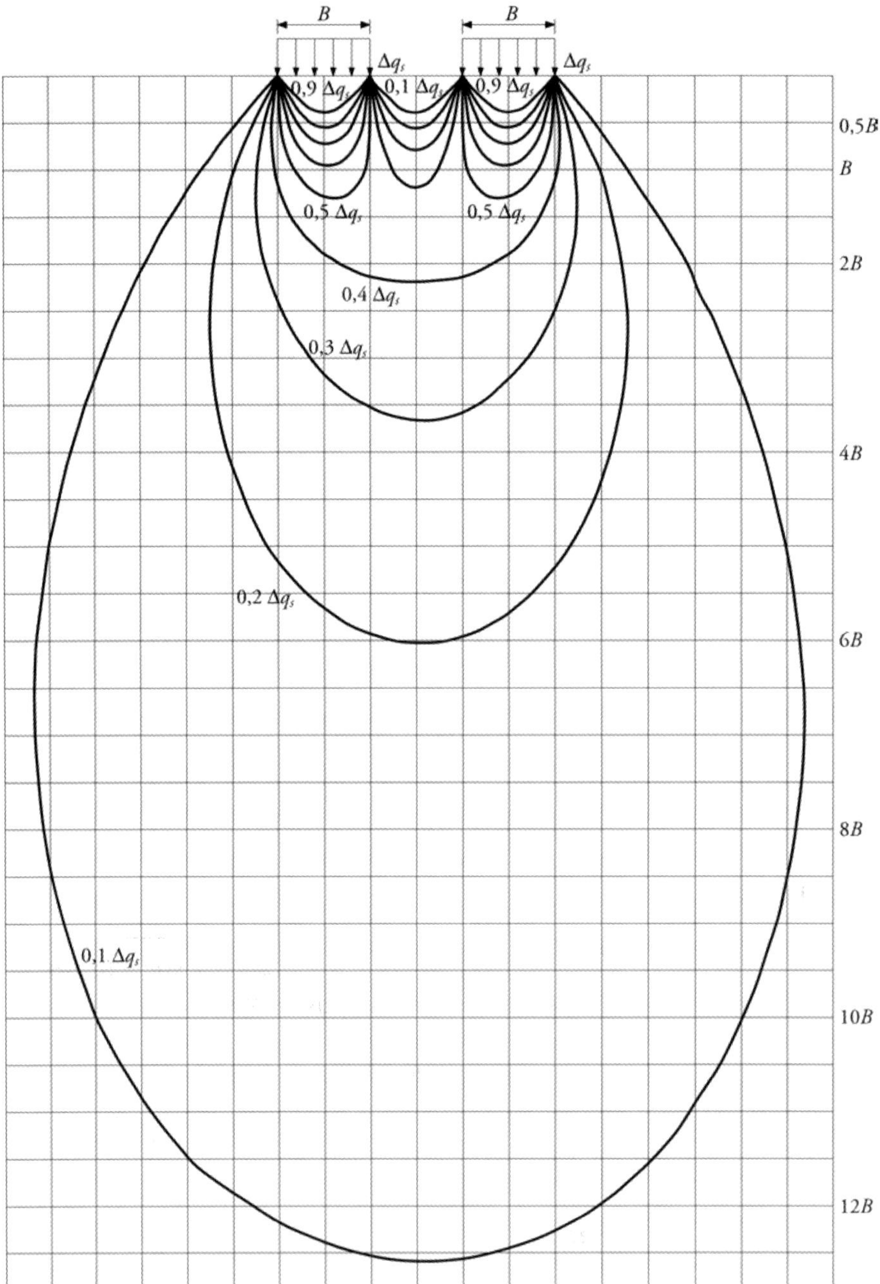

Fig. 2.13 *Linhas de igual incremento de tensão vertical (bulbos de tensões) para duas faixas infinitas de igual largura e cuja distância entre eixos é o dobro da largura, uniformemente carregadas*
Fonte: Matos Fernandes (1994).

mas de cálculo automático, especificamente os que são fundamentados no *método dos elementos finitos*, que facilmente permitem considerar as particularidades de cada caso concreto.

Sobre esse assunto justifica-se ainda uma observação acerca da aplicação das soluções apresentadas no âmbito deste capítulo aos maciços terrosos reais, em que diversos fatores introduzem variação espacial do módulo de elasticidade, especificamente a estratificação e, em camadas ainda que fisicamente homogêneas, o crescimento do módulo de elasticidade com as tensões efetivas, isto é, em profundidade. Por razões que em 2.8.2 serão explanadas, em geral usa-se para os solos a designação *módulo de deformabilidade*, como alternativa à de módulo de elasticidade.

Dois aspectos atenuam a relevância dessa variação espacial do módulo de elasticidade dos solos reais no contexto da estimativa das tensões induzidas:

i) em primeiro lugar, estudos numéricos vieram mostrar que a distribuição de tensões num meio elástico não homogêneo não é particularmente sensível à variação em profundidade do módulo de elasticidade, caso aquela variação não seja extremamente pronunciada;
ii) como sugerem as figuras referentes às soluções apresentadas, especificamente as que representam os bulbos de tensões, as zonas em que as tensões incrementais são mais significativas restringem-se geralmente à imediata vizinhança da área carregada à superfície, logo abarcam, caso a área carregada não tenha grandes dimensões, um horizonte relativamente limitado em profundidade.

Por essas razões, na generalidade dos casos, considera-se como aceitável a adoção de soluções elásticas para meios homogêneos.

2.6 Combinação dos estados de tensão de repouso e incremento de tensão

As soluções da teoria da elasticidade para as tensões induzidas no maciço por cargas exteriores são, na terminologia da Mecânica dos Solos, *tensões totais*. Essas tensões vão naturalmente modificar o estado de tensão preexistente no maciço. Para calcular o novo estado de tensão total haverá que proceder à combinação dos dois estados de tensão: o estado de tensão de repouso e o estado de tensão incremental.

A forma como as tensões incrementais são repartidas pelas duas fases do solo, isto é, pelo esqueleto sólido e pela água dos poros, é assunto que será tratado posteriormente. No que se segue até ao fim do presente capítulo, admitir-se-á que a pressão na água dos poros se mantém constante, não sendo afetada pelo carregamento. Mais adiante este tipo de carregamento será designado como *carregamento em condições drenadas*. Aceitando, por agora, esta hipótese, da aplicação do princípio da tensão efetiva, decorrerá então que o estado de tensão total incremental coincidirá com o estado de tensão efetiva incremental.

Em seguida, por meio de um exemplo numérico, o leitor poderá verificar a aplicação das considerações apresentadas.

2.6.1 Representação usando círculos de Mohr. Exemplo numérico

Suponha-se novamente o caso do maciço da Fig. 2.4, para o qual foi calculado o estado de tensão de repouso. Suponha-se que o maciço é submetido a um carregamento vertical, uniforme e crescente à superfície numa faixa de 20 m de largura e desenvolvimento infinito, como mostra agora a Fig. 2.14a. Considere-se, para ilustrar a combinação dos estados de tensão de repouso e incremental, o ponto P a 10 m de profundidade sobre o eixo de simetria vertical da faixa carregada. Por causa dessa localização, as tensões vertical e horizontal no ponto P manter-se-ão as tensões principais, máxima e mínima, respectivamente.

Recorrendo à solução elástica apropriada, representa-se nas Figs. 2.14b,c os círculos de Mohr representativos dos estados de tensão total e efetiva em *P* para valores de Δq_s = 50 e 100 kPa, bem como os círculos homólogos para o estado de repouso (estes já representados na Fig. 2.4b). Note-se que, para qualquer estágio de carregamento, as tensões normais, total e efetiva, em qualquer plano de *P*, diferem do valor da pressão na água dos poros, que se admitiu não ser afetada pelo carregamento.

2.6.2 Representação usando o sistema de eixos *s*, *s'*, *t*. Trajetórias de tensões totais e efetivas

Na Fig. 2.14d mostra-se uma forma alternativa de representação do estado de tensão, amplamente usada em Mecânica dos Solos devido à sua comodidade. Essa forma consiste em representar para cada estado de tensão (total e efetiva) um único ponto, cuja abscissa corresponde à tensão normal média e cuja ordenada representa a tensão de cisalhamento máxima. Surge assim o sistema de eixos *s*, *s´*, *t*, em que:

$$s = \frac{\sigma_1 + \sigma_3}{2} \tag{2.31}$$

$$s' = \frac{\sigma_1 + \sigma_3}{2} \tag{2.32}$$

e

$$t = \pm\frac{\sigma_1 - \sigma_3}{2} \tag{2.33}$$

em que *t* é positivo, se o ângulo de σ_1 com a horizontal for superior ou igual a 45°, ou negativo, no caso contrário.

Em muitos casos em que essa forma de representar o estado de tensão é usada, as tensões principais têm as direções vertical e horizontal. Nessas situações, as Eqs. 2.31 a 2.33 transformam-se nas três seguintes:

$$s = \frac{\sigma_v + \sigma_h}{2} \tag{2.34}$$

$$s' = \frac{\sigma'_v + \sigma'_h}{2} \tag{2.35}$$

e

$$t = \frac{\sigma_v - \sigma_h}{2} \tag{2.36}$$

Considerando que e $\sigma'_v = \sigma_v - u$ que $\sigma'_h = \sigma_h - u$, é fácil concluir que:

$$s' = \frac{\sigma'_v + \sigma'_h}{2} = s - u \tag{2.37}$$

e que *t* representa não só a semidiferença das tensões totais principais, mas igualmente a semidiferença das tensões efetivas principais. Os pontos representativos dos estados de tensão total e efetiva terão, de acordo com o sistema de representação agora introduzido, igual ordenada e abscissas diferindo do valor da pressão na água dos poros, qualquer que esta seja.

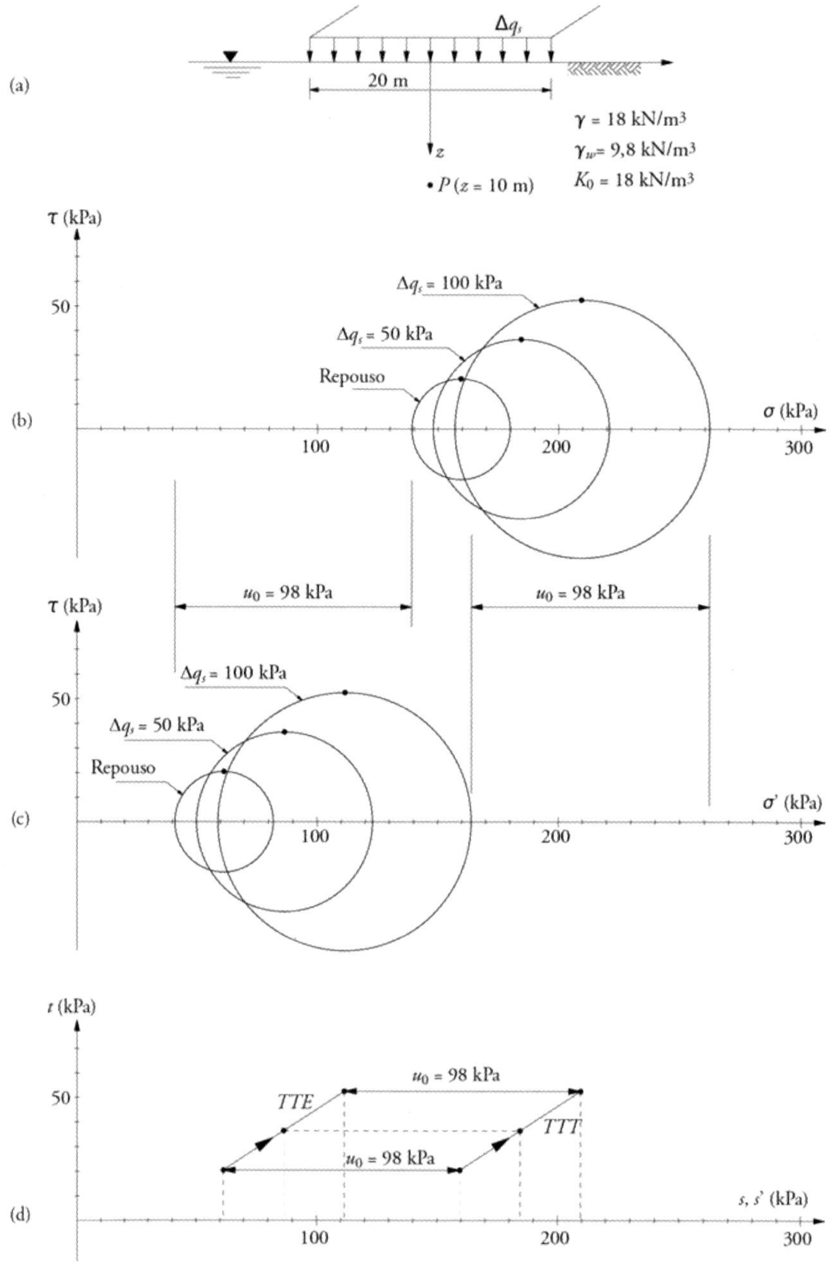

Fig. 2.14 *Estados de tensões induzidos num ponto P à profundidade de 10 m sob o eixo de uma faixa infinita de 20 m de largura carregada à superfície por* Δq_s *igual a 50 e 100 kPa, sobrepostos ao estado de tensão de repouso (apresentado na Fig. 2.4b): (a) esquema; (b) círculos de Mohr representativos do estado de tensão total; (c) círculos de Mohr representativos do estado de tensão efetiva; (d) trajetórias de tensões totais e efetivas*

Na prática, o uso do sistema s, s', t corresponde a representar para cada estado de tensão o ponto do círculo de Mohr em que t é, em termos algébricos, máximo. A linha que une os diversos pontos representativos dos estados de tensão associados a determinado carregamento designa-se como *trajetória de tensões*.

A Fig. 2.14d ilustra as *trajetórias de tensões totais* e *efetivas* (aí designadas como *TTT* e *TTE*, respectivamente) no ponto *P* entre o estado de repouso e o carregamento da faixa à superfície do terreno até 100 kPa. Como se pode constatar, o sistema s, s', t torna a representação das tensões muito mais cômoda.

2.7 Cálculo das deformações num ponto. Recalque à superfície

2.7.1 Formulação teórica

O cálculo das tensões induzidas no maciço decorre, em grande parte das situações, da necessidade de estimar os recalques das estruturas ou elementos estruturais responsáveis pelo carregamento. Em termos conceituais, tal estimativa não oferece dificuldades: para tanto basta, com as tensões incrementais e com as constantes elásticas do maciço, calcular as deformações verticais em profundidade e proceder em seguida à respectiva integração.

Considere-se, por exemplo, o maciço representado na Fig. 2.15, constituído por n camadas, todas com comportamento elástico, solicitado à superfície pela sobrecarga Δq_s uniformemente distribuída numa determinada área.

Sendo conhecidos os acréscimos de tensões, $\Delta\sigma_{zj}$, $\Delta\sigma_{xj}$ e $\Delta\sigma_{yj}$, induzidos pela sobrecarga no centro da camada genérica de espessura h_j e propriedades elásticas E_j e ν_j, o recalque, s, à superfície pode ser calculado pela lei de Hooke:

$$s = \sum_{i=1}^{n} \frac{1}{E_j}\left[\Delta\sigma_{zj} - \nu_j\left(\Delta\sigma_{xj} + \Delta\sigma_{yj}\right)\right] \cdot h_j \tag{2.38}$$

Caso as propriedades elásticas sejam constantes em profundidade, o somatório da equação anterior transforma-se num integral:

$$s = \int_0^{\infty} \frac{1}{E}\left[\Delta\sigma_z - \nu\left(\Delta\sigma_x + \Delta\sigma_y\right)\right] dz \tag{2.39}$$

sendo $\Delta\sigma_z$, $\Delta\sigma_x$ e $\Delta\sigma_y$, nos casos mais simples, exprimíveis analiticamente em função da pressão aplicada à superfície, Δq_s, das coordenadas do ponto,

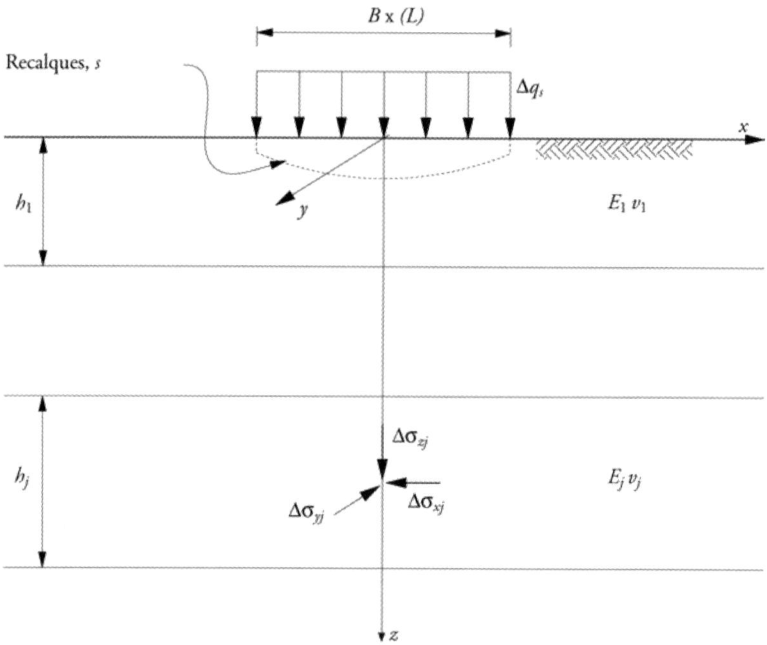

Fig. 2.15 *Carregamento de um maciço estratificado e elástico*

das dimensões da área carregada, B e L, e ainda, no que diz respeito às duas últimas tensões incrementais, do coeficiente de Poisson:

$$\begin{cases} \Delta\sigma_z = \Delta\sigma_z\left(\Delta q_s, x, y, z, B, L\right) \\ \Delta\sigma_x = \Delta\sigma_x\left(\Delta q_s, x, y, z, B, L, \nu\right) \\ \Delta\sigma_y = \Delta\sigma_y\left(\Delta q_s, x, y, z, B, L, \nu\right) \end{cases} \tag{2.40}$$

Desenvolvendo a Eq. 2.39, entrando em conta com as Eq. 2.40 para cada caso de carregamento, chega-se a uma expressão do tipo:

$$s = \Delta q_s \, B \frac{1-\nu^2}{E} I_s \tag{2.41}$$

em que I_s é um número real, função da geometria da área carregada e do ponto sob o qual se pretende obter o recalque, cujos valores estão resumidos na Tab. 2.1.

Pode constatar-se que I_s, para uma dada geometria, é máximo no centro da área carregada e mínimo nas bordas. Por outro lado, I_s também cresce com a dimensão longitudinal da área carregada. Ambas as tendências referidas decorrem de tendências semelhantes em relação às tensões incrementais no maciço, discutidas em particular em 2.5.

TAB. 2.1 VALORES DE I_s (EQ. 2.41) PARA MACIÇOS SEMI-INDEFINIDOS

Forma da área carregada		I_s				
		Centro	Vértice	Meio do lado menor	Meio do lado maior	Média
Circular		1,00		0,64	0,64	0,85
Quadrada		1,12	0,56	0,77	0,77	0,95
Retangular L/B	= 1,5	1,36	0,67	0,89	0,97	1,15
	= 2,0	1,53	0,77	0,98	1,12	1,30
	= 3,0	1,78	0,89	1,11	1,36	1,52
	= 5,0	2,10	1,05	1,27	1,67	1,83
	= 10,0	2,54	1,27	1,49	2,10	2,25

2.7.2 COMENTÁRIO FINAL

A aproximação das estimativas dos recalques está condicionada essencialmente pela adequação dos módulos de elasticidade do maciço considerados nos cálculos. Essa questão, que geralmente envolve dificuldades significativas, será objeto de tratamento desenvolvido no segundo volume do presente livro.

Pode todavia já adiantar que tal dificuldade reside, essencialmente, no fato de os solos exibirem comportamento não linear, isto é, a sua rigidez depende consideravelmente do nível de deformação, decrescendo com o crescimento deste. É, aliás, por esse motivo que, no âmbito dos problemas geotécnicos, se prefere em geral o termo *módulo de deformabilidade* às designações *módulo de Young* ou *módulo de elasticidade*, embora o primeiro seja usado nas formulações da teoria da elasticidade com o significado físico desses últimos.

Como se verá oportunamente, apenas para solicitações que impliquem deformações muito pequenas, da ordem de 10^{-5} ou inferiores, é que os solos se comportam como materiais verdadeiramente elásticos, com completa reversibilidade das deformações. O módulo (agora apropriadamente chamado) de *elasticidade* correspondente a esse nível de deformações é geralmente bastante superior aos módulos de *deformabilidade* que condicionam os recalques verificados nas estruturas reais, precisamente porque esses correspondem a níveis de deformação tipicamente umas três ordens de grandeza superiores ao anteriormente referido. Este é um assunto complexo que a seu tempo o leitor poderá explorar melhor.

Anexos

A4 O círculo de Mohr

Como é sabido, conhecida uma das direções principais de tensão, é possível fazer uma análise bidimensional que permite determinar, mediante as equações de equilíbrio estático, as tensões atuantes em todos os planos de superfície paralelas a essa direção. Se esta for a direção da tensão principal intermediária, σ_2, aquelas tensões são naturalmente função de σ_1 e de σ_3.

Em particular, como mostra a Fig. A4.1a, num plano cuja normal faz um ângulo α com a direção de σ_1, as componentes da tensão podem ser obtidas por meio das equações:

$$\sigma_\alpha = \sigma_1 \cos^2 \alpha + \sigma_3 sen^2 \alpha = \frac{\sigma_1 + \sigma_3}{2} + \frac{\sigma_1 - \sigma_3}{2} \cos 2\alpha \tag{A4.1}$$

$$\tau_\alpha = (\sigma_1 - \sigma_3) sen\alpha \cos\alpha = \frac{\sigma_1 - \sigma_3}{2} sen 2\alpha \tag{A4.2}$$

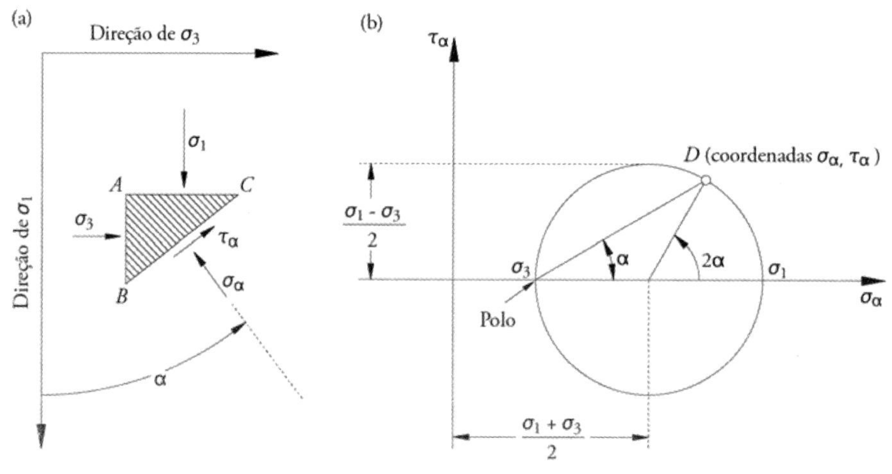

Fig. A4.1 O conceito de círculo de Mohr para descrição do estado de tensão num ponto

A conjugação dessas equações conduz à equação de uma circunferência – designada (embora impropriamente) de *círculo de Mohr*, representado na Fig. A4.1b – num sistema de eixos $\tau_\alpha - \sigma_\alpha$. As coordenadas de qualquer ponto desse círculo correspondem às componentes da tensão num dado plano que passa pelo ponto em que são conhecidas σ_1 e σ_3.

Por exemplo, para obter o ponto representativo da tensão no plano representado na Fig. A4.1a, cuja normal faz um ângulo α com a direção da tensão principal máxima, deve marcar-se, no sentido direto (contrário ao dos ponteiros do relógio), a partir do ponto do círculo que representa σ_1, um ângulo 2α. Obtém-se então o ponto *D*, cujas coordenadas valem precisamente σ_α e τ_α, as componentes da tensão no elemento em questão, dadas pelas Eqs. A4.1 e A4.2.

Como mostra a Fig. A4.1, quando é usado o círculo de Mohr as tensões tangenciais são positivas quando tendem a fazer rodar um ponto interior ao elemento de superfície no sentido horário.

Em associação com o círculo de Mohr é útil o conceito de *polo de irradiação dos planos* do mesmo círculo. Este é um ponto que goza de uma propriedade muito especial: unindo esse ponto com um dado ponto do círculo, *D* por exemplo, o segmento de reta resultante é paralelo ao plano cuja tensão é representada por *D*. É fácil concluir que, nas condições da Fig. A4.1, o polo coincide com o ponto representativo da tensão no plano vertical, de abscissa σ_3.

A5 Tensões num meio semi-indefinido, elástico e homogêneo carregado à superfície

A5.1 *Pressão uniforme sobre uma faixa de comprimento infinito*

As expressões e a tabela seguintes fornecem as tensões incrementais e o ângulo da tensão principal incremental máxima com a vertical, num ponto genérico do meio elástico, induzidas por uma pressão uniforme numa faixa de comprimento infinito.

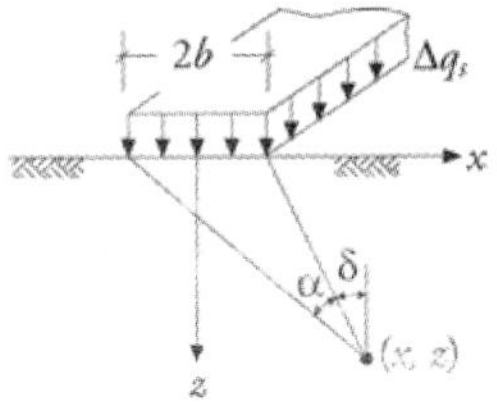

$$\Delta\sigma_z = \frac{\Delta q_s}{\pi}\left[\alpha + \operatorname{sen}\alpha\ \cos(\alpha + 2\delta)\right] \quad \text{(A5.1)}$$

$$\Delta\sigma_x = \Delta q_s\left[L_2 - (1 - 2\nu)L_2^1\right] \quad \text{(A5.2)}$$

$$\Delta\sigma_y = \frac{2\Delta q_s}{\pi}\nu\alpha \quad \text{(A5.3)}$$

NOTA: δ é positivo se o ponto se situa para o exterior da vertical que limita a área carregada e negativo no caso contrário.

$$\Delta\tau_{xz} = \frac{\Delta q_s}{\pi} sen\ \alpha\ sen\ (\alpha + 2\delta) \quad \text{(A5.4)}$$

$$\beta = \hat{a}ng.\ de\ \Delta\sigma_1\ com\ a\ vertical$$

Tab. A5.1 Tensões incrementais e o ângulo da tensão principal incremental máxima com a vertical, num ponto genérico do meio elástico, induzidas por uma pressão uniforme numa faixa de comprimento infinito

x/b	z/b	$\Delta\sigma_z/\Delta q_s$	$\Delta\sigma_x/\Delta q_s$	$\Delta\tau_{xz}/\Delta q_s$	$\Delta\sigma_1/\Delta q_s$	$\Delta\sigma_3/\Delta q_s$	$\Delta\tau_{max}/\Delta q_s$	β	
0	0	1,000	1,000	0,000	1,000	1,000	0,000	0°	0'
	0,25	0,994	0,694	0,000	0,994	0,694	0,150	0°	0'
	0,5	0,959	0,450	0,000	0,959	0,450	0,255	0°	0'
	0,75	0,896	0,285	0,000	0,896	0,285	0,306	0°	0'
	1	0,818	0,182	0,000	0,818	0,182	0,318	0°	0'
	1,5	0,668	0,081	0,000	0,668	0,081	0,294	0°	0'
	2	0,550	0,041	0,000	0,550	0,041	0,255	0°	0'
	2,5	0,462	0,023	0,000	0,462	0,023	0,220	0°	0'
	3	0,396	0,014	0,000	0,396	0,014	0,191	0°	0'
	3,5	0,345	0,009	0,000	0,345	0,009	0,168	0°	0'
	4	0,306	0,006	0,000	0,306	0,006	0,150	0°	0'
0,5	0	1,000	1,000	0,000	1,000	1,000	0,000	0°	0'
	0,25	0,979	0,621	0,055	0,987	0,613	0,187	8°	33'
	0,5	0,902	0,393	0,127	0,932	0,363	0,285	13°	17'
	0,75	0,814	0,265	0,157	0,855	0,224	0,316	14°	52'
	1	0,735	0,186	0,157	0,776	0,145	0,316	14°	52'
	1,5	0,607	0,098	0,127	0,637	0,068	0,285	13°	17'
	2	0,510	0,055	0,096	0,530	0,036	0,247	11°	25'
	2,5	0,436	0,033	0,072	0,449	0,021	0,214	9°	50'
	3	0,379	0,021	0,055	0,387	0,013	0,187	8°	33'
	3,5	0,334	0,014	0,043	0,340	0,009	0,166	7°	32'
	4	0,298	0,010	0,034	0,302	0,006	0,148	6°	43'
1	0,25	0,500	0,421	0,313	0,776	0,145	0,316	41°	26'
	0,5	0,497	0,347	0,300	0,731	0,113	0,309	37°	59'
	0,75	0,490	0,281	0,279	0,684	0,088	0,298	34°	43'
	1	0,480	0,225	0,255	0,637	0,068	0,285	31°	43'
	1,5	0,448	0,142	0,204	0,550	0,041	0,255	26°	34'
	2	0,409	0,091	0,159	0,475	0,025	0,225	22°	30'

Tab. A5.1 (cont.)

	2,5	0,370	0,060	0,124	0,414	0,016	0,199	19°	20’
	3	0,334	0,040	0,098	0,364	0,011	0,177	16°	51’
	3,5	0,302	0,028	0,078	0,323	0,007	0,158	14°	52’
	4	0,275	0,020	0,064	0,290	0,005	0,142	13°	17’
1,5	0,25	0,020	0,212	0,061	0,229	0,003	0,113	73°	52’
	0,5	0,089	0,285	0,147	0,364	0,011	0,177	61°	51’
	0,75	0,161	0,279	0,194	0,423	0,017	0,203	53°	30’
	1	0,214	0,249	0,211	0,443	0,020	0,211	47°	23’
	1,5	0,271	0,181	0,202	0,433	0,018	0,207	38°	44’
	2	0,288	0,127	0,175	0,400	0,014	0,193	32°	41’
	2,5	0,285	0,089	0,147	0,364	0,011	0,177	28°	9’
	3	0,274	0,064	0,122	0,329	0,008	0,161	24°	38’
	3,5	0,258	0,046	0,101	0,299	0,006	0,147	21°	50’
	4	0,242	0,034	0,085	0,272	0,004	0,134	19°	34’
2	0,25	0,003	0,100	0,017	0,103	0,000	0,051	80°	36’
	0,5	0,019	0,171	0,055	0,189	0,001	0,094	71°	59’
	0,75	0,049	0,205	0,096	0,250	0,003	0,124	64°	33’
	1	0,084	0,211	0,127	0,290	0,005	0,142	58°	17’
	1,5	0,146	0,185	0,157	0,323	0,007	0,158	48°	34’
	2	0,185	0,146	0,157	0,323	0,007	0,158	41°	26’
	2,5	0,205	0,111	0,144	0,309	0,006	0,151	35°	60’
	3	0,211	0,084	0,127	0,290	0,005	0,142	31°	43’
	3,5	0,210	0,064	0,111	0,270	0,004	0,133	28°	16’
	4	0,205	0,049	0,096	0,250	0,003	0,124	25°	27’
2,5	0,25	0,001	0,059	0,007	0,060	0,000	0,030	83°	14’
	0,5	0,006	0,108	0,025	0,114	0,000	0,057	76°	43’
	0,75	0,018	0,142	0,050	0,160	0,001	0,080	70°	40’
	1	0,036	0,161	0,074	0,196	0,002	0,097	65°	11’
	1,5	0,077	0,165	0,110	0,239	0,003	0,118	55°	54’
	2	0,114	0,146	0,125	0,256	0,004	0,126	48°	34’
	2,5	0,141	0,120	0,127	0,257	0,004	0,127	42°	43’
	3	0,157	0,097	0,120	0,250	0,003	0,124	37°	59’
	3,5	0,165	0,077	0,110	0,239	0,003	0,118	34°	6’
	4	0,168	0,062	0,099	0,227	0,002	0,112	30°	52’
3	0,25	0,000	0,039	0,004	0,039	0,000	0,020	84°	39’
	0,5	0,003	0,074	0,014	0,077	0,000	0,038	79°	25’
	0,75	0,008	0,102	0,028	0,110	0,000	0,055	74°	25’

Tab. A5.1 (cont.)

1	0,017	0,122	0,045	0,139	0,001	0,069	69°	42'
1,5	0,042	0,139	0,075	0,180	0,001	0,089	61°	17'
2	0,071	0,134	0,095	0,203	0,002	0,101	54°	13'
2,5	0,095	0,120	0,105	0,213	0,002	0,105	48°	20'
3	0,114	0,102	0,106	0,214	0,002	0,106	43°	25'
3,5	0,127	0,085	0,102	0,210	0,002	0,104	39°	17'
4	0,134	0,071	0,095	0,203	0,002	0,101	35°	47'

A5.2 Pressão sobre uma faixa de comprimento infinito com distribuição transversal triangular

As expressões e a tabela seguintes fornecem as tensões incrementais, num ponto genérico do meio elástico, induzidas por uma pressão numa faixa de comprimento infinito com distribuição transversal triangular.

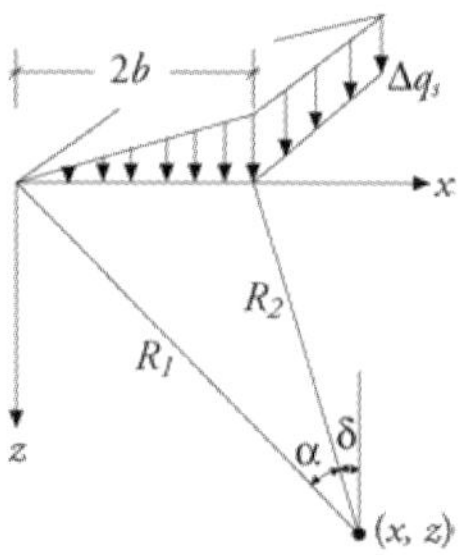

$$\Delta\sigma_z = \frac{\Delta q_s}{2\pi}\left[\frac{x}{b}\alpha - sen\ 2\delta\right] = k\Delta q \quad \text{(A5.5)}$$

$$\Delta\sigma_x = \frac{\Delta q_s}{2\pi}\left[\frac{x}{b}\alpha - \frac{z}{b}\ln\frac{R_1^2}{R_2^2} + sen 2\delta\right] \quad \text{(A5.6)}$$

$$\Delta\tau_{xz} = \frac{\Delta q_s}{2\pi}\left[1 + \cos 2\delta - \frac{z\alpha}{b}\right] \quad \text{(A5.7)}$$

NOTA: *δ é positivo para x > 2b.*

Tab. A5.2 Tensões incrementais, num ponto genérico do meio elástico, induzidas por uma pressão numa faixa de comprimento infinito com distribuição transversal triangular

x/b	z/b	$\Delta\sigma_z/\Delta q_s$	$\Delta\sigma_x/\Delta q_s$	$\Delta\tau_{xz}/\Delta q_s$
0	0	0,000	0,000	0,000
	0,25	0,039	0,127	−0,053
	0,5	0,075	0,151	−0,087
	0,75	0,105	0,145	−0,105
	1	0,127	0,129	−0,113
	1,5	0,153	0,091	−0,107
	2	0,159	0,061	−0,091
	2,5	0,155	0,042	−0,074
	3	0,147	0,029	−0,060
	3,5	0,137	0,020	−0,049
	4	0,127	0,015	−0,041

Tab. A5.2 (cont.)

–1	0	0,000	0,000	0,000
	0,25	0,001	0,033	–0,004
	0,5	0,004	0,060	–0,015
	0,75	0,011	0,078	–0,029
	1	0,022	0,087	–0,042
	1,5	0,045	0,086	–0,060
	2	0,064	0,075	–0,067
	2,5	0,078	0,060	–0,067
	3	0,085	0,048	–0,062
	3,5	0,089	0,037	–0,056
	4	0,089	0,029	–0,050
–2	0	0,000	0,000	0,000
	0,25	0,000	0,015	–0,001
	0,5	0,001	0,029	–0,005
	0,75	0,002	0,041	–0,010
	1	0,005	0,050	–0,016
	1,5	0,014	0,061	–0,029
	2	0,025	0,062	–0,039
	2,5	0,036	0,058	–0,045
	3	0,045	0,051	–0,047
	3,5	0,052	0,044	–0,047
	4	0,057	0,038	–0,046
–3	0	0,000	0,000	0,000
	0,25	0,000	0,009	–0,001
	0,5	0,000	0,017	–0,002
	0,75	0,001	0,025	–0,004
	1	0,002	0,031	–0,008
	1,5	0,005	0,041	–0,015
	2	0,011	0,047	–0,022
	2,5	0,017	0,048	–0,028
	3	0,023	0,046	0,033
	3,5	0,029	0,043	–0,035
	4	0,035	0,039	–0,037
1	0	0,500	0,500	0,000
	0,25	0,497	0,347	–0,087
	0,5	0,480	0,225	–0,113
	0,75	0,448	0,142	–0,107

Tab. A5.2 (cont.)

	1	0,409	0,091	−0,091
	1,5	0,334	0,040	−0,060
	2	0,275	0,020	−0,041
	2,5	0,231	0,011	−0,028
	3	0,198	0,007	−0,021
	3,5	0,173	0,005	−0,016
	4	0,153	0,003	−0,012
2	0	0,500	0,500	0,318
	0,25	0,460	0,294	0,261
	0,5	0,422	0,197	0,213
	0,75	0,386	0,136	0,174
	1	0,352	0,096	0,142
	1,5	0,295	0,051	0,097
	2	0,250	0,029	0,068
	2,5	0,215	0,018	0,050
	3	0,187	0,012	0,038
	3,5	0,165	0,008	0,029
	4	0,148	0,006	0,023
3	0	0,000	0,000	0,000
	0,25	0,002	0,067	0,012
	0,5	0,015	0,111	0,040
	0,75	0,037	0,127	0,067
	1	0,062	0,124	0,085
	1,5	0,101	0,098	0,096
	2	0,121	0,071	0,089
	2,5	0,127	0,051	0,077
	3	0,126	0,036	0,065
	3,5	0,121	0,026	0,055
	4	0,115	0,020	0,046
4	0	0,000	0,000	0,000
	0,25	0,000	0,024	0,002
	0,5	0,002	0,045	0,009
	0,75	0,006	0,061	0,019
	1	0,012	0,072	0,029
	1,5	0,028	0,078	0,047
	2	0,046	0,072	0,057
	2,5	0,060	0,062	0,060

Tab. A5.2 (cont.)

3	0,069	0,051	0,058
3,5	0,075	0,041	0,055
4	0,078	0,033	0,050

A5.3 Pressão uniforme aplicada numa área circular

As expressões e a tabela seguintes fornecem as tensões incrementais induzidas por uma pressão uniforme aplicada numa área circular, num ponto genérico do meio elástico situado na vertical que contém o centro daquela área.

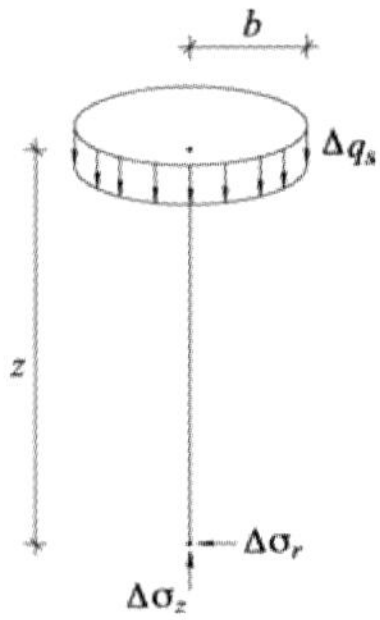

$$\Delta\sigma_z = \Delta q_s \left[1 - \left\{\frac{1}{1+(b/z)^2}\right\}^{3/2}\right] = K_1\ \Delta q_s \qquad \text{(A5.8)}$$

$$\Delta\sigma_r = \Delta\sigma_\theta = \frac{\Delta q_s}{2}\left[(1+2\nu) - \frac{2(1+\nu)z}{(b^2+z^2)^{1/2}} + \frac{z^3}{(b^2+z^2)^{3/2}}\right] = K_2\ \Delta q_s$$

(A5.9)

Tab. A5.3 Tensões incrementais induzidas por uma pressão uniforme aplicada numa área circular, num ponto genérico do meio elástico situado na vertical que contém o centro daquela área

z/b	K_1	K_2		
		ν = 0,3	ν = 0,4	ν = 0,5
0,0	1,000	0,800	0,900	1,000
0,1	0,999	0,671	0,761	0,851
0,2	0,992	0,549	0,629	0,710
0,3	0,976	0,438	0,510	0,581
0,4	0,949	0,343	0,406	0,469
0,5	0,911	0,263	0,319	0,374
0,6	0,864	0,199	0,248	0,296
0,7	0,811	0,149	0,191	0,234
0,8	0,756	0,110	0,147	0,185
0,9	0,701	0,080	0,113	0,146
1,0	0,646	0,058	0,087	0,116
1,2	0,547	0,028	0,051	0,074
1,4	0,461	0,012	0,030	0,049

Tab. A5.3 (cont.)

1,5	0,424	0,006	0,023	0,040
1,6	0,390	0,003	0,018	0,033
1,8	0,332	0,000	0,010	0,023
2,0	0,284	0,000	0,006	0,016
2,2	0,246	0,000	0,003	0,012
2,4	0,213	0,000	0,001	0,009
2,5	0,200	0,000	0,000	0,007
2,6	0,187	0,000	0,000	0,007
2,8	0,165	0,000	0,000	0,005
3,0	0,146	0,000	0,000	0,004
3,2	0,130	0,000	0,000	0,003
3,4	0,117	0,000	0,000	0,002
3,5	0,111	0,000	0,000	0,002
3,6	0,106	0,000	0,000	0,002
3,8	0,096	0,000	0,000	0,002
4,0	0,087	0,000	0,000	0,001
4,5	0,070	0,000	0,000	0,001
5,0	0,057	0,000	0,000	0,001
5,5	0,048	0,000	0,000	0,000
6,0	0,040	0,000	0,000	0,000
6,5	0,034	0,000	0,000	0,000
7,0	0,030	0,000	0,000	0,000
7,5	0,026	0,000	0,000	0,000
8,0	0,023	0,000	0,000	0,000

A5.4 Pressão uniforme aplicada numa área retangular

As expressões e as tabelas seguintes fornecem as tensões normais incrementais em profundidade sob o vértice de um retângulo de lados *b* e *l* (Giroud, 1970). As tensões incrementais sob o centro do retângulo de lados *2b* e *2l* valem quatro vezes as indicadas.

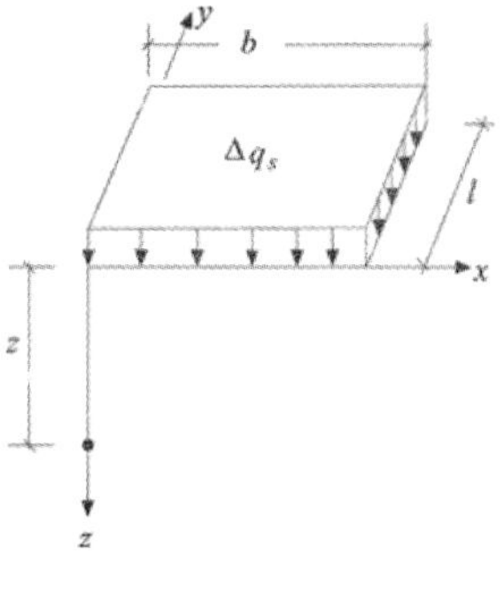

$$\Delta\sigma_z = \Delta q_s K_1 \qquad \text{(A5.10)}$$

$$\Delta\sigma_x = \Delta q_s \left[K_2 - (1-2\nu)K_2^1\right] \qquad \text{(A5.11)}$$

$$\Delta\sigma_x = \Delta q_s \left[L_2 - (1-2\nu)L_2^1\right] \qquad \text{(A5.12)}$$

Tab. A5.4 Valores de K_1

l/b z/b	0	0,1	0,2	1/3	0,4	0,5	2/3	1	1,5	2	2,5	3	5	10	∞
0	0,000	0,250	0,250	0,250	0,250	0,250	0,250	0,250	0,250	0,250	0,250	0,250	0,250	0,250	0,250
0,2	0,000	0,137	0,204	0,234	0,240	0,244	0,247	0,249	0,249	0,249	0,249	0,249	0,249	0,249	0,249
0,4	0,000	0,076	0,136	0,187	0,202	0,218	0,231	0,240	0,243	0,244	0,244	0,244	0,244	0,244	0,244
0,5	0,000	0,061	0,113	0,164	0,181	0,200	0,218	0,232	0,238	0,239	0,240	0,240	0,240	0,240	0,240
0,6	0,000	0,051	0,096	0,143	0,161	0,182	0,204	0,223	0,231	0,233	0,234	0,234	0,234	0,234	0,234
0,8	0,000	0,037	0,071	0,111	0,127	0,148	0,173	0,200	0,214	0,218	0,219	0,220	0,220	0,220	0,220
1	0,000	0,028	0,055	0,087	0,101	0,120	0,145	0,175	0,194	0,200	0,202	0,203	0,204	0,205	0,205
1,2	0,000	0,022	0,043	0,069	0,081	0,098	0,121	0,152	0,173	0,182	0,185	0,187	0,189	0,189	0,189
1,4	0,000	0,018	0,035	0,056	0,066	0,080	0,101	0,131	0,154	0,164	0,169	0,171	0,174	0,174	0,174
1,5	0,000	0,016	0,031	0,051	0,060	0,073	0,092	0,121	0,145	0,156	0,161	0,164	0,166	0,167	0,167
1,6	0,000	0,014	0,028	0,046	0,055	0,067	0,085	0,112	0,136	0,148	0,154	0,157	0,160	0,160	0,160
1,8	0,000	0,012	0,024	0,039	0,046	0,056	0,072	0,097	0,121	0,133	0,140	0,143	0,147	0,148	0,148
2	0,000	0,010	0,020	0,033	0,039	0,048	0,061	0,084	0,107	0,120	0,127	0,131	0,136	0,137	0,137
2,5	0,000	0,007	0,013	0,022	0,027	0,033	0,043	0,060	0,080	0,093	0,101	0,106	0,113	0,115	0,115
3	0,000	0,005	0,010	0,016	0,019	0,024	0,031	0,045	0,061	0,073	0,081	0,087	0,096	0,099	0,099
4	0,000	0,003	0,006	0,009	0,011	0,014	0,019	0,027	0,038	0,048	0,055	0,060	0,071	0,076	0,076
5	0,000	0,002	0,004	0,006	0,007	0,009	0,012	0,018	0,026	0,033	0,039	0,043	0,055	0,061	0,062
10	0,000	0,000	0,001	0,002	0,002	0,002	0,003	0,005	0,007	0,009	0,011	0,013	0,020	0,028	0,032
15	0,000	0,000	0,000	0,001	0,001	0,001	0,001	0,002	0,003	0,004	0,005	0,006	0,010	0,016	0,021
20	0,000	0,000	0,000	0,000	0,000	0,001	0,001	0,001	0,002	0,002	0,003	0,004	0,006	0,010	0,016
50	0,000	0,000	0,000	0,000	0,000	0,000	0,000	0,000	0,000	0,000	0,000	0,001	0,001	0,002	0,006

Tab. A5.5 Valores de K_2

z/b \ l/b	0	0,1	0,2	1/3	0,4	0,5	2/3	1	1,5	2	2,5	3	5	10	∞
0	0,000	0,250	0,250	0,250	0,250	0,250	0,250	0,250	0,250	0,250	0,250	0,250	0,250	0,250	0,250
0,2	0,000	0,069	0,116	0,149	0,159	0,169	0,177	0,184	0,187	0,188	0,188	0,188	0,188	0,188	0,188
0,4	0,000	0,031	0,058	0,085	0,095	0,106	0,118	0,128	0,133	0,134	0,134	0,134	0,135	0,135	0,135
0,5	0,000	0,022	0,043	0,064	0,073	0,083	0,094	0,105	0,110	0,112	0,112	0,112	0,113	0,113	0,113
0,6	0,000	0,017	0,032	0,049	0,056	0,065	0,075	0,086	0,091	0,093	0,093	0,094	0,094	0,094	0,094
0,8	0,000	0,009	0,018	0,029	0,034	0,040	0,047	0,057	0,062	0,064	0,064	0,065	0,065	0,065	0,065
1	0,000	0,006	0,011	0,018	0,021	0,025	0,030	0,037	0,042	0,044	0,045	0,045	0,045	0,045	0,045
1,2	0,000	0,003	0,007	0,011	0,013	0,016	0,020	0,025	0,029	0,031	0,032	0,032	0,032	0,032	0,032
1,4	0,000	0,002	0,004	0,007	0,008	0,010	0,013	0,017	0,020	0,022	0,023	0,023	0,023	0,023	0,023
1,5	0,000	0,002	0,004	0,006	0,007	0,008	0,011	0,014	0,017	0,019	0,019	0,020	0,020	0,020	0,020
1,6	0,000	0,001	0,003	0,005	0,006	0,007	0,009	0,012	0,015	0,016	0,017	0,017	0,017	0,017	0,017
1,8	0,000	0,001	0,002	0,003	0,004	0,005	0,006	0,008	0,011	0,012	0,012	0,013	0,013	0,013	0,013
2	0,000	0,001	0,001	0,002	0,003	0,003	0,004	0,006	0,008	0,009	0,009	0,010	0,010	0,010	0,010
2,5	0,000	0,000	0,001	0,001	0,001	0,002	0,002	0,003	0,004	0,005	0,005	0,005	0,006	0,006	0,006
3	0,000	0,000	0,000	0,001	0,001	0,001	0,001	0,002	0,002	0,003	0,003	0,003	0,003	0,003	0,003
4	0,000	0,000	0,000	0,000	0,000	0,000	0,000	0,001	0,001	0,001	0,001	0,001	0,001	0,002	0,002
5	0,000	0,000	0,000	0,000	0,000	0,000	0,000	0,000	0,000	0,000	0,001	0,001	0,001	0,001	0,001
10	0,000	0,000	0,000	0,000	0,000	0,000	0,000	0,000	0,000	0,000	0,000	0,000	0,000	0,000	0,000
15	0,000	0,000	0,000	0,000	0,000	0,000	0,000	0,000	0,000	0,000	0,000	0,000	0,000	0,000	0,000
20	0,000	0,000	0,000	0,000	0,000	0,000	0,000	0,000	0,000	0,000	0,000	0,000	0,000	0,000	0,000
50	0,000	0,000	0,000	0,000	0,000	0,000	0,000	0,000	0,000	0,000	0,000	0,000	0,000	0,000	0,000

Tab. A5.6 Valores de K_2^1

l/b z/b	0	0,1	0,2	1/3	0,4	0,5	2/3	1	1,5	2	2,5	3	5	10	∞
0	0,000	0,234	0,219	0,199	0,189	0,176	0,156	0,125	0,094	0,074	0,061	0,051	0,031	0,016	0,000
0,2	0,000	0,059	0,097	0,118	0,121	0,122	0,118	0,103	0,082	0,067	0,056	0,048	0,030	0,016	0,000
0,4	0,000	0,026	0,048	0,069	0,075	0,082	0,086	0,083	0,071	0,060	0,051	0,045	0,029	0,015	0,000
0,5	0,000	0,019	0,036	0,054	0,060	0,067	0,073	0,074	0,066	0,056	0,049	0,043	0,028	0,015	0,000
0,6	0,000	0,015	0,028	0,043	0,049	0,056	0,062	0,066	0,061	0,053	0,047	0,041	0,028	0,015	0,000
0,8	0,000	0,009	0,018	0,029	0,033	0,039	0,046	0,052	0,052	0,047	0,043	0,038	0,026	0,015	0,000
1	0,000	0,007	0,013	0,021	0,024	0,029	0,035	0,042	0,044	0,042	0,039	0,035	0,025	0,014	0,000
1,2	0,000	0,005	0,009	0,015	0,018	0,022	0,027	0,034	0,037	0,037	0,035	0,032	0,024	0,014	0,000
1,4	0,000	0,004	0,007	0,012	0,014	0,017	0,021	0,027	0,032	0,033	0,032	0,030	0,023	0,014	0,000
1,5	0,000	0,003	0,006	0,010	0,012	0,015	0,019	0,025	0,029	0,031	0,030	0,029	0,022	0,014	0,000
1,6	0,000	0,003	0,006	0,009	0,011	0,013	0,017	0,023	0,027	0,029	0,028	0,027	0,022	0,013	0,000
1,8	0,000	0,002	0,005	0,007	0,009	0,011	0,014	0,019	0,024	0,025	0,026	0,025	0,021	0,013	0,000
2	0,000	0,002	0,004	0,006	0,007	0,009	0,012	0,016	0,020	0,023	0,023	0,023	0,020	0,013	0,000
2,5	0,000	0,001	0,002	0,004	0,005	0,006	0,008	0,011	0,015	0,017	0,018	0,019	0,017	0,012	0,000
3	0,000	0,001	0,002	0,003	0,003	0,004	0,006	0,008	0,011	0,013	0,015	0,015	0,015	0,011	0,000
4	0,000	0,000	0,001	0,002	0,002	0,002	0,003	0,005	0,007	0,008	0,010	0,011	0,012	0,010	0,000
5	0,000	0,000	0,001	0,001	0,001	0,002	0,002	0,003	0,004	0,006	0,007	0,008	0,009	0,009	0,000
10	0,000	0,000	0,000	0,000	0,000	0,000	0,001	0,001	0,001	0,002	0,002	0,002	0,003	0,005	0,000
15	0,000	0,000	0,000	0,000	0,000	0,000	0,000	0,000	0,001	0,001	0,001	0,001	0,002	0,003	0,000
20	0,000	0,000	0,000	0,000	0,000	0,000	0,000	0,000	0,000	0,000	0,000	0,001	0,001	0,002	0,000
50	0,000	0,000	0,000	0,000	0,000	0,000	0,000	0,000	0,000	0,000	0,000	0,000	0,000	0,000	0,000

Tab. A5.7 Valores de L_2

z/b \ l/b	0	0,1	0,2	1/3	0,4	0,5	2/3	1	1,5	2	2,5	3	5	10	∞
0	0,000	0,250	0,250	0,250	0,250	0,250	0,250	0,250	0,250	0,250	0,250	0,250	0,250	0,250	0,250
0,2	0,000	0,010	0,045	0,094	0,112	0,134	0,158	0,184	0,201	0,208	0,211	0,214	0,217	0,218	0,219
0,4	0,000	0,002	0,010	0,032	0,045	0,064	0,091	0,128	0,156	0,169	0,176	0,179	0,186	0,188	0,189
0,5	0,000	0,001	0,006	0,020	0,029	0,044	0,068	0,105	0,136	0,151	0,159	0,164	0,172	0,175	0,176
0,6	0,000	0,000	0,003	0,013	0,019	0,031	0,051	0,086	0,118	0,134	0,144	0,149	0,158	0,163	0,164
0,8	0,000	0,000	0,001	0,006	0,009	0,016	0,029	0,057	0,087	0,106	0,117	0,124	0,135	0,141	0,143
1	0,000	0,000	0,001	0,003	0,005	0,009	0,017	0,037	0,064	0,083	0,095	0,103	0,116	0,123	0,125
1,2	0,000	0,000	0,000	0,002	0,003	0,005	0,011	0,025	0,047	0,065	0,077	0,085	0,100	0,108	0,111
1,4	0,000	0,000	0,000	0,001	0,002	0,003	0,007	0,017	0,035	0,051	0,062	0,071	0,087	0,095	0,099
1,5	0,000	0,000	0,000	0,001	0,001	0,003	0,005	0,014	0,030	0,045	0,056	0,064	0,081	0,090	0,094
1,6	0,000	0,000	0,000	0,001	0,001	0,002	0,004	0,012	0,026	0,040	0,051	0,059	0,076	0,085	0,089
1,8	0,000	0,000	0,000	0,000	0,001	0,001	0,003	0,008	0,020	0,031	0,041	0,049	0,066	0,077	0,081
2	0,000	0,000	0,000	0,000	0,001	0,001	0,002	0,006	0,015	0,025	0,034	0,041	0,058	0,069	0,074
2,5	0,000	0,000	0,000	0,000	0,000	0,000	0,001	0,003	0,008	0,014	0,021	0,027	0,043	0,055	0,061
3	0,000	0,000	0,000	0,000	0,000	0,000	0,000	0,002	0,004	0,008	0,013	0,018	0,032	0,045	0,051
4	0,000	0,000	0,000	0,000	0,000	0,000	0,000	0,001	0,002	0,003	0,006	0,008	0,018	0,031	0,039
5	0,000	0,000	0,000	0,000	0,000	0,000	0,000	0,000	0,001	0,002	0,003	0,004	0,011	0,022	0,031
10	0,000	0,000	0,000	0,000	0,000	0,000	0,000	0,000	0,000	0,000	0,000	0,000	0,001	0,006	0,016
15	0,000	0,000	0,000	0,000	0,000	0,000	0,000	0,000	0,000	0,000	0,000	0,000	0,000	0,002	0,011
20	0,000	0,000	0,000	0,000	0,000	0,000	0,000	0,000	0,000	0,000	0,000	0,000	0,000	0,001	0,008
50	0,000	0,000	0,000	0,000	0,000	0,000	0,000	0,000	0,000	0,000	0,000	0,000	0,000	0,000	0,003

Tab. A5.8 Valores de L_2^1

l/b z/b	0	0,1	0,2	1/3	0,4	0,5	2/3	1	1,5	2	2,5	3	5	10	∞
0	0,000	0,016	0,031	0,051	0,061	0,074	0,094	0,125	0,156	0,176	0,189	0,199	0,219	0,234	0,250
0,2	0,000	0,013	0,025	0,041	0,049	0,060	0,076	0,103	0,130	0,148	0,160	0,169	0,188	0,203	0,219
0,4	0,000	0,010	0,020	0,032	0,039	0,047	0,061	0,083	0,106	0,122	0,133	0,141	0,159	0,174	0,189
0,5	0,000	0,009	0,017	0,029	0,034	0,042	0,054	0,074	0,096	0,111	0,121	0,129	0,146	0,161	0,176
0,6	0,000	0,008	0,015	0,025	0,030	0,037	0,048	0,066	0,086	0,100	0,110	0,118	0,134	0,149	0,164
0,8	0,000	0,006	0,012	0,020	0,023	0,029	0,037	0,052	0,069	0,082	0,091	0,098	0,114	0,127	0,143
1	0,000	0,005	0,009	0,015	0,018	0,023	0,029	0,042	0,056	0,067	0,075	0,082	0,097	0,110	0,125
1,2	0,000	0,004	0,007	0,012	0,015	0,018	0,024	0,034	0,046	0,056	0,063	0,069	0,083	0,096	0,111
1,4	0,000	0,003	0,006	0,010	0,012	0,015	0,019	0,027	0,038	0,046	0,053	0,058	0,072	0,084	0,099
1,5	0,000	0,003	0,005	0,009	0,011	0,013	0,017	0,025	0,035	0,043	0,049	0,054	0,067	0,079	0,094
1,6	0,000	0,002	0,005	0,008	0,010	0,012	0,016	0,023	0,032	0,039	0,045	0,050	0,062	0,074	0,089
1,8	0,000	0,002	0,004	0,007	0,008	0,010	0,013	0,019	0,027	0,033	0,039	0,043	0,055	0,066	0,081
2	0,000	0,002	0,003	0,006	0,007	0,008	0,011	0,016	0,023	0,029	0,033	0,038	0,048	0,059	0,074
2,5	0,000	0,001	0,002	0,004	0,005	0,006	0,007	0,011	0,016	0,020	0,024	0,027	0,036	0,047	0,061
3	0,000	0,001	0,002	0,003	0,003	0,004	0,005	0,008	0,012	0,015	0,018	0,021	0,028	0,038	0,051
4	0,000	0,000	0,001	0,002	0,002	0,002	0,003	0,005	0,007	0,009	0,011	0,013	0,018	0,026	0,039
5	0,000	0,000	0,001	0,001	0,001	0,002	0,002	0,003	0,005	0,006	0,007	0,009	0,013	0,019	0,031
10	0,000	0,000	0,000	0,000	0,000	0,000	0,001	0,001	0,001	0,002	0,002	0,002	0,004	0,007	0,016
15	0,000	0,000	0,000	0,000	0,000	0,000	0,000	0,000	0,001	0,001	0,001	0,001	0,002	0,003	0,011
20	0,000	0,000	0,000	0,000	0,000	0,000	0,000	0,000	0,000	0,000	0,000	0,001	0,001	0,002	0,008
50	0,000	0,000	0,000	0,000	0,000	0,000	0,000	0,000	0,000	0,000	0,000	0,000	0,000	0,000	0,003

A RUPTURA DA BARRAGEM DE TETON

Tradução livre de um excerto de Sowers (1993).

Em 5 de junho de 1976, a barragem de Teton em Idaho, EUA, sofreu ruptura.

A ruptura desenvolveu-se durante o primeiro enchimento do reservatório. O nível da água estava 7 m abaixo do nível de pleno armazenamento e 82 m acima do nível original do rio no local.

O primeiro sintoma de mau funcionamento, de manhã cedo, foi um jorramento crescente de água no lado direito do paramento de jusante, perto do contato com o encontro. A vazão foi aumentando e o ponto de saída subindo e aproximando-se do encontro até que um fosso se abriu na superfície do coroamento da barragem. Os esforços para aterrá-lo revelaram-se inúteis; dois *bulldozers* foram engolidos pelo buraco, cada vez maior, escapando os seus condutores por pouco. Um redemoinho formou-se no reservatório a montante do buraco. Poucos minutos antes do meio-dia o buraco transformou-se em vala atravessando a barragem entre montante e jusante com nuvens de água suja jorrando do aterro. A vala aumentou rapidamente para um canal cada vez mais profundo através do qual a água do reservatório se escapou.

Ao fim da tarde o reservatório estava vazio; quase metade da barragem tinha desaparecido e o maciço rochoso do encontro direito estava completamente limpo. A jusante a cidade de Rexburg e grandes áreas cultivadas foram inundadas. Nove pessoas e grande número de animais domésticos morreram.

Duas comissões de especialistas foram nomeadas para investigar as causas da ruptura [...]. Ambas elaboraram relatórios separados discutindo o projeto e a construção da barragem e as possíveis causas da ruptura. As duas concordaram que a principal causa foi a erosão interna no núcleo argiloso ou no prolongamento deste no encontro direito. Embora cada comissão tenha apontado alguns mecanismos que terão conduzido à erosão interna, nenhum dos relatórios conseguiu identificar claramente a deficiência crucial da barragem.

A ruptura da barragem de Teton nos Estados Unidos da América (1976) teve origem em fenômenos de erosão interna
Fonte: cortesia do Bureau of Reclamation (EUA).

3 A ÁGUA NOS SOLOS. PERCOLAÇÃO

Em numerosas situações a água livre presente nos maciços terrosos não se encontra em equilíbrio hidrostático, mas sim em movimento. O movimento da água nos maciços terrosos chama-se *percolação*. Como acontece nos problemas tratados na Mecânica dos Fluidos, a água nos solos move-se quando ocorrem diferenças de carga hidráulica entre diversas regiões e o movimento é dirigido para os pontos de menor carga hidráulica.

Essas diferenças de carga hidráulica podem resultar de condições-fronteira impostas por obras de engenharia ou ocorrer na Natureza independentemente de qualquer intervenção humana.

A Fig. 3.1 ilustra a percolação para o interior de uma *ensecadeira*, para a construção da fundação de uma ponte, num curso de água. A escavação no interior da ensecadeira, associada ao bombeamento permanente junto à base da escavação, induzirá uma diferença de carga hidráulica entre o meio exterior e a escavação, que conduzirá ao movimento da água sugerido na figura. Basicamente, a construção de uma ensecadeira consiste na cravação no terreno de perfis de aço (estacas-pranchas) ligados entre si que materializam como que uma *caixa* de paredes praticamente impermeáveis.

Enquanto se mantiverem as condições-fronteira ilustradas na figura, o movimento da água conservará as suas características, isto é, a vazão e as distribuições do gradiente hidráulico e das pressões da água no meio interessado pela percolação, configurando um *escoamento em regime permanente*.

Considere-se agora a situação ilustrada na Fig. 3.2a: um maciço terroso formado por duas camadas, sendo a superior constituída por pedregulho e a inferior por silte, encontrando-se o nível freático em profundidade superior à do nível de separação das duas camadas. Suponha-se que, partindo da situação descrita (Fig. 3.2a), ocorre um certo período de precipitação muito intensa. Por causa do contraste de permeabilidade entre os dois solos (várias ordens de grandeza, como adiante se verá) e da intensidade da precipitação, a água pluvial tenderá a acumular-se sobre a face entre as camadas, formando aquilo que se designa como *nível freático suspenso*, como mostra a Fig. 3.2b.

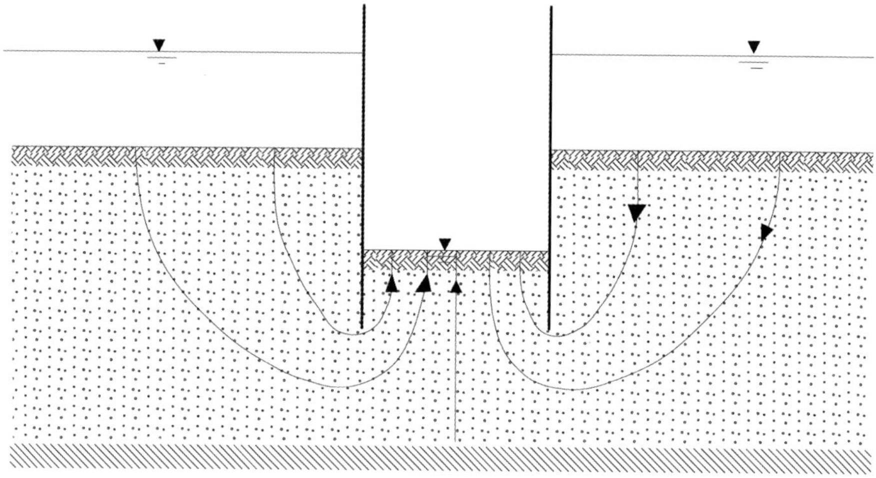

Fig. 3.1 *Escoamento permanente associado a uma ensecadeira*

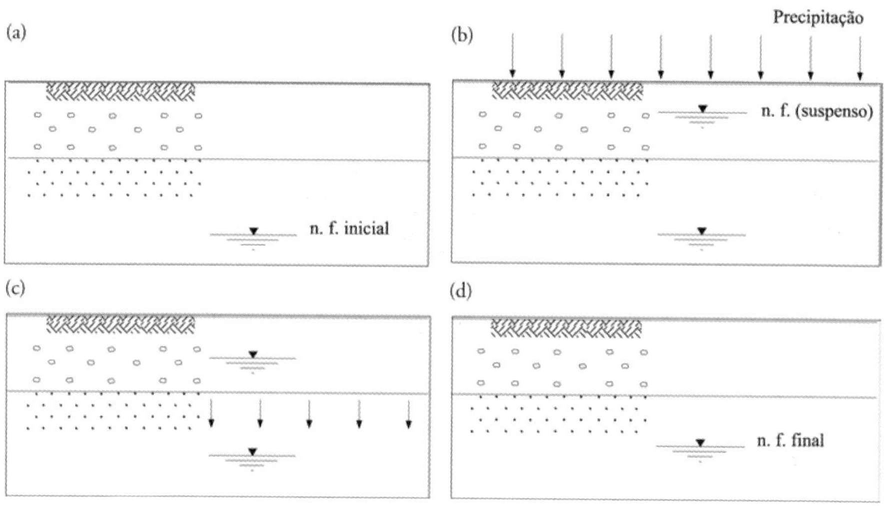

Fig. 3.2 *Exemplo de escoamento transiente*

Será iniciado então um movimento de água no maciço com linhas de fluxo verticais com sentido descendente, sugerido na Fig. 3.2c. As condições hidrostáticas tenderão a restabelecer-se quando o nível freático suspenso desaparecer, como ilustra a Fig. 3.2d. Como as condições-fronteira em termos hidráulicos variaram ao longo do tempo, variaram também no tempo as características do escoamento, que por isso se designa como *escoamento transiente*.

Neste capítulo serão tratados com algum detalhe apenas os escoamentos permanentes. No Cap. 4 será abordado um exemplo de escoamento transiente, fenômeno associado ao adensamento de solos argilosos.

3.1 Lei de Darcy. Permeabilidade

3.1.1 Conceitos gerais

Considere-se um maciço terroso no interior do qual se processa um escoamento. Imagine-se, como ilustra a Fig. 3.3, uma partícula de água deslocando-se ao longo de uma dada trajetória que passa nos pontos 1 e 2. Essa trajetória chama-se *linha de fluxo*.

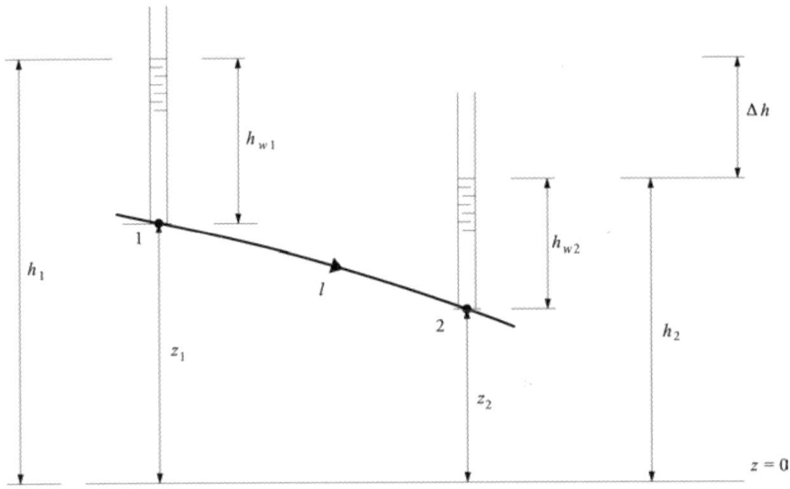

Fig. 3.3 *Movimento de uma partícula de água num maciço terroso*

Se se instalarem tubos piezométricos em 1 e 2, o nível atingido pela água no piezômetro colocado em 1 será superior ao atingido no piezômetro colocado em 2.

A altura de água no piezômetro acima do ponto onde a base deste está instalada, h_w, designa-se como *altura ou carga piezométrica*. A altura daquele ponto, z, acima de um dado plano horizontal de referência (arbitrariamente fixado) chama-se *carga altimétrica*.

A soma da carga altimétrica com a carga piezométrica:

$$h = z + h_w \tag{3.1}$$

representa a energia potencial da água por unidade de peso em cada ponto. Essa energia engloba assim duas parcelas: i) a primeira, z, corresponde à energia potencial de posição; ii) a segunda, h_w, está associada ao estado de compressão a que a água está sujeita, valendo:

$$h_w = \frac{u}{\gamma_w} \tag{3.2}$$

Considerando que nos maciços terrosos a velocidade com que a água se desloca é muito baixa, a energia cinética por unidade de peso é extremamente reduzida, podendo ser desprezada. Em consequência, a energia potencial é praticamente igual à energia mecânica total, isto é, à *carga hidráulica*.

Assim, e voltando à Fig. 3.3, a diferença

$$\Delta h = h_1 - h_2 \tag{3.3}$$

representa a *perda de carga hidráulica* entre 1 e 2. Considerando a Eq. 3.1, pode-se então escrever que:

$$\Delta h = (z_1 - z_2) + (h_{w1} - h_{w2}) \tag{3.4}$$

expressão que pode ser obtida diretamente do teorema de Bernoulli desprezando as parcelas referentes à energia cinética.

A perda de carga entre 1 e 2 corresponde a uma energia dissipada por unidade de peso de água, em consequência do atrito entre esta e as partículas do solo. Essa dissipação de energia, correspondente a um trabalho realizado, verifica-se em consequência da alteração da carga altimétrica e do estado de compressão da água do ponto 1 para o ponto 2.

A razão da perda de carga entre 1 e 2 pela distância percorrida entre os pontos, l, designa-se como *gradiente hidráulico* entre 1 e 2:

$$i = \frac{\Delta h}{l} \tag{3.5}$$

3.1.2 Aparelho de Darcy e expressão da lei de Darcy

A lei que rege o movimento da água num meio terroso é a lei de Darcy (1856), deduzida experimentalmente com um dispositivo semelhante ao representado na Fig. 3.4.

No dispositivo experimental da figura pode observar-se que se estabelece um regime de percolação permanente através do solo, por meio da imposição de uma diferença de cargas hidráulicas entre os pontos 1 e 4, extremos do escoamento.

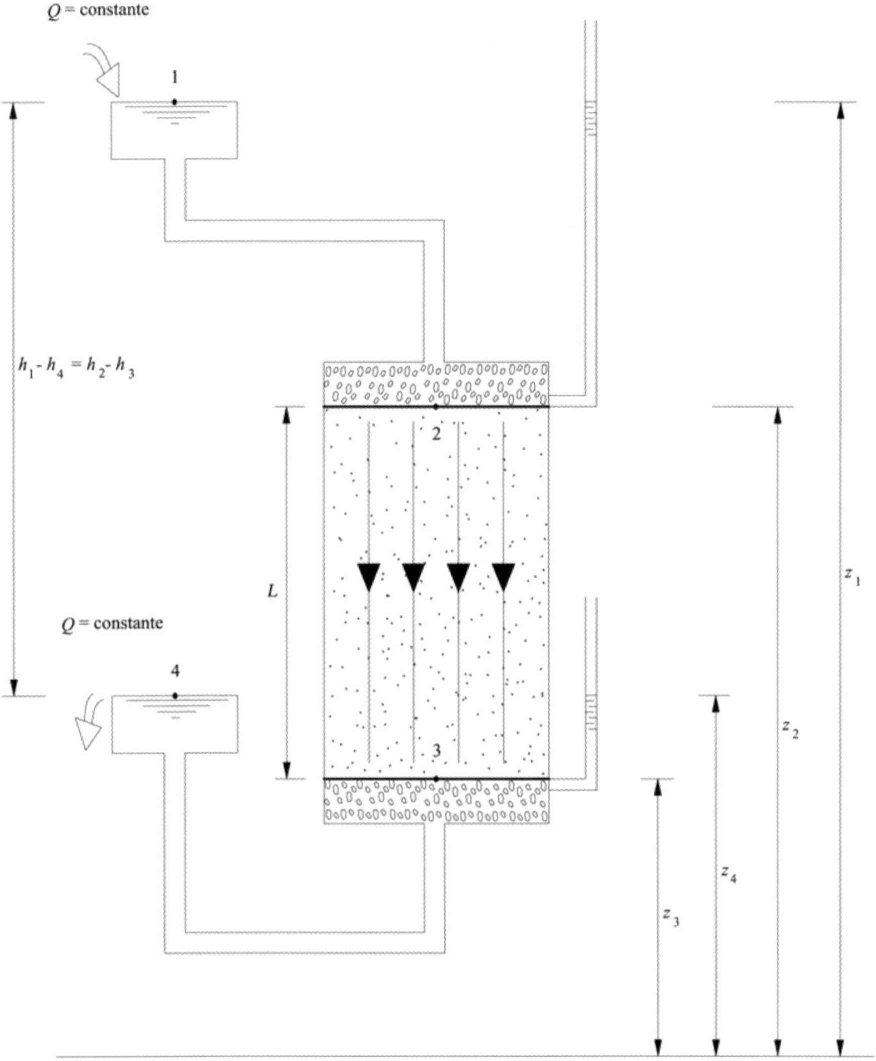

Ponto	Carga altimétrica	Altura piezométrica	Carga hidráulica
1	z_1	0	$h_1 = z_1$
2	z_2	$z_1 - z_2$	$h_2 = z_1$
3	z_3	$z_4 - z_3$	$h_3 = z_4$
4	z_4	0	$h_4 = z_4$

FIG. 3.4 *Experiência de Darcy*

Como mostra a figura, a perda de carga concentra-se no trajeto da água através do solo, sendo desprezíveis as perdas de carga entre os pontos 1 e 2 e entre os pontos 3 e 4.

Por meio de diversas experiências com distintos valores do comprimento da amostra, L, e da perda de carga total, h_1-h_4, e determinando em cada uma a vazão resultante, Darcy concluiu que esta é diretamente proporcional à perda de carga e inversamente proporcional ao comprimento. Desta forma pode escrever-se que:

$$Q = k\frac{h_1 - h_4}{L}S \tag{3.6}$$

em que S é a área da seção transversal da amostra e k a constante de proporcionalidade.

Considerando que $h_1-h_4=h_2-h_3$, a razão presente no segundo membro da Eq. 3.6 representa o gradiente hidráulico no solo. Pode então escrever-se:

$$Q = k\ i\ S \tag{3.7}$$

ou ainda

$$v = \frac{Q}{S} = k\ i \tag{3.8}$$

Essa é a expressão da lei de Darcy que é correntemente usada e que consagra a proporcionalidade da *velocidade de percolação* em relação ao gradiente hidráulico, sendo k definido como o *coeficiente de permeabilidade do solo*. Alguns autores usam para designar esse parâmetro o termo *condutividade hidráulica*.

O coeficiente de permeabilidade tem as dimensões de uma velocidade, sendo em geral expresso em m/s.

3.1.3 Alguns comentários sobre a lei de Darcy

Deve ser notado que a velocidade presente na lei de Darcy é uma velocidade *aparente* ou *macroscópica*, no sentido anteriormente dado a esse adjetivo no Cap. 2. Com efeito: i) a água só atravessa uma fração da área S igual a nS, sendo n a porosidade do solo; ii) a trajetória real de cada partícula de água através dos canalículos formados pelos poros do solo é, necessariamente, bastante sinuosa; iii) uma partícula de água experimentará grandes variações de velocidade ao longo do seu percurso, ditadas pelos sucessivos estrangulamentos e alargamentos dos canalículos.

Dessa forma, é possível compreender que v resulta da divisão de uma dada vazão, observada ou estimada, pela seção total do solo, admitindo uma trajetória fictícia, linearizada (conforme sugere a Fig. 3.4), entre montante e jusante e considerando ao longo dessa trajetória um movimento uniforme.

A proporcionalidade entre a velocidade e o gradiente hidráulico estabelecida pela lei de Darcy é, como demonstraram posteriormente os estudos de Reynolds, própria dos escoamentos laminares. Aliás, o chamado número de Reynolds é usado na Mecânica dos Fluidos como critério para distinguir os escoamentos laminares dos escoamentos turbulentos (Novais Barbosa, 1985).

Para a grande maioria dos maciços terrosos, verificam-se escoamentos com velocidades muito baixas, correspondendo a números de Reynolds também muito baixos, sendo pois a hipótese de escoamento laminar inteiramente legítima. Escoamentos turbulentos podem, todavia, ocorrer em certos solos muito grossos, como os pedregulhos limpos.

Como se verá, a lei de Darcy constitui um dos pilares fundamentais do edifício teórico que constitui a Mecânica dos Solos. Curiosamente, é anterior – tal como outras contribuições muito relevantes – ao estabelecimento do princípio da tensão efetiva, que se considera marcar o nascimento desta disciplina.

3.1.4 Força de percolação

Considere de novo a figura relativa ao dispositivo de Darcy (Fig. 3.4).

Na Fig. 3.5a estão representadas as pressões da água nas bases da amostra de solo, retiradas diretamente das alturas piezométricas da figura anterior.

Na Fig. 3.5b estão representadas as pressões que existiriam nas bases da amostra caso não houvesse percolação, isto é, as pressões hidrostáticas. Para determiná-las imagine-se simplesmente que o tubo de saída da água abaixo do ponto 3 está obturado.

Designando como U a força aplicada pela água ao solo na situação hidrodinâmica, ela pode ser determinada calculando a resultante das pressões da água nas faces da amostra de solo. Assim, considerando positivas as forças de sentido descendente:

$$U = S\,\gamma_w\left[(z_1 - z_2) - (z_4 - z_3)\right] = S\,\gamma_w\left[(z_1 - z_4) - (z_2 - z_3)\right] \tag{3.9}$$

Por processo análogo pode ser calculada a força aplicada pela água ao solo na situação hidrostática, força essa que, naturalmente, é igual ao empuxo hidrostático, *E*:

$$E = S\,\gamma_w\left[(z_1 - z_2) - (z_1 - z_3)\right] = -S\,\gamma_w\,(z_2 - z_3) = -S\,L\,\gamma_w \tag{3.10}$$

A diferença entre as duas forças anteriores permitirá avaliar o que distingue, em termos das forças aplicadas pela água ao solo, as situações hidrodinâmica e hidrostática. Essa força, *J*, vale:

$$J = U - E = S\,\gamma_w\,(z_1 - z_4) = S\,\gamma_w\,(h_1 - h_4) \tag{3.11}$$

Dividindo força pelo volume da amostra de solo, e usando para a força por unidade de volume o símbolo *j*, obtém-se:

$$j = \frac{S\,\gamma_w\,(h_1 - h_4)}{S\,L} = \frac{h_1 - h_4}{L}\,\gamma_w = i\gamma_w \tag{3.12}$$

Essa força é denominada *força de percolação*, tendo uma grandeza proporcional ao gradiente hidráulico e a direção e o sentido do escoamento.

Em termos muito simples, pode-se dizer que a força de percolação é a força que a água aplica à unidade de volume do solo em consequência exclusiva do seu movimento. Em outras palavras, considerando um maciço terroso submerso, a unidade de volume do solo receberá da água as seguintes forças:

* o empuxo hidrostático, de grandeza γ_w, direção vertical e sentido ascendente, de acordo com o Princípio de Arquimedes, caso a situação seja hidrostática;

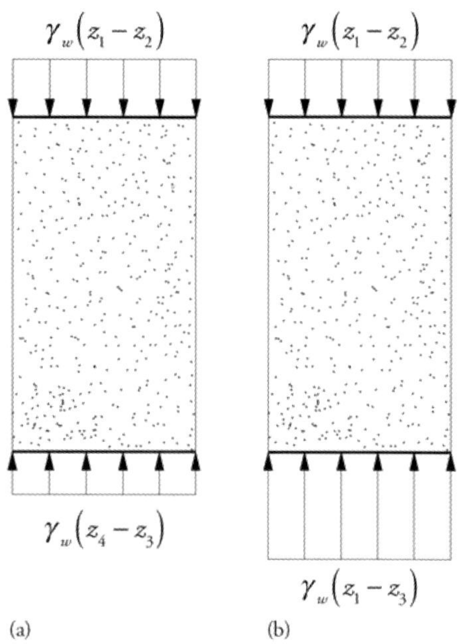

Fig. 3.5 *Pressões sobre a amostra de solo representada na Fig. 3.4: (a) situação hidrodinâmica (experiência de Darcy); (b) situação hidrostática (sem escoamento)*

* o empuxo hidrostático mais a força de percolação, tendo essa a grandeza $i\gamma_w$ e a direção e o sentido do movimento da água, caso haja percolação.

Sendo, como foi enfatizado, as tensões efetivas fundamentais no comportamento mecânico dos solos, pode-se desde já antever que a força de percolação assume grande importância.

3.2 Avaliação do coeficiente de permeabilidade

3.2.1 Considerações gerais

Entre os parâmetros físicos e mecânicos associados às obras de Engenharia Civil, o coeficiente de permeabilidade dos solos é, muito provavelmente, aquele que exibe uma gama maior de valores: oito a nove ordens de grandeza, para os solos usuais.

A granulometria é, destacadamente, o fator mais relevante para a permeabilidade. Esta depende todavia de outros aspectos referentes ao solo, como o índice de vazios, a estrutura, a composição mineralógica (em particular para os solos mais finos) e o grau de saturação.

Nas Tabs. 3.1 e 3.2 apresentam-se, respectivamente, as ordens de grandeza típicas do coeficiente de permeabilidade para os solos de origem sedimentar e uma classificação dos solos quanto à sua permeabilidade.

Tab. 3.1 Valores típicos de coeficientes de permeabilidade de solos de origem sedimentar

Tipo de solo	**k (m/s)**
Pedregulhos limpos	$> 10^{-2}$
Areia grossa	10^{-2} a 10^{-3}
Areia média	10^{-3} a 10^{-4}
Areia fina	10^{-4} a 10^{-5}
Areia siltosa	10^{-5} a 10^{-6}
Siltes	10^{-6} a 10^{-8}
Argilas	10^{-8} a 10^{-10}

Tab. 3.2 Classificação dos solos quanto à permeabilidade

Grau de permeabilidade	**k (m/s)**
Alto	$> 10^{-3}$
Médio	10^{-3} a 10^{-5}
Baixo	10^{-5} a 10^{-7}
Muito baixo	10^{-7} a 10^{-9}
Praticamente impermeável	$< 10^{-9}$

Fonte: Terzaghi e Peck (1967).

O coeficiente de permeabilidade pode ser avaliado por meio de ensaios de laboratório e ensaios *in situ*. Encontram-se ainda na bibliografia algumas expressões de natureza empírica ou semiempírica com o mesmo fim.

3.2.2 Expressões semiempíricas

Uma avaliação da ordem de grandeza do coeficiente de permeabilidade de solos essencialmente arenosos pode ser feita por meio de expressões semiempíricas que relacionam aquele parâmetro com outras propriedades físicas do solo.

Hazen (1892; 1930) propôs a proporcionalidade de k em relação ao quadrado de D_{10}, designado como diâmetro efetivo do solo:

$$k(m/s) = C\,D_{10}^2(m) \tag{3.13}$$

tendo apontado para C um valor da ordem de 10.000. Na bibliografia podem ser encontrados valores desse parâmetro, retirados da experimentação, no intervalo de 100 a 100.000, isto é, variando três ordens de grandeza (Mansur; Kaufman, 1962; Lambe; Whitman, 1979). Dessa forma, a utilidade dessa expressão é, compreensivelmente, muito reduzida.

Com fundamento teórico mais elaborado, e por isso considerada mais confiável, é a chamada equação de Konezy-Carman, que envolve parâmetros referentes ao fluido, ao meio poroso e ainda um coeficiente empírico dependente da forma das partículas (Konezy, 1927; Carman, 1938). Para a água a 20 °C, a equação de Konezy-Carman simplificada tem a seguinte forma (Carrier III, 2003):

$$k(m/s) = 2\times10^6\left(\frac{1}{S_0}\right)^2\frac{e}{1+e} \tag{3.14}$$

em que e é o índice de vazios e S_0 representa a superfície exterior das partículas por unidade de volume das mesmas, podendo ser obtida a partir da equação:

$$S_0(m^{-1}) = SF\sum_{i=I}^{n}\frac{f_i}{D_{i,M}^{0,595}\;D_{i,m}^{0,405}} \tag{3.15}$$

em que:

f_i é a porcentagem (expressa algebricamente) de partículas entre duas peneiras consecutivas no trecho genérico i da curva granulométrica, admitida como linear entre aquelas peneiras;

$D_{i,M}$ e $D_{i,m}$ representam, respectivamente, o maior diâmetro e o menor diâmetro (expressos em metros) no trecho genérico i da curva granulométrica entre duas peneiras consecutivas;

SF é um fator adimensional dependente da forma das partículas e que geralmente se situa no intervalo de 6 a 8, sendo o limite inferior aplicável a partículas esféricas e o limite superior a partículas angulosas.

Expressões como as apresentadas são essencialmente fundamentadas no fato de o diâmetro médio dos canalículos formados pelos poros do solo estar relacionado com as dimensões das partículas e, especialmente, com as dimensões da fração mais fina, daí a escolha de D_{10} e a designação deste como *efetivo* na equação de Hazen. Por outro lado, é sabido que a velocidade da água em tubos estreitos é diretamente proporcional ao quadrado do respectivo diâmetro.

Para os solos argilosos, essas expressões não são aplicáveis. Por um lado, a configuração das partículas e a forma como se agrupam nesses solos tornam mais difícil a relação entre as suas dimensões e o diâmetro dos canalículos. Mais importante, ainda, é o fato de a composição mineralógica afetar também em larga escala a permeabilidade, pois o movimento da água passa a depender de outro tipo de forças (eletroquímicas) para além da gravidade. Por essa razão, verifica-se que a atividade da argila afeta a permeabilidade, reduzindo-se esta quando aquela é mais elevada.

3.2.3 ENSAIOS *IN SITU*

O coeficiente de permeabilidade pode ser avaliado por meio de diversos ensaios *in situ*. Neste volume serão abordados apenas os ensaios de bombeamento permanente em poços, indicados para terrenos de permeabilidade média a elevada e cuja interpretação é bastante simples.

Como se esquematiza na Fig. 3.6, os ensaios consistem basicamente nas seguintes operações:

i) realização de um poço atravessando a camada a caracterizar;
ii) instalação na zona envolvente de piezômetros cuja ponta se situa na camada a caracterizar; no mínimo, devem ser instalados dois pares de piezômetros em dois alinhamentos ortogonais e convém que a distância ao poço não seja muito pequena;
iii) colocação de uma bomba no poço de modo a bombear uma vazão aproximadamente constante;
iv) medição das alturas piezométricas nos pontos de observação na vizinhança, quando se puder considerar que se estabeleceu um escoamento permanente para o poço.

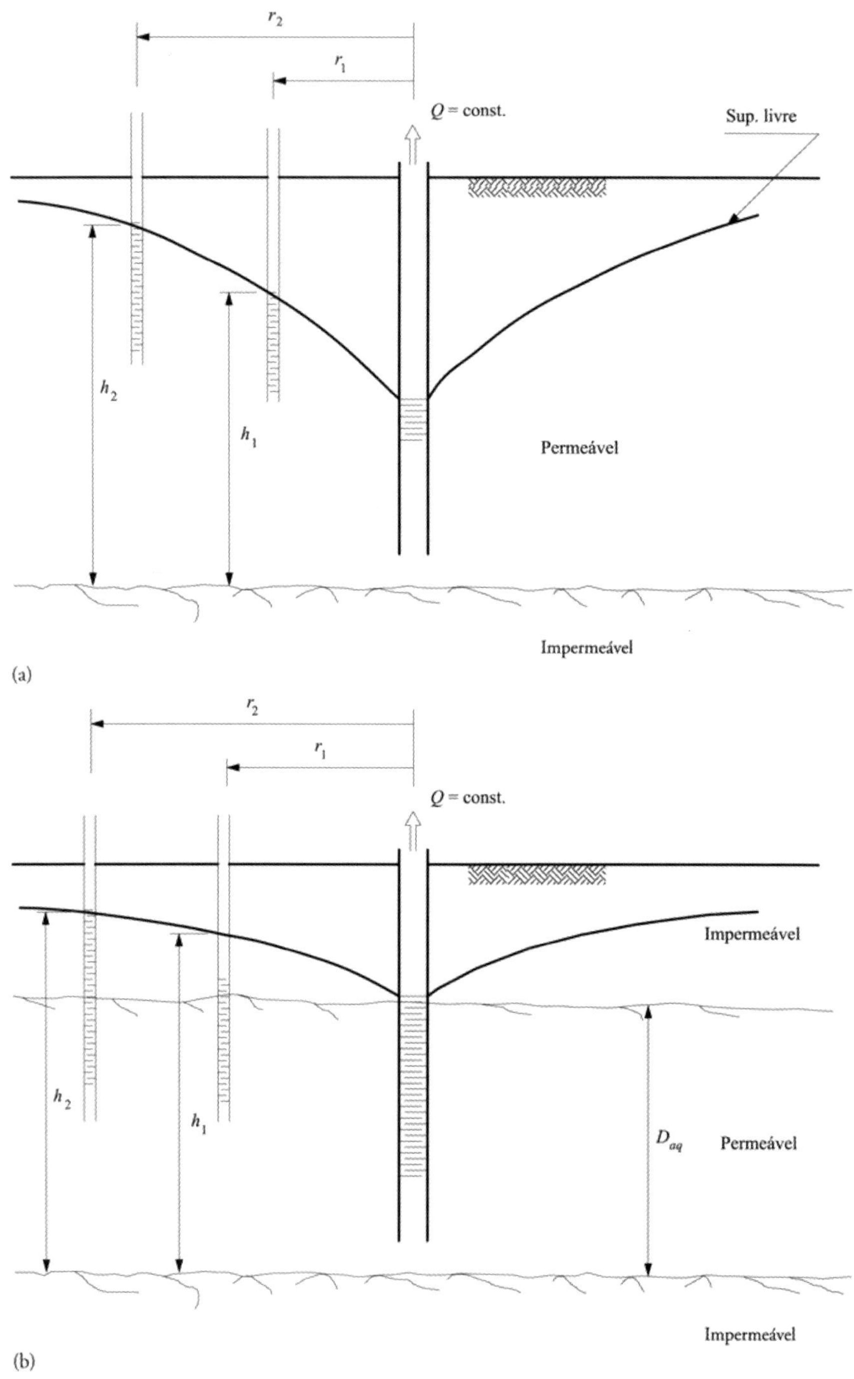

Fig. 3.6 *Determinação do coeficiente de permeabilidade por meio de ensaios de bombeamento: (a) escoamento não confinado numa camada homogênea; (b) escoamento confinado*

Para obter a expressão do coeficiente de permeabilidade utilizam-se duas hipóteses (hipóteses de Dupuit):

i) o gradiente hidráulico, *dh/dr*, é igual à inclinação (declive) da superfície livre do escoamento;

ii) o gradiente hidráulico é constante em profundidade.

Para o caso do *escoamento não confinado* numa camada homogênea (Fig. 3.6a), se a vazão bombeada é constante, ela é a mesma a qualquer distância *r* do furo. Aplicando, então, a lei de Darcy, tem-se:

$$Q = k\,i\,S = k\frac{dh}{dr} = 2\pi\,r\,h \tag{3.16}$$

(note-se que $2\pi\,r\,h$ representa a área da superfície cilíndrica atravessada pela água em direção ao poço a uma distância *r* deste). A equação anterior pode ser reescrita da seguinte forma:

$$\frac{dr}{r} = \frac{2\pi\,k}{Q}h\,dh \tag{3.17}$$

Integrando esta equação:

$$\int_{r_1}^{r_2}\frac{dr}{r} = \frac{2\pi\,k}{Q}\int_{h_1}^{h_2}h\,dh \tag{3.18}$$

pode-se, então, obter a expressão do coeficiente de permeabilidade:

$$k = \frac{\ln\left(\frac{r_2}{r_1}\right)Q}{\pi\left(h_2^2 - h_1^2\right)} \tag{3.19}$$

O caso a que se refere a Fig. 3.6b é classificado como um *escoamento confinado*, já que este se processa num aquífero de espessura D_{aq} entre dois planos horizontais correspondentes às fronteiras com as camadas praticamente impermeáveis inferior e superior. Aplicando ainda a lei de Darcy a esse caso, virá:

$$Q = k\;i\;S = k\frac{dh}{dr}\,2\pi\,r\,D_{aq} \tag{3.20}$$

Passando, então, à integração:

$$\int_{r_1}^{r_2}\frac{dr}{r} = \frac{2\pi k D_{aq}}{Q}\int_{h_1}^{h_2}dh \tag{3.21}$$

obtém-se, finalmente:

$$k = \frac{\ln\left(\frac{r_2}{r_1}\right) Q}{2\pi D_{aq}\left(h_2 - h_1\right)} \tag{3.22}$$

A avaliação do coeficiente de permeabilidade por meio de ensaios de campo é abordada com maior desenvolvimento no Cap. 2 do vol. 2 deste livro.

3.2.4 Ensaios em laboratório

Para a avaliação do coeficiente de permeabilidade em laboratório pode recorrer-se a três tipos de ensaios: i) ensaio com permeâmetro de carga constante; ii) ensaio com permeâmetro de carga variável; iii) ensaios edométricos. Estes últimos ensaios serão tratados no Cap. 4.

O permeâmetro de carga constante, conceitualmente, não é mais do que o aparelho de Darcy. A determinação de k é feita com a própria Eq. 3.6. Esse método de ensaio pode, em princípio, ser realizado para todos os tipos de solos. A câmara triaxial (que será apresentada no Cap. 5) pode ser facilmente adaptada a permeâmetro de carga constante, conforme adiante será referido, permitindo especificamente a avaliação do coeficiente de permeabilidade de solos argilosos.

A Fig. 3.7 ilustra um permeâmetro de carga variável, aparelho que é apropriado para graus de permeabilidade típicos das areias finas e dos siltes, isto é, médios a baixos.

Sejam h_{in} e h_{fin} os valores da perda de carga hidráulica na amostra de solo no início e no fim do ensaio, respectivamente, a diferença entre esses valores deve ser pequena em relação às respectivas grandezas para que não se verifique uma variação significativa da velocidade de percolação durante o ensaio. Sendo dh o abaixamento do nível da água no tempo dt, a vazão escoada será então:

$$q = -s\frac{dh}{dt} \tag{3.23}$$

Considerando h a perda de carga hidráulica média que produziu o escoamento no tempo dt e aplicando a lei de Darcy, obtém-se:

$$q = S\,k\,i = S\,k\,\frac{h}{L} \tag{3.24}$$

Igualando as duas vazões, tem-se:

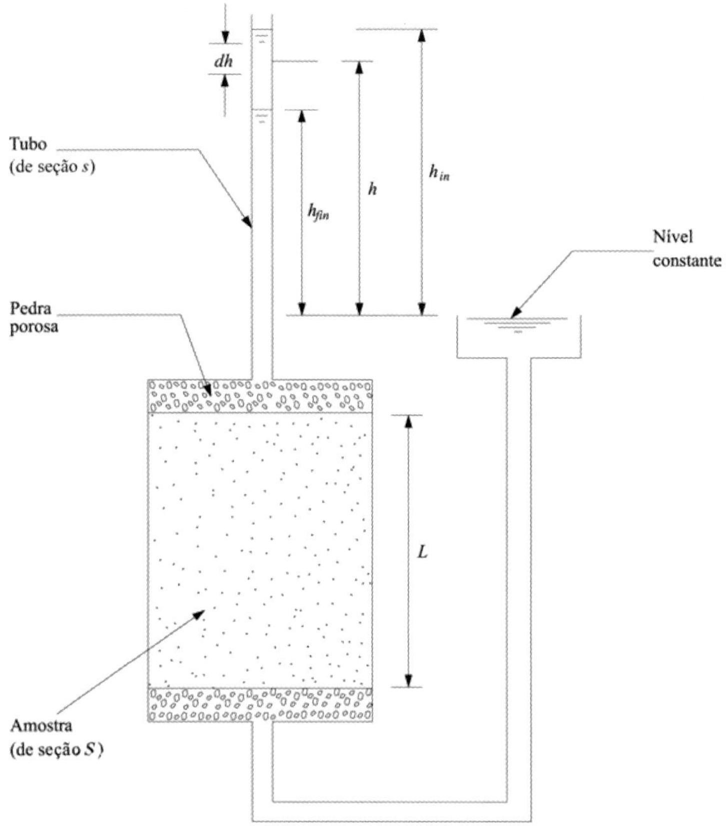

FIG. 3.7 *Permeâmetro de carga variável*

$$-s\frac{dh}{dt} = S\,k\frac{h}{L} \tag{3.25}$$

Integrando esta equação:

$$-\int_{h_{in}}^{h_{fin}} \frac{dh}{h} = \int_{t_{in}}^{t_{fin}} \frac{S}{s}\frac{k}{L}dt \tag{3.26}$$

obtém-se a expressão do coeficiente de permeabilidade:

$$k = \frac{s}{S}\frac{L}{t_{fin} - t_{in}} \ln\left(\frac{h_{in}}{h_{fin}}\right) \tag{3.27}$$

Como se verá no capítulo seguinte, para as argilas, o coeficiente de permeabilidade pode ser determinado em laboratório (ainda que por via indireta), por meio de ensaios edométricos.

3.2.5 Comentário

Considerando que o coeficiente de permeabilidade varia dentro de limites muito amplos e depende de diversos fatores para além da granulometria, será possível compreender que a sua estimativa aproximada envolva grandes dificuldades, embora, em termos conceituais, os ensaios apresentados, quer os de laboratório, quer os de campo, sejam bastante simples.

Os ensaios *in situ* têm a vantagem de envolver um volume de maciço muito considerável, aspecto de grande relevância considerando que a permeabilidade é profundamente afetada quer pela estratificação, quer pela macroestrutura dos solos, variando, por vezes, várias ordens de grandeza de horizonte para horizonte do solo.

Sendo os solos tipicamente anisotrópicos no que diz respeito à permeabilidade, é importante referir que os ensaios *in situ* apresentados permitem caracterizar o coeficiente de permeabilidade na direção horizontal, k_h.

No que diz respeito aos ensaios de laboratório, a sua maior limitação consiste na eventual falta de representatividade das amostras, decorrente de dois aspectos: o fato de (naturalmente) serem colhidas em pontos e horizontes discretos do terreno e(ou) porque o processo de coleta pode provocar alterações em uma ou mais propriedades que condicionam a permeabilidade, como o índice de vazios, a estrutura etc.

Em contrapartida, por meio de adequada orientação das amostras em relação ao escoamento, por meio dos ensaios de laboratório pode ser caracterizado o coeficiente de permeabilidade em qualquer direção.

Quando a câmara triaxial (ver Cap. 5) é usada como permeâmetro, pode ser imposto durante o ensaio um dado estado de tensão efetiva, simulando desse modo o carregamento do solo pela obra para cujo projeto é necessária a estimativa da permeabilidade. Pode ser, por exemplo, o caso em que se pretenda estimar a permeabilidade do maciço de fundação de uma barragem de terra. Compreende-se que o aumento da compacidade daquele maciço induzido pela construção da barragem é suscetível de afetar o coeficiente de permeabilidade do solo. Recorde-se, a propósito, que a vazão é proporcional ao coeficiente de permeabilidade, o que significa que erros na estimativa desse parâmetro repercutem-se, na mesma proporção, na avaliação da vazão. Como se verá no Cap. 4, o ensaio edométrico permite de igual modo a avaliação do coeficiente de permeabilidade para tensões efetivas distintas.

A obtenção de resultados satisfatórios nos ensaios laboratoriais está ainda dependente de diversos aspectos e detalhes técnicos que estão fora do âmbito do presente livro. Em qualquer caso, vale a pena referir que em geral se procede à saturação prévia das amostras.

3.3 ANISOTROPIA DE PERMEABILIDADE NOS SOLOS

Conforme foi mencionado, tipicamente os maciços terrosos exibem anisotropia de permeabilidade mais ou menos pronunciada. Isso resulta, em parte, de em cada camada existir uma orientação preferencial das partículas que sob o peso dos sedimentos sobrejacentes tendem a dispor-se com a maior dimensão na direção horizontal, facilitando a circulação da água nessa direção.

Naturalmente, esse aspecto é tanto mais relevante quanto mais a forma das partículas se aproxima da laminar e se afasta da *esférica*. Daí que nos maciços granulares tal aspecto não seja em geral suscetível de conduzir a um grau elevado de anisotropia; e, nos solos argilosos, adquirir mais importância naqueles, mais antigos, com estrutura orientada.

Mas o fator preponderante para a anisotropia de permeabilidade é a própria estratificação dos maciços, como se procurará analisar em seguida.

3.3.1 MACIÇOS ESTRATIFICADOS. COEFICIENTE DE PERMEABILIDADE EQUIVALENTE

A Fig. 3.8 mostra um maciço constituído por uma sucessão de n camadas, sendo d_j, k_{hj} e k_{vj}, respectivamente, a espessura, o coeficiente de permeabilidade horizontal e o coeficiente de permeabilidade vertical da camada genérica j.

Suponha-se que o maciço é atravessado por uma vazão na direção horizontal, Q_h (Fig. 3.8a). Designando como k_h^e o coeficiente de permeabilidade (equivalente) de um maciço homogêneo de espessura igual a $\sum_{j=1}^{n} d_j$ que sob a ação do mesmo gradiente hidráulico ih é atravessada pela mesma vazão Q_h, esse coeficiente vale (ver Anexo A6):

$$k_h^e = \frac{\sum_{j=1}^{n} k_{hj}\, d_j}{\sum_{j=1}^{n} d_j} \qquad (3.28)$$

Considerando, por sua vez, o maciço atravessado por uma vazão na direção vertical, Q_v (Fig. 3.8b), e designando como k_v^e o coeficiente de permeabilidade (equivalente) de um maciço homogêneo de espessura igual a $\sum_{j=1}^{n} d_j$ que é atravessado pela mesma vazão, tal coeficiente vale (ver Anexo A6):

$$k_v^e = \frac{\sum_{j=1}^{n} d_j}{\sum_{j=1}^{n} \frac{d_j}{k_{vj}}} \tag{3.29}$$

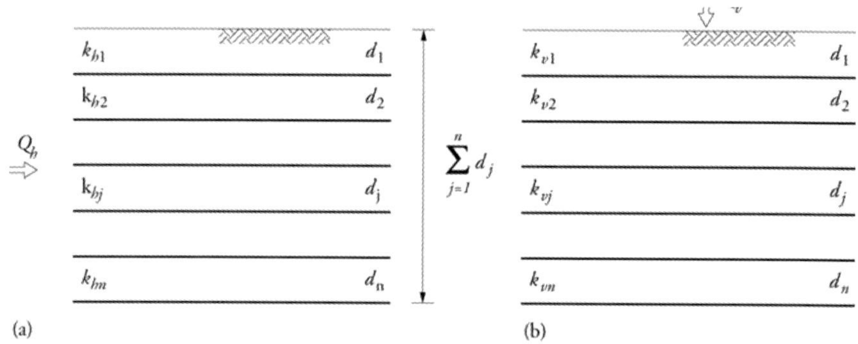

FIG. 3.8 *(a) Percolação horizontal e (b) vertical num maciço estratificado*

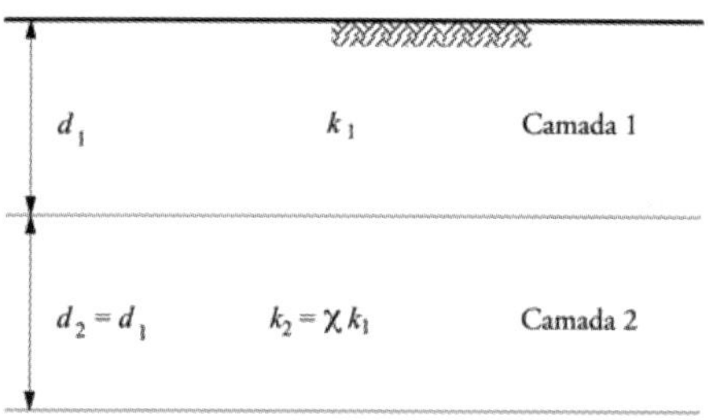

FIG. 3.9 *Maciço formado por duas camadas isotrópicas com igual espessura*

3.3.2 ANISOTROPIA ASSOCIADA À ESTRATIFICAÇÃO E À MACROESTRUTURA

Considere-se agora um exemplo muito simples, esquematizado na Fig. 3.9, de um maciço constituído por duas camadas 1 e 2 de igual espessura, cada uma isotrópica em termos de permeabilidade e seja χ a razão do coeficiente de permeabilidade da segunda camada pelo da primeira:

$$\chi = \frac{k_2}{k_1} \tag{3.30}$$

Aplicando as Eqs. 3.28 e 3.29 ao caso em questão, obtêm-se:

$$k_h^e = \frac{k_1(1+\chi)}{2} \tag{3.31}$$

$$k_v^e = \frac{2\chi\, k_1}{(1+\chi)} \tag{3.32}$$

Então, a razão dos coeficientes de permeabilidade equivalentes horizontal e vertical valerá:

$$\frac{k_h^e}{k_v^e} = \frac{(1+\chi)^2}{4\chi} \tag{3.33}$$

A Tab. 3.3 ilustra os valores de k_h^e / k_v^e para diversos valores de χ. Pode constatar-se que, quando os coeficientes de permeabilidade das duas camadas diferem, o maciço por elas formado passa a constituir um meio anisotrópico em termos de permeabilidade, com a permeabilidade na direção horizontal superior ou muito superior à permeabilidade na direção vertical. Concluindo, um conjunto de camadas horizontais, ainda que cada uma exiba isotropia de permeabilidade, forma um meio anisotrópico em termos de permeabilidade.

TAB. 3.3 ANISOTROPIA DE PERMEABILIDADE DE UM MEIO FORMADO POR DUAS CAMADAS ISOTRÓPICAS DE IGUAL ESPESSURA EM FUNÇÃO DA RAZÃO DOS COEFICIENTES DE PERMEABILIDADE DE CADA UMA

$\chi = k_2/k_1$	1,0	5 0,2	10 0,1	10^2 10^{-2}	10^3 10^{-3}	10^4 10^{-4}
$\frac{k_h^e}{k_v^e}$	1,0	1,8	3,0	25,5	250,5	2.500,5

Como já foi referido, o coeficiente de permeabilidade é um parâmetro que varia nos solos reais de muitas ordens de grandeza. Da análise da tabela pode verificar-se que para valores de χ acima ou abaixo de determinado patamar, uma variação daquele coeficiente de uma ordem de grandeza acarreta igual variação no grau de anisotropia do maciço.

A explicação que acaba de ser dada para um maciço estratificado pode ser estendida ao caso de uma camada única. Com efeito, nos solos aluvionares macroscopicamente homogêneos – e, portanto, identificados como uma única camada – verifica-se, muitas vezes, uma sucessão de finíssimas subcamadas granulometricamente uniformes de escala centimétrica ou milimétrica com granulometrias um pouco distintas, correspondendo às variações cíclicas do ambiente de sedimentação durante os séculos ou milênios em que esses solos foram formados pela Natureza. Considerando que o valor do coeficiente de permeabilidade é muito sensível em relação à granulometria do solo, variações relativamente modestas no tamanho das partículas são suscetíveis de induzir variações significativas de permeabilidade entre subcamadas. Essas variações, muitas vezes denominadas macroestrutura, de acordo com a explicação fornecida anteriormente, conferirão uma anisotropia de permeabilidade à camada macroscopicamente homogênea.

3.4 Escoamentos permanentes bidimensionais em meios porosos

3.4.1 Maciços homogêneos com isotropia de permeabilidade

Formulação matemática

Considere-se uma massa de solo homogênea e isotrópica em termos de permeabilidade, percorrida por um escoamento permanente originado por um desnível ou diferença de cargas hidráulicas existente entre montante e jusante da cortina impermeável representada na Fig. 3.10.

Pode observar-se na figura uma rede formada por duas famílias de linhas: as *linhas de fluxo*, que representam trajetórias de partículas de água; e as *equipotenciais*, linhas de igual carga hidráulica. Piezômetros colocados ao longo de uma dada equipotencial acusam níveis de água atingindo em todos eles a mesma cota. Como se verá, nos meios com isotropia de permeabilidade, as linhas de fluxo e as equipotenciais intersectam-se ortogonalmente. Uma representação deste tipo designa-se como *rede de fluxo*.

A rede de fluxo é uma forma particularmente apropriada para representar um escoamento e as grandezas com ele relacionadas, em particular, a vazão, o gradiente hidráulico e as pressões na água dos poros. No âmbito da Mecânica dos Solos, como já enfatizado, tais pressões são indispensáveis para calcular as tensões efetivas. Daqui resulta que a rede de fluxo é também muito útil para a caracterização do estado de tensão no maciço em que ocorre a percolação.

A formulação matemática do problema de determinação das redes de fluxo é tratada na Mecânica dos Fluidos e será, em seguida, apresentada de forma concisa para um meio isotrópico (Cedergren, 1967).

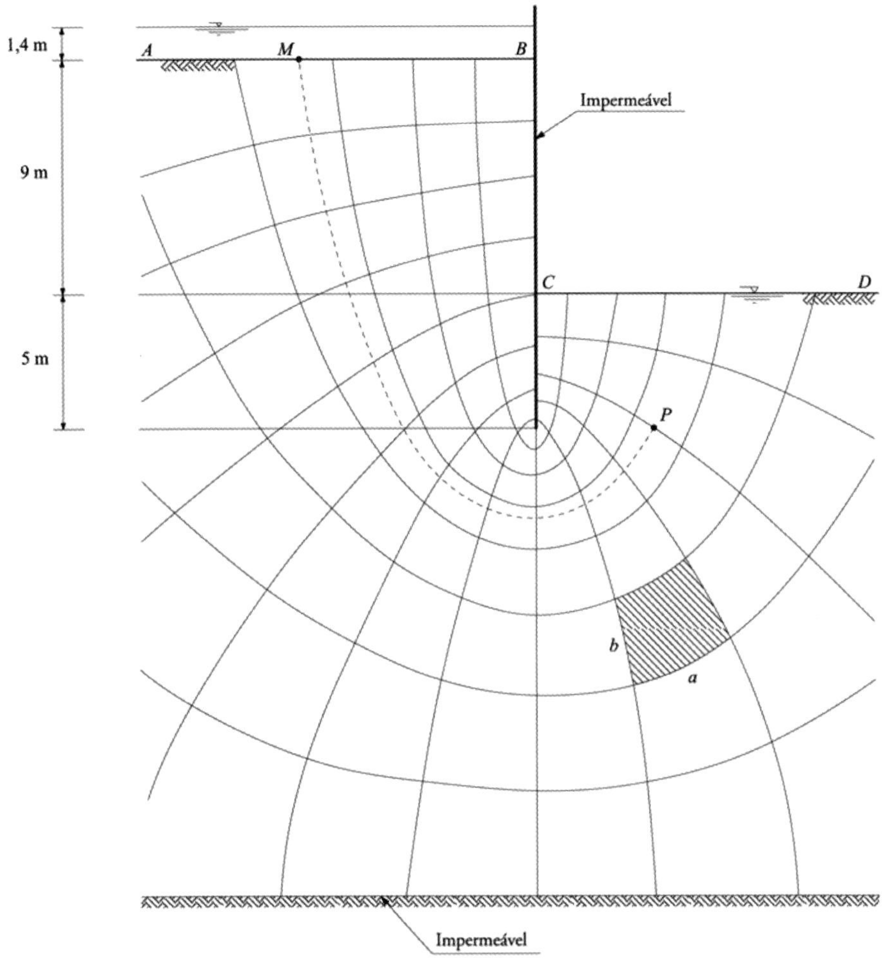

FIG. 3.10 *Rede para um escoamento bidimensional num meio isotrópico e homogêneo*

Considere-se um elemento de volume $dx \cdot dy \cdot dz$ e que o fluxo considerado é bidimensional, isto é, todos os fenômenos ocorrentes se repetem identicamente nos planos xz paralelos ao desenho (Fig. 3.11).

O volume de água que na unidade de tempo entra no elemento vale:

$$\nu_x \, dz \, dy + \nu_z \, dx \, dy \tag{3.34}$$

e o que sai vale:

$$\left(\nu_x + \frac{\partial \nu_x}{\partial x} dx\right) dz \, dy + \left(\nu_z + \frac{\partial \nu_z}{\partial z} dz\right) dx \, dy \tag{3.35}$$

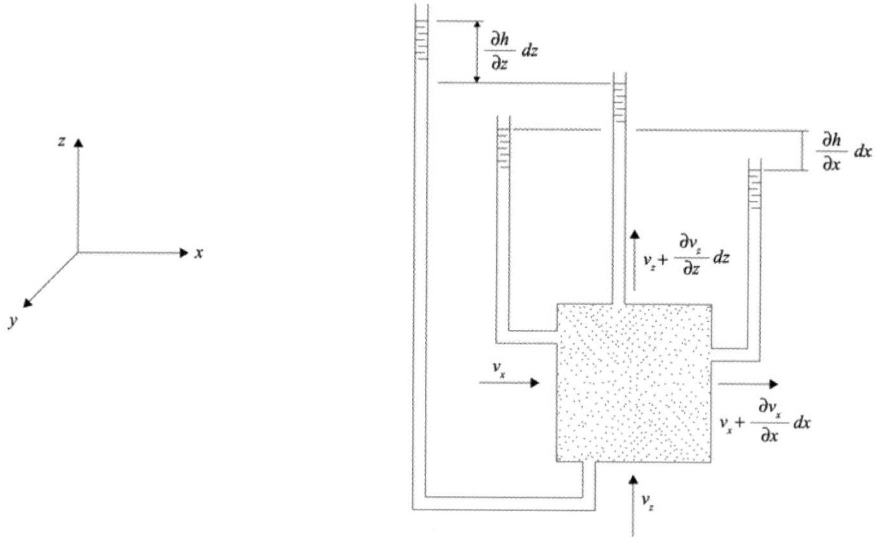

Fig. 3.11 *Elemento de volume genérico do meio em que se processa o escoamento*

Considerando o fluido e as partículas do solo incompressíveis, condições de continuidade obrigam a que a quantidade de água que entra seja igual à quantidade que sai, logo:

$$\frac{\partial v_x}{\partial x} dx\, dy\, dz + \frac{\partial v_z}{\partial z} dx\, dy\, dz = 0 \tag{3.36}$$

de onde se obtém a chamada equação de continuidade:

$$\frac{\partial v_x}{\partial x} + \frac{\partial v_z}{\partial z} = 0 \tag{3.37}$$

Por outro lado, da lei de Darcy resulta em:

$$\begin{cases} v_x = -k \dfrac{\partial h}{\partial x} \\ v_z = -k \dfrac{\partial h}{\partial z} \end{cases} \tag{3.38}$$

(o sinal de subtração está incluído porque a velocidade está dirigida no sentido correspondente à diminuição da carga hidráulica).

Se se considerar a função ϕ, chamada *função de potencial hidráulico*:

$$\phi(x,z) = -k\, h(x,z) + C \tag{3.39}$$

sendo C uma constante a determinar em função das condições-fronteira, pode escrever-se que:

$$\begin{cases} v_x = \dfrac{\partial \phi}{\partial x} \\ v_z = \dfrac{\partial \phi}{\partial z} \end{cases} \tag{3.40}$$

Substituindo Eq. 3.40 em Eq. 3.37, obtém-se:

$$\frac{\partial^2 \phi}{\partial x^2} + \frac{\partial^2 \phi}{\partial z^2} = 0 \tag{3.41}$$

Uma equação do tipo da Eq. 3.41 ($\nabla^2 f = 0$, sendo f uma função qualquer) designa-se como equação de Laplace. Esta governa o fluxo de qualquer líquido incompressível através de um meio poroso também incompressível e, em particular, a percolação em meios porosos com isotropia de permeabilidade. Equações do mesmo tipo regem problemas como os da condução de calor e da distribuição de potencial elétrico ou magnético.

Se na Eq. 3.39 se considerar um determinado valor constante de ϕ, por exemplo f_1, tem-se:

$$h(x,z) = \frac{1}{k}(C - \phi_1) = constante \tag{3.42}$$

que é a equação de uma curva no plano xz em que h, a carga hidráulica, é constante. As curvas em que ϕ é constante designam-se como equipotenciais.

Considere-se agora a função ψ tal que:

$$\begin{cases} v_x = \dfrac{\partial \psi}{\partial z} \\ v_z = -\dfrac{\partial \psi}{\partial x} \end{cases} \tag{3.43}$$

Combinando a Eq. 3.40 com a Eq. 3.43, resulta:

$$\begin{cases} \dfrac{\partial \phi}{\partial x} = \dfrac{\partial \psi}{\partial z} \\ \dfrac{\partial \phi}{\partial z} = -\dfrac{\partial \psi}{\partial x} \end{cases} \tag{3.44}$$

Diferenciando a primeira Eq. 3.44 em ordem a z e a segunda em ordem a x, e atendendo a que $\partial^2\phi/\partial z\, \partial x = \partial^2\phi/\partial x\, \partial z$, obtém-se:

$$\frac{\partial^2 \psi}{\partial z^2} = -\frac{\partial^2 \psi}{\partial x^2} \tag{3.45}$$

ou seja:

$$\frac{\partial^2 \psi}{\partial x^2} + \frac{\partial^2 \psi}{\partial z^2} = 0 \tag{3.46}$$

o que permite concluir que a função ψ satisfaz também a equação de Laplace.

Considerando agora um dado valor constante da função ψ, por exemplo ψ_1, ele corresponde igualmente à equação de uma curva no plano xz. Averigue-se que tipo de curva será. Diferenciando a função ψ, obtém-se:

$$d\psi = \frac{\partial \psi}{\partial x} dx + \frac{\partial \psi}{\partial z} dz \tag{3.47}$$

Se ψ é constante, igual a ψ_1, então $d\psi = 0$, logo:

$$\left(\frac{dz}{dx} \right)_{\psi = \psi_1} = -\frac{\dfrac{\partial \psi}{\partial x}}{\dfrac{\partial \psi}{\partial z}} = \frac{v_z}{v_x} \tag{3.48}$$

Mas dz/dx é precisamente a tangente à curva correspondente aos valores de $\psi = \psi_1 =$ *constante*, que, pode concluir-se, coincide com a direção da velocidade. Sendo assim, as curvas, lugares geométricos em que ψ é constante, representam a direção da corrente, portanto, são linhas de fluxo.

Repare-se que, por um raciocínio análogo ao anterior, pode concluir-se que:

$$\left(\frac{dz}{dx} \right)_{\phi = \phi_1} = \frac{-v_x}{v_z} \tag{3.49}$$

o que demonstra que nos meios com isotropia de permeabilidade ($k_x = k_z = k$) as equipotenciais são normais às linhas de fluxo.

Tipos de condição-fronteira. Integração das equações do escoamento

Para a integração em cada caso da Eq. 3.41 (ou da Eq. 3.46, pois conhecida uma das famílias, linhas de fluxo ou equipotenciais, a outra fica automaticamente determinada) é necessário atender às condições-fronteira de cada problema.

Num solo homogêneo e para o tipo de escoamento em análise, os tipos mais comuns de condições de fronteira são os três seguidamente abordados.

i) *Face impermeável*. No caso da Fig. 3.10 são faces impermeáveis a superfície de contato do maciço (onde se verifica a percolação) com a camada subjacente bem como a própria cortina de vedação.

Sendo n e t as direções normal e tangencial num ponto genérico da face impermeável:

$$v_n = \frac{\partial \phi}{\partial n} = \frac{\partial \psi}{\partial t} = 0 \tag{3.50}$$

daí, ao longo da fronteira,

$$\psi = constante \tag{3.51}$$

o que significa que a face impermeável é uma linha de fluxo.

ii) *Face de entrada e de saída do maciço percolado.* No caso da Fig. 3.10, estão nessas condições as linhas AB e CD. Em qualquer ponto de AB, por exemplo:

$$h_w = h_{w_{AB}} = constante \tag{3.52}$$

Como:

$$\phi = -k\,h + C \tag{3.53}$$

$$\phi_{AB} = -k\left(h_{w_{AB}} + z_{AB}\right) + C \tag{3.54}$$

Considerando que k, z_{AB} e C são também constantes, tem-se:

$$\phi_{AB} = constante \tag{3.55}$$

o que permite concluir que as superfícies que limitam a zona em que se verifica percolação são equipotenciais. Está nessas condições também o paramento AC de montante da barragem de terra homogênea esquematizada na Fig. 3.12.

iii) *Superfície livre de escoamentos não confinados ou linha de saturação.* É o caso da linha CD da Fig. 3.12 que delimita a zona do solo saturado da zona não saturada. Essa superfície, ao contrário das anteriores, não está *a priori* determinada existindo diversos métodos com esse objetivo (Das, 1997). Repare-se que a linha CD terá de ser uma linha de fluxo, logo nela ψ é constante. Por outro lado, em qualquer ponto da mesma linha a pressão terá de ser igual à pressão atmosférica:

$$h_w = 0 \tag{3.56}$$

Como:

$$\phi = -k\,h + C \tag{3.57}$$

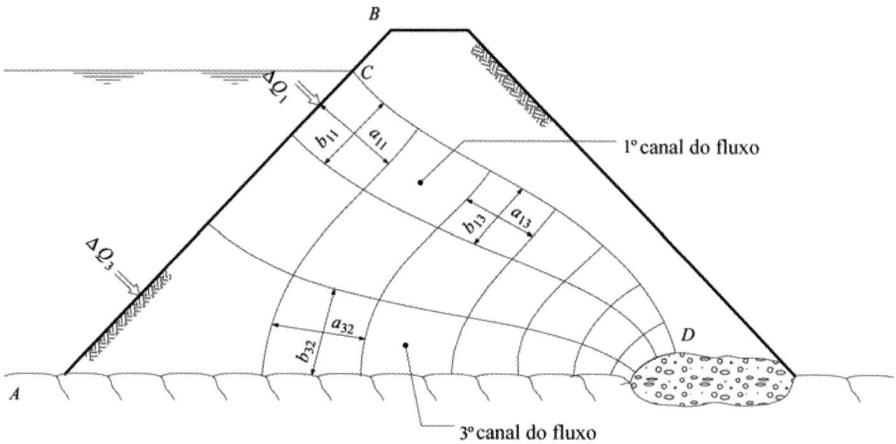

FIG. 3.12 *Rede de fluxo numa barragem de terra homogênea*

então:

$$\phi_{CD} = -k(0 + z_{CD}) + C \tag{3.58}$$

logo:

$$\phi_{CD} + k\, z_{CD} = constante \tag{3.59}$$

Verifica-se, assim, que o potencial varia linearmente com a carga altimétrica. Isso implica que a distância na vertical Δz entre equipotenciais de igual queda $\Delta\phi$ tem de ser constante.

São conhecidas soluções analíticas da integração das equações diferenciais descritivas do escoamento apenas para alguns casos particularmente simples.

Nos casos mais complexos, especificamente nos solos estratificados e(ou) com anisotropia de permeabilidade, a integração numérica é atualmente feita com recurso a métodos muito potentes, como o método dos elementos finitos e o método dos elementos-fronteira. Encontram-se disponíveis no mercado programas de cálculo automático com esse objetivo. Adiante serão apresentadas aplicações de um desses programas (ver 3.4.2 e 3.4.3).

Para os casos de maciços homogêneos e isotrópicos, uma alternativa interessante pode ser o traçado gráfico da rede, conforme se verá em seguida.

Redes de fluxo com malha quadrada

As redes de fluxo apresentadas nas Figs. 3.10 e 3.12 estão traçadas de tal modo que cada malha forma aproximadamente um quadrado. Essa opção não surge por acidente, mas pelo fato de as malhas daquele tipo serem particularmente simples de usar.

Considere-se ainda a rede representada na Fig. 3.12. Estão representadas quatro linhas de fluxo (note que a face impermeável inferior constitui uma linha de fluxo). O espaço compreendido entre duas linhas de fluxo vizinhas designa-se como *canal de fluxo*. Repare-se que como nenhuma vazão atravessa as linhas em questão o termo *canal* é plenamente justificado. A rede em questão compreende três canais de fluxo. Seja ΔQ_1 a vazão no primeiro canal. Nesse canal estão destacados dois elementos: o primeiro, de dimensões a_{11} e b_{11}, e o terceiro, de dimensões a_{13} e b_{13}. Aplicando a lei de Darcy ao escoamento nos dois elementos em questão, pode escrever-se:

$$\Delta Q_1 = k \frac{\Delta h_1}{a_{11}} b_{11} \times 1 = k \frac{\Delta h_3}{a_{13}} b_{13} \times 1 \quad (3.60)$$

Como os elementos são de forma aproximadamente quadrada, pode então concluir-se que:

$$\Delta h_1 = \Delta h_3 \quad (3.61)$$

isto é, a perda de carga hidráulica entre duas quaisquer equipotenciais vizinhas é constante.

Considere-se agora, por exemplo, o terceiro canal de fluxo e aplique-se a lei de Darcy ao segundo elemento:

$$\Delta Q_3 = k \frac{\Delta h_2}{a_{32}} b_{32} \times 1 \cong k \, \Delta h_2 \quad (3.62)$$

Invocando a conclusão anteriormente extraída, pode escrever-se que:

$$\Delta Q_3 = k \, \Delta h_2 = k \, \Delta h_1 \quad (3.63)$$

logo:

$$\Delta Q_3 = \Delta Q_1 \quad (3.64)$$

o que significa que a vazão é igual em qualquer canal de fluxo.

Em resumo, uma rede de fluxo em que os elementos resultantes do cruzamento das linhas de fluxo com as equipotenciais hidráulicas são de forma aproximadamente quadrada apresenta as seguintes propriedades:

i) a perda de carga entre duas quaisquer equipotenciais vizinhas é constante;

ii) a vazão é igual em todos os canais de fluxo.

Essas duas propriedades simplificam muito o cálculo da vazão e a determinação em qualquer ponto do meio percolado da carga hidráulica, do gradiente hidráulico e da pressão na água dos poros, como se comprova a seguir.

Avaliação do gradiente hidráulico, da vazão e da pressão na água dos poros com base na rede de fluxo

Considere-se, por exemplo, a rede de fluxo da Fig. 3.10. Levando em conta a primeira propriedade anteriormente referida, pode observar-se que os 10,4 m de perda de carga total se processam em 13 decréscimos de igual valor (0,8 m), correspondentes a outros tantos espaços (ou quedas de potencial) entre as 14 equipotenciais desenhadas.

Para o elemento hachurado, escolhido arbitrariamente, de dimensões a e b, o gradiente hidráulico vale:

$$i = \frac{\Delta h(total)}{N_e a} \tag{3.65}$$

em que $\Delta h(total)$ é a perda de carga total entre montante e jusante da cortina, N_e é o *número de quedas de potencial* ou de carga hidráulica entre montante e jusante (logo $\Delta h(total)/N_e$ representa a perda de carga entre cada duas equipotenciais vizinhas).

Sendo assim, a vazão por metro linear de desenvolvimento, ΔQ, ao longo do canal de fluxo a que pertence o elemento em questão será (lei de Darcy):

$$\Delta Q = k \frac{\Delta h(total)}{N_e a} b \times 1 \tag{3.66}$$

e, já que os elementos são aproximadamente quadrados:

$$\Delta Q = k \frac{\Delta h(total)}{N_e} \tag{3.67}$$

A vazão total por metro linear valerá então, considerando a segunda propriedade já apresentada:

$$Q = k\ \Delta h(total)\ \frac{N_f}{N_e} \tag{3.68}$$

em que N_f representa o *número de canais de fluxo*.

Tomando ainda como referência a Fig. 3.10, suponha-se que se pretende determinar a pressão na água dos poros no ponto *P* (escolhido arbitrariamente no meio percolado). Escolhendo um ponto *M* na equipotencial de montante, pertencente à mesma linha de fluxo, pode escrever-se (ver Eq. 3.4):

$$h_M - h_P = (z_M - z_P) + (h_{wM} - h_{wP}) \tag{3.69}$$

ou ainda:

$$h_{wP} = (z_M - z_P) + h_{wM} - (h_M - h_P) \tag{3.70}$$

Pela primeira propriedade anteriormente referida, a perda de carga entre os pontos *M* e *P* vale:

$$h_M - h_P = \frac{\Delta h(\text{total})}{N_e} N_{e,M-P} \tag{3.71}$$

em que $N_{e,M\text{-}P}$ é o número de quedas de potencial entre os pontos *M* e *P*. A altura piezométrica em *P* pode então ser calculada por meio da equação:

$$h_{wP} = (z_M - z_P) = h_{wM} - \Delta h(\text{total}) \frac{N_{e,M-P}}{N_e} \tag{3.72}$$

Sendo assim, e atendendo às condições concretas da figura:

$$h_{wP} = 14 + 1,4 - 10,4 \times \frac{11}{13} = 6,6\,m \tag{3.73}$$

e

$$u_P = h_{wP}\,\gamma_w = 64,7\,\text{kPa} \tag{3.74}$$

Ou seja, o nível da água num piezômetro colocado no ponto *P* subirá acima da superfície do terreno do lado de jusante. Repare-se que, se a situação fosse hidrostática, h_{wP} valeria 5,0 m, o que significa que o fluxo ascensional da água do lado de jusante vai diminuir a tensão efetiva (tomando como comparação a situação hidrostática).

Traçado gráfico de redes de fluxo de malha quadrada

Uma vantagem das redes formadas por quadrados é que para os casos mais simples elas podem ser esboçadas *a olho*, como o foram as redes das Figs. 3.10 e 3.12.

As seguintes regras simples podem ajudar o leitor:

i) identificar claramente as equipotenciais de montante e de jusante;

ii) identificar as linhas de fluxo extremas, coincidentes com as faces impermeáveis; nos escoamentos não confinados, a primeira linha de fluxo terá de ser determinada pelos métodos analíticos já referidos;

iii) começar a rede pelo traçado das linhas de fluxo (é mais fácil intuir a trajetória das partículas da água do que as equipotenciais);

iv) optar – no primeiro esboço – por traçar um número reduzido de linhas de fluxo, começando pela região em que a velocidade média de percolação é mais elevada; nos escoamentos confinados, isso significa em geral começar o traçado pela região mais próxima da estrutura, enquanto nos escoamentos não confinados implica começar pela região mais próxima da superfície;

v) traçar as linhas de fluxo de modo que elas constituam transição gradual entre as linhas de fluxo extremas, já identificadas, e considerando que nos seus pontos de partida e de chegada precisam ser ortogonais às equipotenciais de montante e de jusante, respectivamente;

vi) traçar, por fim, as equipotenciais, de modo que elas cruzem ortogonalmente as linhas de fluxo e formem com essas figuras geométricas que sejam aproximadamente quadradas;

vii) repetir os dois passos anteriores as vezes que sejam necessárias.

Aplicando esse conjunto de regras simples, e observando com atenção as redes para problemas análogos na bibliografia, não é difícil esboçar uma rede que constitua uma aproximação razoável, muito em particular para a estimativa da vazão. O executante, ao adotar um determinado número de linhas de fluxo, está implicitamente fixando o número de equipotenciais da respectiva rede. Tomando como referência a Eq. 3.68 da vazão, pode assim dizer-se que N_f é livremente arbitrado e N_e é o *resultado* do desenho. O rigor do traçado da rede vai se repercutir na estimativa da vazão por meio da razão N_f/N_e. Será possível compreender que os defeitos plausíveis no traçado da malha não conduzem a uma substancial variação de N_e, logo de N_f/N_e. Erros muito superiores serão provavelmente induzidos pela estimativa do coeficiente de permeabilidade do solo, ainda que tenha sido rodeada de particulares cuidados.

Concluindo: o traçado gráfico da malha é um método cuja utilidade não deve ser desprezada porque, de forma extremamente simples e com os meios mais rudimentares, permite obter uma estimativa da vazão (e, em certa medida, das outras grandezas do escoamento) cuja aproximação, no que diz respeito ao método de obtenção da rede, pode ser muito razoável. De qualquer forma, como já foi mencionado e adiante será novamente tratado, o traçado gráfico só é atualmente recomendável para meios homogêneos com isotropia de permeabilidade.

3.4.2 Redes de fluxo em maciços com anisotropia de permeabilidade

Como já foi referido, grande parte dos solos apresenta anisotropia de permeabilidade, exibindo um coeficiente de permeabilidade na direção horizontal, k_h, consideravelmente superior ao coeficiente na direção vertical, k_v.

Num tal maciço, em vez das Eq. 3.38 apresentadas em 3.5.1, são válidas as equações:

$$\begin{cases} v_x = -k_x \dfrac{\partial h}{\partial x} \\ v_z = -k_z \dfrac{\partial h}{\partial z} \end{cases} \tag{3.75}$$

sendo k_x e k_z os coeficientes, já definidos, k_h e k_v, respectivamente. Substituindo as Eq. 3.75 em 3.37 (ainda válida no caso presente), obtém-se:

$$k_x \frac{\partial^2 h}{\partial x^2} + k_z \frac{\partial^2 h}{\partial z^2} = 0 \tag{3.76}$$

ou ainda:

$$\frac{\partial^2 h}{\partial z^2} + \frac{\partial^2 h}{\left(k_z/k_x\right)\partial x^2} = 0 \tag{3.77}$$

O processo clássico de obter a rede de fluxo para meios anisotrópicos usando os métodos já apresentados em 3.4.1 para os meios isotrópicos, especificamente o traçado gráfico, consiste em recorrer à variável (fictícia) transformada x_T definida do seguinte modo:

$$x_T = x\sqrt{k_z/k_x} \tag{3.78}$$

que permite reescrever a Eq. 3.76 com o formato de uma equação de Laplace:

$$\frac{\partial^2 h}{\partial z^2} + \frac{\partial^2 h}{\partial^2 x_T} = 0 \tag{3.79}$$

Isso significa que se se tomar uma escala horizontal transformada multiplicando as dimensões reais por $\sqrt{k_z/k_x}$, obtém-se um meio em que é válida a equação de Laplace. Pode assim determinar-se a rede de fluxo para um maciço anisotrópico desenhando, como ilustra a Fig. 3.13, uma seção do meio percolado com a escala horizontal transformada e traçando em seguida a rede como foi visto para os maciços isotrópicos. A vazão será calculada na rede transformada na base de um coeficiente de permeabilidade equivalente:

$$k_e = \sqrt{k_x\ k_z} \tag{3.80}$$

As pressões neutras e as tensões efetivas podem também ser calculadas com base na rede de fluxo para a seção transformada. Relativamente ao gradiente hidráulico, contudo, deve ser considerada, ao medir os comprimentos, a necessidade de multiplicá-los por $\sqrt{k_x/k_z}$.

Deve ser notado (ver Fig. 3.13) que na rede relativa à seção à escala não transformada as equipotenciais não são já normais às linhas de fluxo.

Como já foi referido, para meios anisotrópicos atualmente as redes de fluxo podem ser obtidas por métodos que integram numericamente as equações diferenciais descritivas de escoamento. Entre eles o método dos elementos finitos é o mais usado.

Na Fig. 3.14 ilustra-se a aplicação de um programa de cálculo automático, com base no método dos elementos finitos (o programa Phase2), ao escoamento no maciço arenoso de fundação de uma barragem de concreto, cujo perfil transversal coincide com o da barragem de CrestumaLever no rio Douro, Portugal (PNCOLD, 1992). Apresentam-se as redes de fluxo para as duas seguintes situações: i) maciço isotrópico; ii) maciço anisotrópico com $k_h = 4k_v$.

3.4.3 Redes de fluxo em condições gerais

Os métodos numéricos anteriormente citados permitem ainda obter redes de fluxo para situações mais complexas nas quais, para além da anisotropia, prevaleçam (isolada ou conjuntamente) as duas seguintes condições: i) o meio percolado é formado por diversas camadas ou zonas com distintas permeabilidades; ii) as condições de fronteira são complexas, por exemplo, as superfícies de separação das várias zonas (consideradas homogêneas) não são paralelas.

Como exemplo, inclui-se na Fig. 3.15 uma rede de fluxo (calculada ainda com o programa Phase2) para a barragem de aterro de Santa

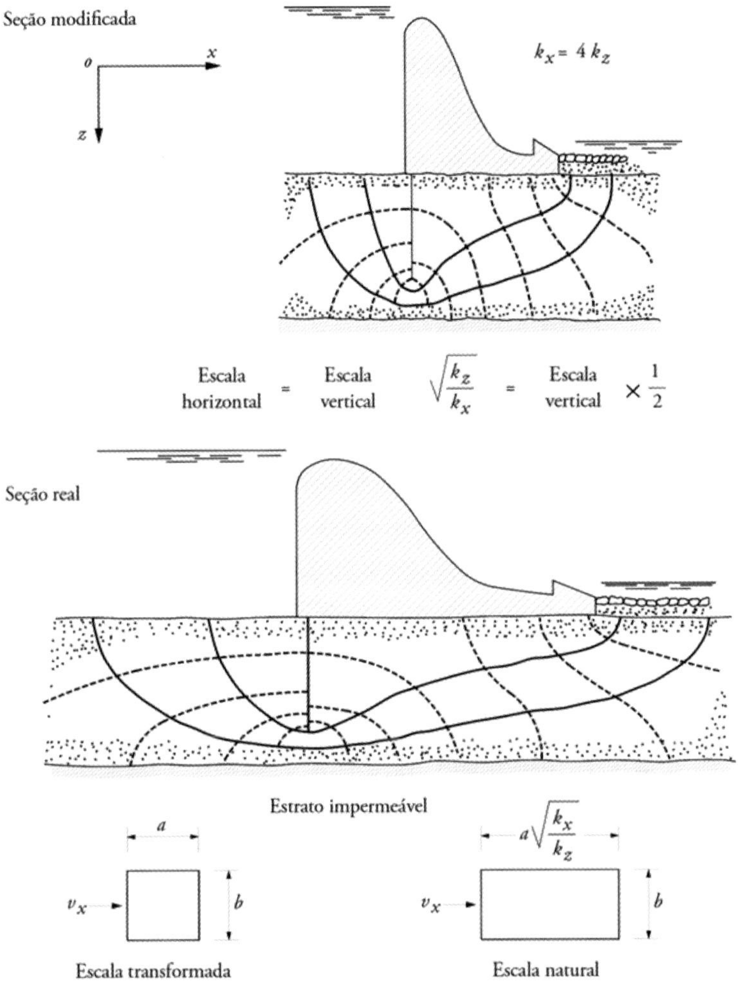

$$Q_T = k_e \frac{\Delta h}{a} b = k_e \Delta h \qquad Q_N = k_x \frac{\Delta h}{a\sqrt{k_x / k_z}} b = \sqrt{k_x k_z}\,\Delta h$$

$$Q_T = Q_N\,;\ k_e \Delta h = \sqrt{k_x k_z}\,\Delta h\,;\ k_e = \sqrt{k_x k_z}$$

Fig. 3.13 *Construção para o traçado de uma rede de fluxo num maciço anisotrópico em que* $k_x = 4k_z$
Fonte: Terzaghi e Peck (1967).

Clara, no rio Mira, Portugal (PNCOLD, 1992). A rede corresponde à situação de pleno enchimento do reservatório e foi calculada com base nas relações de permeabilidade indicadas na própria figura, resultantes de ensaios *in situ* e em laboratório, e reportadas por Maranha das Neves e Folque (1997).

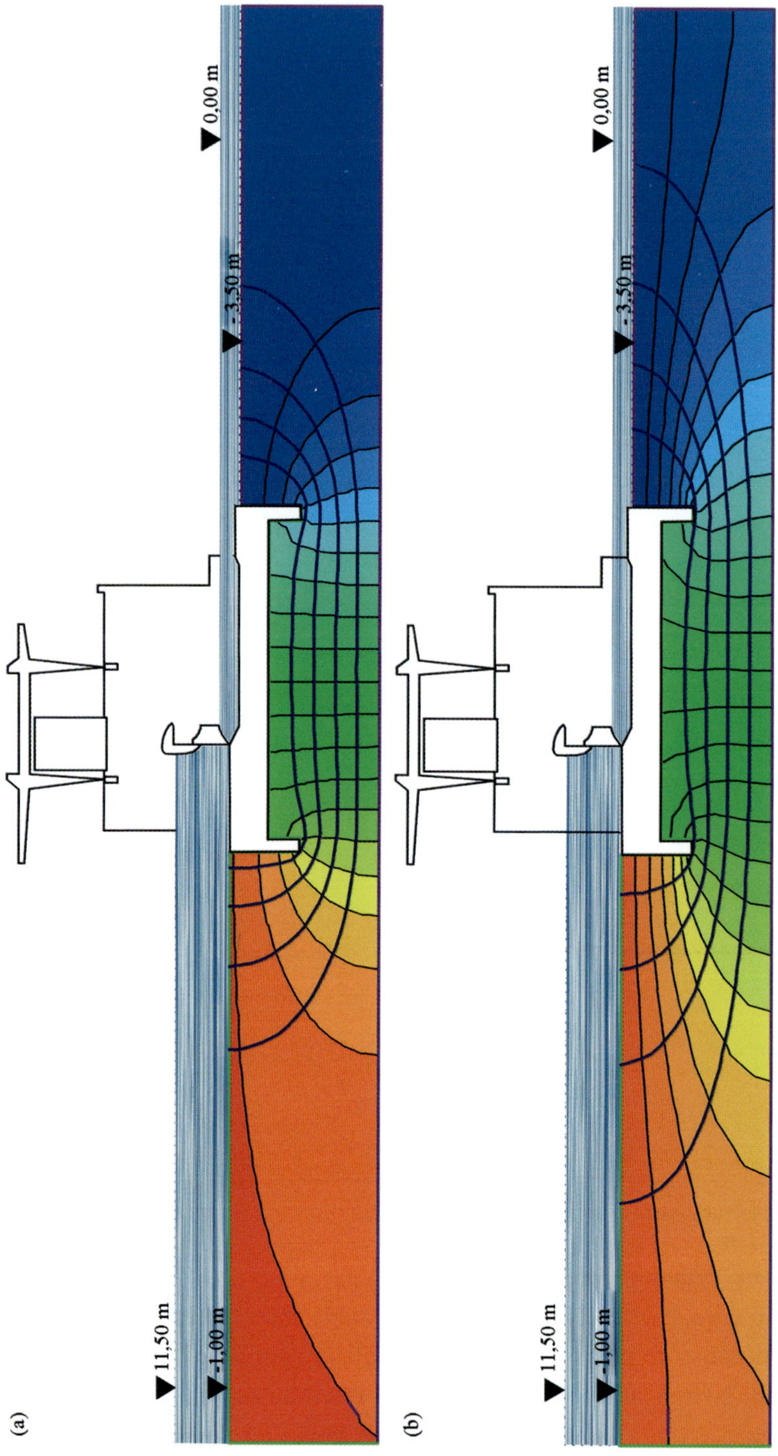

Fig. 3.14 *Redes de fluxo no maciço arenoso de fundação de uma barragem com perfil coincidente com a barragem de Crestuma-Lever, rio Douro, Portugal: (a) maciço isotrópico; (b) maciço anisotrópico,* $k_h = 4k_v$

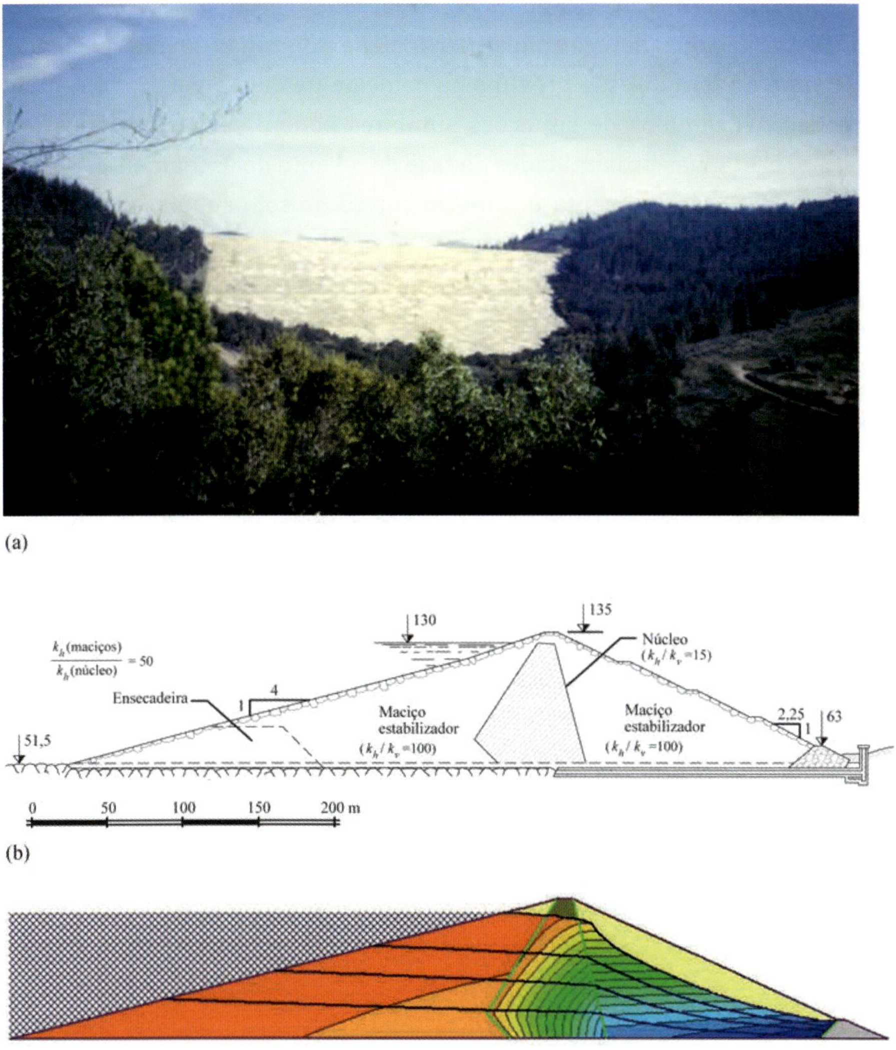

Fig. 3.15 *Barragem de Santa Clara, rio Mira, Portugal: (a) fotografia tirada de jusante; (b) seção transversal-tipo e valores da razão K_1/K_v (Maranha das Neves; Folque, 1997); (c) rede de fluxo para o pleno enchimento do reservatório*

3.5 Instabilidade de origem hidráulica

3.5.1 Gradiente hidráulico crítico

Em 3.1.4 foi introduzido o conceito de força de percolação, tendo sido nessa altura enfatizado o fato de tal força existir em consequência direta e exclusiva do movimento da água, sendo a sua grandeza proporcional ao gradiente hidráulico e a sua direção e o seu sentido os do movimento da água.

Situação que merece análise particular é a de zonas do maciço em que o escoamento tem direção próxima ou coincidente com a vertical e sentido ascendente. Exemplos de situações similares podem ser encontrados nas Figs. 3.10 e 3.14, nas proximidades da face de jusante do escoamento.

A Fig. 3.16 representa um metro cúbico de solo submerso para três condições da água, uma hidrostática e as duas restantes hidrodinâmicas, sendo nestas o escoamento vertical de sentido ascendente, admitindo-se que o gradiente hidráulico é constante.

Na situação hidrostática (Fig. 3.16a), além da força da gravidade, o bloco recebe da parte da água uma força dirigida para cima igual ao empuxo hidrostático. A resultante das duas forças representa o peso específico submerso, já definido no Cap. 1. É esse peso que representa a contribuição da massa de terras em questão para as tensões efetivas.

Numa situação hidrodinâmica (Fig. 3.16b), às duas forças anteriores deve-se somar a força de percolação, de grandeza $i\gamma_w$. Naturalmente, a resultante da força da gravidade e das forças aplicadas pela água é agora menor que na situação hidrostática, ocorrendo uma redução da tensão efetiva vertical. Pode, assim, imaginar-se uma situação em que o gradiente hidráulico seja suficientemente elevado para que a resultante da força de percolação e do empuxo hidrostático se torne igual à força da gravidade. Essa situação, esquematizada na Fig. 3.16c, designa-se como *situação crítica* (*quick condition*, na bibliografia de língua inglesa) e o gradiente hidráulico respectivo é o chamado *gradiente hidráulico crítico*, i_{cr}.

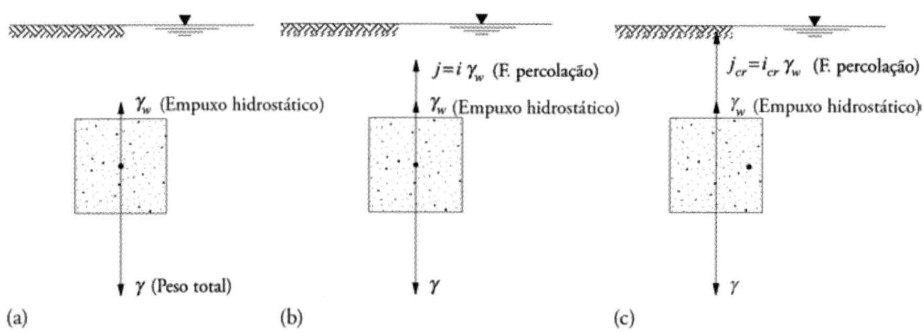

Fig. 3.16 *Forças aplicadas sobre um metro cúbico de solo submerso: (a) condições hidrostáticas; (b) condições hidrodinâmicas, com $i < i_{cr}$; (c) condição hidrodinâmica crítica* (quick condition), *com $i = i_{cr}$*

Da igualdade

$$i_{cr}\,\gamma_w + \gamma_w = \gamma \tag{3.81}$$

resulta que

$$i_{cr} = \frac{\gamma - \gamma_w}{\gamma_w} = \frac{\gamma'}{\gamma_w} \tag{3.82}$$

Considerando que γ varia *grosso modo* entre 18 kN/m^3 e 22 kN/m^3 para as areias saturadas fofas ou compactas, respectivamente, pode concluir-se que i_{cr} oscilará entre 0,8 e 1,2.

A situação crítica corresponde, assim, a uma situação em que a força total aplicada pela água ao solo iguala as forças da gravidade, logo anula as tensões efetivas. Nos solos arenosos, cuja resistência se deve essencialmente ao fenômeno de atrito entre grãos, a situação de *quick condition* implica a anulação da sua resistência, comportando-se o solo como um líquido denso. É essa, aliás, a explicação científica para o fenômeno vulgarmente designado como areia movediça (*quick sand*, em inglês).

3.5.2 Fenômenos de ruptura hidráulica junto da face de jusante

Escoamentos verticais ou subverticais com gradientes hidráulicos elevados podem ocasionar acidentes nas obras de engenharia nas quais ou em torno das quais se verifica percolação (barragens, ensecadeiras, estruturas de arrimo etc.). Existem basicamente dois modos de instabilização associados a tais escoamentos: um deles é precisamente a ocorrência do que anteriormente se designou como *quick condition* e a outra é o chamado *levantamento hidráulico* ou *de fundo*.

O coeficiente de segurança em relação à ocorrência de uma condição crítica (*quick condition*), quando junto da face de jusante de obras hidráulicas ocorre um escoamento vertical de sentido ascendente, é definido como a razão:

$$F = \frac{i_{cr}}{i_{max}^{jus}} \tag{3.83}$$

sendo i_{max}^{jus} o gradiente hidráulico máximo junto da face de jusante.

Tomando como referência ainda o caso da Fig. 3.10, o denominador da Eq. 3.83 deve ser calculado para o caso do quadrado do lado de jusante adjacente à ficha, que, por ser o de dimensões mais reduzidas, representa a zona da saída em que é máximo o gradiente hidráulico. Designando como l_{min} o lado do quadrado em questão, tem-se:

$$i_{max}^{jus} = \frac{\Delta h(total)}{N_e \, l_{min}} \tag{3.84}$$

Passando ao levantamento hidráulico ou de fundo (*heave*, em língua inglesa), ele verifica-se quando os gradientes hidráulicos geram forças de percolação que anulam as tensões efetivas do solo numa dada seção e manifesta-se pelo levantamento do solo acima da seção citada.

Observando a rede de fluxo da Fig. 3.10 do lado de jusante, pode concluir-se que os maiores gradientes hidráulicos ocorrem a profundidades próximas do pé da cortina. É assim que as forças de percolação de sentido oposto ao da gravidade são máximas.

Para o caso de escavações ou ensecadeiras, Terzaghi (1922) deduziu, por meio de ensaios em modelo à escala reduzida, que a zona mais crítica no que diz respeito ao fenômeno em questão é o bloco de terras adjacente à cortina de largura aproximadamente igual à metade da altura enterrada da mesma, como ilustra a Fig. 3.17a.

Em escavações ou ensecadeiras de largura reduzida, a geometria do bloco potencialmente instável pode ser do tipo da representada na Fig. 3.17b.

Uma forma de avaliar a segurança ao levantamento hidráulico ou de fundo consiste em comparar o peso total do bloco potencialmente instável (tracejado na figura), *W*, com a resultante das pressões que a água sobre ele

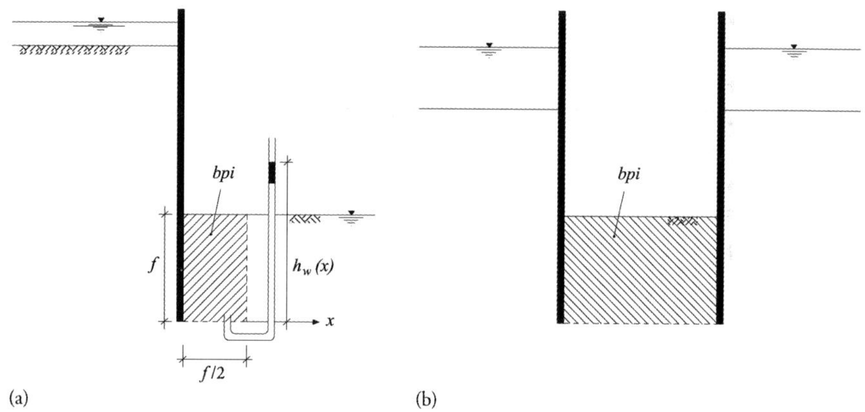

Fig. 3.17 *Bloco potencialmente instável por levantamento hidráulico ou de fundo: (a) geometria recomendada por Terzaghi para o bloco potencialmente instável (bpi); (b) geometria mais provável do bloco potencialmente instável em ensecadeira ou escavação de largura reduzida*

exerce, *U*, sendo estas determinadas a partir da rede de fluxo. O coeficiente de segurança em relação ao levantamento hidráulico ou de fundo será então, para o caso da Fig. 3.17a:

$$F = \frac{W}{U} = \frac{0{,}5\gamma f^2}{\int_0^{f/2} \gamma_w \; h_w(x)dx} \tag{3.85}$$

sendo γ o peso específico (saturado) do solo e *f* a altura enterrada da cortina.

Essa forma de avaliar a segurança é, todavia, suscetível de crítica pelo fato de incorporar no cálculo o empuxo hidrostático, o que atenua ou *disfarça* o efeito das forças de percolação e das respectivas variações, ou seja, das grandezas que efetivamente condicionam a segurança. Com efeito, deve ser notado que $W = W' + E$ e $U = J + E$, sendo W' o peso submerso do bloco potencial instável, *E* o empuxo hidrostático e *J* a resultante das forças de percolação no mesmo bloco.

Assim, a maioria dos autores considera mais correto calcular o coeficiente de segurança por meio da razão do peso submerso do bloco potencialmente instável, W', pela resultante das forças de percolação a este aplicadas:

$$F = \frac{W'}{J} = \frac{\gamma' V}{i_{med}^{bpi} \gamma_w V} = \frac{i_{cr}}{i_{med}^{bpi}} \tag{3.86}$$

em que *V* é o volume do bloco potencialmente instável e i_{med}^{bpi} representa o gradiente hidráulico médio no bloco potencialmente instável.

Observando novamente a Fig. 3.10, verifica-se facilmente que o gradiente hidráulico médio no bloco potencialmente instável, i_{med}^{bpi}, é superior ao gradiente hidráulico máximo de saída, i_{max}^{jus}. Isso quer dizer que num maciço homogêneo o modo de ruptura condicionante será o levantamento hidráulico ou de fundo.

De qualquer forma, como já foi discutido, o coeficiente de permeabilidade é muito sensível a pequenas variações granulométricas. Por isso, a ocorrência de um horizonte um pouco mais fino ao nível de superfície do terreno a jusante poderá conduzir a que passe a ser crítico o outro modo de ruptura. A manifestação localizada deste último junto da face de jusante é, por vezes, denominada *boiling* na literatura em inglês.

Uma forma particular de levantamento hidráulico ou de fundo pode ocorrer em situações como as descritas na Fig. 3.18. Trata-se de escavações abaixo do nível freático inicial do terreno, e em que existe por baixo do fundo da escavação uma camada de argila, que por sua vez é sobrejacente a uma camada muito permeável. Esta última designa-se muitas vezes como *aquífero*. Nos esquemas assinala-se o bloco potencialmente instável (bloco ABCD), em cuja face inferior, CD, tendem a exercer-se pressões da água praticamente coincidentes com as pressões (hidrostáticas) existentes àquela profundidade antes da escavação. Isso é devido ao fato de a muito baixa permeabilidade da camada de argila retardar o estabelecimento de uma rede de fluxo permanente em correspondência com as (novas) condições de fronteira hidráulicas criadas com a escavação. Aquelas pressões, conjugadas com a remoção do peso das terras escavadas, podem dar origem ao levantamento do bloco. Nesse caso, para além do peso próprio do bloco, é legítimo entrar com a resistência ao cisalhamento do solo ao longo das faces laterais (AC e BD) do bloco na avaliação de segurança àquele modo de ruptura. A avaliação dessa resistência é assunto tratado nos Caps. 5 e 6.

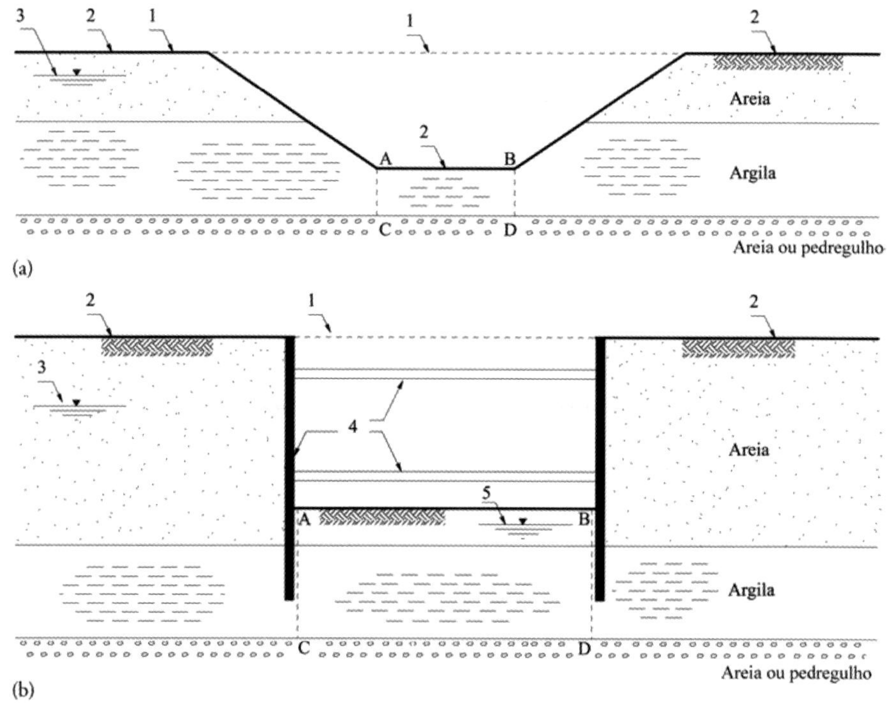

1 – Posição inicial da superfície do terreno; 2 – Posição atual; 3 – Posição inicial do nível freático no exterior da escavação; 4 – Parede impermeável e escoramento interior; 5 – Posição do nível freático no interior da escavação; A B C D – Bloco potencialmente instável.

Fig. 3.18 *Situações em que pode ocorrer levantamento do fundo de uma escavação: (a) escavação em talude; (b) escavação suportada*

3.5.3 A EROSÃO INTERNA (PIPING)

Recorde-se a eventualidade (referida anteriormente) de um horizonte de menor permeabilidade, próximo do nível da face de jusante, poder propiciar a ocorrência de uma condição crítica, especificamente junto da cortina, em problemas como os das Figs. 3.10 e 3.14. Essa condição acarretará, como se compreende, um arraste ou *erosão* de partículas do solo nesse ponto. Tal erosão poderá conduzir ao desenvolvimento de grandes vazios ou cavidades, quer no interior do maciço, quer na interface deste com a obra hidráulica, progredindo de jusante para montante, como sugere a Fig. 3.19.

Esse fenômeno, tendo sido desencadeado, torna-se extremamente perigoso porque, ao propiciar escoamentos concentrados, aumenta extraordinariamente o potencial erosivo da água, o que explica que, na generalidade dos casos, a erosão interna tende a acelerar-se e a amplificar-se. A isso acresce que o fenômeno se pode desenvolver até tomar proporções dificilmente controláveis sem significativas manifestações no exterior.

Pelo fato de, muitas vezes, os vazios criados pela erosão interna tomarem a forma de furos ou galerias (*pipe* em inglês), este fenômeno de *erosão interna* é designado também como *piping* na literatura de língua inglesa.

A sua importância é verdadeiramente transcendente nas barragens de aterro, como será comentado posteriormente.

3.5.4 PROCESSOS DE INCREMENTAR A SEGURANÇA EM RELAÇÃO À RUPTURA HIDRÁULICA

Aumento do caminho de percolação

Caso os coeficientes de segurança em relação a um ou aos dois modos de ruptura hidráulica tratados em 3.5.2 sejam insatisfatórios, uma das soluções possíveis é o aumento do caminho de percolação.

Com essa medida aumenta-se a energia dissipada pela água antes de esta atingir a zona mais crítica em relação aos fenômenos de ruptura hidráulica. Simultaneamente, tal medida reduz a vazão, o que é também, na grande maioria das situações, muito favorável.

Nas obras de escavação e nas ensecadeiras o aumento do caminho de percolação é conseguido por meio do incremento da altura enterrada da cortina impermeável.

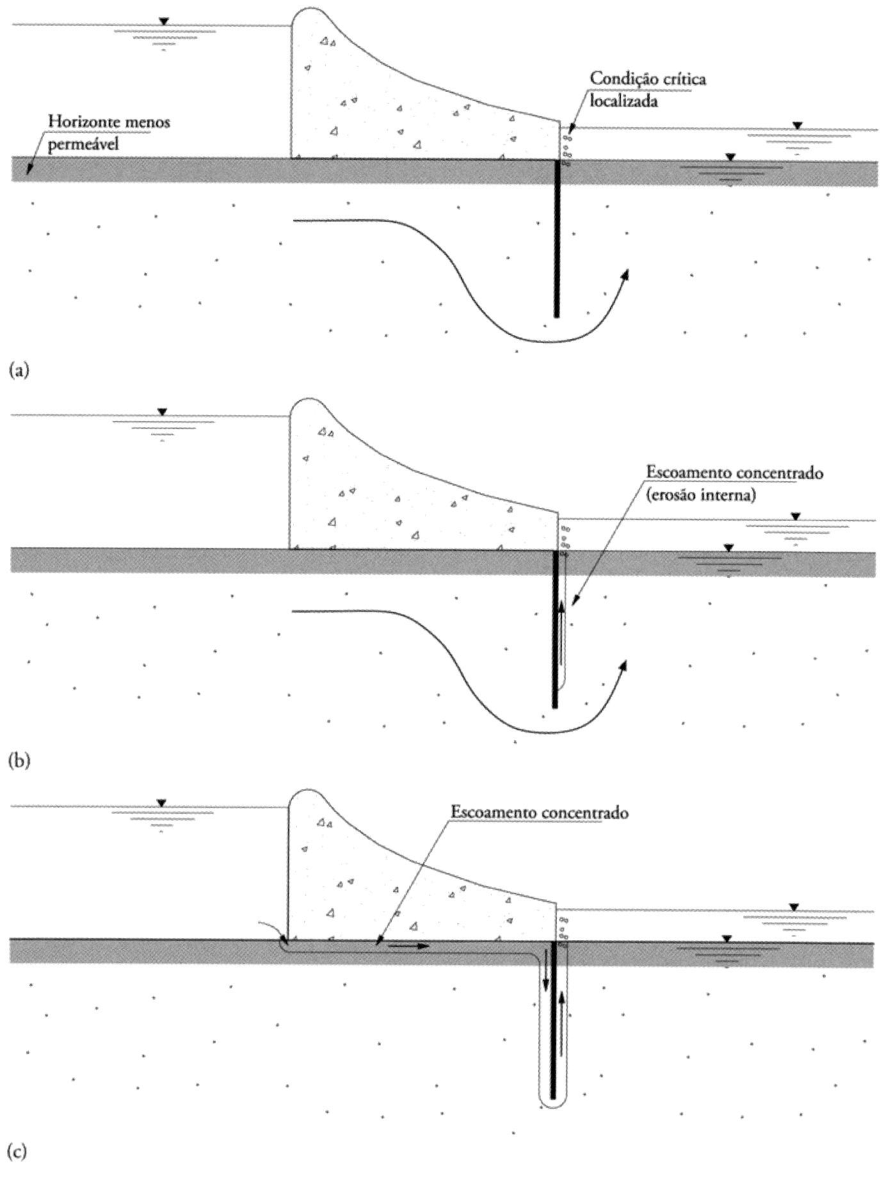

Fig. 3.19 *Esquema explicativo do desenvolvimento da erosão interna: (a) início do fenômeno, com condição crítica localizada junto da barragem na face de jusante; (b) escoamento concentrado em galeria formada por erosão interna na interface terreno-barragem; (c) a galeria progride em diâmetro e comprimento, atingindo a face de montante*

Nas barragens, com o mesmo objetivo, são usados:

i) as *cortinas de vedação* parciais, instaladas no maciço de fundação;
ii) os *tapetes impermeáveis*, colocados sobre a superfície do maciço de fundação imediatamente a montante da barragem.

A Fig. 3.20 exemplifica o efeito desses dispositivos numa barragem com perfil coincidente com o da barragem de CrestumaLever no rio Douro, Portugal, já usada para avaliar o efeito da anisotropia de permeabilidade. Considerando o solo de fundação como homogêneo e isotrópico, apresentam-se cinco redes de fluxo para as seguintes condições: 1) fundação sem cortinas de vedação: 2) cortina de vedação no prolongamento do paramento de montante; 3) cortina de vedação no prolongamento do paramento de jusante; 4) cortinas de vedação nos paramentos de montante e jusante (rede coincidente com a da Fig. 3.14a, e que corresponde à solução construída); 5) tapete impermeável com 50 m de comprimento a montante. Esta última alternativa para as condições concretas da barragem em questão não se afiguraria razoável, por manifesta dificuldade de execução. A sua inclusão nesse exemplo visa alertar o leitor para tal solução, que em certos casos pode ser recomendável.

A Tab. 3.4 resume os resultados das cinco soluções no que diz respeito à vazão, ao gradiente hidráulico máximo de jusante e à resultante das pressões da água na base da barragem, pressões cuja distribuição se mostra na Fig. 3.21. Essas pressões assumem relevância, em particular, para a segurança da barragem em relação a uma ruptura por escorregamento pela base; quanto maiores forem as subpressões, menores são as tensões efetivas na superfície de contato da barragem com o maciço de fundação, logo menor é a resistência atrítica mobilizável naquela superfície.

O exame conjunto das Figs. 3.20 e 3.21 e da Tab. 3.4 sugere alguns comentários: i) as soluções 2 e 3 coincidem no que diz respeito à vazão, o que se compreende observando que as duas redes de fluxo correspondem de fato à mesma figura; ii) a cortina a jusante é muito favorável para o controle do gradiente na face de jusante, mas apresenta desvantagem no que diz respeito às subpressões; iii) ao contrário, a cortina a montante diminui as subpressões mas não permite controlar de forma tão eficaz o gradiente hidráulico a jusante; iv) a opção por duas cortinas permite obter um compromisso razoável entre o controle das subpressões e do gradiente hidráulico de jusante, bem como a redução da vazão; v) a solução com tapete impermeável a montante, quando exequível, merece ser ponderada, dependendo naturalmente a sua eficácia do comprimento do tapete.

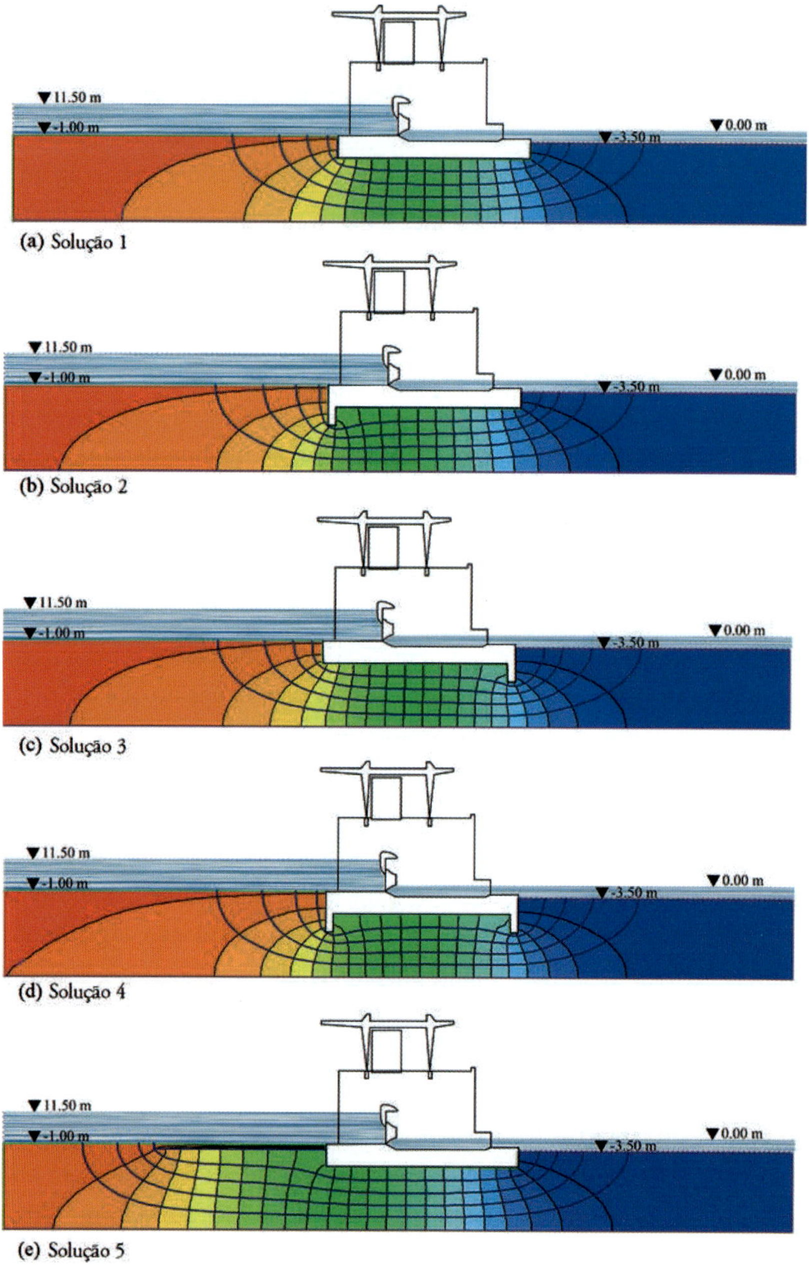

Fig. 3.20 *Redes de fluxo para diversas soluções no que diz respeito ao controle do escoamento no maciço de fundação de uma barragem com o perfil da barragem de Crestuma-Lever, rio Douro, Portugal: (a) fundação simples; (b) cortina de vedação parcial a montante; (c) cortina de vedação parcial a jusante; (d) cortina de vedação parcial a montante e a jusante; (e) tapete impermeável a montante*

Instalação de filtros

Os *filtros* são dispositivos que podem ser usados, como alternativa ou como complemento às medidas já mencionadas, para incrementar a segurança em relação à erosão interna. Como o próprio nome indica, destinam-se a impedir o transporte (erosão) das partículas do solo pela água, sendo nas obras do tipo representado nas Figs. 3.10 e 3.14 colocados sobre a superfície do maciço do lado de jusante.

TAB. 3.4 VALORES DA VAZÃO, DO GRADIENTE HIDRÁULICO MÁXIMO DE SAÍDA E DA RESULTANTE DAS PRESSÕES DA ÁGUA NA BASE DA BARRAGEM PARA AS CINCO SOLUÇÕES DA FIG. 3.20

Solução	Q (m^3/dia · m)	i^{jus}_{max}	U (kN/m)
1	1.357	0,17	8.763
2	1.244	0,15	8.457
3	1.244	0,11	9.081
4	1.152	0,11	8.774
5	983	0,12	7.881

Na sua forma convencional, os filtros são constituídos por um material granular (natural ou britado) com granulometria apropriada, isto é, suficientemente fina para impedir a passagem das partículas do solo a proteger, por um lado, mas também suficientemente grossa para que o filtro possua elevada permeabilidade. Este último aspecto é essencial porque assegura que o gradiente hidráulico na camada de filtro seja muito baixo.

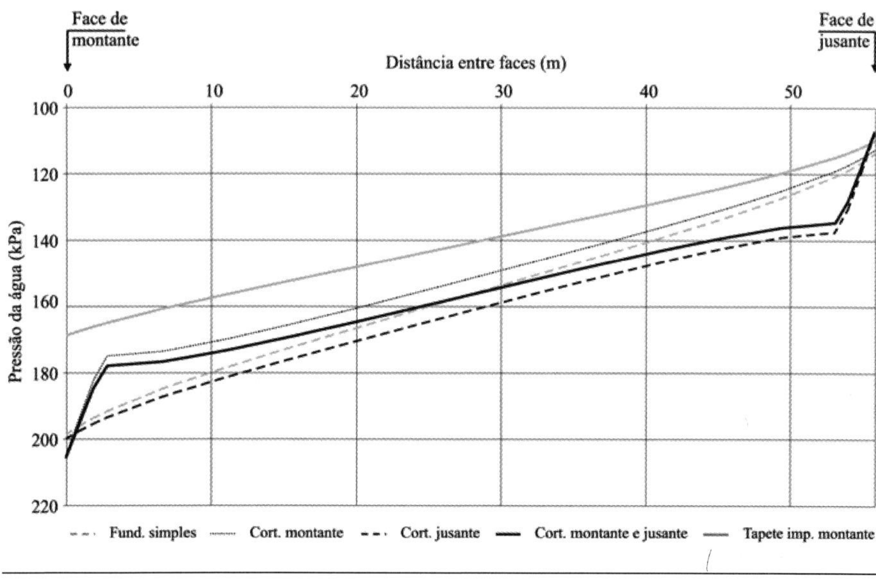

FIG. 3.21 *Distribuição das pressões da água na base da barragem para as soluções da Fig. 3.20*

Definindo os parâmetros R_{50} e R_{15} como:

$$R_{50} = \frac{D_{50}}{d_{50}} \tag{3.87}$$

e

$$R_{15} = \frac{D_{15}}{d_{15}} \tag{3.88}$$

em que D_{50} e D_{15} se referem às dimensões das partículas do filtro, e d_{50} e d_{15} dizem respeito às dimensões do solo a proteger (nas porcentagens correspondentes a 50% e a 15%, naturalmente), o Bureau of Reclamation dos EUA (1974) recomenda para a graduação dos filtros as condições que se incluem na Tab. 3.5. Para obras de responsabilidade, todavia, não se dispensam ensaios para o estudo dos filtros mais indicados.

Nos últimos anos têm tido aplicação crescente os filtros de material sintético, constituídos por geotêxteis. Estes são, como não podia deixar de ser, selecionados em função da granulometria do solo a proteger, constando dos respectivos documentos de homologação a banda granulométrica para a qual são adequados. Em geral, após a sua colocação sobre a superfície do solo, os filtros sintéticos são protegidos por uma camada de material granular.

Tab. 3.5 Critérios de filtro

Graduação do filtro	R_{50}	R_{15}
Uniforme ($C_U < 4$)	5 a 10	Sem condições
Não uniforme, partículas subarredondadas	12 a 58	12 a 40
Não uniforme, partículas angulosas	9 a 30	6 a 18

NOTA. *A curva granulométrica do filtro deve ter uma evolução suave e ser* grosso modo *paralela à do solo a proteger.*
Fonte: Bureau of Reclamation dos EUA (1974).

O papel vital dos filtros na segurança das barragens de aterro

Como foi já adiantado, o fenômeno de erosão interna assume nas barragens de aterro com núcleo argiloso uma importância muito especial. Para comprová-lo é porventura oportuno citar o estudo probabilístico desenvolvido por Mineiro (1991) que, sobre a grande barragem de M'Jara em Marrocos, de que foi projetista, demonstrou que o cenário de erosão interna era o mais crítico para a segurança à ruptura do empreendimento, apesar de este se situar numa zona de elevada sismicidade.

Este é um assunto vasto e complexo, cujo tratamento num livro de iniciação à Mecânica dos Solos se justifica apenas para explicar ao leitor como o fenômeno da erosão interna tende a desenvolver-se e como pode ser acautelado.

Observando a rede da Fig. 3.15 pode compreender-se que grande parte da perda de carga nessas obras se processa no núcleo central de baixa permeabilidade. É neste, portanto, que o gradiente hidráulico atinge valores muito elevados, logo também as forças de percolação.

Dessa forma, se nestas obras o núcleo e o maciço estabilizador de jusante, em geral constituído por materiais muito mais grossos, estivessem diretamente em contato, na fronteira respectiva estariam criadas condições propícias para a erosão das partículas mais finas do núcleo. Esse fenômeno de erosão interna tenderia a desenvolver-se para montante e, caso viesse a estabelecer uma ligação direta entre os maciços estabilizadores de montante e de jusante, a capacidade erosiva da água aumentaria drasticamente, pondo em questão, num prazo provavelmente não longo, a segurança da obra.

Para além do que acaba de ser exposto, a experiência de construção e de exploração de muitas barragens de aterro veio mostrar que com alguma frequência se desenvolvem fissuras horizontais ou sub-horizontais nos aterros argilosos (Casagrande, 1950). A análise detalhada da questão extravasa o âmbito deste livro. Vale dizer apenas que o desenvolvimento dessas fissuras está relacionado, na generalidade dos casos, com o comportamento estrutural da obra e não com o seu comportamento hidráulico (Sêco e Pinto, 1983). Isso quer dizer que tais fissuras não são consequência da erosão interna anteriormente referida mas, permitindo escoamentos concentrados no núcleo da barragem, podem ser a sua causa.

Por tudo o que acaba de ser referido, neste tipo de barragens é fundamental a disposição de uma zona do aterro com função de filtro na transição do núcleo para o maciço estabilizador de jusante, como mostra a Fig. 3.22, referente à barragem do Alvito na ribeira de Odivelas, Alentejo, Portugal. Tratando-se de dispositivos de vital importância para a segurança da obra, tais filtros são designados como *filtros críticos*. Em certas barragens observa-se também a disposição de filtro entre o maciço de montante e o núcleo.

A Fig. 3.23 ilustra o efeito do filtro junto da face de jusante do núcleo em caso de existência de uma fissura sub-horizontal. Um filtro com funcionamento adequado tenderá a controlar e a anular a erosão interna do núcleo, primeiro retendo as partículas erodidas de maiores dimensões, que ajudarão a filtrar em seguida as de menores dimensões. Dessa forma, com a erosão controlada, o solo das paredes da fissura, por aumento progressivo do teor de umidade, tenderá a amolecer e a sofrer aumento de volume, fechando a fissura (Maranha das Neves, 1991).

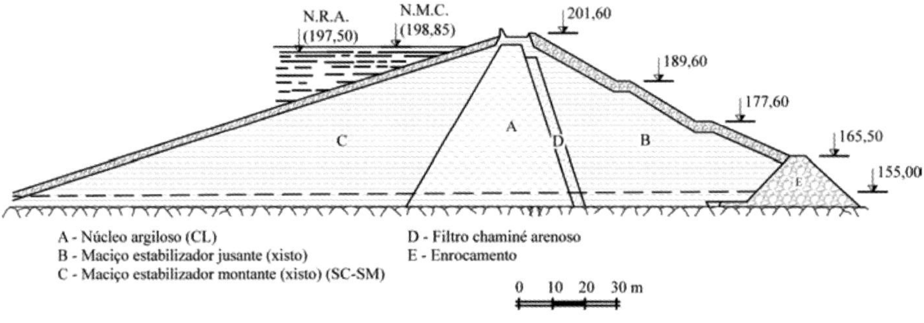

Fig. 3.22 *Perfil tipo da barragem do Alvito, Portugal*
Fonte: Sêco e Pinto (1983).

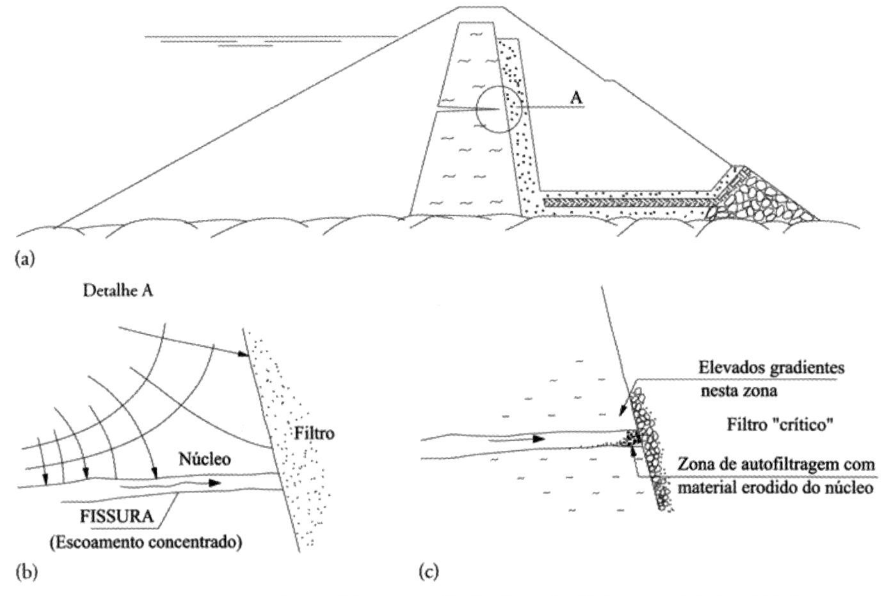

Fig. 3.23 *Uso de filtros para controlar a erosão interna em barragens de aterro: (a) barragem de aterro com núcleo fissurado; (b) esquema de escoamento concentrado numa fissura; (c) esquema dos mecanismos de autofiltragem na interface núcleo-filtro crítico*
Fonte: Maranha das Neves (1991).

Em geral, a espessura dos filtros nas barragens é condicionada por aspectos construtivos. As espessuras mínimas usuais são da ordem de 2,5 a 3,0 m. Para barragens em regiões sísmicas, onde se pretende que os filtros continuem operacionais mesmo que a estrutura tenha sofrido grandes deformações, Mineiro (1978) recomenda espessuras não inferiores a 3,5 a 4,0 m.

O Quadro 3.1 resume os critérios recomendados pela International Comission on Large Dams (ICOLD, 1994) para a seleção da granulometria de filtros de barragens de aterro. Esses critérios são fundamentados num grande número de ensaios de laboratório (especificamente os chamados *no erosion tests*), envolvendo solos com uma vasta gama de granulometrias e de plasticidade, conduzidos e reportados por Sherard e Dunnigan (1989).

QUADRO 3.1 CRITÉRIOS DE FILTRO DE BARRAGENS DE ATERRO

Grupo	Características	Critério de filtro	Observações
1	Argilas e siltes finos com mais de 85% (em peso) de passados na peneira nº 200.	$D_{15} \leq 9\ d_{85}$	D_{15} deve ser $\geq$ 0,2 mm.
2	Argilas e siltes arenosos e areias argilosas e siltosas com 40% a 85% de passados na peneira nº 200.	D_{15} = 0,7 mm	As % referidas aplicam-se à parte do solo passada na peneira nº 4.
3	Areias e pedregulhos siltosos ou argilosos com 15% ou menos de passados na peneira nº 200.	$D_{15} \leq 4\ d_{85}$	
4	Solos de transição entre os grupos 2 e 3, isto é, a %, *x*, de passados na peneira nº 200 situa-se entre 15% e 40%.	$D_{15} \leq [(40-x)/(40-15)] \times (4\ d_{85} - 0{,}7\ \text{mm}) + 0{,}7\ \text{mm}$	As % referidas aplicam-se à parte do solo passada na peneira nº 4.

Fonte: ICOLD (1994).

3.6 CAPILARIDADE

3.6.1 BREVES NOÇÕES SOBRE FENÔMENOS CAPILARES

Num líquido, uma molécula que se encontre à superfície sofre uma atração mais intensa no sentido do interior, no qual existe maior número de moléculas. Como consequência, a superfície do líquido comporta-se como se fosse uma membrana elástica tensa em todas as direções pela chamada tensão superficial. Esta, por não depender da direção, é uma grandeza escalar e tem as dimensões de uma força por unidade de comprimento.

Para água em contato com ar, esta força, T, vale aproximadamente 7,3 x 10^{-2} N/m. Uma das consequências da tensão superficial é a *capilaridade*.

Nos líquidos como a água, a capilaridade manifesta-se pela subida em tubos de muito pequeno diâmetro – tubos capilares – formando na parte superior do líquido um menisco côncavo.

A Fig. 3.24a representa um tubo capilar mergulhado num recipiente, tendo a água subido no tubo até estacionar a uma altura h_c acima da superfície livre. A altura h_c é denominada *altura de ascensão capilar.*

Considere-se na mesma figura os pontos 1 e 2, o primeiro na superfície livre e o último no menisco que constitui a superfície no interior do tubo capilar.

O fato de não haver movimento de água entre os pontos 1 e 2 significa que as respectivas cargas hidráulicas são iguais, $h_1 = h_2$. Para o ponto 1, $z_1 = 0$, $h_{w1} = 0$, logo $h_1 = 0$. Sendo h_2 também nulo, tem-se:

$$h_{w2} = -h_c \tag{3.89}$$

ou seja

$$u_2 = -\gamma_w h_c \tag{3.90}$$

É possível concluir que a pressão da água no interior de um tubo capilar é inferior à pressão atmosférica, crescendo o seu valor absoluto de baixo para cima (Fig. 3.24b).

Pode agora calcular-se a altura de ascensão capilar. A Fig. 3.24c representa em detalhe a parte superior do tubo capilar. Ao longo da unidade de comprimento do contato entre o menisco e as paredes do tubo existe uma

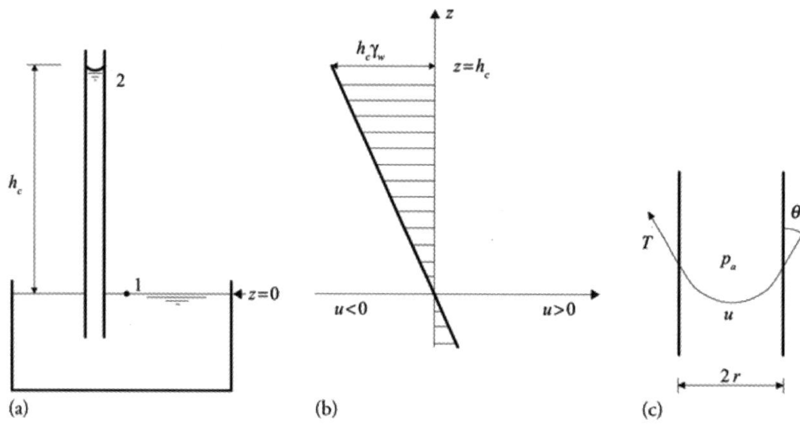

FIG. 3.24 *Capilaridade: (a) ascensão de água num tubo capilar; (b) pressões da água no interior do tubo; (c) detalhe do menisco na interface ar-água*

força T que representa a tensão superficial, anteriormente definida, cuja direção é tangente ao menisco, fazendo um ângulo θ com as paredes do tubo (esse ângulo depende do líquido e do material com que este contata, sendo nulo para água em contato com vidro).

O integral da componente vertical da tensão superficial ao longo do contorno tem de equilibrar o peso da coluna de líquido no tubo capilar. Assim, sendo r o raio do tubo:

$$2\pi\, r\, T \cos\theta = \pi\, r^2 h_c\, \gamma_w \tag{3.91}$$

de onde resulta que

$$h_c = \frac{2T}{r\,\gamma_w} \cos\theta \tag{3.92}$$

expressão que traduz a lei de Jurin.

Da análise da Eq. 3.92 pode compreender-se facilmente por que razão a altura de ascensão capilar é tanto maior quanto menor é o raio do tubo capilar: a resultante da tensão superficial é proporcional a r enquanto o peso da coluna de líquido (que por aquela tem de ser equilibrada) é proporcional a r^2.

3.6.2 A CAPILARIDADE NOS MACIÇOS TERROSOS

Os fenômenos de capilaridade nos maciços terrosos são consideravelmente mais complexos do que o exposto, devido essencialmente à variação muito acentuada dos diâmetros dos canalículos formados pelos poros do solo. A altura de ascensão capilar varia, assim, de ponto para ponto, estando compreendida entre um valor mínimo, $h_{c,min}$, correspondente aos canalículos formados pelos poros de maiores dimensões, e um valor máximo, $h_{c,max}$, que corresponde aos canalículos mais finos. Daqui resulta que, como indica a Fig. 3.25, acima do nível freático o solo estará saturado até à altura $h_{c,min}$, não saturado entre $h_{c,min}$ e $h_{c,max}$, e seco acima dessa altura.

Esta figura representa a situação criada num horizonte de um maciço inicialmente seco e que, devido à subida do nível freático, passa a estar abrangido por água capilar acima daquele nível.

Situação distinta será a criada num maciço em que o nível freático experimentou uma descida. Neste último caso, como indica a Fig. 3.26, a altura de ascensão capilar e os seus limites tenderão a ser maiores.

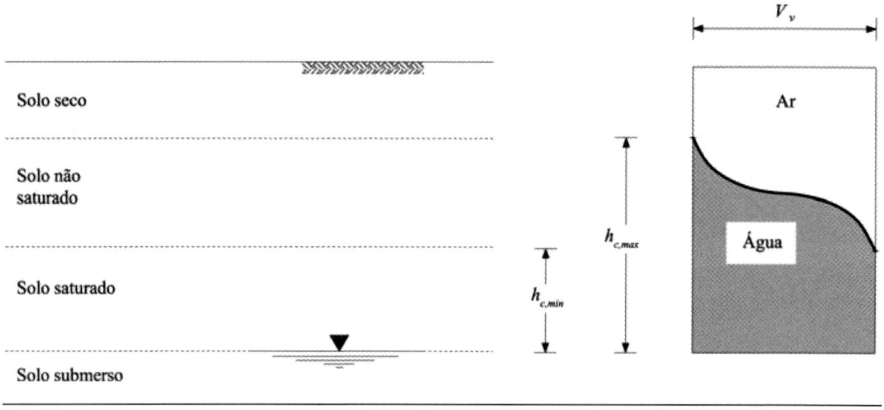

Fig. 3.25 *Esquema exemplificando o efeito da capilaridade nos maciços terrosos*

A explicação para este fato é simples e está indicada na figura: num processo de subida (Fig. 3.26a), a água capilar não passará acima de poros de determinado diâmetro, enquanto num processo inverso (Fig. 3.26b) poderá manter-se acima de poros similares, caso os canalículos respectivos sofram determinado estreitamento nos níveis superiores (ver esquema de um canalículo do lado direito de cada uma das figuras). Neste último caso, também, há água capilar que fica suspensa nas zonas dos contatos interpartículas, como mostra a Fig. 3.27.

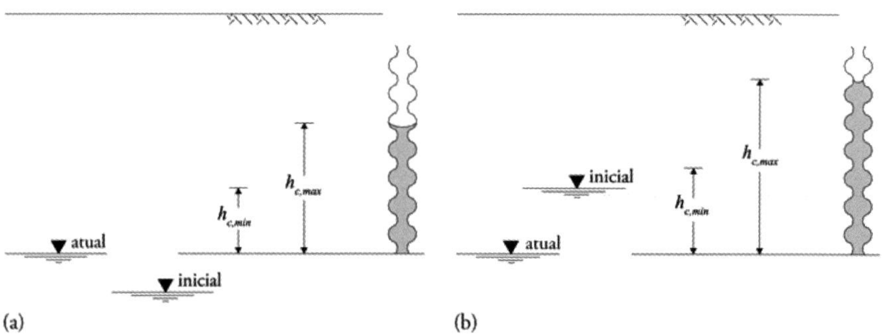

Fig. 3.26 *Dependência da altura de ascensão capilar em relação à história de embebição do solo: (a) subida do nível freático; (b) descida do nível freático*

Considerando que o diâmetro médio dos canalículos formados pelos poros decresce com o diâmetro das partículas do solo, compreende-se que a ascensão capilar seja tanto mais importante quanto mais fina é a granulometria daquele.

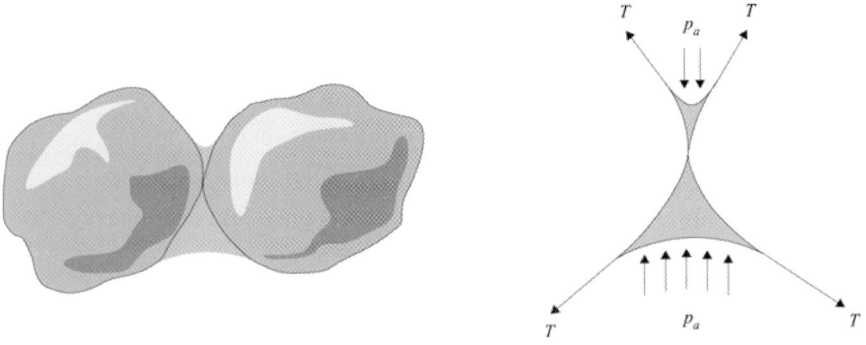

FIG. 3.27 *Água retida por capilaridade entre duas partículas*

A Tab. 3.6 mostra, a título meramente indicativo, ordens de grandeza da altura de ascensão capilar em solos típicos.

A água retida acima do nível freático encontra-se, como se viu, submetida a uma pressão inferior à pressão atmosférica que pode ser denominada sucção da água no solo ou, mais abreviadamente, *sucção*. A sucção representa a força com que o solo retém a água e varia de modo contínuo com o teor de umidade. À medida que o solo seca, a água vai ficando retida em capilares cada vez mais finos, os meniscos formados têm cada vez menor raio e a sucção é, consequentemente, cada vez maior. A sua variação vai desde zero, para os solos submersos, até centenas de MPa para argilas muito ativas secas em estufa. Dado o grande afastamento desses limites, usa-se em geral para exprimir a sucção o parâmetro *pF*, logaritmo decimal da sucção expressa em centímetros de água (altura em centímetros de uma coluna de água que exercesse uma pressão igual em valor absoluto). A escala normalmente usada para *pF* varia entre 0 e 7, valor máximo obtido para a sucção em argilas montmorilloníticas secas na estufa (105 °C-110 °C).

TAB. 3.6 ORDEM DE GRANDEZA DA ALTURA DE ASCENSÃO CAPILAR NOS SOLOS

Tipo de solo	h_c (cm)
Pedregulhos	Praticamente nula
Areias	10 a 100
Siltes	100 a 1.000
Argilas	> 1.000

Finalmente, importa notar que o fato de a capilaridade implicar pressões na água dos poros (pressões neutras, portanto) que são negativas (e, em alguns casos, nos solos mais finos, extremamente elevadas em valor absoluto), isso traduz-se, por via do princípio da tensão efetiva, em tensões efetivas mais elevadas.

O efeito das pressões capilares é, assim, o de ligar as partículas sólidas por forças que se somam às do peso próprio e às de eventuais ações exteriores. Esse fenômeno, somado a outros já referidos no Cap. 1, explica o acentuado crescimento da resistência dos solos, especialmente dos mais finos, quando o seu teor de umidade é progressivamente reduzido.

Deriva igualmente da mesma fenomenologia o fato de massas de areia acima do nível freático se poderem manter com face vertical ou próxima da vertical sem qualquer tensão de confinamento. É a chamada *coesão aparente das areias*, a qual desaparece logo que a areia passa a estar submersa.

Anexos

A6 Coeficiente de permeabilidade equivalente de maciços estratificados

Em geral, os maciços terrosos naturais são estratificados. Se a estratificação é contínua, os coeficientes de permeabilidade equivalentes para escoamentos na direção horizontal (k_h^e) e na direção vertical (k_v^e) podem ser facilmente calculados.

Será analisado, em primeiro lugar, o escoamento na direção paralela aos planos de estratificação, isto é, horizontal.

Considere-se (Fig. A6.1) uma sucessão de n camadas; sejam, respectivamente, k_{hj} e d_j, o coeficiente de permeabilidade horizontal e a espessura da camada genérica j. Para o escoamento na direção horizontal o gradiente hidráulico é o mesmo para todas as camadas, i_h. A vazão total será o somatório das vazões em cada uma das camadas. De onde, aplicando a lei de Darcy:

$$Q_h = \sum_{j=1}^{n} k_{hj}\, i_h\, d_j \tag{A6.1}$$

Por outro lado, designando por k_h^e o coeficiente de permeabilidade de uma camada de espessura igual $\sum_{j=1}^{n} d_j$ e que sob a ação do mesmo gradiente hidráulico i_h fosse atravessada pela mesma vazão Q_h na direção horizontal, pode escrever-se:

$$Q = k_h^e\, i_h \sum_{j=1}^{n} d_j \tag{A6.2}$$

Igualando as duas vazões, chega-se à expressão:

$$k_h^e = \frac{\sum_{j=1}^{n} k_{hj}\, d_j}{\sum_{j=1}^{n} d_j} \quad \text{(A6.3)}$$

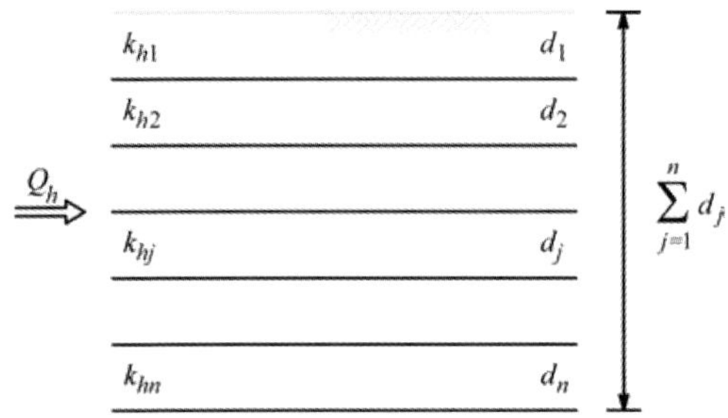

FIG. A6.1 *Escoamento horizontal num maciço estratificado*

Analise-se agora o caso do escoamento na direção normal à estratificação, esquematizado na Fig. A6.2.

Nesse caso, e já que a água e as partículas sólidas são praticamente incompressíveis, a quantidade de água que entra num determinado intervalo de tempo na camada genérica j terá de ser igual à quantidade de água que sai da mesma camada no mesmo intervalo. Logo, a velocidade da água terá de ser constante:

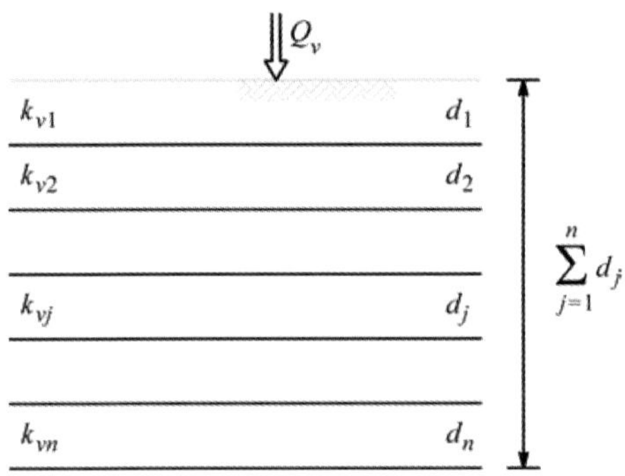

FIG. A6.2 *Escoamento vertical num maciço estratificado*

$$v_1 = v_2 = \ldots = v_j \quad \text{(A6.4)}$$

ou, pela lei de Darcy:

$$k_{v_1} i_{v_1} = k_{v_2} i_{v_2} = \ldots = k_{v_j} i_{v_j} = k_v^e i_v^e \quad \text{(A6.5)}$$

sendo k_v^e o coeficiente de permeabilidade equivalente para o escoamento vertical e i_v^e o gradiente hidráulico equivalente para o mesmo escoamento.

Por outro lado, a perda de carga total (produto do gradiente hidráulico pelo comprimento correspondente) é igual à soma das perdas de carga em cada camada:

$$i_v^e \sum_{j=1}^{n} d_j = \sum_{j=1}^{n} i_{v_j} d_j \quad \text{(A6.6)}$$

Tirando o valor de i_{vj} da Eq. A6.5 e substituindo-o em Eq. A6.6, tem-se:

$$i_v^e \sum_{j=1}^{n} d_j = \sum_{j=1}^{n} \frac{k_v^e i_v^e}{k_{v_j}} d_j \quad \text{(A6.7)}$$

de onde se obtém, finalmente:

$$k_v^e = \frac{\sum_{j=1}^{n} d_j}{\sum_{j=1}^{n} d_j/k_{v_j}} \tag{A6.8}$$

A7 Medição de pressões neutras *in situ*

As pressões na água dos poros do solo, como foi dito, podem ser medidas por meio de aparelhos chamados piezômetros.

O princípio básico de funcionamento de um piezômetro é muito simples: i) um corpo poroso é colocado no ponto do maciço onde se pretende medir a pressão da água; ii) a água do solo atravessa o corpo poroso e entra num compartimento; iii) o nível que a água atinge nesse compartimento pode ser medido ou a pressão da água nele pode ser registrada, correspondendo ambos, quando o processo se encontrar estabilizado, à pressão na água dos poros no ponto em questão.

Um dado volume de água precisa passar do solo adjacente para o piezômetro para pressurizar o sistema, sendo a variação de pressão que é assinalada proporcional ao volume mencionado. Considerando que todos os solos têm uma permeabilidade finita, existirá sempre um determinado período de tempo entre a variação da pressão na água dos poros do solo e o seu registro no piezômetro. A esse período dá-se o nome de *tempo de resposta do piezômetro*. Essa questão determina o tipo de aparelho a usar em cada situação.

Em maciços de permeabilidade média a alta, especificamente os constituídos por camadas de solos granulares, a forma mais comum de registrar as pressões da água é por meio de um tubo piezométrico instalado num furo vertical, como mostra a Fig. A7.1. Nesse furo, é introduzido um tubo de material sintético (PVC) perfurado na sua parte inferior e envolvido por um geotêxtil. O espaço compreendido entre o tubo e as paredes do furo é preenchido com areia ou pedregulho fino. A boca do tubo é protegida à superfície.

O nível que a água atinge no tubo corresponde à altura piezométrica no ponto em que o piezômetro está instalado, logo o seu produto pelo peso específico da água fornece a pressão na água dos poros no mesmo ponto.

Da descrição apresentada pode concluir-se que esse tipo de *piezômetro hidráulico de tubo aberto:* i) exige que um volume significativo de água penetre no aparelho para que seja registrada a pressão da água; ii) estabelece uma ligação, em termos hidráulicos, entre as distintas camadas do maciço que atravessa. Em consequência, a sua aplicação restringe-se a maciços de permeabilidade média a elevada, geralmente superior a 5 x 10^{-6} m/s. Só nesses maciços o primeiro fato anteriormente mencionado não se repercute num tempo de resposta longo e o segundo não tem efeitos práticos porque a massa de água freática no maciço está em equilíbrio entre as suas várias camadas. Esse tipo de piezômetro é geralmente utilizado para controlar a posição do nível freático no tipo de maciços referido.

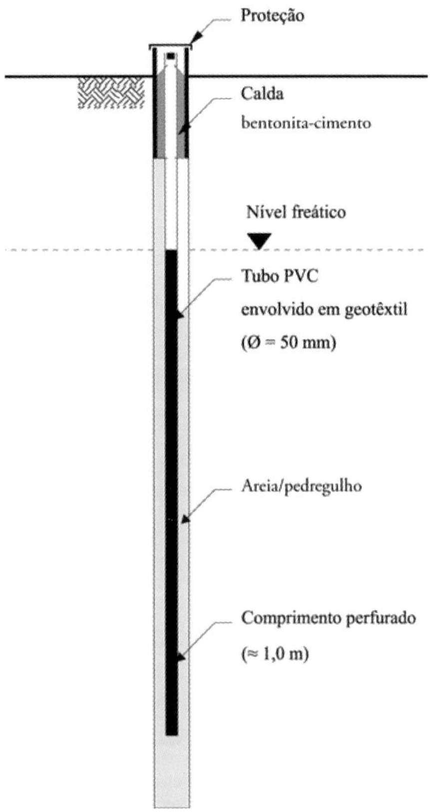

FIG. A7.1 *Piezômetro hidráulico de tubo aberto*

De modo a reduzir o tempo de resposta, é muito comum o uso de *piezômetros hidráulicos tipo Casagrande*, como o representado na Fig. A7.2. Esse piezômetro é constituído por um corpo cerâmico poroso (com diâmetro, em geral, de cerca de 40 mm) colocado ao nível a que se pretende registrar as pressões da água, ao qual está ligado um tubo de material sintético impermeável de reduzido diâmetro (geralmente, 10 mm). Com esse sistema reduz-se substancialmente o volume de água que aflui ao aparelho, o que justifica o fato de, em geral, se considerar aceitável a sua utilização em solos com permeabilidade superior a 10^{-7} m/s.

Como mostra a Fig. A7.2, a câmara piezométrica é neste caso selada superiormente com material argiloso e uma calda de bentonite-cimento, o que permite isolar a camada onde se pretende registrar a pressão das camadas sobrejacentes. A altura de água registrada no tubo representará a pressão apenas no solo adjacente à câmara piezométrica.

O tubo de pequeno diâmetro pode funcionar como tubo aberto, logo com a água em contato com a atmosfera, ou como tubo fechado, ligado a um transdutor de pressão. Esta última modalidade pode ser muito conveniente em situações em que à pressão registrada corresponde uma coluna de água que ultrapassa a superfície do terreno.

É possível observar que na Fig. A7.2 estão representados dois tubos de pequeno diâmetro e não um só. Um dos tubos estende-se até à base do corpo poroso, enquanto o outro termina no topo deste. Esse par de tubos é adotado de modo a expulsar o ar presente no sistema, quer quando da instalação do piezômetro, quer, em caso de necessidade, durante a fase de exploração. Isso é necessário porque a presença de bolhas de ar no sistema pode reduzir substancialmente a permeabilidade, especificamente a do corpo poroso, inviabilizando as medições. Para a expulsão do ar, é injetada água a partir da superfície por um dos tubos, água essa que aflui depois à superfície, bem como o ar expulso, pelo outro tubo. Depois dessa operação, o tubo mais curto é obturado.

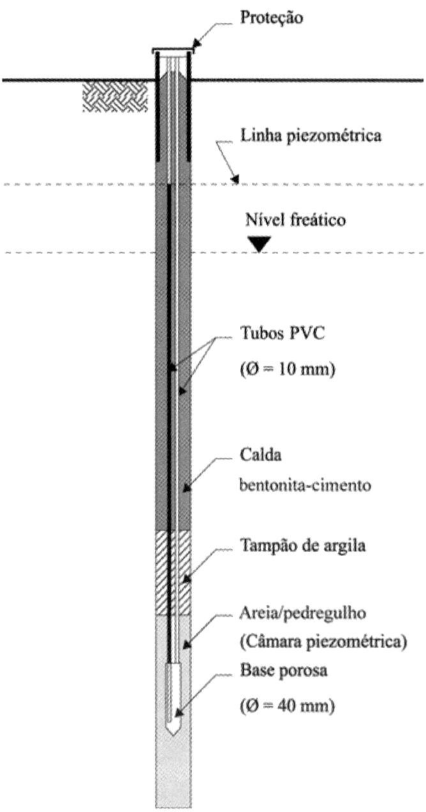

Fig. A7.2 *Piezômetro hidráulico tipo Casagrande*

Em solos de muito baixa permeabilidade, como os solos argilosos, a redução do tempo de resposta exige piezômetros de outro tipo, sendo os mais comuns os *piezômetros elétricos*. A Fig. A7.3 mostra em esquema um desses piezômetros. Existe ainda um corpo poroso cerâmico que a água do solo vai atravessar atingindo uma pequena câmara fechada. Nessa câmara a água vai exercer pressão sobre um transdutor elétrico, ligado à superfície por um cabo, que é ligado, em permanência ou não, a uma caixa de leitura digital.

Certos transdutores são amovíveis, o que permite a sua substituição em caso de avaria, bem como a injeção do furo de modo a extrair o ar em caso de oclusão do corpo poroso.

Esse tipo de piezômetros permite a medição de pressões inferiores à pressão atmosférica. Como mostra a Fig. A7.3, por meio do isolamento da câmara piezométrica com material impermeável, é possível a medição da pressão nos poros a diversas profundidades, com outros tantos piezômetros colocados no mesmo furo.

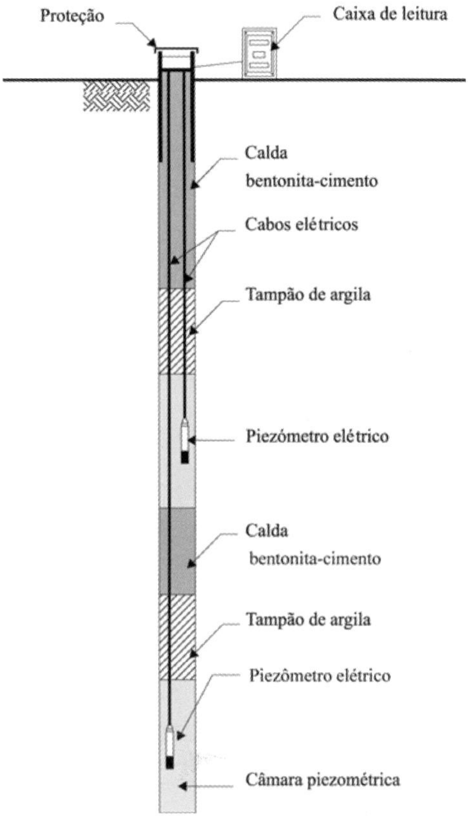

FIG. A7.3 *Piezômetro elétrico*

Os grandes recalques diferidos no tempo, típicos dos solos argilosos moles, exigem muitas vezes o recurso a processos artificiais de aceleração do processo de adensamento

Drenos verticais sintéticos para aceleração de recalques foram utilizados em diversos empreendimentos residenciais e comerciais em regiões de baixada na cidade do Rio de Janeiro
Foto: Sandro Sandroni.

Vista da mesma obra mostrando aterro em etapas com talude suave. O material mais claro representa a sobrecarga adicional temporária aplicada como complemento dos drenos verticais
Foto: Sandro Sandroni.

4 Compressibilidade e adensamento de camadas de argila

Como já foi discutido no Cap. 1, certos solos argilosos, em particular aqueles que no seu estado natural ocorrem com teor de umidade e índice de vazios elevados, apresentam uma compressibilidade muito acentuada. Como solos naquelas condições se encontram saturados, a redução de volume que experimentam quando carregados só pode ocorrer à medida que a água seja expulsa do solo. Devido ao fato de tais solos serem, por outro lado, muito pouco permeáveis, a expulsão de água é geralmente demorada, pelo que as deformações volumétricas, que implicam recalques da superfície do terreno, podem se estender por períodos de tempo muito longos.

Estas duas características de certos maciços argilosos – a propensão para exibirem muito elevadas deformações volumétricas e estas demorarem longo tempo a processar-se – têm acarretado desde sempre grandes dificuldades às construções. Convém neste ponto lembrar que os locais em que tais tipos de solos ocorrem – zonas geológicas muito recentes, especificamente em vales aluvionares no litoral dos continentes – são precisamente aqueles onde tendem a concentrar-se as áreas urbanas e industriais mais desenvolvidas, logo a maioria das estruturas de engenharia civil.

Este capítulo apresenta algumas teorias que permitem, basicamente: i) estimar a grandeza dos recalques da superfície associados ao processo de deformação volumétrica dos solos saturados; ii) prever a evolução no tempo dos recalques desde o carregamento até à fase em que aqueles tendem à estabilização; iii) projetar sistemas destinados a acelerar, quando necessário, essa evolução.

4.1 Relações tensões-deformações em solos carregados em condições de confinamento lateral

4.1.1 Noção de camada confinada. Ensaio edométrico

O tratamento das questões anteriormente formuladas vai se iniciar para um caso particularmente simples, como o esquematizado na Fig. 4.1a, em que um maciço terroso é carregado à superfície por uma sobrecarga uniformemente distribuída numa área cujas dimensões em planta são muito superiores à espessura do conjunto das camadas compressíveis. Camadas carregadas nessas condições designam-se como *confinadas* ou *carregadas em condições de confinamento lateral*.

Numa camada confinada são nulas as deformações na direção horizontal. Com efeito, considere-se um ponto P genérico do maciço e um acréscimo de carga elementar Δq_{s1} à superfície, situada à esquerda da vertical que passa em P. Como sugere a Fig. 4.1b, em termos qualitativos, o vetor deslocamento d_1 de P associado à carga Δq_{s1} tem uma componente vertical descendente e uma componente horizontal dirigida para a direita. Considerando agora um acréscimo de carga elementar Δq_{s2} simétrico de Δq_{s1} em relação a P, o deslocamento desse ponto que lhe está associado, d_2, terá uma componente horizontal simétrica da de d_1 e uma componente vertical coincidente com a desse vetor. Dessa forma, o deslocamento, d_{12}, induzido pelas dois acréscimos de cargas é vertical.

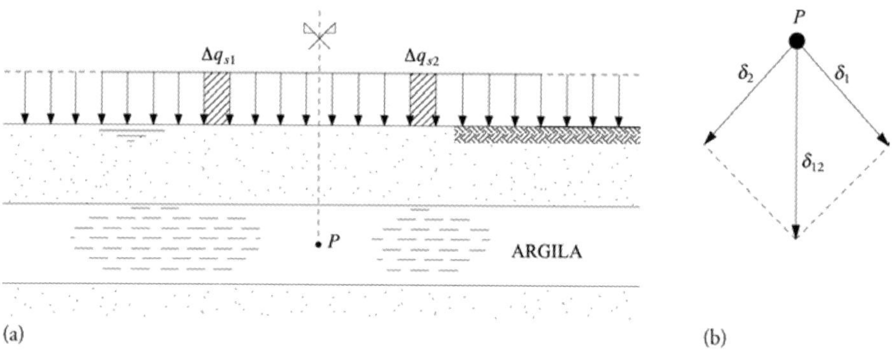

Fig. 4.1 *Camada confinada de argila: (a) esquema de carregamento; (b) vetor deslocamento de um ponto genérico induzido por dois acréscimos de cargas simétricas*

Sendo a área carregada à superfície praticamente infinita, a qualquer acréscimo de carga de um lado de P corresponderá outro simétrico, pelo que no maciço apenas ocorrerão deslocamentos verticais. Esses deslocamentos serão mínimos no contato com o substrato, isto é, com a primeira camada praticamente indeformável, e máximos à superfície, dando, pois, origem apenas a deformações verticais, traduzindo-se na redução da espessura de cada uma das camadas, com destaque para as camadas de argila, por serem aquelas que exibem maior *compressibilidade*. O termo compressibilidade é usado com frequência como sinônimo de deformabilidade quando estão em questão apenas deformações volumétricas.

Da definição apresentada, compreende-se que o carregamento pela Natureza de um depósito sedimentar por meio da deposição de novas camadas corresponde muito aproximadamente a um carregamento em condições de confinamento lateral.

Os ensaios indicados para estudar o comportamento das camadas de argila carregadas nas condições referidas são os *ensaios edométricos*, cujo esquema simplificado está representado na Fig. 4.2. Um exame dessa figura permite concluir que o ensaio edométrico foi concebido de modo a simular as condições de carregamento, de deformação e de drenagem existentes no campo em situações como as representadas na Fig. 4.1. Será visto adiante que essa é uma orientação que preside, de modo geral, aos ensaios de caracterização mecânica dos solos em laboratório (ver, por exemplo, os ensaios triaxiais no capítulo seguinte).

4.1.2 Analogia de Terzaghi

Para explicar as deformações diferidas no tempo dos solos argilosos carregados em condições confinadas, Terzaghi (1943) propôs o modelo analógico representado na Fig. 4.3. Trata-se de um reservatório cilín-

1 – Amostra indeformada e saturada
2 – Pedras porosas
3 – Carga (aplicada por etapas)
4 – Anel rígido (impede deformações laterais)
5 – Transdutor (mede deslocamentos verticais)
6 – Água
7 – Contentor

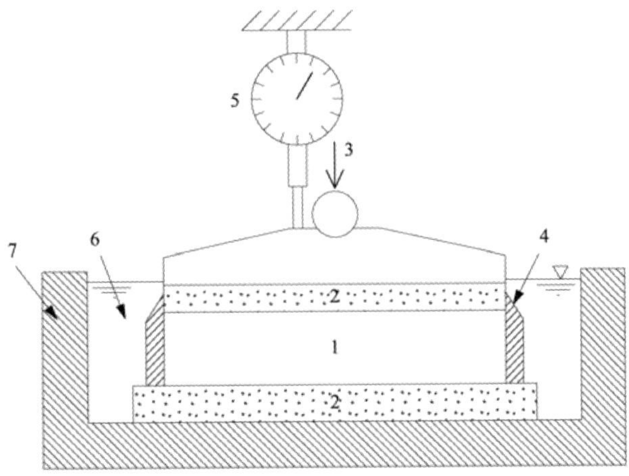

Fig. 4.2 Esquema simplificado do ensaio edométrico

drico de paredes rígidas com um êmbolo em forma de disco, no qual existe um orifício muito estreito. O disco está ligado por uma mola à base do recipiente.

Imagine-se uma situação inicial (Fig. 4.3a) em que a força na mola, F_m, equilibra o peso do disco, P_d, tendo sido introduzida água no reservatório até a superfície desta coincidir com a base do disco. A água encontra-se em equilíbrio hidrostático, pois a sua pressão junto ao orifício é igual à pressão atmosférica.

Supondo (Fig. 4.3b) que um objeto é bruscamente pousado sobre o disco, nesse preciso instante a força da mola não varia, porque o respectivo comprimento ainda não se alterou. Isso significa que o peso do objeto, P_o, será então suportado pela água, na qual se desenvolve uma sobrepressão, u_e (0). O produto desta pela área do disco será, pois, igual ao peso do objeto.

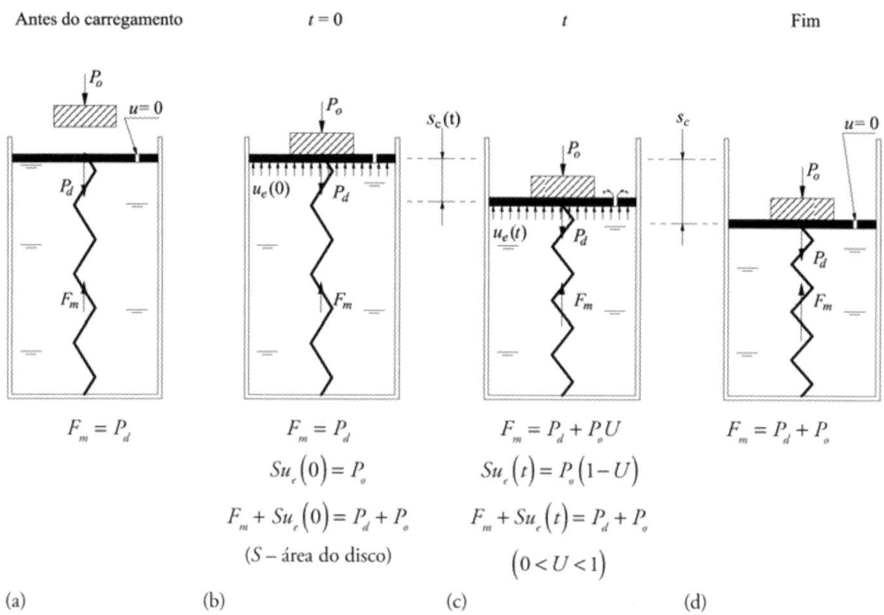

Fig. 4.3 *Analogia de Terzaghi para os fenômenos do carregamento e do adensamento de camadas confinadas de argila (ver significado das variáveis no Quadro 4.1)*

Essa sobrepressão vai fazer com que se inicie imediatamente a seguir o escape da água pelo orifício, permitindo a descida do disco, o encurtamento da mola, logo o crescimento da força nesta mobilizada. Dessa forma, num instante t posterior, o peso do objeto será equilibrado, em conjunto, pela água e pela mola (Fig. 4.3c). A fração daquele peso suportada pela mola,

U, cresce assim progressivamente durante o processo de descida do disco, atingindo os 100% quando a pressão da água sob o disco retoma o valor da pressão atmosférica. Nesse instante, a água deixa de se escoar pelo orifício, o disco estaciona e uma situação de equilíbrio análoga à inicial é restabelecida (Fig. 4.3d).

Esse modelo é muito útil para compreender o que acontece quando uma camada confinada de argila é carregada rapidamente à superfície. O Quadro 4.1 esclarece a analogia entre o modelo e o campo.

Quadro 4.1 Correspondência entre o modelo analógico de Terzaghi e o carregamento de uma camada confinada

	Modelo de Terzaghi	Carregamento de uma camada confinada
Componentes	Mola Água Disco Objeto Dimensões do orifício	Esqueleto sólido do solo Água dos poros do solo Camadas sobrejacentes à camada de argila Obra construída à superfície do terreno Permeabilidade da argila
Tensões ou forças	Força na mola, F_m Pressão na água, u Sobrepressão na água, u_e Peso do disco, P_d Peso do objeto, P_o	Tensão efetiva Pressão nos poros / pressão neutra Excesso de pressão neutra Tensão efetiva de repouso Sobrecarga aplicada à superfície
Deslocamentos	Altura que o disco desceu até ao instante t, s_c (t) Altura que o disco desceu no final do processo, s_c	Recalque por adensamento no instante t Recalque por adensamento (final)

Tome-se agora como referência a Fig. 4.4, que representa um maciço carregado à superfície por uma sobrecarga uniforme distribuída numa área infinita (Fig. 4.4a). Na Fig. 4.4b ilustra-se a evolução no tempo da tensão total e efetiva vertical e da pressão neutra num ponto genérico da camada de argila. No instante do carregamento (t = 0) ocorrerá um recalque, chamado *imediato* (ver Fig. 4.4c), associado à deformação volumétrica das camadas muito permeáveis, mas não ainda da camada de argila, cuja permeabilidade é várias ordens de grandeza inferior.

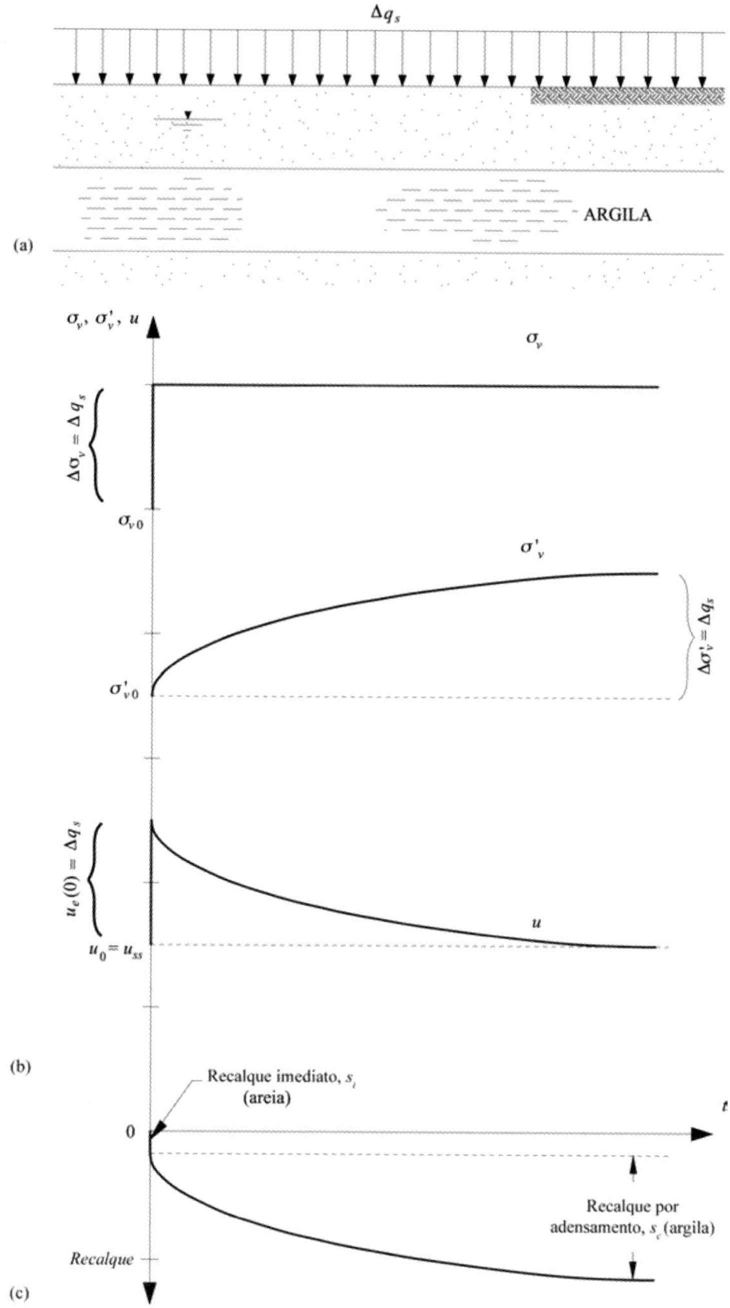

Fig. 4.4 Carregamento de uma camada confinada de argila: (a) condições do maciço e do carregamento; (b) evolução com o tempo do estado de tensão num ponto genérico da camada de argila; (c) evolução com o tempo (em termos qualitativos) dos recalques da superfície do terreno

Se nesse instante a deformação volumétrica da argila é nula, a tensão efetiva nela instalada ainda não se alterou, daí resulta que o incremento da tensão vertical acarretou instantaneamente um incremento de igual valor da pressão na água dos poros.

Esse incremento passará a ser designado como *excesso de pressão na água dos poros* ou *excesso de pressão neutra*, u_e. Considerando que nas camadas permeáveis tal excesso não se desenvolve, passa a existir nas faces da camada de argila um gradiente hidráulico, que vai imediatamente a seguir dar origem a um escoamento transiente, com linhas de fluxo verticais, sendo a água progressivamente expulsa da argila para as faces drenantes (duas, no caso considerado). Note-se que as camadas granulares têm permeabilidade várias ordens de grandeza superior à camada de argila; assim, naquelas camadas a deformação volumétrica ocorre simultaneamente à aplicação do carregamento à superfície, pois a água pode ser facilmente expulsa dos poros do solo.

À medida que água é expulsa da argila ocorre uma deformação volumétrica, com um recalque crescente da superfície do terreno, com aumento da tensão efetiva e com decréscimo da pressão neutra. Esse processo diferido no tempo de dissipação do excesso de pressão neutra, com transferência progressiva do incremento de tensão total da fase líquida para a fase sólida do solo, designa-se como *adensamento* (*consolidation*, na bibliografia em inglês). O *recalque por adensamento*, diferido no tempo, evolui da forma que a Fig. 4.4c ilustra, com uma taxa cada vez menor, dado que à medida que o excesso de pressão neutra tende para zero o gradiente hidráulico e a velocidade de percolação tendem igualmente para zero.

A velocidade com que se processa a dissipação do excesso de pressão neutra depende essencialmente de três aspectos:

i) da permeabilidade da argila;
ii) da espessura da camada de argila;
iii) das condições de drenagem nas faces da camada.

Esse fenômeno será objeto de tratamento aprofundado na seção 4.4.

4.1.3 Diagramas de carga retirados do ensaio edométrico

Conforme mencionado anteriormente, os ensaios edométricos consistem no carregamento por estágios de uma amostra (ou corpo de prova) indeformada(o) e saturada(o) impedida(o) de experimentar deformações horizontais.

Como se compreende, cada estágio de carga aplicado vai desencadear no corpo de prova um processo de deformação volumétrica diferido no tempo descrito pela analogia de Terzaghi. Tipicamente, os estágios são aplicados com intervalos de 24 horas, tempo largamente suficiente (dada a reduzida espessura do corpo de prova) para que a carga aplicada se transforme em tensão efetiva, isto é, para a *dissipação do excesso de pressão neutra*.

A Fig. 4.5 mostra os diagramas obtidos sobre um corpo de prova de argila. Trata-se de diagramas que expressam a compressibilidade do solo, relacionando o índice de vazios com a tensão efetiva vertical, expressa em escala aritmética (Fig. 4.5a) ou em escala logarítmica (Fig. 4.5b). O uso desta última escala justifica-se, antes de tudo, porque é muito vasta a gama de tensões aplicada nos ensaios; adiante será comentada outra vantagem dessa representação. Por razões que adiante se tornarão claras, o ensaio envolve, em geral, como indica a figura, um ciclo de descarga-recarga do corpo de prova.

Cada um dos pontos dos gráficos relaciona a tensão vertical aplicada ao corpo de prova com o índice de vazios após 24 horas, isto é, imediatamente antes da aplicação de novo estágio.

O índice de vazios é obtido a partir da variação da espessura do corpo de prova por meio da equação:

$$e_0 - e = \Delta e = \frac{1 + e_0}{h_0} \Delta h \qquad (4.1)$$

sendo h_0 e e_0, respectivamente, a espessura e o índice de vazios no início do ensaio. A dedução dessa equação encontra-se no Anexo A8. Neste é ainda demonstrado que a razão $h / (1+e)$ é constante ao longo do carregamento, o que também acontece, naturalmente, ao seu inverso.

O exame da Fig. 4.5 permite identificar muito claramente dois aspectos típicos da compressibilidade de solos carregados em condições de confinamento lateral:

i) o diagrama em que as tensões estão representadas em escala aritmética revela que o comportamento mecânico do solo é não linear, isto é, não existe de todo uma proporcionalidade entre tensões aplicadas e a variação do índice de vazios;

ii) por outro lado, pode verificar-se que, quando o solo é descarregado, permanece irrecuperável uma parcela (plástica) muito importante da deformação.

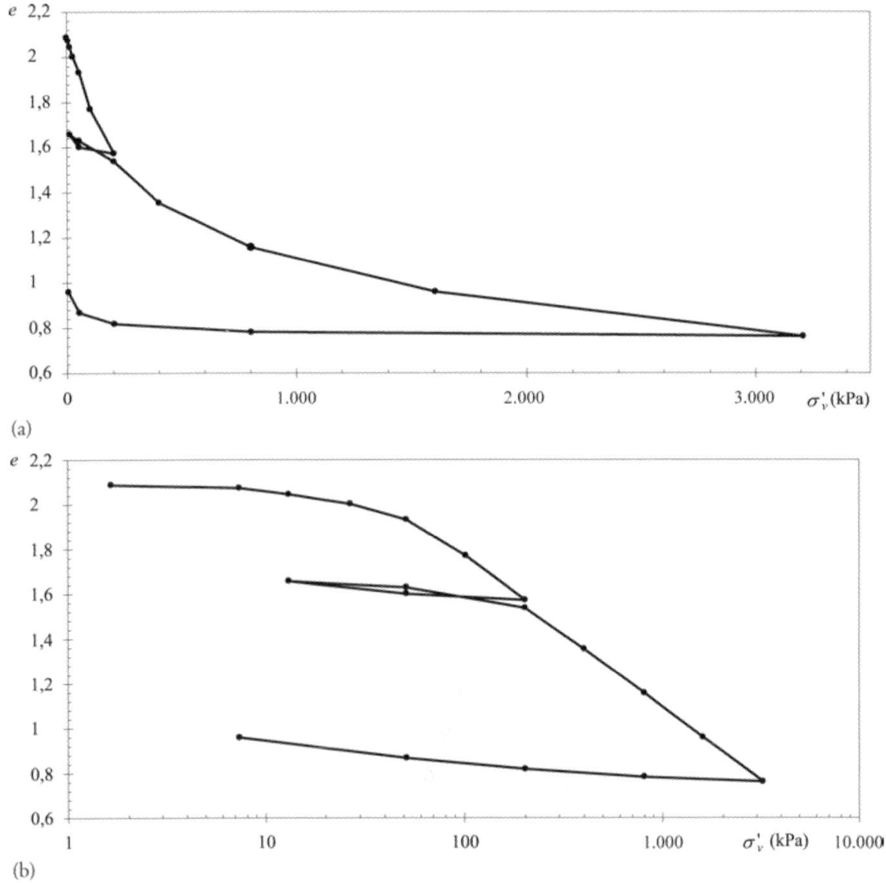

FIG. 4.5 *Diagramas de tensão efetiva vertical versus índice de vazios de uma argila do vale do rio Mondego, junto a Coimbra, Portugal, submetida a um ensaio edométrico: (a) tensão efetiva em escala aritmética; (b) tensão efetiva em escala logarítmica*
Fonte: Coelho (2000).

Este último aspecto é naturalmente consequência de o aumento da compacidade (redução do índice de vazios) ser feito à custa de rearranjos estruturais no esqueleto sólido que se traduzem em novos equilíbrios interpartículas de maior estabilidade.

4.1.4 SOLOS NORMALMENTE ADENSADOS, SOBREADENSADOS E SUBADENSADOS

Comentando agora a Fig. 4.5b, uma interessante vantagem da representação semilogarítmica deve-se ao fato de o diagrama de ensaio passar a ser retilíneo quando o corpo de prova do solo é carregado para tensões superiores à máxima tensão efetiva vertical que o maciço experimentou ao longo da sua história geológica à profundidade de onde a amostra foi retirada. Note-se que esse fato constitui mera constatação experimental, sugerida pela análise dos resultados de grande número de ensaios edométricos em que ciclos de carga--descarga foram efetuados.

A parte inicial do diagrama de carga, com declive mais reduzido, corresponde à gama de tensões efetivas já experimentadas pelo solo *in situ*. Isso significa que em recompressão o solo exibe uma pequena compressibilidade, em contraste com uma compressibilidade substancialmente mais elevada quando carregado, em primeira carga.

O trecho retilíneo do diagrama $log\sigma'_v - e$, correspondente à gama de tensões ainda não experimentadas pela amostra de solo, logo pelo maciço de onde foi retirada, é em geral designado como *ramo virgem*. Por sua vez, a maior tensão efetiva vertical já experimentada pelo solo (logo, a abscissa do ponto inicial do ramo virgem) é a chamada tensão de pré-adensamento, σ'_{vm}.

É de notar que esta tensão não é necessariamente igual à tensão efetiva vertical de repouso, σ'_{v0}. Tal apenas ocorre nos chamados *solos normalmente adensados (normally consolidated soils*, na bibliografia em inglês). Estes correspondem, na maior parte dos casos, a maciços geologicamente recentes, cuja história de tensões se resume a um carregamento monotônico, desde a respectiva formação por sedimentação, associado ao peso de novas camadas sobre eles depositadas.

Em muitos casos, especialmente em maciços mais antigos, após um primeiro carregamento pode ter-se seguido uma descarga ocasionada pela remoção (por erosão) pela Natureza de parte ou da totalidade das camadas sedimentares sobrejacentes, eventualmente sucedida por novos ciclos de carga e descarga. Isso quer dizer que em determinados maciços a tensão efetiva vertical de repouso,σ'_{v0}, é inferior ou muito inferior à máxima tensão efetiva já instalada no solo, σ'_{vm}. Maciços nessas condições denominam-se *sobreadensados* (*overconsolidated soils*, na bibliografia em inglês).

Estabelecidos os conceitos de solo normalmente adensado e de solo sobreadensado, tem ainda interesse introduzir a noção de solo subadensado. Num solo subadensado o peso do maciço sobrejacente (descontado do empuxo hidrostático, para o caso dos solos abaixo do nível freático) não está ainda totalmente instalado no esqueleto sólido do solo em questão, isto é, neste existe ainda excesso de pressão neutra por dissipar, o adensamento ainda não terminou.

Excluindo os casos de maciços cujo adensamento associado ao carregamento produzido por determinada obra não está concluído, os maciços subadensados são relativamente raros, já que a deposição de novas camadas pela Natureza é em geral muito lenta, o que permite que a dissipação do excesso de pressão neutra se vá processando sem significativa acumulação de fase para fase.

4.2 O sobreadensamento nos maciços argilosos

4.2.1 Introdução

O fenômeno do *sobreadensamento*, como se compreenderá, não é exclusivo dos solos argilosos, podendo ocorrer em todos os solos sedimentares, incluindo as areias, e até em solos residuais. Todavia, como se verá neste e nos capítulos seguintes, é nas argilas que tal fenômeno tem efeitos mais marcantes no comportamento.

O fato, já apontado, de os maciços argilosos poderem em geral assumir uma gama muito ampla de teor de umidade, logo de índices de vazios, confere-lhes uma elevada compressibilidade, em particular quando geologicamente recentes, caso em que aqueles parâmetros físicos são elevados. A contrapartida dessa compressibilidade é que os maciços argilosos experimentam profundas alterações do arranjo estrutural quando carregados, alterações essas que se traduzem numa melhoria geral das suas propriedades mecânicas – a deformabilidade (que se reduz) e a resistência (que aumenta). Quando na Natureza o peso dos sedimentos sobre uma dada camada é removido total ou parcialmente, gerando aquilo que foi definido como sobreadensamento, as transformações estruturais associadas ao carregamento anterior ficam em grande parte preservadas. Isso mesmo pode aliás ser confirmado ao observar a Fig. 4.5, na qual a descarga do solo implica a recuperação de uma parcela muito pequena da redução do índice de vazios provocada pelo carregamento precedente.

Um solo sobreadensado tenderá assim a exibir, quando carregado por tensões inferiores à respectiva tensão de préadensamento, uma baixa compressibilidade, porque a sua estrutura particulada foi como que preparada (dir-se-ia *pré-esforçada*) pela Natureza para suportar essas tensões. O mesmo se pode dizer da sua resistência, como nos capítulos seguintes será analisado.

4.2.2 Razão de sobreadensamento. Determinação da tensão de préadensamento

O sobreadensamento de um maciço é muitas vezes expresso quantitativamente pela chamada *razão de sobreadensamento*, (*overconsolidation ratio*, na bibliografia em inglês), *OCR*, razão da tensão efetiva de préadensamento pela tensão efetiva vertical de repouso.

$$OCR = \frac{\sigma'_{vm}}{\sigma'_{v0}} \tag{4.2}$$

A Tab. 4.1 inclui uma classificação dos solos quanto à razão de sobreadensamento.

Tab. 4.1 Classificação dos solos argilosos quanto à razão de sobreadensamento

Classificação	OCR
Normalmente adensado	≈ 1
Ligeiramente sobreadensado	1 a 2
Medianamente sobreadensado	2 a 5
Fortemente sobreadensado	> 5

Como ilustra a Fig. 4.5b, não é em geral nítida nas curvas laboratoriais a transição da parte inicial, correspondente à gama de tensões já experimentadas pelo solo *in situ*, para o ramo virgem. Não é assim óbvio, na maioria dos casos, avaliar o valor da tensão de préa-densamento.

A bibliografia da especialidade inclui várias metodologias com tal objetivo. A mais divulgada é a construção empírica proposta por Casagrande (1936), com base no estudo de curvas edométricas com sobreadensamentos impostos em laboratório. A construção de Casagrande encontra-se descrita no Anexo A9 do presente capítulo.

4.2.3 Influência do sobreadensamento no coeficiente de empuxo em repouso, K_0

Aspecto particular da influência do sobreadensamento nos solos argilosos diz respeito ao estado de tensão de repouso: o coeficiente de empuxo em repouso tende a crescer com a razão de sobreadensamento.

Imagine-se um ensaio edométrico de uma argila normalmente adensada em que por meio de transdutores incrustados nas paredes interiores do anel fosse possível medir as tensões efetivas horizontais no corpo de prova. O gráfico que relaciona estas com as tensões efetivas verticais no carregamento virgem do solo mostra-se, a título meramente indicativo, na Fig. 4.6a. A tensão horizontal cresce proporcionalmente à vertical, sendo a razão daquela por esta claramente inferior à unidade, em geral não muito distante de 0,5.

Se, em seguida, o corpo de prova for progressivamente descarregado, a evolução típica do gráfico σ'_v, σ'_h está ilustrada na Fig. 4.6b. Pode observar-se que nesta fase – em que o corpo de prova está sobreadensado – a tensão horizontal decresce a uma taxa menor que a tensão vertical. Sendo assim, à medida que prossegue o descarregamento, isto é, à medida que cresce a razão de sobreadensamento, é cada vez maior a razão σ'_h / σ'_v. Para determinado valor de OCR atinge-se uma situação em que a tensão efetiva horizontal ultrapassa a tensão efetiva vertical, passando K_0 a ser superior a 1,0.

O que se passa se a amostra de solo for recarregada é o que ilustra, ainda a título indicativo, a Fig. 4.6c. A tensão efetiva horizontal evoluirá de modo diverso, apresentando o ramo de recarga um declive intermediário em relação às duas fases anteriores.

Da explicação precedente – que constitui uma constatação experimental do comportamento típico de argilas – pode extrair-se diversas conclusões:

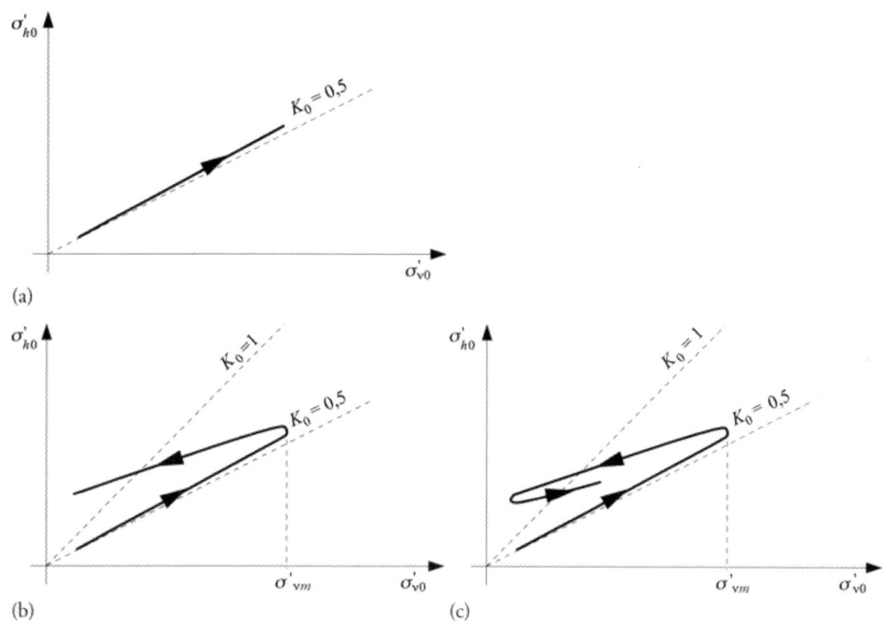

FIG. 4.6 *Evolução típica da tensão efetiva horizontal de repouso com a variação de σ'_{v0} (a) numa argila normalmente adensada e (b, c) na mesma argila sobreadensada*

i) num maciço normalmente adensado o coeficiente de empuxo em repouso é, em princípio, constante, em geral não muito distante de 0,5;

ii) em maciços sobreadensados o coeficiente de empuxo em repouso cresce com a razão de sobreadensamento;

iii) não há uma relação biunívoca entre K_0 e OCR.

Estudos experimentais em laboratório sugerem que, para solos sobreadensados cuja história de tensões seja similar à do diagrama da Fig. 4.6b, isto é, tenham experimentado, após carregamento em ramo virgem, uma descarga, o valor do coeficiente de empuxo em repouso, K_0 (OC), pode ser calculado com base no valor do mesmo parâmetro para o solo normalmente adensado, K_0 (NC), e da razão de sobreadensamento, OCR, por meio de uma expressão do tipo (Schmidt, 1966):

$$\frac{K_0\,(OC)}{K_0\,(NC)} = (OCR)^m \tag{4.3}$$

em que o expoente m, para a maioria dos solos, varia de 0,4 a 0,5 (Mayne e Kulhawy, 1982).

Para maciços com histórias de tensões mais complexas, envolvendo um ou mais ciclos de descarga e recarga, do tipo dos ilustrados na Fig. 4.6c, a relação anterior deixa de ser válida. Para esses casos a estimativa aproximada do coeficiente de empuxo em repouso terá de envolver a realização de ensaios de laboratório ou (de preferência) *in situ*. Entre os ensaios *in situ* mais apropriados destaca-se o pressiômetro autoperfurante, que será estudado no vol. 2 deste livro.

Caso paradigmático de maciços sobreadensados em que K_0 atinge valores muito elevados (K_0 chega a ser superior a 3) é a argila de Londres, que ocorre a profundidade relativamente pequena e sobre a qual, pode dizer-se , está construída e fundada grande parte da cidade. A argila de Londres é um depósito marinho formado no Período Eocênico (há cerca de 40 milhões de anos), que terá chegado a ultrapassar 100 m de espessura. Grande parte desse depósito e do seu material de recobrimento foi erodida há cerca de 1 a 2 milhões de anos. Estima-se que a máxima tensão efetiva vertical tenha atingido valores entre 1500 kPa e 2000 kPa. Dessa forma, a razão de sobreadensamento varia em profundidade, podendo simplificadamente ser expressa pela razão 1750/ σ'_{v0} (kPa). Considerando que o nível freático se encontra, na atualidade, muito próximo da superfície, aquela razão corresponderá, para a profundidade de 10 m, a um OCR de ordem de 15. A parte superior do depósito foi oxidada (por intemperismo) e encontra-se finamente fissurada; é denominada *argila castanha*. Subjacente a esta ocorre a *argila azul*, mais resistente e menos fissurada (Jardine, 2005).

4.2.4 O SOBREADENSAMENTO ASSOCIADO AO RESSECAMENTO

Em muitos maciços aluvionares de argila geologicamente recentes, logo compreendendo um alto teor de umidade e consistência muito baixa, é usual a existência na parte mais superficial de uma camada de maior resistência e menor deformabilidade, muitas vezes chamada de *crosta superficial*.

A maior consistência dessa camada é consequência de um sobreadensamento, o qual, todavia, tem origem num fenômeno substancialmente distinto do anteriormente analisado. Tal sobreadensamento está associado ao *ressecamento* do solo.

Em termos simples, essa camada mais superficial do depósito argiloso está submetida a sucessivos ciclos de submersão e emersão associados às variações sazonais do nível freático. Quando o solo em questão está emerso, a água dos poros, por capilaridade, apresenta pressão negativa. Sendo o solo muito fino, o valor absoluto dessa pressão pode ser elevado, conduzindo a tensões efetivas também elevadas, muito superiores àquelas que decorrem do peso próprio do solo. São essas tensões efetivas elevadas as responsáveis pelo sobreadensamento dessa camada, que se traduz numa apreciável resistência da mesma, que pode exceder substancialmente a do solo subjacente, permanentemente submerso (ver seção 6.4.5).

A Fig. 4.7 ilustra, em termos esquemáticos, a evolução em profundidade de σ'_{v0} e de σ'_{vm} para o caso de maciços normalmente adensados e de maciços sobreadensados com os dois tipos de sobreadensamento discutidos.

4.3 ESTIMATIVA DO RECALQUE POR ADENSAMENTO

4.3.1 TRATAMENTO DA CURVA DE COMPRESSIBILIDADE

A estimativa do recalque por adensamento é efetuada a partir de parâmetros retirados das curvas que relacionam o índice de vazios com a tensão efetiva vertical, fornecidas pelos ensaios edométricos. Todavia, para que aquela estimativa possa ser viável, as curvas de ensaio necessitam de tratamento ou ajuste prévio. Tal tratamento

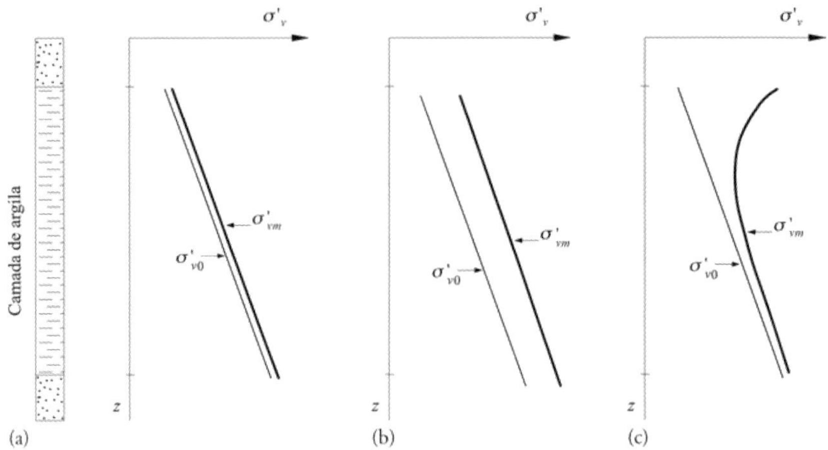

Fig. 4.7 *Evolução em profundidade de σ'_{v0} e σ'_{vm}: (a) maciços normalmente adensados ou ligeiramente sobreadensados; (b) maciços sobreadensados por erosão de camadas sobrejacentes; (c) maciços sobreadensados por ressecamento*

envolve em geral o uso de uma construção empírica, proposta por Schmertmann (1955), cuja razão de ser pode ser entendida com auxílio da Fig. 4.8. Nesta, o ponto 1 representa a situação da amostra no maciço, antes de ser retirada. O processo de amostragem indeformada, com manutenção do teor de umidade da amostra, logo do índice de vazios, implica, no diagrama da figura, uma trajetória de 1 para 2; quando a amostra é colocada no edômetro e lhe são reaplicadas as tensões efetivas que suportava *in situ*, passa de 2 para 3. Entre 2 e 3 a amostra está sobreadensada, logo com baixa compressibilidade, mas experimenta ainda assim deformações. Logo, em 3 a amostra apresenta índice de vazios e teor de umidade mais baixos do que o solo *in situ*. A discrepância dos pontos 1 e 3 evidencia que a curva de laboratório, por maior que seja a qualidade da amostra, não poderá nunca coincidir com a resposta real, embora com o prosseguimento do carregamento as curvas laboratorial e *in situ*, como sugere a figura, tendam a aproximar-se, desaparecendo progressivamente os efeitos perturbadores da amostragem.

Conforme indica a Fig. 4.8, a análise de numerosas curvas experimentais por Schmertmann veio mostrar que a confluência das duas curvas citadas se verifica em geral para um valor do índice de vazios próximo de $0{,}42e_0$, sendo e_0 o índice de vazios do solo no estado natural. Com base nessa constatação, o autor propôs a reconstituição da curva de compressibilidade

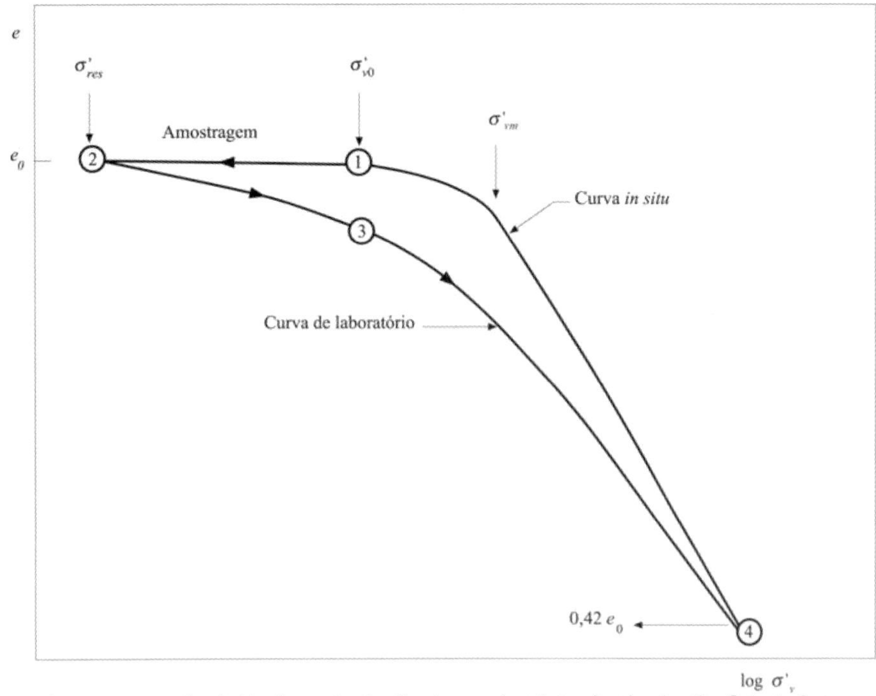

1 – Situação *in situ*; 2 – Início do ensaio; 3 – Ensaio quando σ'_v iguala σ'_{v0}; 4 – Confluência das curvas laboratorial e *in situ*.

Fig. 4.8 *Comparação da curva logarítmica da tensão efetiva vertical* versus *índice de vazios obtido de um ensaio edométrico com a presumível curva do maciço* in situ
Fonte: Schmertmann (1955).

por meio das construções ilustradas no Anexo A10, no qual são tratados os casos dos solos normalmente adensados e sobreadensados. Para estes a construção tem de começar pela determinação da tensão de pré-adensamento, pelo método de Casagrande, ou outro.

4.3.2 Parâmetros definidores das relações tensões-deformações

Interessa agora definir alguns parâmetros fornecidos pelas curvas edométricas do tipo das da Fig. 4.5 e que vão permitir a avaliação dos recalques.

Como mostra a Fig. 4.9a, o *índice de compressibilidade* do solo, C_c, é definido como o declive (em módulo) do ramo virgem da curva $\log\sigma'_v - e$.

Analogamente, o *índice de recompressão*, C_r, representa o declive (em módulo) do ramo de recompressão do mesmo diagrama. Naturalmente, os índices agora definidos são determinados sobre as curvas experimentais após a correção das mesmas pelas metodologias anteriormente expostas.

Como sugere a Fig. 4.9a, não convém proceder à estimativa de C_r pelo ramo inicial da curva experimental, sendo preferível estimá-lo por um ciclo de descarga-recarga (em geral envolvendo não mais do que dois estágios) efetuado após o ensaio ter entrado francamente no ramo virgem do solo.

Em certos casos, em particular quando se pretende estudar a resposta do maciço a solicitações que envolvem decréscimos de tensão efetiva vertical, que ocorrem, por exemplo, em maciços subjacentes a escavações, tem interesse estimar o chamado *índice de expansão*, C_s (o índice *s* vem da palavra inglesa *swelling*). Tal pode ser efetuado, como sugere a Fig. 4.9a, pelo ramo de descarregamento final do corpo de prova, após ter sido atingido o máximo estágio de carga.

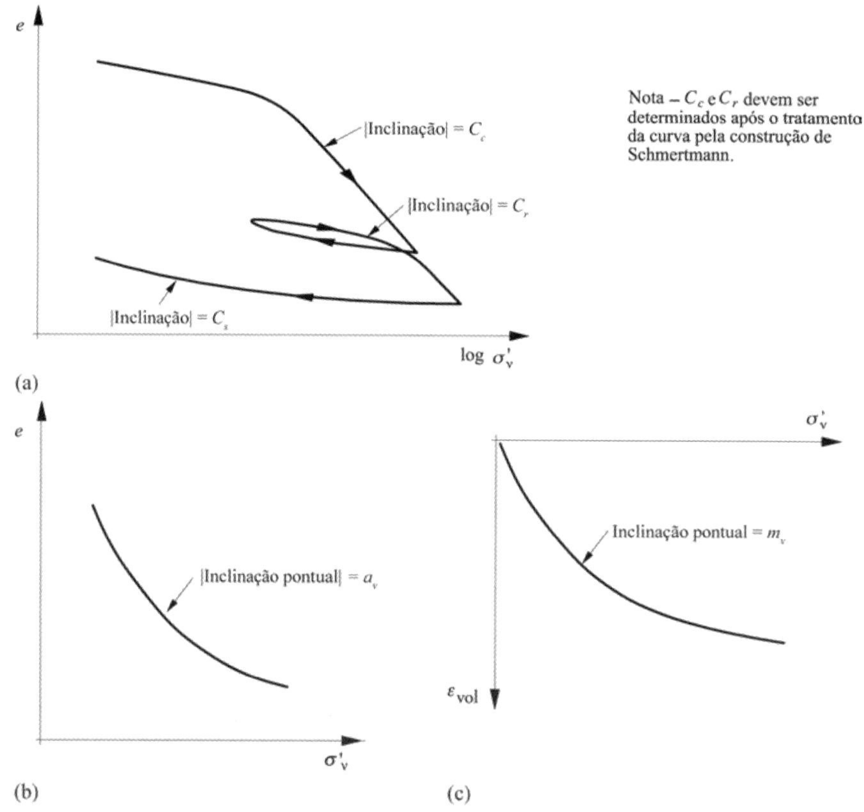

Fig. 4.9 *Parâmetros definidores da compressibilidade do solo: (a) diagrama $\log\sigma'_v - e$; (b) diagrama $\sigma'_v - e$; (c) diagrama $\sigma'_v - \epsilon_{vol}$*

Em geral, os valores de C_r e de C_s são bastante próximos e podem oscilar, na maioria dos solos, entre 1/5 e 1/10 do valor de C_c. Todos esses índices são grandezas adimensionais.

De acordo com a Fig. 4.9b, a grandeza que em cada ponto da curva $\sigma'_v - e$ mede (em módulo) a variação do índice de vazios por unidade de acréscimo da tensão efetiva designa-se como *coeficiente de compressibilidade*, a_v:

$$a_v = \left|\frac{\Delta e}{\Delta \sigma'_v}\right| \tag{4.4}$$

Também se pode medir característica análoga em termos de deformação volumétrica, como ilustra a Fig. 4.9c. Define-se então o *coeficiente de variação volumétrica*, m_v:

$$m_v = \frac{\epsilon_{vol}}{\Delta \sigma'_v} \tag{4.5}$$

Atendendo a que, no presente caso, $\epsilon_{vol} = \epsilon_v = \Delta h / h_0$, e considerando a Eq. 4.1, pode facilmente relacionar-se os dois últimos coeficientes definidos:

$$m_v = \frac{1}{1+e_0} a_v \tag{4.6}$$

em que e_0 é o índice de vazios inicial do corpo de prova.

Ao contrário do que acontece com os parâmetros retirados das curvas experimentais com as tensões efetivas em escala logarítmica, a_v e mv não são constantes ao longo do processo de carregamento, isto é, variam com a grandeza da tensão efetiva.

4.3.3 EXPRESSÕES PARA CÁLCULO DO RECALQUE POR ADENSAMENTO

Considere-se o caso geral de um solo sobreadensado que, como ilustra a Fig. 4.10, vai ser carregado por um dado incremento de tensão efetiva vertical, $\Delta\sigma_{v0}$, o qual, adicionado à tensão efetiva vertical de repouso, σ'_{v0}, ultrapassa a tensão de pré-adensamento, σ'_p. Isto é, o solo vai experimentar uma recompressão entre σ'_{v0} e σ'_{vm} e uma compressão em ramo virgem entre σ'_{vm} e $\sigma'_{v0} + \Delta\,\sigma'_v$.

A variação do índice de vazios associada à recompressão vale:

$$\Delta e_1 = -C_r \log \frac{\sigma'_{vm}}{\sigma'_{v0}} \tag{4.7}$$

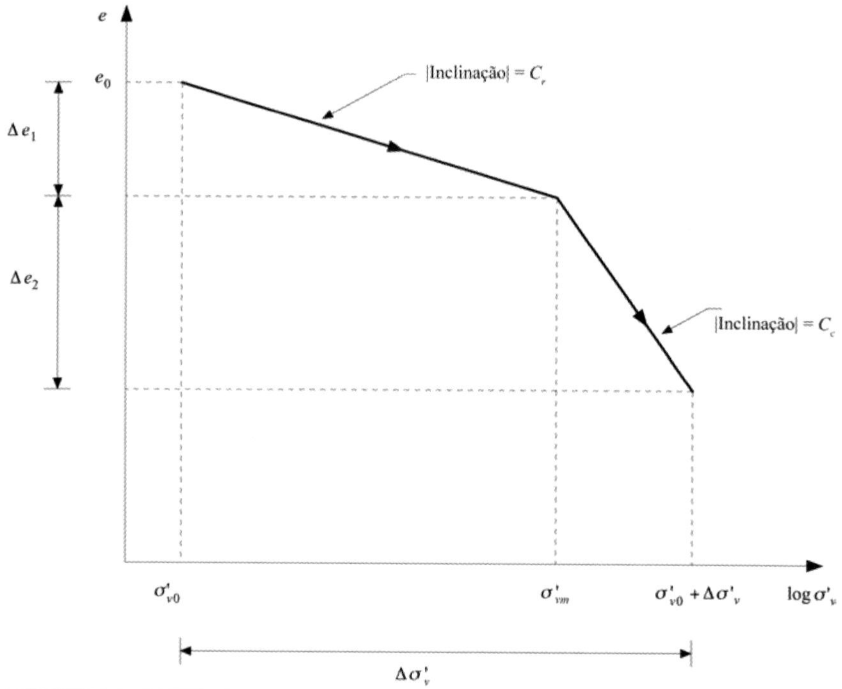

FIG. 4.10 *Variação do índice de vazios no carregamento de uma argila sobreadensada no caso em que o incremento de tensão ultrapassa* σ'_{vm}

enquanto que a variação do índice de vazios associada à compressão em ramo virgem vale:

$$\Delta e_2 = -C_c \log \frac{\sigma'_{v0} + \Delta \sigma'_v}{\sigma'_{vm}} \tag{4.8}$$

Considerando a Eq. 4.1 e a constância da razão $h/(1+e)$ (ver Anexo A8), as variações da espessura associadas às variações do índice de vazios anteriormente referidas valem, respectivamente:

$$\Delta h_1 = -\frac{h_0}{1+e_0} C_r \log \frac{\sigma'_{vm}}{\sigma'_{v0}} \tag{4.9}$$

$$\Delta h_2 = -\frac{h_0}{1+e_0} C_c \log \frac{\sigma'_{v0} + \sigma'_v}{\sigma'_{vm}} \tag{4.10}$$

O *recalque por adensamento* obtém-se então adicionando essas variações de espessura e tomando o módulo do resultado:

$$s_c = \frac{h_0}{1+e_0} \left(C_r \log \frac{\sigma'_{vm}}{\sigma'_{v0}} + C_c \log \frac{\sigma'_{v0} + \Delta \sigma'_v}{\sigma'_{vm}} \right) \tag{4.11}$$

Caso se trate do carregamento de um solo normalmente adensado, então $\sigma'_{v0} = \sigma'_{vm}$, logo a equação anterior transforma-se na seguinte:

$$s_c = \frac{h_0}{1+e_0} C_c \log \frac{\sigma'_{v0} + \Delta\sigma'_v}{\sigma'_{v0}} \tag{4.12}$$

Por sua vez, caso se trate de um carregamento de um solo sobreadensado em que durante o mesmo a tensão efetiva de pré-adensamento não seja ultrapassada (isto é, em que $\sigma'_{v0} + \Delta\sigma'_v < \sigma'_{vm}$), a expressão a usar para o cálculo do recalque será, naturalmente:

$$s_c = \frac{h_0}{1+e_0} C_r \log \frac{\sigma'_{v0} + \Delta\sigma'_v}{\sigma'_{v0}} \tag{4.13}$$

A menos que a espessura da camada em questão seja bastante reduzida, é conveniente, de modo a obter um cálculo matematicamente mais rigoroso, considerar a camada dividida em várias subcamadas e para cada uma delas aplicar a expressão conveniente do recalque (uma das três já mencionadas, com σ'_{v0} calculada para o centro de cada subcamada), procedendo depois ao respectivo somatório.

O recalque por adensamento pode também ser calculado a partir dos parâmetros a_v e m_v obtidos da curva $\sigma'_v - e$ (Figs. 4.9b,c).

Com efeito, combinando as Eqs. 4.4 e 4.1 e atendendo a que s_c é igual ao módulo de Δ_h, isto é, à variação da espessura da camada, obtém-se:

$$s_c = \frac{a_v}{1+e_0} h_0 \, \Delta\sigma'_v \tag{4.14}$$

e atendendo à Eq. 4.6:

$$s_c = m_v \, h_0 \, \Delta\sigma'_v \tag{4.15}$$

As Eqs. 4.14 e 4.15 são válidas para solos normalmente adensados ou sobreadensados, mas será preciso atender ao fato de a_v e m_v não serem constantes. Num caso concreto haverá que adotar os valores desses parâmetros compatíveis com o intervalo de tensões efetivas que o solo vai conhecer entre o estado de repouso e o fim do adensamento, isto é, entre σ'_{v0} e $\sigma'_{v0} + \Delta\sigma'_v$.

A Eq. 4.15 pode ser reescrita da forma seguinte:

$$\Delta\sigma'_v = \frac{1}{m_v} \frac{s_c}{h_0} \tag{4.16}$$

Sendo s_c uma variação da espessura da camada, s_c/h_0 representa fisicamente uma deformação vertical e, dado que as deformações horizontais são nulas, uma deformação volumétrica, associada à aplicação do incremento de tensão vertical efetiva $\Delta\sigma'_v$. Interpretando a equação anterior sob o ponto de vista da elasticidade, o inverso de m_v tem o significado físico de um módulo de elasticidade ou, usando a terminologia mais adequada à Mecânica dos Solos, de um módulo de deformabilidade. Pode escrever-se que:

$$E_{\varepsilon h=0} = \frac{1}{m_v} \tag{4.17}$$

isto é, que o inverso de m_v representa o módulo de deformabilidade do solo para condições em que as deformações horizontais são nulas ou, em outras palavras, o *módulo de deformabilidade volumétrico* do solo. É também comum a designação desse parâmetro como *módulo edométrico* do solo.

O módulo edométrico, para o qual é corrente o uso do símbolo E_{oed}, pode relacionar-se facilmente com o módulo de deformabilidade (com significado de módulo de Young) e com o coeficiente de Poisson. Assim, num carregamento em condições confinadas $\epsilon_x = \epsilon_y = 0$. Logo, da lei de Hooke (ver Eq. 2.26) pode escrever-se, nessas condições:

$$\sigma_z = \frac{E(1-\nu)}{(1+\nu)(1-2\nu)}\varepsilon_z \tag{4.18}$$

o que permite escrever:

$$E_{oed} = \frac{E(1-\nu)}{(1+\nu)(1-2\nu)} \tag{4.19}$$

4.3.4 Algumas questões práticas

Quando se trata da construção de aterros sobre solos muito compressíveis com o nível freático muito perto da superfície do terreno, devido à elevada grandeza do recalque, não é raro que parte do aterro colocado fique submersa. Ficando parte do aterro sob o efeito do empuxo hidrostático, isso significa que o incremento de tensão efetiva será reduzido em relação à inicialmente adotado no cálculo, logo o recalque por adensamento virá por essa via sobrestimado. Sousa Pinto (2002) recomenda que se proceda então a um ajuste do cálculo do recalque para ter em conta tal efeito, o que exigirá um processo iterativo.

Em muitas obras de aterro a cota da superfície do mesmo é uma imposição de projeto. Isso tem como consequência que a espessura de aterro a colocar não pode ser apenas a diferença entre aquela cota imposta e a cota da superfície do terreno antes da intervenção. Assim, à espessura correspondente à diferença de cotas referida será preciso adicionar o recalque por adensamento. Logo, nas equações de cálculo do recalque o incremento de tensão efetiva que aparece no segundo membro vai depender do próprio recalque; isto é, este aparecerá nos dois membros da equação. A resolução desta permitirá calcular então a altura de aterro a colocar. Como se compreende, essa correção em certas circunstâncias deve ser combinada com o ajuste de cálculo apontado no parágrafo anterior (Sousa Pinto, 2002).

Encontram-se na bibliografia diversas equações relacionando o coeficiente de compressibilidade com certas propriedades físicas, em particular o teor de umidade e o índice de vazios, e de identificação, como o limite de liquidez.

O Quadro 4.2 apresenta algumas dessas equações para a relação C_c *versus* w, obtidas a partir de estudos bem documentados envolvendo grande número de casos. Essas correlações não dispensam naturalmente os ensaios edométricos sobre amostras de boa qualidade. Mas podem ser muito úteis em fase de estudo prévio e, também, como referência para confrontar os resultados dos ensaios efetuados e despistar eventuais erros grosseiros,

Quadro 4.2 Correlações de C_c com o teor de umidade para solos argilo--siltosos moles

Equação (w em %)	Local e outros dados	Referência
$C_c = 0{,}01\ (w-5)$	Argilas da Grécia e Estados Unidos	Azzouz, Krizek e Corotis (1976)
$C_c = 0{,}01\ w$	Argilas de Chicago e Alberta, EUA ($S_t < 1{,}5$)	Koppula (1981)
$C_c = 0{,}01\ (w-7{,}55)$	Solos argilo-siltosos do Bangladesh (130 resultados)	Serajuddin (1987)
$C_c = 0{,}004\ (w+434{,}5)$	Argilas do Recife, Brasil ($w >$ 200%)	Coutinho, Oliveira e Oliveira (2000)
$C_c = 0{,}014\ (w-6{,}71)$	Argilas do Recife, Brasil ($w \leq$ 200%)	Coutinho, Oliveira e Oliveira (2000)
$C_c = 0{,}013\ w$	Argilas do Rio de Janeiro, Brasil	Almeida et al. (2008)
$C_c = 0{,}013\ (w-10{,}46)$	Solos argilo-siltosos moles, Portugal (109 resultados, $R^2 = 0{,}87$)	Esteves (2013)

decorrentes de amostras de qualidade ruim ou de deficiente interpretação dos resultados experimentais ou mesmo do cenário geotécnico em questão.

4.4 Teoria do adensamento de Terzaghi

4.4.1 Introdução. Hipóteses de base

Já foi discutido que nos solos argilosos os recalques por adensamento são diferidos no tempo. O modelo analógico de Terzaghi (ver Fig. 4.3) ajuda a compreender que em camadas confinadas de solos muito finos no instante do carregamento este é exclusivamente suportado pela fase líquida do solo. Esta fica então submetida a um excesso de pressão neutra cuja dissipação, para efeitos práticos, pode ser imaginada como começando apenas após a conclusão do carregamento. Durante aquela dissipação, que se designa por adensamento, a tensão total vertical permanece constante, verificando-se apenas uma transferência do incremento de tensão total da fase líquida para o esqueleto sólido. O adensamento termina quando todo o incremento de tensão total se transformou em tensão efetiva, ou, em outras palavras, quando a pressão na água dos poros retoma os valores de equilíbrio.

No ponto anterior estudou-se como pode ser avaliada a grandeza dos recalques. Em geral, assume igualmente muita importância a caracterização da evolução no tempo daqueles recalques. É precisamente este o objeto da teoria do adensamento formulada por Terzaghi (1923a,b).

Esta teoria é fundamentada nas seguintes hipóteses:

i) o solo é homogêneo e está saturado;
ii) a compressibilidade da água e das partículas individuais do solo é desprezível;
iii) em qualquer seção horizontal e em qualquer instante os estados de tensão e de deformação são uniformes;
iv) as deformações ocorrem apenas na direção vertical;
v) o fluxo da água é exclusivamente vertical e obedece à lei de Darcy;
vi) os efeitos, os fenômenos e o seu curso em elementos de dimensões infinitesimais são extrapoláveis para dimensões representativas de um maciço real;
vii) para um pequeno intervalo de tensões e de deformações considera-se constante o coeficiente de permeabilidade, k, e os coeficientes de compressibilidade, a_v, e de variação volumétrica, m_v ;

viii) existe uma relação biunívoca entre o índice de vazios e a tensão efetiva vertical, num dado ponto e num dado instante (inexistência de fluência do esqueleto sólido);

ix) é válida a hipótese dos pequenos deslocamentos (linearidade geométrica).

4.4.2 Dedução da equação de adensamento

A Fig. 4.11a ilustra o carregamento de uma camada de argila em condições confinadas, em tudo análogo ao da Fig. 4.4. A Fig. 4.11b mostra um elemento de volume da argila de dimensões infinitesimais num instante qualquer, *t*, do processo de adensamento. Considere-se, no que segue, que a origem do sistema de eixos se situa na face superior da camada de argila.

O índice de vazios, *e*, vale:

$$e = \frac{V_v}{V_s} \tag{4.20}$$

mas, estando o solo saturado, $V_v = V_w$, logo:

$$e = \frac{V_w}{V_s} \tag{4.21}$$

A variação do índice de vazios num intervalo infinitesimal de tempo será

$$\frac{\partial e}{\partial t} = \frac{1}{V_s} \frac{\partial V_w}{\partial t} \tag{4.22}$$

daí:

$$\frac{\partial V_w}{\partial t} = \frac{\partial e}{\partial t} V_s \tag{4.23}$$

Ora, a variação do volume de água no elemento na unidade de tempo é a diferença entre a vazão que entra e a que sai do elemento. Logo:

$$\frac{\partial V_w}{\partial t} = \frac{\partial Q_z}{\partial z} dz \tag{4.24}$$

Por outro lado:

$$Q_z = v_z \, dx \, dy = k \, i_z \, dx \, dy = k \frac{\partial h}{\partial z} dx \, dy \tag{4.25}$$

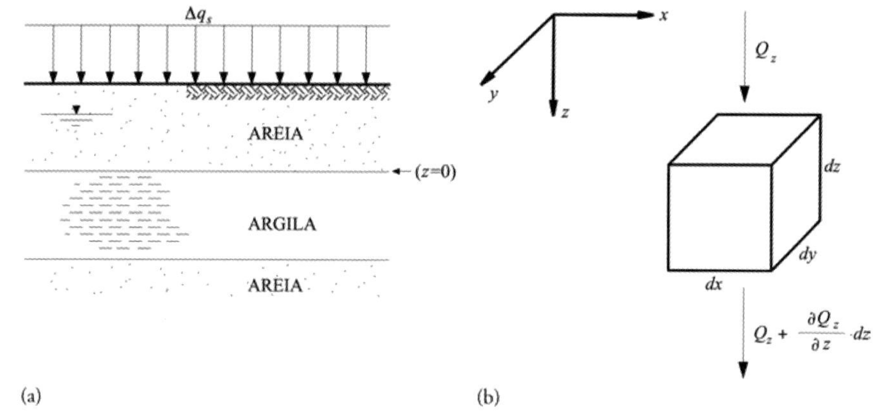

Fig. 4.11 *Adensamento de camada confinada de argila: (a) esquema geral; (b) elemento genérico da camada de argila (a origem do sistema de eixos é admitida neste caso sobre a face superior da camada de argila e não à superfície do terreno)*

Atendendo a que:

$$\frac{\partial h}{\partial z} = \frac{1}{\gamma_w} \frac{\partial u_e}{\partial z} \tag{4.26}$$

a Eq. 4.25 fica assim:

$$Q_z = \frac{k}{\gamma_w} \frac{\partial u_e}{\partial z} dx\, dy \tag{4.27}$$

Combinando agora as Eqs. 4.24 e 4.27, obtém-se:

$$\frac{\partial V_w}{\partial t} = \frac{k}{\gamma_w} \frac{\partial^2 u_e}{\partial z^2} dx\, dy\, dz \tag{4.28}$$

e combinando as Eqs. 4.23 e 4.28, e atendendo a que $V = dx\ dy\ dz$, obtém-se:

$$\frac{\partial e}{\partial t} \frac{V_s}{V} = \frac{k}{\gamma_w} \frac{\partial^2 u_e}{\partial z^2} \tag{4.29}$$

ou ainda:

$$\frac{\partial e}{\partial t} = (1+e) \frac{k}{\gamma_w} \frac{\partial^2 u_e}{\partial z^2} \tag{4.30}$$

Por outro lado, o coeficiente de compressibilidade, a_v, vale:

$$a_v = -\frac{\Delta e}{\Delta \sigma'_v} \tag{4.31}$$

daí:

$$\frac{\partial e}{\partial t} = -a_v \frac{\partial \sigma'_v}{\partial t} \tag{4.32}$$

Por outro lado, durante o processo de adensamento:

$$\sigma_v = constante = \sigma'_v + u = \sigma'_v + u_{ss} + u_e \tag{4.33}$$

e, atendendo a que u_{ss}, a pressão neutra de equilíbrio, é constante:

$$\frac{\partial \sigma'_v}{\partial t} + \frac{\partial u_e}{\partial t} = 0 \tag{4.34}$$

daí:

$$\frac{\partial \sigma'_v}{\partial t} = -\frac{\partial u_e}{\partial t} \tag{4.35}$$

e substituindo na Eq. 4.32:

$$\frac{\partial e}{\partial t} = a_v \frac{\partial u_e}{\partial t} \tag{4.36}$$

Finalmente, combinando a Eq. 4.30 com a Eq. 4.36, e atendendo ainda à Eq. 4.6, obtém-se:

$$\frac{\partial u_e}{\partial t} = \frac{k}{m_v \gamma_w} \frac{\partial^2 u_e}{\partial z^2} \tag{4.37}$$

ou ainda:

$$\frac{\partial u_e}{\partial t} = c_v \frac{\partial^2 u_e}{\partial z^2} \tag{4.38}$$

em que c_v, o chamado *coeficiente de adensamento*, vale:

$$c_v = \frac{k}{m_v \gamma_w} \tag{4.39}$$

e se exprime em m^2/s ou m^2/ano.

A Eq. 4.38 é a equação de adensamento de Terzaghi e integrada pode fornecer a distribuição no espaço e no tempo do excesso de pressão neutra, u_e.

Para a obtenção de soluções da equação de adensamento de aplicação generalizada, como alternativa a z e t, isto é, às grandezas que representam o espaço real e o tempo real, há vantagem em trabalhar com outras, diretamente proporcionais àquelas, mas de natureza adimensional, cujas expressões são:

$$Z = \frac{z}{H} \tag{4.40}$$

e

$$T = \frac{c_v t}{H^2} \tag{4.41}$$

sendo Z o *fator de profundidade*, T o *fator tempo* e H a maior distância que uma partícula de água tem de percorrer para abandonar a camada em adensamento em direção a uma face de drenagem (no caso da Fig. 4.11a, H vale metade da espessura da camada, considerando que existem duas faces drenantes).

Entrando com as variáveis adimensionais, a Eq. 4.38 toma a forma:

$$\frac{\partial u_e}{\partial T} = \frac{\partial^2 u_e}{\partial Z^2} \tag{4.42}$$

4.4.3 Soluções da equação de adensamento

Camada com duas faces drenantes

A Eq. 4.42 pode ser integrada em cada caso atendendo às condições de contorno. Para as condições da Fig. 4.11, as condições-fronteira no espaço e no tempo são as seguintes:

i) para $t = 0$, $u_e(t) = u_e(0) = \Delta\sigma_v$ para $0 \leq z \leq 2H$; (4.43)

ii) para qualquer $t \neq 0$, $u_e(t) = 0$ para $z = 0$ e $z = 2H$ (4.44)

A solução da equação é dada pela seguinte série:

$$u_e = \sum_{m=0}^{m=\infty} \frac{2u_e(0)}{M}(\text{sen}\, MZ)e^{-M^2 T} \tag{4.45}$$

em que:

$$M = \frac{\pi}{2}(2m+1) \tag{4.46}$$

e m é uma variável inteira tomando os valores 0, 1, 2, 3...

Esta solução pode ser apresentada de forma gráfica como mostra a Fig. 4.12, que fornece uma imagem no espaço e no tempo da distribuição do excesso de pressão neutra, representado adimensionalmente no eixo das abscissas superior, ou do chamado *grau de adensamento*, definido pela equação:

$$U_z(t) = 1 - \frac{u_e(t)}{u_e(0)} \tag{4.47}$$

e representado no eixo das abscissas inferior.

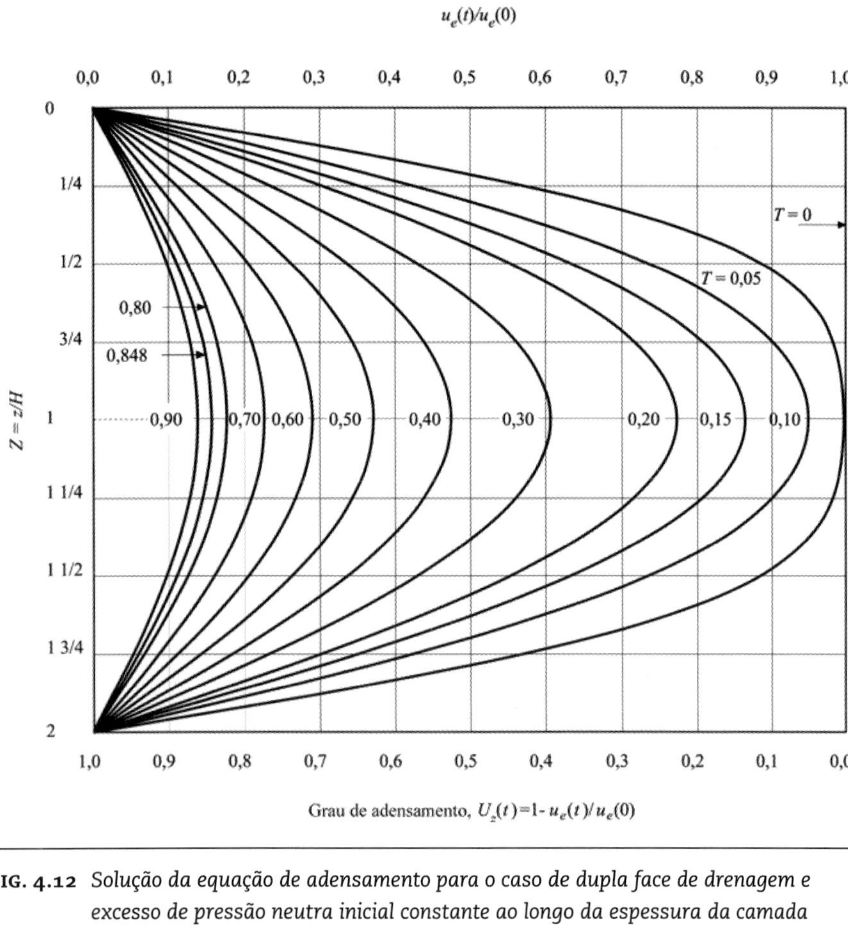

Fig. 4.12 *Solução da equação de adensamento para o caso de dupla face de drenagem e excesso de pressão neutra inicial constante ao longo da espessura da camada*

Vejamos o significado físico do grau de adensamento. Considerando que o excesso de pressão neutra inicial, $u_e\ (0)$, é naturalmente igual ao incremento da tensão efetiva no fim do adensamento, $\Delta\sigma'_v\ (final)$, e que, por outro lado, o excesso de pressão neutra no instante genérico t, $u_e\ (t)$, vale a diferença $\Delta\sigma'_v\ (final) - \Delta\sigma'_v\ (t)$, então, efetuando as substituições convenientes na Eq. 4.47, resulta:

$$U_z(t) = \frac{\Delta\sigma'_v(t)}{\Delta\sigma'_v(final)} \tag{4.48}$$

O grau de adensamento, U_z (t), tem assim significado físico bem simples: representa em cada ponto e instante a razão do incremento de tensão efetiva vertical já instalado, pelo incremento correspondente ao fim do adensamento.

Dessa forma, se para as condições concretas de determinado problema (determinadas pelo próprio solo, por meio do coeficiente de adensamento, c_v, pela geometria e pelas condições de drenagem prevalecentes, representadas por H), um dado instante real t corresponder, na solução geral, à curva representada na Fig. 4.13, esta é passível de duas leituras conjugadas.

Quando se toma como referência o eixo das abscissas superior, pode dizer-se que a parte mais clara da figura representa o excesso de pressão neutra que *ainda* está por dissipar, no instante t. Vê-se claramente que é junto às faces drenantes que está mais adiantada a dissipação, enquanto que é no centro da camada que a mesma está mais atrasada.

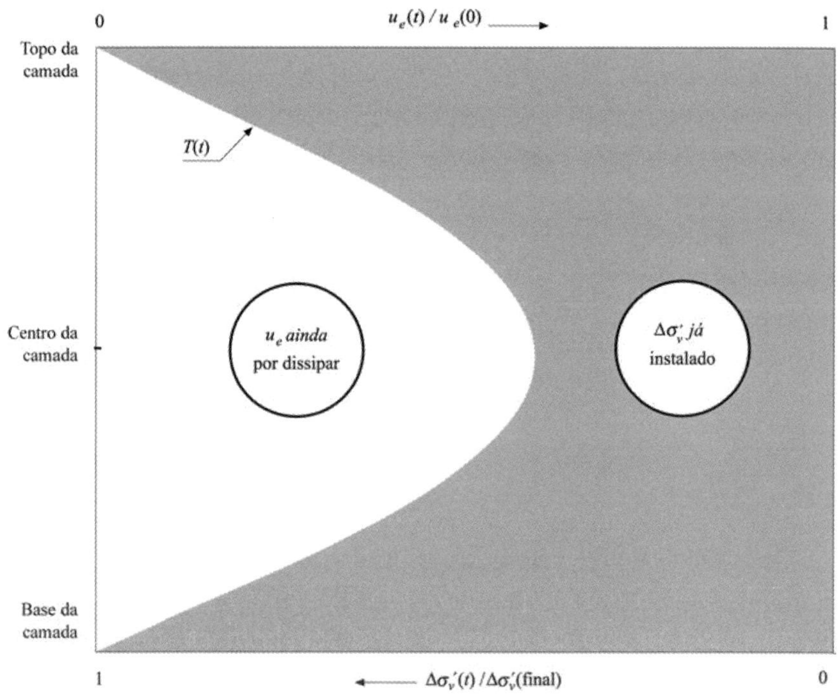

Fig. 4.13 *Interpretação da solução da teoria do adensamento de Terzaghi*

Tomando agora como referência o eixo das abscissas inferior, a parte mais escura da figura representa o incremento de tensão efetiva *já* instalado no mesmo instante. Em oposição ao excesso de pressão neutra, o incremento de tensão vertical efetiva decresce das faces drenantes para o centro da camada. Num instante t ulterior, ao recuo da parte mais clara será associado o avanço da parte mais escura, sendo constante em qualquer instante e ponto da camada a soma de $u_e(t) + \Delta\sigma'_v(t)$, com o decréscimo progressivo da primeira parcela e o crescimento concomitante da segunda. O grau de adensamento médio no instante t é numericamente igual à razão da área da parte mais escura da figura pela área total da mesma.

Camada com apenas uma face de drenagem

Caso uma das faces da camada argilosa seja impermeável a solução da Eq. 4.42 é ainda representada pela Eq. 4.45 e pela Fig. 4.12.

Com efeito, e como se pode constatar pelo exame daquela figura, quando há duas faces drenantes e a distribuição inicial do excesso de pressão neutra é simétrica em relação ao plano médio da camada, essa distribuição mantém-se simétrica durante todo o adensamento, logo o gradiente hidráulico é nulo naquele plano, sendo portanto nula a vazão que o atravessa. Dessa forma, a distribuição do excesso de pressão neutra em metade da camada em questão será a mesma que existe numa outra camada com metade da espessura daquela e com drenagem por uma das faces.

É fundamental chamar a atenção, todavia, que quando existe drenagem por apenas uma das faces da camada, o parâmetro H que entra na definição do fator tempo (Eq. 4.41) representa a totalidade da espessura da camada. Já que na expressão em questão H aparece ao quadrado em denominador, para uma camada com determinada espessura, um dado grau de adensamento será atingido num tempo quatro vezes maior se só houver drenagem num único sentido.

Cálculo do recalque em qualquer instante

Calculando o valor médio de U_z ao longo da espessura da camada, $\overline{U}_z$, para diversos valores de T, pode construir-se a Fig. 4.14.

Repare-se que à medida que o grau de adensamento médio cresce, a velocidade de dissipação das pressões neutras diminui. Teoricamente, para que se verificasse $\overline{U}_z = 100\%$ seria necessário um tempo infinito, já que quando o excesso de pressão neutra tende para zero o mesmo acontece ao gradiente hidráulico, logo à velocidade de escoamento que, pela lei de Darcy, é proporcional àquele. Por isso, em termos práticos, o fim do adensamento é tomado muitas vezes para $T = 1$, a que corresponde um $\overline{U}_z$ de aproximadamente 90%.

Para valores de $\overline{U}_z$<60% a curva representada coincide praticamente com uma parábola, sendo $\overline{U}_z$ muito aproximadamente proporcional a $\sqrt{T}$.

É possível demonstrar que a relação entre $\overline{U}_z$ e T expressa pela Fig. 4.14 é válida para qualquer distribuição linear (constante ou não) do excesso de pressão neutra para $T = 0$. A Tab. 4.2 ilustra em termos numéricos aquela relação (caso 1); na parte superior da tabela o grau de adensamento médio vem em função do fator tempo, enquanto na parte inferior é este que está expresso em função daquele.

Na mesma tabela incluem-se ainda soluções da equação de adensamento para outras distribuições do excesso de pressão neutra inicial (casos 2 a 4), que adiante serão comentadas (ver "Soluções da teoria de Terzaghi para distribuições quaisquer do excesso de pressão neutra inicial").

Convém aqui salientar que o grau de adensamento médio representa a porcentagem média do acréscimo de tensão total aplicado que se transformou em tensão efetiva até um dado instante (ver, a propósito, a Eq. 4.48). Pelo fato de se ter admitido como constantes os parâmetros a_v e m_v (ver 4.4.1), $\overline{U}_z(t)$ representará então, de igual modo, as porcentagens da variação total do índice de vazios e da deformação volumétrica processada até ao mesmo instante.

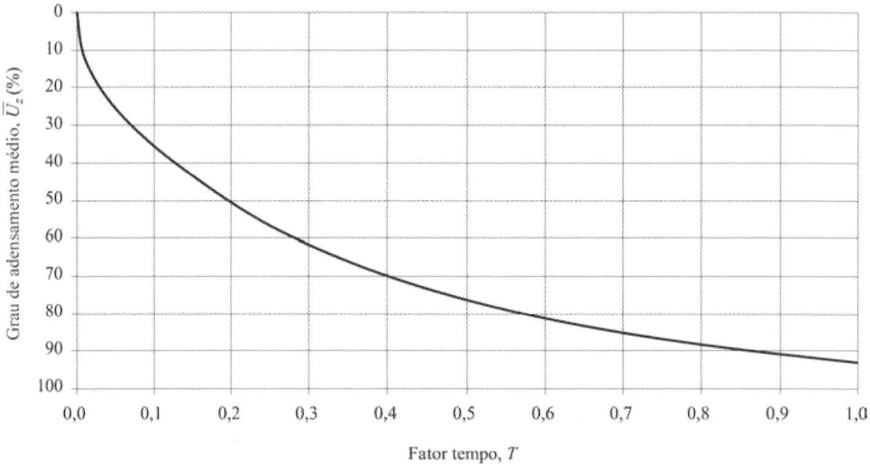

Fig. 4.14 *Dependência do grau de adensamento médio em relação ao fator tempo para o caso da figura anterior*

Tab. 4.2 Soluções numéricas da equação de adensamento de Terzaghi para diversas distribuições iniciais do excesso de pressão neutra

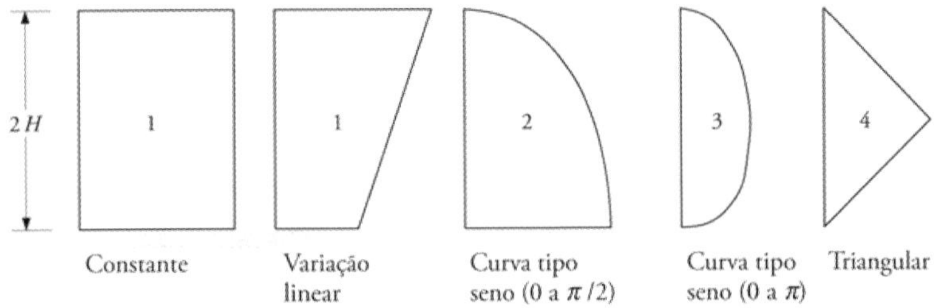

Grau de adensamento médio, $\overline{U}_z$ (%)				
T	Caso 1	Caso 2	Caso 3	Caso 4
0,004	7,14	6,49	0,98	0,80
0,008	10,09	8,62	1,95	1,60
0,012	12,36	10,49	2,92	2,40
0,020	15,96	13,67	4,81	4,00
0,028	18,88	16,38	6,67	5,60
0,036	21,40	18,76	8,50	7,20
0,048	24,72	21,96	11,17	9,60
0,060	27,64	24,81	13,76	11,99
0,072	30,28	27,43	16,28	14,36
0,083	32,51	29,67	18,52	16,51
0,100	35,68	32,88	21,87	19,77
0,125	39,89	36,54	26,54	24,42
0,150	43,70	41,12	30,93	28,86
0,175	47,18	44,73	35,07	33,06
0,200	50,41	48,09	38,95	37,04
0,250	56,22	54,17	46,03	44,32
0,300	61,32	59,50	52,30	50,78
0,350	65,82	64,21	57,83	56,49
0,400	69,79	68,36	62,73	61,54
0,500	76,40	76,28	70,88	69,95
0,600	81,56	80,69	77,25	76,52
0,700	85,59	84,91	82,22	81,65
0,800	88,74	88,21	86,11	85,66
0,900	91,20	90,79	89,15	88,80
1,00	93,13	92,80	91,52	91,25
1,500	98,00	97,90	97,53	97,45
2,000	99,42	99,39	99,28	99,26

	Fator tempo, T			
$\overline{U}_z$ (%)	Caso 1	Caso 2	Caso 3	Caso 4
0	0	0	0	0
5	0,0020	0,0030	0,0208	0,0250
10	0,0078	0,0111	0,0427	0,0500
15	0,0177	0,0238	0,0659	0,0753
20	0,0314	0,0405	0,0904	0,101
25	0,0491	0,0608	0,117	0,128
30	0,0707	0,0847	0,145	0,157
35	0,0962	0,112	0,175	0,187
40	0,126	0,143	0,207	0,220
45	0,159	0,177	0,242	0,255
50	0,197	0,215	0,281	0,294
55	0,239	0,257	0,324	0,336
60	0,286	0,305	0,371	0,384
65	0,342	0,359	0,425	0,438
70	0,403	0,422	0,488	0,501
75	0,477	0,495	0,562	0,575
80	0,567	0,586	0,652	0,665
85	0,684	0,702	0,769	0,782
90	0,848	0,867	0,933	0,946
95	1,129	1,148	1,214	1,227
100	∞	∞	∞	∞

Fonte: Perloff (1975).

Logo, o recalque por adensamento nesse instante pode ser obtido através da equação:

$$s_c(t) = \bar{U}_z(t)s_c \qquad (4.49)$$

em que s_c representa o recalque total por adensamento, cujo cálculo foi tratado em 4.3.3.

Essa equação envolve determinado erro decorrente da hipótese de a_v e m_v serem constantes. Ora, em geral, aqueles parâmetros decrescem com o crescimento das tensões efetivas, pelo fato de com este o solo se tornar cada vez mais compacto. Por isso, como ilustra a Fig. 4.15, ao acréscimo médio das tensões efetivas em t, $\bar{U}_z(t)\Delta\sigma'(final)=\Delta\sigma'(t)$, corresponderá uma deformação volumétrica superior a $m_v\Delta\sigma'_v(t)$. Isto é, o recalque ao fim do tempo t tenderá a ser mais elevado do que o dado pela Eq. 4.49.

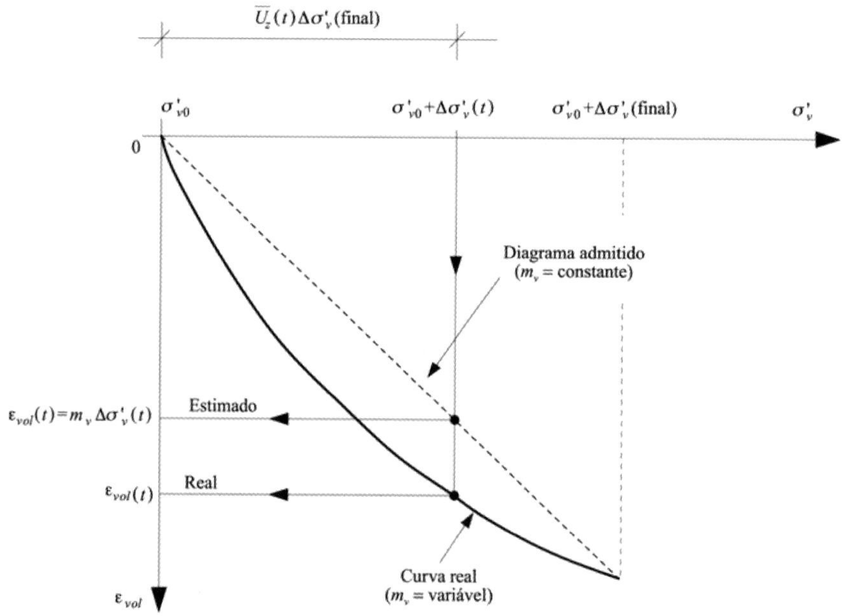

FIG. 4.15 *Cálculo da deformação volumétrica num dado instante a partir do grau de adensamento médio obtido da teoria do adensamento de Terzaghi*
Fonte: Cardoso (1994)

4.4.4 AVALIAÇÃO DE c_v A PARTIR DOS ENSAIOS EDOMÉTRICOS

Como já foi referido, os ensaios edométricos realizam-se carregando por estágios um corpo de prova impedido de se deformar lateralmente. Cada estágio de carregamento desencadeia um processo de adensamento semelhante ao que é objeto da teoria de Terzaghi. Se a evolução no tempo da deformação volumétrica da amostra de solo fosse traduzida com fidelidade pela curva teórica da Fig. 4.14, não haveria qualquer dificuldade em estimar o coeficiente de adensamento.

Acontece que as curvas experimentais revelam desvios significativos da curva teórica. Duas das razões mais importantes para essa discrepância são as seguintes: i) no início do processo de deformação no edômetro ocorrem em geral recalques imediatos (ou quase) explicáveis por ajustes do corpo de prova em relação ao anel e à compressão de algum ar ocluso no sistema; ii) para o fim do processo, em que, como já foi apontado, o crescimento no tempo da deformação volumétrica teórica tende para zero, sobrevêm deformações de outro tipo, essencialmente ligadas à fluência – processo de deformação sob tensão efetiva constante (ou quase) – que, portanto, não são já relacionadas com o processo descrito na teoria de Terzaghi.

Dessa forma, as curvas experimentais que expressam para cada estágio a evolução no tempo da deformação volumétrica precisam ser tratadas de modo a serem comparáveis com as teóricas, permitindo a estimativa do coeficiente de adensamento. No Anexo A11 do presente capítulo são apresentadas duas das metodologias mais usadas, propostas por Taylor (1948) e por Casagrande e Fadum (1940). Nos solos com adensamento relativamente rápido o método de Casagrande é de aplicação problemática, recomendando-se o de Taylor.

Importa ainda mencionar que c_v varia com o nível de tensão, ou seja, de estágio para estágio durante o ensaio. O seu valor deve corresponder às gamas de tensões previsíveis no problema concreto a estudar.

Verifica-se, em geral, para um dado solo, que c_v é significativamente superior para os estágios de carga inferiores à tensão efetiva de pré-adensamento, sofrendo um súbito decréscimo quando o carregamento passa a interessar o ramo virgem. Esse fato pode aliás ser útil para a estimativa da própria tensão efetiva de pré-adensamento.

4.5 CARREGAMENTO DE CAMADAS NÃO CONFINADAS DE ARGILA

4.5.1 INTRODUÇÃO

Em numerosos problemas práticos a área carregada à superfície do terreno é da ordem de grandeza da profundidade e da espessura da camada de argila, como ilustra a Fig. 4.16. Recordando as considerações tecidas em 4.1.1, é fácil concluir que nesses casos a camada de argila não está confinada. Dessa forma, para qualquer ponto fora do eixo vertical de simetria, o vetor deslocamento tem uma componente horizontal não nula, no próprio instante em que a carga é aplicada à superfície.

O carregamento de camadas não confinadas envolve uma série de fenômenos relacionados com o estado de tensão, o estado de deformação e com o tempo, substancialmente mais complexos do que os anteriormente analisados para o caso de existir confinamento.

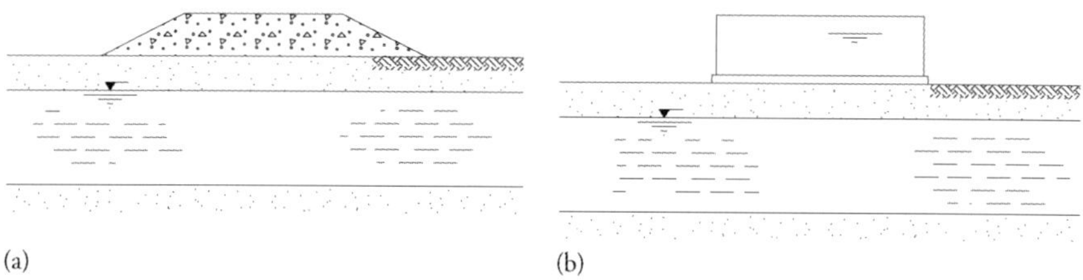

Fig. 4.16 *Exemplos de carregamentos não confinados de camadas de argila: (a) aterro para obra viária com grande desenvolvimento longitudinal; (b) depósito cilíndrico para armazenamento de água ou combustíveis*

4.5.2 Generalização da analogia de Terzaghi ao carregamento de camadas não confinadas

Para melhor compreender o comportamento de camadas não confinadas imaginou-se uma generalização do modelo analógico de Terzaghi que foi apresentado em 4.1.2. Essa generalização representa-se na Fig. 4.17 e tem como diferença em relação ao modelo primitivo (Fig. 4.3) o fato de parte da parede do recipiente ser constituída por uma membrana elástica.

Antes do carregamento (Fig. 4.17a) a situação coincide com a que existe no caso do modelo primitivo – a água em equilíbrio hidrostático e o peso do disco instalado na mola.

No preciso instante em que o objeto pousa sobre o disco (Fig. 4.17b) gera-se um aumento da pressão da água, o qual deforma a membrana lateral, o que vai permitir uma descida do disco imediata, s_i, ainda que nenhum volume de água tenha (ainda) sido expulso. Isso permite que o equilíbrio do peso do objeto seja, nesse mesmo instante, partilhado pela água – por meio da sobrepressão u_e (0) – e pela mola, em que a redução do seu comprimento de s_i implica um incremento da força instalada.

Se A (ver Fig. 4.17b) for a fração do peso do objeto equilibrada pela sobrepressão da água, então $1–A$ será a fração equilibrada pela mola. O que se passa em seguida, e está descrito nas Figs. 4.17c,d, é agora em tudo semelhante ao modelo primitivo. A diferença de pressões na interface água-atmosfera vai induzir a expulsão daquela, com descida do disco e com transferência progressiva da força AP_0 para a mola. Em cada instante, t, do processo a grandeza U – grau de adensamento, que varia entre 0 e 1 – define a fração de AP_0 já transferida da água para a mola. Em 6.4.1 será vista a razão da escolha desse símbolo A, que é o do parâmetro de pressões neutras de Skempton.

O que acaba de ser explicado permite compreender melhor o que se passa no carregamento de uma camada de argila em condições não confinadas. Assim:

* as deformações horizontais deixam de ser nulas, o que permite a ocorrência de um recalque – designado como *imediato* – concomitante com a aplicação da carga, recalque esse associado à *distorção* e não à deformação volumétrica, já que esta só pode ocorrer à custa da expulsão da água, isto é, por adensamento;
* em consequência ainda do anteriormente referido, em cada ponto o excesso de pressão neutra gerado deixa de ser igual ao incremento da tensão total vertical, passando este a repartir-se, no próprio instante do carregamento, pelas duas fases do solo, isto é, em excesso de pressão neutra e em incremento da tensão efetiva vertical.

Os dois aspectos mencionados decorrem diretamente do modelo da Fig. 4.17. Esse modelo retrata com fidelidade o que se passa *num elemento* de volume genérico do maciço carregado. Em nível geral do *maciço*, todavia, outros importantes aspectos diferenciam o problema em questão do caso simples da camada confinada. Com efeito, no carregamento de camadas não confinadas, em consequência de a carga ser agora aplicada numa área da superfície do terreno de dimensões finitas:

* os incrementos das tensões totais passam a ser variáveis com duas ou três coordenadas do ponto do maciço, caso das Figs. 4.16a,b, respectivamente;
* do mencionado na alínea anterior ocorre ainda que:
  - o excesso de pressão neutra gerado passa a ser variável com duas ou três coordenadas do ponto da camada de argila, respectivamente;

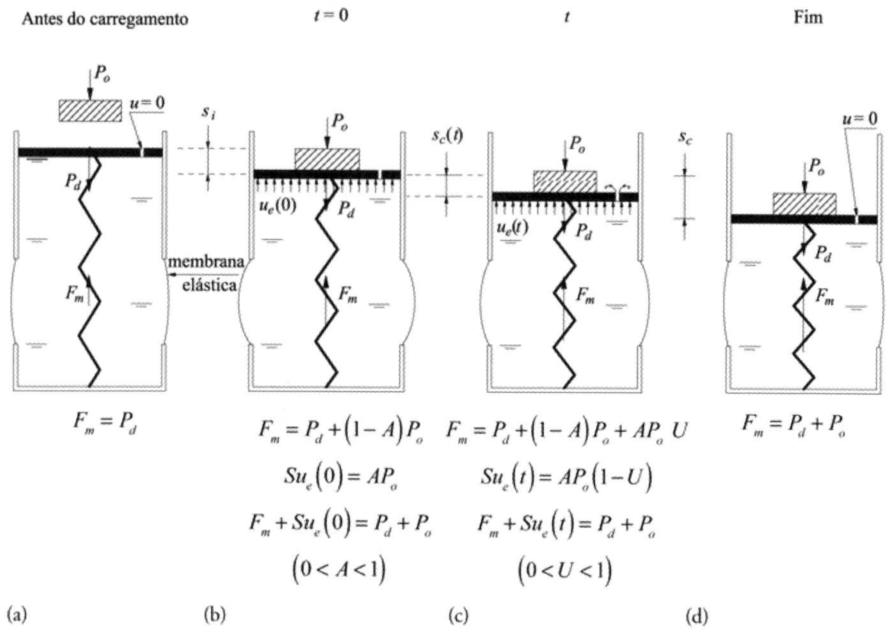

FIG. 4.17 *Generalização da analogia de Terzaghi para os fenômenos do carregamento e do adensamento de camadas não confinadas de argila*

- o escoamento posterior associado à dissipação daquele excesso deixa de ser exclusivamente unidimensional (vertical) para passar a ser bidimensional ou tridimensional, respectivamente;
- os recalques passam a variar, respectivamente, com uma ou duas coordenadas do ponto da superfície.

Pode compreender-se, assim, que o problema dos recalques e da sua evolução no tempo no caso presente passa a assumir uma complexidade substancialmente maior.

4.5.3 CÁLCULO DO RECALQUE

Generalidades. Recalque imediato

Como exemplo, a Fig. 4.18 ilustra, para o caso do depósito cilíndrico da Fig. 4.16b, alguns aspectos referentes à distribuição dos deslocamentos do maciço e das tensões incrementais.

Na Fig. 4.18a mostra-se o aspecto típico dos deslocamentos verticais da superfície do terreno e dos deslocamentos horizontais ao longo de uma linha vertical sob a periferia da área carregada.

Pelo fato de na altura do carregamento a variação volumétrica da argila ser nula (as deformações instantâneas são puramente distorcionais), ao *recalque imediato*, s_i, sob a área carregada associa-se um *levantamento* da superfície nas zonas vizinhas. Naturalmente, os recalques tendem a experimentar acréscimos substanciais com o desenrolar do adensamento.

Na Fig. 4.18b mostra-se, a título indicativo, a distribuição do incremento de tensão total vertical sob o centro do depósito. Mostra-se ainda, igualmente a título indicativo, a distribuição do excesso de pressão neutra gerado no instante do carregamento. A diferença entre os dois diagramas representados corresponde, naturalmente, ao incremento de tensão efetiva vertical no próprio instante do carregamento.

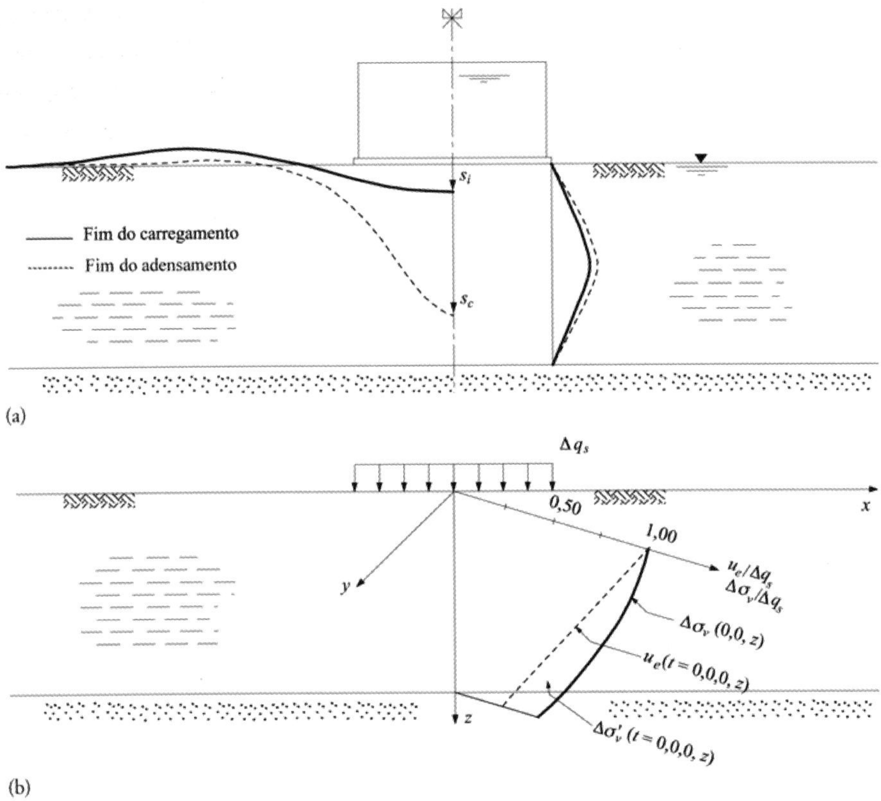

Fig. 4.18 *Carregamento de uma camada de argila em condições não confinadas: (a) aspecto típico dos recalques da superfície e dos deslocamentos horizontais ao longo de uma linha vertical sob a periferia da área carregada no fim do carregamento e no fim do adensamento; (b) distribuição do incremento de tensão total vertical e do excesso de pressão neutra inicial sob o centro da área carregada*

O modo como em cada ponto se desdobra, no instante do carregamento, o incremento de tensão total em excesso de pressão neutra e em tensão efetiva vai depender de determinadas características do solo e do próprio carregamento. É assunto a que no Cap. 6 será dedicada atenção. Dir-se-a desde já que a *fatia* correspondente ao excesso de pressão neutra vai conduzir aos *recalques por adensamento*, enquanto a *fatia* dos incrementos (imediatos) da tensão efetiva vai conduzir aos *recalques imediatos*.

O cálculo do recalque imediato, s_i, é em geral feito de acordo com a metodologia apresentada em 2.7. Admitindo que o maciço se comporta como material elástico linear, a partir das tensões incrementais em cada ponto (no caso geral funções de três coordenadas, x, y e z) é possível, pela lei de Hooke, calcular a respectiva deformação vertical (também dependente de x, y e z). Integradas as deformações verticais para cada semirreta partindo da superfície, obtém-se o recalque imediato (que será variável com x e y). Em 6.4.11 será discutida a forma de obter os parâmetros do solo envolvidos nessa formulação elástica.

Solução simplificada para a estimativa do recalque por adensamento

Em cada ponto do solo argiloso o incremento da tensão efetiva no final do adensamento é igual ao excesso de pressão gerado pelo carregamento não drenado:

$$\Delta\sigma'_v(t = \text{fim da consolidação}, x, y, z) = u_e\,(t=0,x,y,z) \qquad \textbf{(4.50)}$$

Daqui resulta que o recalque por adensamento à superfície passa a ser, no caso geral, variável – tal como o recalque imediato – com as coordenadas x, y.

O cálculo do recalque por adensamento no caso presente envolve dificuldades consideráveis em contraste com o caso de carregamento confinado. A metodologia mais adequada disponível atualmente baseia-se no método dos elementos finitos, entrando em consideração com as relações tensões-deformações-tempo do solo por meio de modelos constitutivos mais ou menos sofisticados (Borges, 1995).

Uma solução rápida para o problema (Skempton; Bjerrum, 1957) consiste em admitir que (após o carregamento não drenado, que implica a ocorrência de distorções no maciço) o processo de adensamento se desenrola sem substanciais deformações na direção horizontal, isto é, de forma não muito distinta daquela que ocorreria se o solo estivesse de fato confinado.

É, aliás, isso que está sugerido na Fig. 4.18a, na qual se pode verificar que os deslocamentos horizontais ao longo da linha vertical sob a periferia da área carregada pouco se afastaram, durante o adensamento, daqueles que foram provocados pelo carregamento não drenado.

Admitindo essa hipótese, fácil é compreender que os parâmetros de compressibilidade definidos em 4.3.2, retirados dos ensaios edométricos, poderão ainda no caso presente ser usados para o cálculo do recalque por adensamento, por meio das Eqs. 4.11 a 4.15. Nessas equações haverá naturalmente que considerar que $\Delta\sigma'_v$ passa a ser tomado igual ao excesso de pressão neutra, de acordo com a Eq. 4.50.

Deve ser adiantado que essa solução, embora rápida, pode conduzir a erros significativos. Com efeito, não raro se verifica que durante o adensamento se desenvolvem substanciais deformações horizontais, acompanhando a evolução dos recalques (Magnan; Mieussen; Queyroi, 1983).

A maior ou menor relevância dessas deformações horizontais durante o adensamento parece depender em grau considerável do sobreadensamento da camada mais superficial, em geral associada ao ressecamento. Nos horizontes em que o solo é sobreadensado tendem a ser mais reduzidas as deformações horizontais durante o adensamento (Borges, 1995; Venda Oliveira, 2000).

4.5.4 ADENSAMENTO BIDIMENSIONAL E TRIDIMENSIONAL

Resultados da Teoria de Biot

No que se refere ao estudo da evolução no tempo do recalque por adensamento quando o carregamento não é confinado, as hipóteses da teoria de Terzaghi deixam de ser válidas basicamente porque nas presentes condições o escoamento deixa de ser exclusivamente vertical (daí aquela teoria ser denominada muitas vezes teoria do *adensamento unidimensional*) para passar a ser bidimensional ou tridimensional (casos das Figs. 4.16a,b, respectivamente), já que, variando o excesso de pressão neutra a determinada profundidade de ponto para ponto, passam a existir gradientes hidráulicos nas direções horizontais. Esses fenômenos são satisfatoriamente tratados por meio da teoria de Biot (1935, 1941ab) cuja aplicação exige a integração de um sistema de equações diferenciais por via numérica (usando-se para tanto o método dos elementos finitos ou das diferenças finitas).

Embora a teoria de Biot exceda o âmbito deste livro, julga-se ter interesse apresentar e discutir algumas das suas soluções.

A Fig. 4.19 ilustra, como exemplo, a evolução com o fator tempo dos incrementos das tensões totais e efetivas verticais e horizontais (Fig. 4.19a) e das tensões médias total e efetiva e ainda do excesso de pressão neutra (Fig. 4.19b) num ponto de um maciço argiloso a determinada profundidade sob o eixo de uma faixa de desenvolvimento infinito carregada com uma pressão uniforme, Δq_s, considerando-se que a face superior é drenante e que o meio argiloso se prolonga indefinidamente em profundidade. As tensões referidas estão expressas por meio da respectiva razão por Δq_s.

Nesse problema de adensamento bidimensional resolvido pela teoria de Biot importa notar que, no instante do carregamento ($T = 0$):

i) o incremento da tensão total vertical no ponto em questão se reparte num dado incremento da tensão vertical efetiva e num dado incremento da pressão neutra, excesso de pressão neutra;
ii) o incremento da tensão total horizontal é inferior ao excesso de pressão neutra gerado, o que vai conduzir a uma redução da tensão efetiva horizontal.

É curioso constatar que, ao contrário do que acontecia na teoria de Terzaghi, durante o processo de adensamento a tensão total vertical não permanece constante e que o excesso de pressão neutra, no ponto em análise, antes de tender para zero experimenta um aumento. Este fenômeno é designado na literatura da especialidade por *efeito de Mandel-Cryer* e tem explicação física bastante simples. Com efeito, o excesso de pressão neutra inicial decresce com o afastamento do plano de simetria, já que com esse afastamento se reduz o incremento de tensão média. Por outro lado, nos pontos mais afastados do eixo referido a dissipação do excesso de pressão neutra é mais rápida, já que as variações volumétricas também o são. Essa variação diferencial das deformações volumétricas vai gerar uma redistribuição de tensões totais com aumentos na zona que num dado instante menos se deformou, isto é, na zona central. Desta forma, esse acréscimo das tensões totais vai gerar novos excessos de pressão neutra para além dos inicialmente gerados. Como é óbvio, com o decorrer do tempo o excesso de pressão neutra tenderá para zero, logo os incrementos das tensões efetivas tenderão a igualar os incrementos homólogos das tensões totais.

Nos problemas de adensamento bidimensional e tridimensional constata-se que os aspectos ou parâmetros determinantes na evolução do grau de adensamento com o fator tempo, e especificamente na respectiva comparação com a solução da teoria do adensamento de Terzaghi, são:

i) as dimensões relativas da área carregada e da altura da camada argilosa;

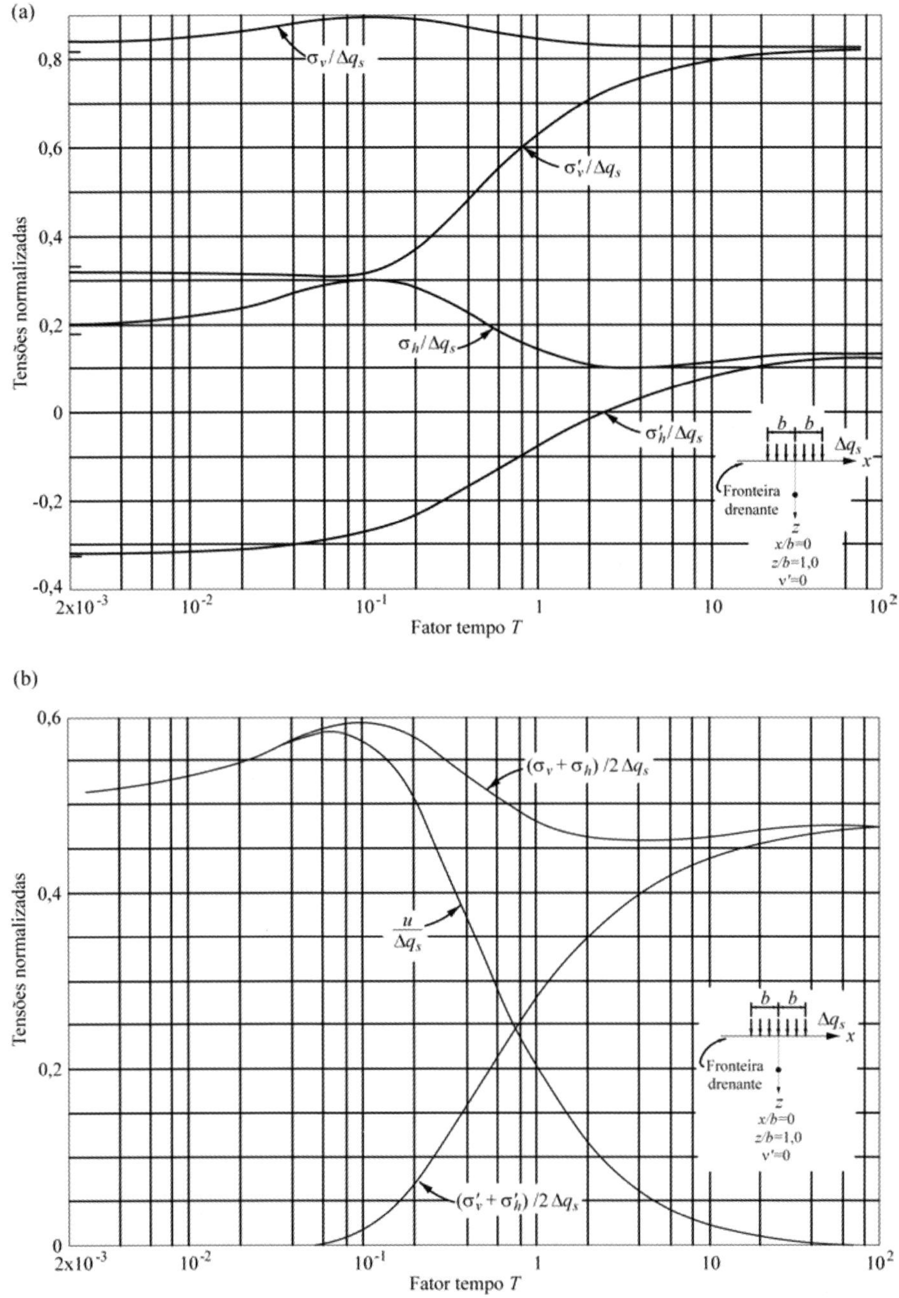

FIG. 4.19 *Adensamento bidimensional sob uma faixa de desenvolvimento infinito uniformemente carregada – solução apresentada por Schiffman, Chen e Jordan. (1967) com base na teoria de Biot*

ii) a anisotropia de permeabilidade da camada argilosa.

No que diz respeito ao primeiro aspecto, a Fig. 4.20 ilustra a evolução com o fator tempo do grau de adensamento no ponto central de uma faixa de comprimento infinito, uniformemente carregada, em função da razão da semilargura da faixa pela espessura da camada, com base impermeável. A solução para $b\ /\ h = \infty$ praticamente coincide com a da teoria de Terzaghi. Pode constatar-se que para um dado valor de h o progresso do adensamento é tanto mais rápido quanto menor for a largura da sobrecarga, já que nessas circunstâncias cresce a dissipação do excesso de pressão neutra por drenagem segundo a direção horizontal. A figura mostra ainda que para $b\ /\ h \geq 1$ a solução se aproxima bastante da solução da teoria unidimensional, especialmente para baixos valores do fator tempo. Note-se, todavia, que para outras formas da área carregada, por exemplo, para áreas circulares, o afastamento da solução unidimensional é já muito substancial para relações $b\ /\ h$ daquela ordem (sendo agora b o raio da área carregada).

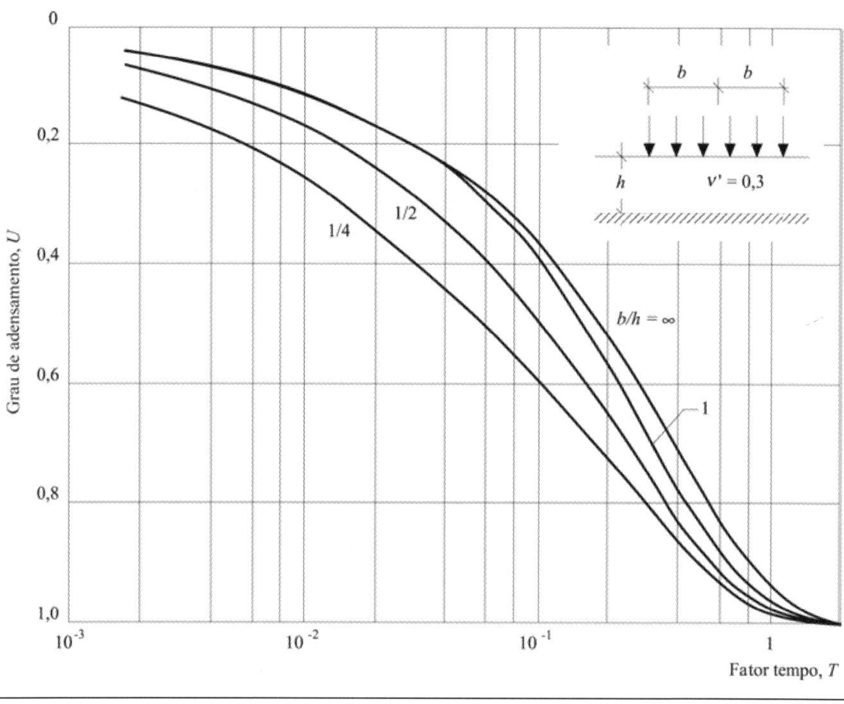

Fig. 4.20 *Influência da largura de uma faixa de desenvolvimento infinito uniformemente carregada na evolução do grau de adensamento no centro da faixa – base da camada impermeável*
Fonte: Correia (1982).

Para avaliar o efeito da anisotropia de permeabilidade atente-se agora para a Fig. 4.21 em que, para uma das condições da figura anterior, se ilustra a evolução no tempo do grau de adensamento no ponto central da faixa para várias relações entre os coeficientes de permeabilidade horizontal e vertical. Como seria de esperar, a anisotropia de permeabilidade acelera de forma muito importante o adensamento, sendo essa importância maior quando a base da camada é impermeável e para o ponto central da faixa.

É de referir que valores bastante elevados da razão k_h / k_v como os considerados na figura são suscetíveis de ocorrer nas situações reais. Tal aspecto é devido fundamentalmente àquilo que se pode designar como *macroestrutura* ou *macrofábrica*, típica de muitos dos depósitos argilosos (ver 3.3.2). Como mostra a Fig. 4.22, em consequência das variações do ambiente em que se processou a respectiva sedimentação, aqueles depósitos incorporam em geral camadas de pequeníssima espessura de material mais grosso (ou, o que é equivalente, menos fino), logo substancialmente mais permeável,

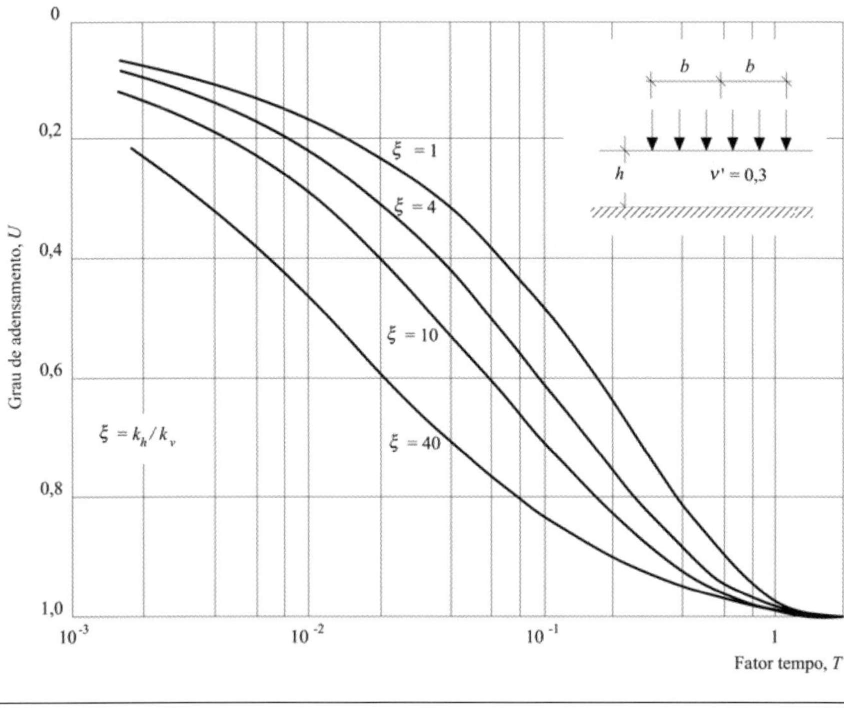

Fig. 4.21 *Influência da anisotropia de permeabilidade na evolução do grau de adensamento no centro de uma faixa de comprimento infinito uniformemente carregada – base da camada impermeável e b/h = 1/2*
Fonte: Correia (1982).

cuja presença é suscetível de acelerar o adensamento, quer por drenagem por meio de planos horizontais, quer por redução do percurso do escoamento vertical.

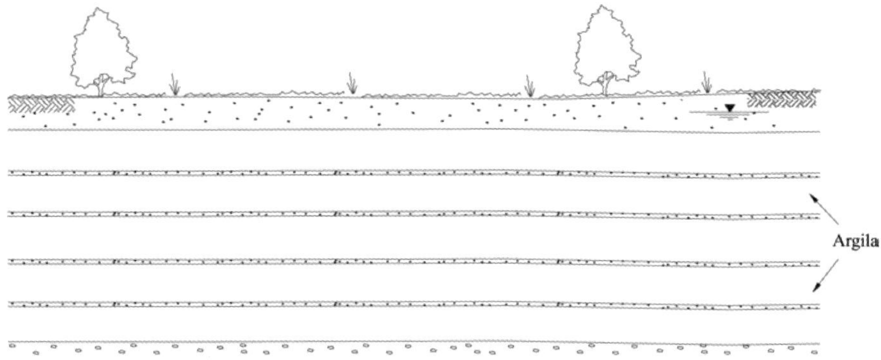

Fig. 4.22 *Esquema de camada de argila mostrando finíssimas camadas de granulometria mais grossa*

Soluções da teoria de Terzaghi para distribuições quaisquer do excesso de pressão neutra inicial

Do exposto anteriormente pode concluir-se que o uso, para os casos em que a camada argilosa não está confinada, das soluções da teoria do adensamento de Terzaghi conduzirá a uma sobrestimação do tempo de adensamento. Existem, todavia, situações em que o uso dessas soluções pode ser útil, seja porque as condições geométricas não se afastam, de forma considerável das inerentes àquela teoria, seja porque se pretende, em primeira aproximação, uma estimativa do *limite superior* do tempo de adensamento.

Nessa perspectiva, terá interesse dispor de soluções da Eq. 4.42 para distribuições não uniformes em profundidade do excesso de pressão neutra inicial. Diversas soluções, para o caso de dupla face de drenagem, estão incluídas na Tab. 4.2. Note-se que as soluções para as distribuições simétricas em relação ao centro da camada podem ainda ser aplicadas no caso de existir uma única face de drenagem, de modo análogo ao discutido na seção “Camada com apenas uma face de drenagem”.

Pelo fato de a equação diferencial de adensamento ser uma equação linear, as respectivas soluções podem ser adicionadas. Assim, se a distribuição inicial do excesso de pressão neutra para um dado caso puder ser representada pela soma algébrica de duas ou mais das distribuições mais simples cujas soluções são conhecidas, então o grau de adensamento médio em determinado instante para esse caso pode ser calculado a partir dos graus de adensamento médios correspondentes às soluções para os casos referidos em último lugar. Tal cálculo é feito por uma média pesada dos graus médios para esses casos, sendo o peso que afeta cada grau de adensamento médio elementar igual à área do respectivo diagrama representativo da distribuição do excesso de pressão neutra inicial.

O processo referido tem utilidade, por exemplo, para o cálculo do grau de adensamento médio quando se verifica uma distribuição inicial linear numa camada drenada apenas numa das faces, caso esquematizado na Fig. 4.23.

A distribuição da figura pode ser considerada como a soma algébrica de uma distribuição uniforme, isto é, retangular e de uma distribuição triangular. Desta forma, e atendendo ao já exposto, o grau de adensamento médio num determinado instante t para o caso da figura, $\bar{U}_{zA}(t)$, pode calcular-se pelos graus de adensamento médios no mesmo instante correspondentes às distribuições referidas na parte direita da figura, $\bar{U}_{zB}(t)$ e $\bar{U}_{zC}(t)$, pela expressão:

$$\bar{U}_{zA}(t) = \frac{\bar{U}_{zB}(t) \cdot \text{Área}\, B - \bar{U}_{zC}(t) \cdot \text{Área}\, C}{\text{Área}\, A} \tag{4.51}$$

O procedimento exposto pode ser aplicado a qualquer número de áreas elementares.

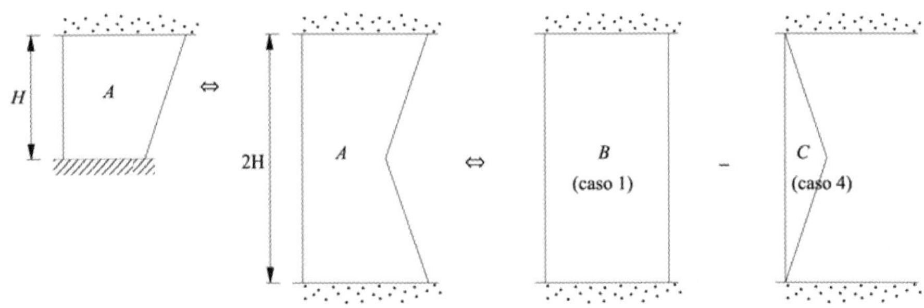

Fig. 4.23 *Composição de soluções da equação de adensamento de Terzaghi*

4.6 Adensamento secundário ou secular

4.6.1 Introdução

Como já foi referido em 4.4.4, concluído o processo de transferência de carga aplicada da água dos poros para o esqueleto sólido não se verifica de fato uma completa estabilização das deformações volumétricas da argila. Tal pode ser comprovado, por exemplo, por meio da observação dos gráficos experimentais do Anexo A11 (ver Figs. A11.1b e A11.2b).

Esse último processo de deformação ocorre sob tensão efetiva constante e parece ser resultado da *fluência* do esqueleto sólido e das camadas de água adsorvida em que se verificam reajustamentos ao longo de um período de tempo muito longo. A esse processo dá-se o nome de *adensamento secundário* ou *adensamento secular*. De modo a enfatizar a distinção, o processo de adensamento tratado nas seções anteriores designa-se como *adensamento primário*.

O adensamento secundário só pode naturalmente ocorrer à custa da expulsão da água do solo. Por isso, terão de existir necessariamente excessos de pressão neutra e gradientes hidráulicos, embora extremamente pequenos, aos quais corresponderá um fluxo de velocidade também extraordinariamente baixa, que já não é regido pela lei de Darcy.

Os recalques resultantes desse processo podem ser particularmente significativos nos depósitos recentes de solos argilosos de alta plasticidade e(ou) com alto teor em matéria orgânica. Ao contrário, são em regra desprezíveis nos depósitos medianamente ou fortemente sobreadensados.

4.6.2 Falso sobreadensamento ou sobreadensamento por adensamento secundário

O adensamento secundário implica uma redução progressiva do índice de vazios do solo sob tensão efetiva constante. Essa redução do índice de vazios, logo do teor de umidade, acarreta naturalmente maior resistência e menor compressibilidade. Assim, com o tempo, a argila desenvolve uma reserva de resistência relativa a qualquer carregamento posterior. Em outras palavras, e como ilustra a Fig. 4.24a, o comportamento de um dado depósito de argila normalmente adensado será diferente caso o mesmo seja carregado pouco após a sua formação ou caso o carregamento ocorra após um período considerável de adensamento secundário. Neste último caso o solo exibirá, num diagrama $\log \sigma'_v - e$, um abrupto acréscimo de compressibilidade para uma tensão σ'_{vm} superior a σ'_{v0}. Na prática, a argila comporta-se como se já tivesse estado submetida a tensões efetivas verticais entre σ'_{v0} e σ'_{vm}, isto é, como se fosse sobreadensada. Este fenômeno é, por isso, algumas vezes designado como *falso sobreadensamento*.

A propósito, Sousa Pinto (2002, p. 224) afirma que:

> uma característica importante que decorre do que foi apresentado anteriormente é que não existem argilas sedimentares normalmente adensadas sob o ponto de vista de comportamento tensão-deformação, a não ser argilas que tenham sido carregadas muito recentemente, por exemplo, pela construção de um aterro, e que não tiveram ainda tempo de desenvolver os seus recalques por adensamento secundário.

Comentando ainda a Fig. 4.24a, as sucessivas retas paralelas à que representa o comportamento da argila muito recente (sem adensamento secundário), e sucessivamente afastadas daquela, como que equivalem a valores de OCR crescentes, no contexto já exposto do falso sobreadensamento.

4.6.3 Recalque por adensamento secundário

A Fig. A11.2b (ver Anexo A11) mostra que num registro semilogarítmico os recalques variam linearmente com o tempo durante o adensamento secundário. Assim, a variação do índice de vazios da amostra pode exprimir-se pela equação:

$$\Delta e = -c_\alpha \log \frac{t_2}{t_1} \tag{4.52}$$

em que C_α é o chamado *coeficiente de adensamento secundário* (parâmetro adimensional), t_2 é o instante em que se pretende conhecer o recalque e t_1 é o instante correspondente ao fim do adensamento primário (utiliza-se muitas vezes para t_1 o valor t_{90}, ou seja, o instante correspondente a um grau de adensamento médio de 90%).

O *recalque por adensamento secundário*, s_d, pode calcular-se pela expressão:

$$s_d = \frac{h}{1+e} c_\alpha \log \frac{t_2}{t_1} \tag{4.53}$$

A estimativa aproximada de C_α é particularmente difícil, exigindo ensaios edométricos com estágios de carga de muito longa duração (muito

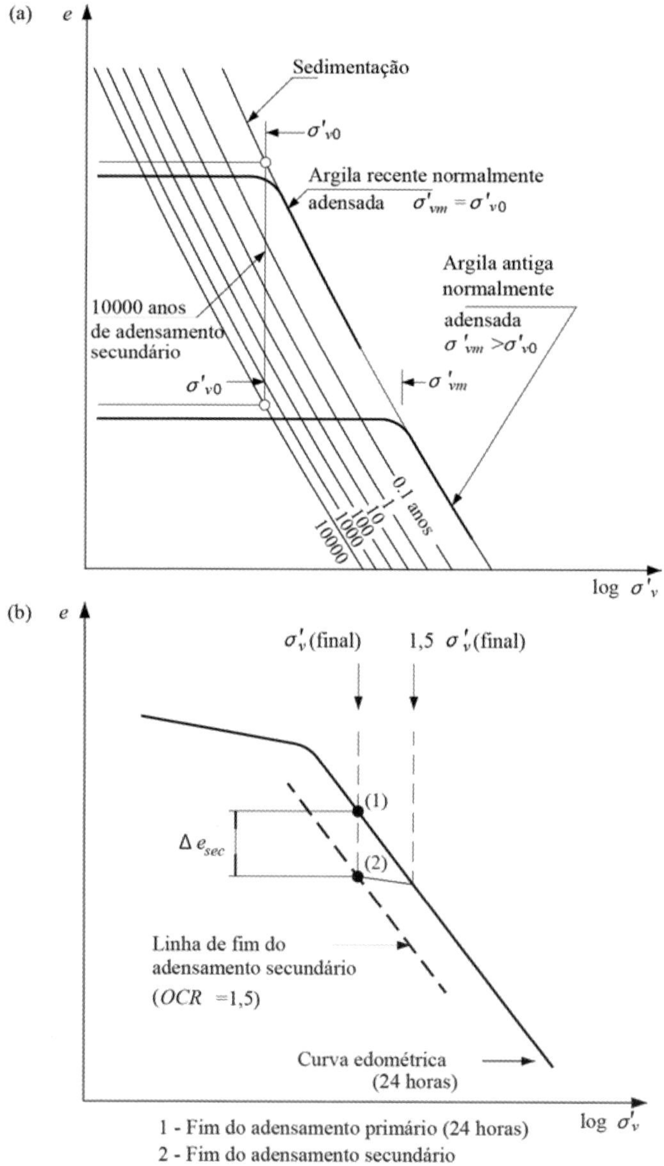

$$\Delta e_{sec} = -(C_c - C_r)\log\frac{1{,}5\sigma'_v(final)}{\sigma'_v(final)} = -0{,}176(C_c - C_r)$$

Fig. 4.24 *Adensamento secundário: (a) efeito na curva de compressibilidade de uma argila; (b) proposta para identificar o fim do adensamento secundário e o respectivo recalque*
Fonte: (a) Bjerrum (1972) e (b) Martins (2005).

maior que a adotada nos ensaios comuns, que é de 24 horas) sobre corpos de prova de muito boa qualidade (Martins, 1992).

A Tab. 4.3 apresenta uma classificação dos solos quanto ao adensamento secundário.

Tab. 4.3 Classificação dos solos argilosos quanto à importância do adensamento secundário

Classificação	$C_\alpha / (1+e)$
Muito baixa	< 0,002
Baixa	0,004
Média	0,008
Alta	0,016
Muito alta	0,032
Extremamente alta	0,064

A abordagem do recalque por adensamento secundário conforme acaba de ser apresentada é uma simplificação do fenômeno. Em primeiro lugar, admite-se que o recalque secundário se processa apenas após o fim do primário, o que, podendo não conduzir a erro grosseiro na maior parte dos casos, não acontece de fato. Por outro lado, a aplicação da Eq. 4.53 para valores de t_2 suficientemente elevados pode conduzir a resultados fisicamente irrealistas ou até impossíveis.

Martins, Santa Maria e Lacerda (1997, p. 256) comentam esse último fato sublinhando que "ensaios de adensamento de longo prazo mostraram que a compressão secundária tem um fim e que C_α tem que tender para zero". Põe-se pois a questão do que poderá representar o limite máximo do recalque por adensamento secundário e que tempo terá que decorrer até ser atingido. Note-se que, por se tratar de um fenômeno complexo, ocorrendo num período de, pelo menos, muitas décadas, a bibliografia não contém resultados conclusivos da observação de obras reais que permitam responder categoricamente à questão levantada (Sandroni, 2013).

Com base em cuidadosos estudos de laboratório, Martins (2005) aponta como possível fim do adensamento secundário a reta da Fig. 4.24a que corresponde um valor de OCR igual a 1,5. A Fig. 4.24b detalha o modo como, com base na curva de compressibilidade experimental (correspondente ao fim de 24 horas de carregamento em cada etapa), é possível identificar a reta com OCR igual a 1,5 e, a partir dela, a variação do índice de vazios correspondente ao adensamento secundário, com base na qual se obtém facilmente o limite superior do recalque, s_d, de acordo com a proposta de Martins (2005).

4.7 Aceleração do adensamento

4.7.1 Introdução

Em muitos casos, o fato de os recalques por adensamento serem diferidos no tempo é muito inconveniente. É, por isso, muito frequente o recurso a processos que permitam *acelerar o adensamento*, logo, os recalques.

Muitas vezes, a aceleração do adensamento pode ter outro objetivo, complementar ou não do anteriormente apontado. Repare-se que o adensamento, ao implicar uma redução do índice de vazios e do teor de umidade do solo argiloso, vai estabilizar a estrutura daquele num novo arranjo em que fica aumentada a resistência ao cisalhamento do solo. Daí, aliás, o sentido da palavra *adensamento*. Por isso, em certos casos o recurso a processos que permitam acelerar o adensamento faz-se de forma a que sobre um dado maciço possam ser aplicadas cargas cuja grandeza seria incompatível com a resistência do solo no seu estado natural.

4.7.2 Pré-carregamento ou pré-carga

Esquema de base

O processo mais antigo para acelerar o adensamento é o *pré-carregamento* ou *pré-carga*. Esse método consiste em realizar um aterro que transmita ao maciço uma carga superior àquela que se pretende transmitir em fase definitiva. A carga em excesso só será retirada quando se tiverem verificado recalques de grandeza semelhante àqueles que seriam previsíveis para o valor da obra que se pretende construir. Esse processo exige, obviamente, que o maciço possua uma resistência compatível com o excesso de carga que lhe é comunicado, condição que muitas vezes inviabiliza a sua utilização, pelo menos isoladamente.

A Fig. 4.25 permite analisar mais em detalhe a questão.

Considere-se um carregamento confinado de um maciço normalmente adensado e sejam s_c *(obra)* e s_c *(obra + temp)* os recalques por adensamento, respectivamente, induzidos pela sobrecarga associada à obra que se pretende construir e pela mesma obra associada a uma sobrecarga adicional temporária, a que correspondem as tensões verticais incrementais sobre a superfície, respectivamente, Δq_s *(obra)* e Δq_s *(obra + temp)*. Como indica a Fig. 4.25a, admitindo, por simplificação, que o coeficiente de adensamento, c_v, é constante, a evolução no tempo dos recalques é similar, isto é, uma dada porcentagem dos valores finais, s_c *(obra)* e s_c *(obra + temp)*, ocorrerá no mesmo instante.

Um recalque de grandeza s_c *(obra)* ocorrerá para o carregamento Δq_s *(obra + temp)* num determinado instante *t*, para o qual o grau de adensamento respectivo é inferior a 100%. Admitindo uma relação biunívoca entre a deformação volumétrica, logo o recalque por adensamento, e a tensão efetiva

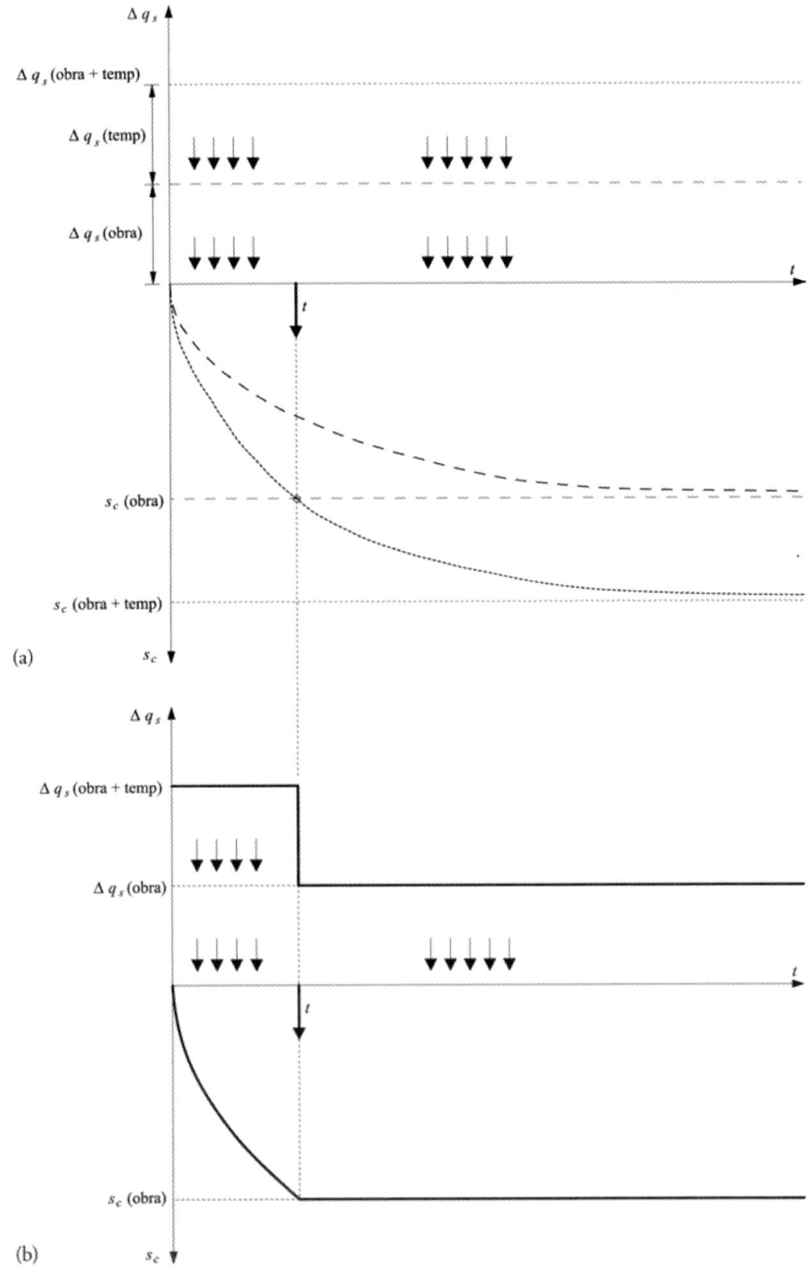

FIG. 4.25 *Aceleração do adensamento por meio de pré-carga: (a) carregamentos com a sobrecarga definitiva e com esta adicionada da temporária e evolução no tempo dos respectivos recalques, caso tais carregamentos prevalecessem o tempo suficiente para o adensamento se processar (em ambos os casos); (b) carregamento efetivamente processado e evolução pretendida do recalque por adensamento*

instalada no solo, poderá então se dizer que no instante t o incremento de tensão vertical correspondente à obra projetada já se transformou em tensão efetiva. Logo, como sugere a Fig. 4.25b, se em t se proceder à remoção de $\Delta q_s(temp)$, é de esperar que daí em diante não se processem mais recalques.

Cálculo da sobrecarga temporária

Nos problemas práticos, em geral, o período de atuação da sobrecarga temporária, t, é um dado do problema, sendo então necessário determinar a grandeza daquela capaz de no período em questão induzir o recalque desejado. A Fig. 4.26 ilustra os passos necessários para o cálculo da sobrecarga adicional.

Como se compreende, por meio de um caminho inverso do esquematizado é possível, impondo uma dada sobrecarga, chegar ao tempo de atuação necessário. Isso acontece por vezes já que a grandeza da sobrecarga a que se chega para um determinado tempo imposto *a priori* como mais desejável pode ser incompatível com a resistência do maciço. Em tais situações terá de se optar por uma sobrecarga de valor mais reduzido, obrigando natu-

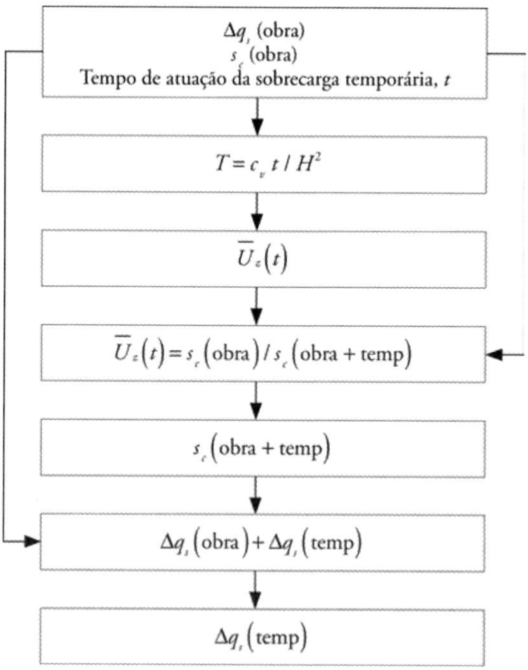

Fig. 4.26 *Pré-carga – esquema de cálculo da sobrecarga que num determinado período de atuação, t, acarreta o recalque desejado*

ralmente a um período de atuação da sobrecarga mais longo ou, mantendo o valor de t, conjugar a pré-carga com outro método de aceleração do adensamento, como o que adiante será abordado.

Comentário

A ideia-base do método da pré-carga, desenvolvida anteriormente, reside essencialmente no seguinte: a imposição de um dado recalque implica a instalação de um determinado incremento de tensão efetiva no solo, relacionados por uma equação do tipo das Eqs. 4.13 e 4.15. Estando aquele incremento, equivalente ao peso da obra projetada, instalado no esqueleto sólido do solo, não haverá lugar a ulteriores recalques por adensamento.

Embora essa ideia esteja longe de ser rigorosa, o método em questão tem sido aplicado com relativo sucesso em inúmeras obras.

A ideia exposta afasta-se da realidade porque a *relação biunívoca* entre deformação volumétrica e tensão efetiva é apenas verdadeira *para um dado ponto do solo* ou, para uma camada confinada, em uma determinada profundidade. Com efeito, como já foi discutido (ver, por exemplo, a Fig. 4.12) o adensamento processa-se com velocidades distintas aos diversos níveis, estando mais adiantado nos pontos mais próximos das faces drenantes e mais atrasado nos pontos mais afastados das mesmas faces. É possível, assim, dizer que no referido instante t, de fato, haverá zonas do maciço argiloso onde o incremento de tensão efetiva vertical já é superior a Δq_s (*obra*), enquanto em outras será ainda inferior a esse valor.

Pela razão apontada, constitui medida conservadora recomendável a imposição de um certo grau de adensamento no centro da camada (para o caso de camada limitada por duas faces drenantes) de valor sensivelmente mais elevado do que o existente no instante t das Figs. 4.25 e 4.26 (Jimenez Salas, 1980). Isto equivale a adotar como critério de retirada da sobrecarga temporária a verificação de um recalque por adensamento superior a s_c (*obra*).

Essa opção é também conveniente como forma de antecipar os recalques por adensamento secundário que, como já foi mencionado, podem ser consideráveis em solos com alto teor de matéria orgânica. Tomando como referência a Fig. 4.25, uma abordagem simplificada do problema consiste em adotar como critério para a retirada da sobrecarga temporária o instante para o qual o recalque verificado é, agora, a soma do recalque por adensamento primário previsto para a carga permanente, s_c (*obra*), com o recalque por adensamento secundário previsto para determinado período de exploração da obra após a conclusão do adensamento primário, s_d *(obra)*.

4.7.3 Drenos verticais

Generalidades

Processo mais recente, e que se usa em geral conjugado com o anterior, consiste na introdução, no maciço a consolidar, de *drenos verticais* de material de elevada permeabilidade. Até há alguns anos esses drenos eram constituídos por colunas ou *estacas de areia*, mas tornam-se cada vez mais utilizados, devido à economia e rapidez de instalação, *drenos artificiais* ou *sintéticos*. A Fig. 4.27 ilustra drenos dos dois tipos mencionados. Numa das figuras que precedem este capítulo, pode observar-se a aplicação de drenos sintéticos.

Como se sugere na Fig. 4.28a, quando a camada de argila aflora à superfície do terreno, o sistema de drenos é usualmente ligado por uma camada de material granular, desta forma materializando uma face de drenagem superior.

A Fig. 4.28b ilustra duas disposições usuais dos drenos em planta: uma malha quadrada e uma malha triangular, muitas vezes também denominada em quincôncio. Para análise do problema, admite-se simplificadamente que

(a) (b)

Fig. 4.27 *Drenos verticais: (a) drenos de areia (cortesia da JGS) e (b) drenos sintéticos planos*

cada dreno tem uma zona de influência cilíndrica de volume igual ao da zona de influência real, tal como sugere a Fig. 4.28c.

As vantagens da utilização dos drenos residem essencialmente no seguinte:

i) passa a haver, além do escoamento vertical para as faces drenantes, um *escoamento radial* para os drenos (ver Fig. 4.28c);

ii) o percurso que a água tem de percorrer para abandonar a camada de argila é encurtado;

iii) o escoamento para os drenos é horizontal, logo será realizado com uma velocidade superior à do escoamento vertical, já que, em geral, k_h é bastante superior a k_v.

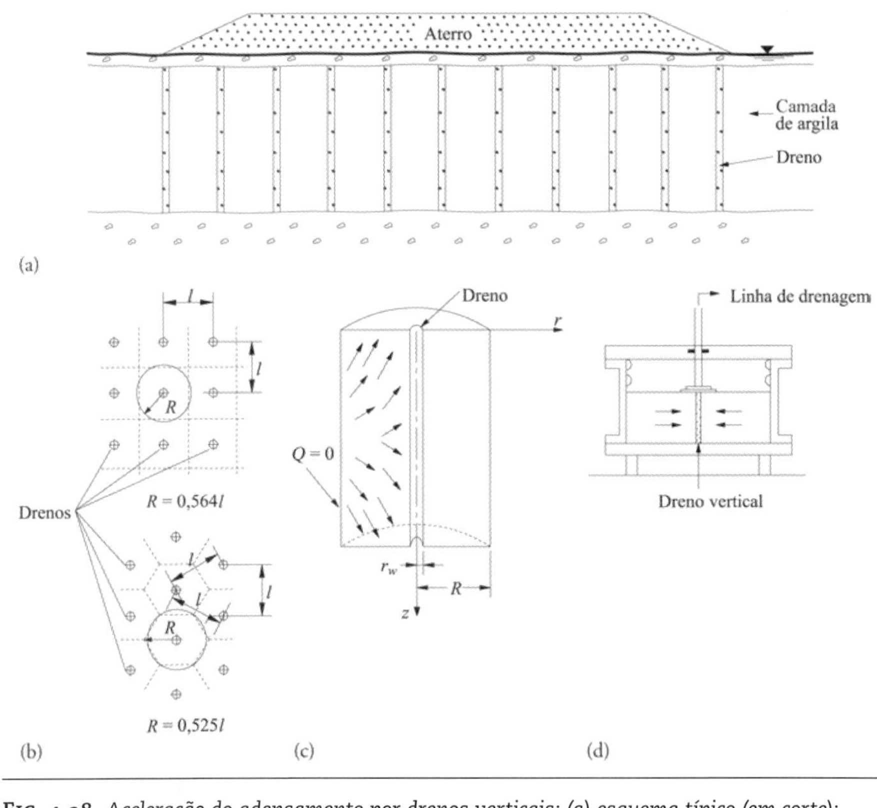

Fig. 4.28 *Aceleração do adensamento por drenos verticais: (a) esquema típico (em corte); (b) disposição dos drenos em planta; (c) tipo de escoamento no interior da zona de influência de um dreno; (d) célula de Rowe para a determinação de c_h*

Solução da equação de adensamento radial

O problema de adensamento esquematizado na Fig. 4.28c com processos simultâneos de adensamento vertical e radial é governado pela equação:

$$c_v \frac{\partial^2 u_e}{\partial z^2} + c_h \left[\frac{\partial^2 u_e}{\partial r^2} + \frac{1}{r} \frac{\partial u_e}{\partial_r} \right] = \frac{\partial u_e}{\partial t} \quad (4.54)$$

em que:

$$c_h = \frac{k_h}{\gamma_w m_v} \quad (4.55)$$

C_h é designado como *coeficiente de adensamento horizontal ou radial.*

É possível demonstrar que a Eq. 4.54 pode ser decomposta na equação que governa o adensamento vertical:

$$c_v \frac{\partial^2 u_e}{\partial z^2} = \frac{\partial u_e}{\partial t} \quad (4.56)$$

e na equação que governa o adensamento radial:

$$c_h \left[\frac{\partial^2 u_e}{\partial r^2} + \frac{1}{r} \frac{\partial u_e}{\partial r} \right] = \frac{\partial u_e}{\partial t} \quad (4.57)$$

procedendo em seguida à composição das respectivas soluções mediante a equação (Scott, 1963):

$$1 - \bar{U}(t) = \left[1 - \bar{U}_z(t)\right]\left[1 - \bar{U}_r(t)\right] \quad (4.58)$$

em que $\overline{U}(t)$ é o grau de adensamento médio resultante num dado instante t e $\overline{U}_z(t)$ e $\overline{U}_r(t)$ são os graus de adensamento médios por adensamento vertical e radial no mesmo instante, respectivamente.

As condições-fronteira para a integração da Eq. 4.57 no domínio cilíndrico já referido são as seguintes:

i) para $t = 0$, $u_e(t) = u_e(0) = \Delta\sigma_v$ para $r_w \leq r < R$ (4.59)

ii) para qualquer $t \neq 0$, $u_e(t) = 0$ para $r = r_w$ (4.60)

e $\partial u_e / \partial r = 0$ para $r = R$ (4.61)

A Tab. 4.4 inclui a solução da Eq. 4.57 fornecendo o grau de adensamento médio radial, $\overline{U}_r$, em função da razão dos raios da zona cilíndrica de influência e do dreno.

$$n = \frac{R}{r_w} \quad (4.62)$$

e do fator tempo para adensamento radial:

$$T_r = \frac{c_h t}{R^2} \quad (4.63)$$

Tab. 4.4 Solução da equação de adensamento radial

$\overline{U}_r$(%) Grau de adensamento médio	Fator tempo, T_r										
	$\frac{R}{r_w}$ 5	10	15	20	25	30	40	50	60	90	100
0	0	0	0	0	0	0	0	0	0	0	0
5	0,024	0,040	0,051	0,058	0,063	0,068	0,075	0,081	0,086	0,090	0,093
10	0,049	0,083	0,104	0,119	0,130	0,140	0,155	0,167	0,176	0,184	0,191
15	0,076	0,128	0,160	0,183	0,201	0,216	0,239	0,257	0,272	0,284	0,295
20	0,104	0,176	0,220	0,251	0,276	0,296	0,328	0,353	0,373	0,390	0,405
25	0,135	0,227	0,284	0,324	0,356	0,382	0,423	0,455	0,481	0,503	0,523
30	0,167	0,281	0,352	0,402	0,441	0,474	0,525	0,564	0,597	0,624	0,648
35	0,202	0,340	0,425	0,485	0,533	0,572	0,634	0,681	0,721	0,754	0,782
40	0,239	0,403	0,503	0,576	0,632	0,678	0,751	0,808	0,854	0,894	0,928
45	0,280	0,472	0,589	0,674	0,740	0,794	0,879	0,946	1,000	1,046	1,086
50	0,325	0,547	0,683	0,781	0,858	0,920	1,019	1,096	1,159	1,213	1,259
55	0,374	0,630	0,787	0,900	0,988	1,060	1,174	1,263	1,336	1,397	1,450
60	0,429	0,723	0,903	1,033	1,134	1,216	1,348	1,449	1,533	1,603	1,664
65	0,492	0,828	1,035	1,183	1,299	1,394	1,544	1,661	1,756	1,837	1,907
70	0,564	0,950	1,187	1,357	1,490	1,598	1,771	1,904	2,014	2,107	2,187
75	0,649	1,094	1,366	1,562	1,715	1,840	2,039	2,193	2,319	2,426	2,518
80	0,754	1,270	1,586	1,814	1,991	2,137	2,367	2,546	2,692	2,816	2,923
85	0,888	1,497	1,870	2,138	2,347	2,519	2,790	3,001	3,173	3,319	3,446
90	1,078	1,817	2,269	2,595	2,849	3,057	3,386	3,642	3,852	4,029	4,182
95	1,403	2,364	2,953	3,376	3,706	3,977	4,406	4,739	5,011	5,242	5,441
99	2,156	3,634	4,539	5,190	5,698	6,114	6,773	7,285	7,703	8,058	8,365
100	∞	∞	∞	∞	∞	∞	∞	∞	∞	∞	∞

Pode ainda utilizar-se as seguintes expressões aproximadas:

$$\overline{U}_r = 1 - e^{\frac{-2T_r}{F(n)}} \tag{4.64}$$

em que:

$$F(n) = \frac{n^2}{n^2 - 1} \cdot \ln\ (n) - \frac{3n^2 - 1}{4n^2} \tag{4.65}$$

e

$$T_r = -\frac{1}{2}\left[\frac{n^2}{n^2 - 1}\ln(n) - \frac{3n^2 - 1}{4n^2}\right]\ln\left(1 - \overline{U}_r\right) \tag{4.66}$$

Atendendo à anisotropia de permeabilidade do solo, o coeficiente de adensamento horizontal ou radial, c_h, deve ser determinado por meio de ensaios edométricos com a chamada *célula de Rowe* (Rowe; Barden, 1966), em que o corpo de prova é carregado e a drenagem é processada por meio de um dreno central, conforme se esquematiza na Fig. 4.28d, ou por meio de um dreno periférico.

Cálculo da rede de drenos verticais

Nos casos práticos pretende-se, em geral, que o processo de adensamento esteja praticamente concluído ao fim de um determinado período de tempo, *t*, que é, portanto, um requisito do projeto.

A Fig. 4.29 ilustra os passos necessários para o cálculo do espaçamento, *l*, de uma malha de drenos de raio r_w dispostos em malha triangular.

Quando são usados drenos sintéticos do tipo dos representados na Fig. 4.27, r_w é considerado o raio de um dreno circular de perímetro equivalente.

4.7.4 COMENTÁRIO FINAL

Como já foi referido, o uso dos drenos verticais é frequentemente conjugado com o pré-carregamento do maciço.

Em relação ao pré-carregamento, o emprego de drenos verticais apresenta a vantagem de não estar limitado pela resistência do terreno e de ser facilmente adaptável às necessidades de aceleração do adensamento presentes em cada caso. Por sua vez, enquanto os drenos verticais são eficazes exclusivamente para a aceleração dos recalques por adensamento primário, o pré-carregamento pode de fato acelerar ou antecipar também os recalques por adensamento secundário. Esse aspecto é de fundamental importância em certos casos, como os depósitos com alto teor de matéria orgânica, e muito especialmente os depósitos de turfa, nos quais o adensamento primário é em geral relativamente rápido e os recalques por adensamento secundário são elevados, da ordem de grandeza ou superiores aos associados ao adensamento primário. Nesses casos, o uso da pré-carga é o único meio eficaz de antecipar os recalques por adensamento secundário.

As estacas de areia ou as estacas de brita desempenham não apenas a função de drenos verticais mas também a de reforços do maciço. Dessa forma, podem não apenas acelerar o recalque por adensamento, mas também reduzi-lo. Com efeito, o maciço reforçado funcionará como um material compósito, ocorrendo uma concentração de tensões verticais nos reforços (menos compressíveis) e uma redução no solo argiloso mole.

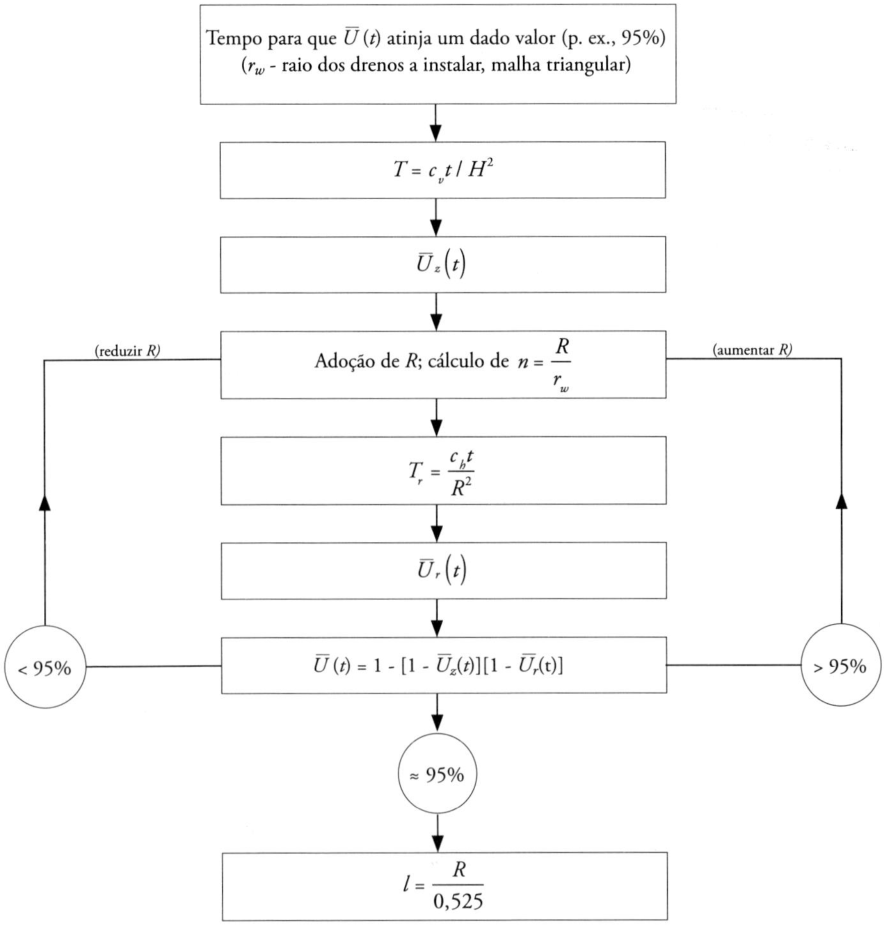

FIG. 4.29 Drenos verticais – esquema de cálculo do afastamento da malha triangular de modo a atingir ao fim de um período de tempo, t, um dado grau de adensamento médio

O reforço do maciço de argila com estacas de brita visa também, com frequência, aumentar a resistência daquele contra rupturas por deslizamentos de tipo rotacional, mencionados na seção seguinte. Esse assunto é tratado no Cap. 1 do vol. 2 deste livro.

4.8 MONITORAMENTO DE ATERROS SOBRE MACIÇOS DE SOLOS ARGILOSOS MOLES

A complexidade dos maciços naturais e as limitações das teorias que baseiam os métodos de previsão dos recalques e da sua evolução no tempo levam a que sejam frequentes desvios importantes das estimativas em relação à realidade. Isso é particularmente aplicável, aliás, à evolução no tempo do recalque, que é na maior parte dos casos em geral significativamente mais rápida do que o previsto.

Esse fato é resultado, em muitas situações, da macroestrutura exibida pelos solos moles, aspecto já mencionado na seção "Resultados da Teoria de Biot". Com efeito, a existência de subcamadas de maior permeabilidade pode reduzir extraordinariamente o tempo de adensamento, quer por incremento do coeficiente de adensamento horizontal médio, quer por redução do percurso de escoamento associado ao processo do adensamento vertical.

O que acaba de ser mencionado conduz à necessidade de observar o comportamento das obras de modo a, se for caso disso, ajustar os cálculos de previsão e tomar as medidas que conduzam de forma mais econômica e segura à satisfação dos requisitos do projeto. As grandezas medidas, o tipo de equipamento usado e os locais em que é instalado encontram-se resumidos no Quadro 4.3. A Fig. 4.30 ilustra uma típica seção instrumentada de um aterro viário.

Os recalques da superfície do terreno são normalmente medidos com o auxílio das chamadas *placas de recalque*. Basicamente, elas constam de uma pequena placa quadrada de concreto armado onde se encastra um tubo metálico que pode ser sucessivamente dotado de novos tramos, acoplados ao tramo imediatamente inferior. As placas são pousadas na superfície inicial do terreno e a cota do topo do tubo é determinada por nivelamento topográfico, tomando como base um ponto suficientemente afastado de modo a não ser praticamente afetado por movimentos associados à obra a observar. Colocado o aterro e iniciado o processo de adensamento, nivelamentos topográficos periódicos permitem acompanhar a variação da cota do topo do tubo, logo da superfície do terreno em cada local.

Da descrição efetuada é fácil compreender que esse processo de observação é bastante simples e econômico. O seu uso isolado não é todavia aconselhável, porque é difícil proceder à interpretação cabal do comportamento do maciço apenas com base no registro dos recalques, muito em particular quando estes ainda estão relativamente longe dos valores de estabilização. Por exemplo, a observação, para um dado período após o carregamento, de recalques mais elevados do que os previstos pode resultar de situações muito distintas: i) da subestimação dos parâmetros de compressibilidade do solo; ii) da subestimação do coeficiente de adensamento; iii) de erro na avaliação das condições-fronteira do problema,

QUADRO 4.3 GRANDEZAS A MEDIR, EQUIPAMENTOS E LOCAL DE INSTALAÇÃO PARA OBSERVAÇÃO DE ATERROS SOBRE SOLOS ARGILOSOS MOLES

Grandezas medidas	Tipo de equipamento	Local a instalar
Recalques da superfície	Placas de recalque/ topografia	Superfície do terreno na área carregada e na vizinhança
Deslocamentos horizontais do maciço	Inclinômetros/ tubos do inclinômetro	Furos verticais nas proximidades do limite da área carregada
Pressões neutras	Piezômetros elétricos	Camada de argila a várias profundidades

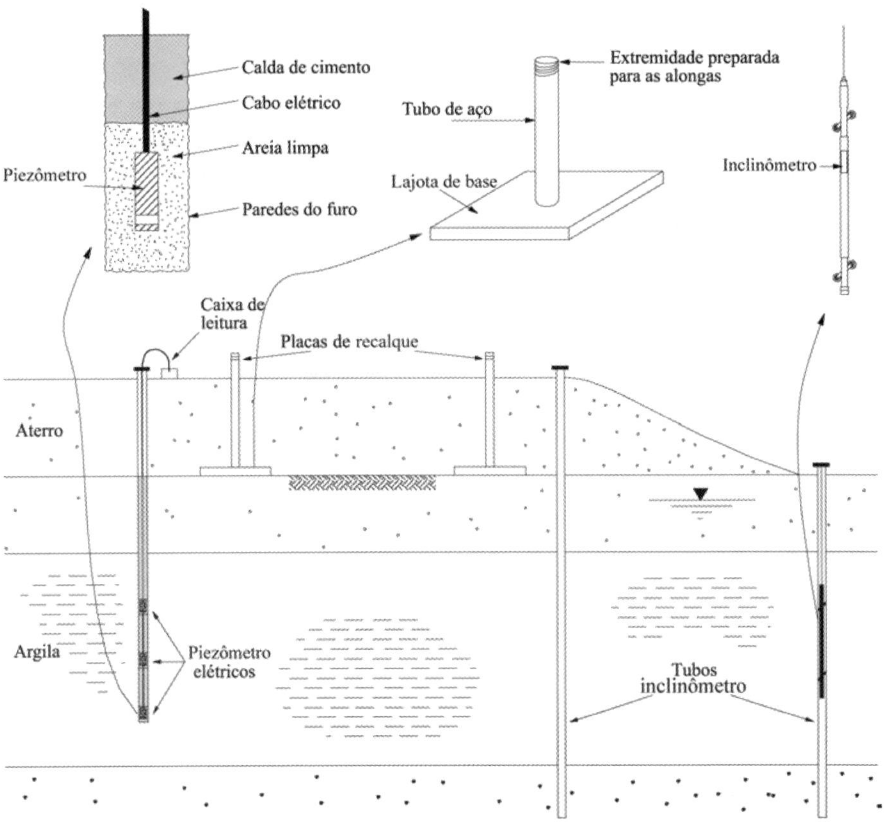

FIG. 4.30 *Seção típica instrumentada de uma obra de aterro sobre um maciço aluvionar com camada argilosa mole*

especificamente em termos de drenagem; iv) da ocorrência de significativos recalques por adensamento secundário; v) da hipótese de linearidade entre tensão efetiva e deformação volumétrica adotada na teoria de Terzaghi (ver a propósito a Fig. 4.15); vi) da combinação de dois ou mais dos aspectos anteriormente referidos.

É, por isso, muito conveniente conjugar a observação dos recalques com a das pressões na água dos poros na camada de argila a várias profundidades, usando *piezômetros elétricos*, por causa da permeabilidade muito baixa do solo. Como mostra a Fig. 4.30, num único furo podem instalar-se diversos piezômetros elétricos a outras tantas profundidades. Em volta de cada piezômetro é construída uma câmara com material drenante, de modo a facilitar o acesso de água à célula; sobre este material drenante sela-se o furo com calda de cimento (praticamente impermeável) até à profundidade da nova câmara para o piezômetro imediatamente superior e assim sucessivamente (ver A7).

No que diz respeito aos deslocamentos horizontais no maciço de argila, no caso do carregamento em áreas de grandes dimensões, eles assumem significado apenas sob as zonas mais próximas do limite do aterro. A sua medição assume relevância no contexto da segurança em relação a uma ruptura envolvendo um deslizamento do tipo rotacional de parte do aterro e do maciço de fundação ao longo de uma superfície que em geral se aproxima de um arco de circunferência (ver, por exemplo, a Fig. 6.30). Em geral, essas rupturas são precedidas de deslocamentos horizontais relativamente elevados no maciço de fundação. Os deslocamentos horizontais podem ser medidos ao longo de furos verticais nos quais são instalados *tubos do inclinômetro*. A introdução num desses tubos de um aparelho – o *inclinômetro* – permite obter os deslocamentos horizontais de cada ponto do tubo em relação à linha vertical que passa pelo pé do mesmo tubo. Como, em geral, há o cuidado de prolongar os tubos até uma formação de elevada resistência, onde os deslocamentos são praticamente desprezíveis, os deslocamentos horizontais medidos pelo inclinômetro são muito próximos dos deslocamentos horizontais absolutos a cada profundidade.

Como foi anteriormente sugerido, a interpretação dos resultados da observação não está isenta de dificuldades e requer apurado espírito crítico. Almeida e Marques (2010) apresentam diversos métodos de interpretação dos resultados da observação e interessantes exemplos de aplicação dos mesmos.

Anexos

A8 Dedução da Eq. 4.1. Constância da razão H / (1 + E)

A8.1 Dedução da Eq. 4.1

$$\left.\begin{aligned} e_0 &= \frac{V_{v0}}{V_s} = \frac{Sh_{v0}}{Sh_s} = \frac{h_{v0}}{h_s} = \frac{h_0 - h_s}{h_s} = \frac{h_0}{h_s} - 1;\ h_s = \frac{h_0}{1+e_0} \\ e &= \frac{V_v}{V_s} = \frac{Sh_v}{Sh_s} = \frac{h_v}{h_s};\ \Delta e = \frac{\Delta h_v}{h_s} = \frac{\Delta h}{h_s};\ h_s = \frac{\Delta h}{\Delta e} \end{aligned}\right\} \Delta h = \frac{h_0}{1+e_0}\Delta e \quad \text{(A8.1)}$$

A8.2 Constância da razão h / (1 + e)

Considere-se e_1 e h_1 o índice de vazios e a espessura após as variações Δe e Δh, respectivamente. Assim:

$$h_1 = h_0 - \Delta h \quad \text{(A8.2)}$$

$$e_1 = e_0 - \Delta e \quad \text{(A8.3)}$$

Demonstra-se, em seguida, a constância da razão h / (1 + e):

$$\frac{h_1}{1+e_1} = \frac{h_0 - \Delta h}{1+e_0-\Delta e} = \frac{h_0 - \dfrac{h_0}{1+e_0}\Delta e}{1+e_0-\Delta e} = \frac{h_0\left(1 - \dfrac{\Delta e}{1+e_0}\right)}{1+e_0-\Delta e} = \frac{h_0\dfrac{1+e_0-\Delta e}{1+e_0}}{1+e_0-\Delta e} = \frac{h_0}{1+e_0} \quad \text{(A8.4)}$$

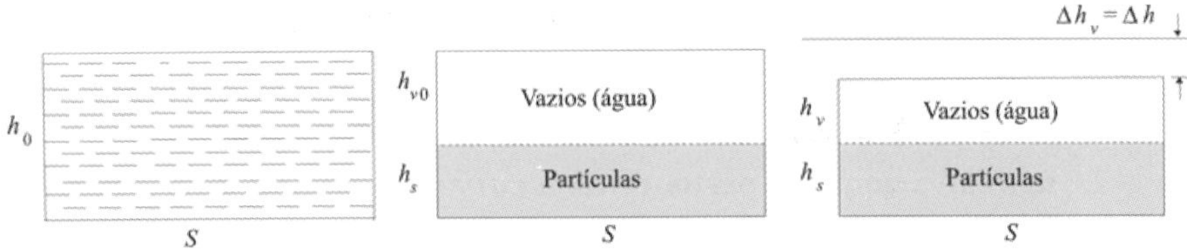

Fig. A8.1 *Estrato genérico de argila saturada antes e após o carregamento confinado*

A9 Avaliação de σ'_{vm} pela construção empírica de Casagrande

A construção consiste no seguinte (ver Fig. A9.1):

1. localizar o ponto da curva $log\sigma'_v$- e de menor raio de curvatura;
2. por este ponto traçar uma linha horizontal e uma outra tangente à curva;
3. traçar a bissetriz do ângulo formado pelas duas linhas anteriores;

4. prolongar a parte reta do ramo virgem da curva de adensamento até cruzar a bissetriz;
5. a abscissa desse ponto de interseção corresponde à tensão de pré-adensamento.

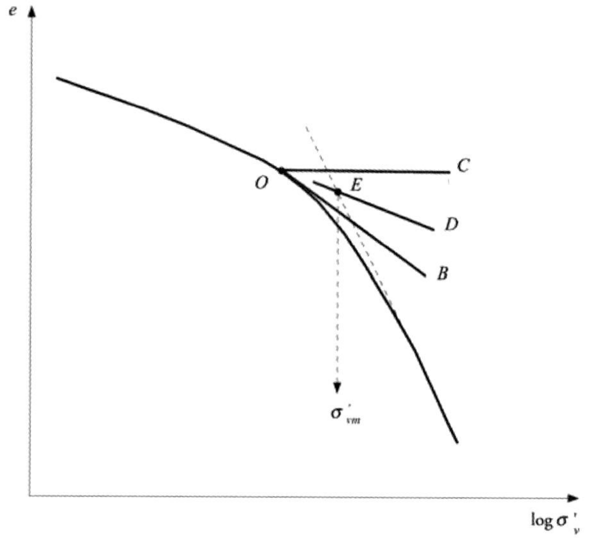

Fig. A9.1 *Construção de Casagrande para a avaliação da tensão de préadensamento*

A10 Tratamento das curvas $log\ \sigma'_v$–e pela construção empírica de Schmertmann

Esta construção tem de ser precedida pela determinação de σ'_{vm}. Caso $\sigma'_{vm} = \sigma'_{v0}$ (solo normalmente adensado), como mostra a Fig. A10.1:

1. marcar o ponto *B* de coordenadas (log σ'_{v0}, e_0);
2. marcar o ponto *C*, pertencente à curva de ensaio e cuja ordenada vale 0,42 e_0;
3. a curva de compressibilidade corrigida (ramo virgem) coincide com a semirreta *BC*.

Caso $\sigma'_{vm} > \sigma'_{v0}$ (solo sobreadensado), como mostra a Fig. A10.2:

1. marcar o ponto *D* de coordenadas (log σ'_{v0}, e_0);
2. marcar o ponto *E*, de abscissa log σ'_{vm} e que está sobre a semirreta que parte de *D* e é paralela ao ramo de recompressão (caracterizado pelo ciclo de descarga-recarga);
3. marcar o ponto *C*, pertencente à curva de ensaio e cuja ordenada vale 0,42 e_0;

4. a curva de compressibilidade tratada coincide com o segmento de reta *DE* (ramo de recompressão) e com a semirreta *EC* (ramo virgem).

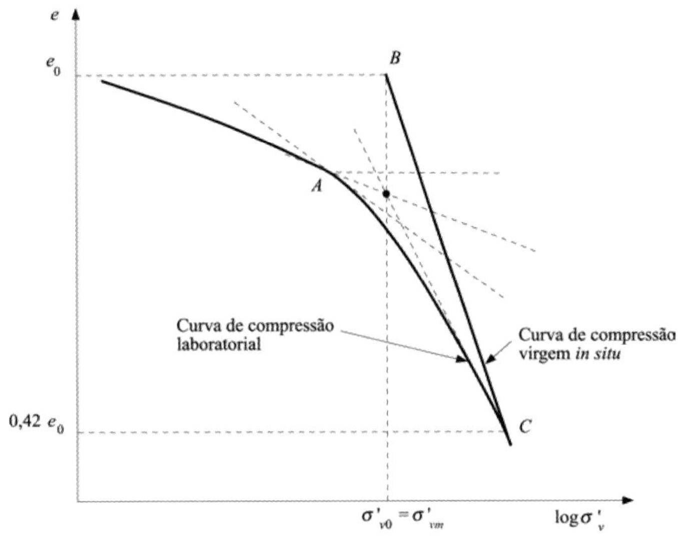

Fig. A10.1 *Reconstituição das curvas de compressibilidade segundo Schmertmann para solos normalmente adensados*

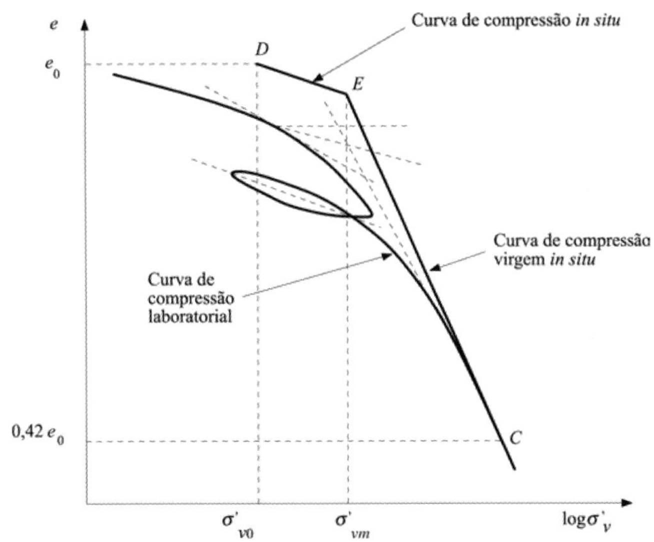

Fig. A10.2 *Reconstituição das curvas de compressibilidade segundo Schmertmann para solos sobreadensados*

A11 Determinação do coeficiente de adensamento vertical, c_v

A11.1 Método de Taylor

No método de Taylor para a determinação de c_v, os resultados são representados marcando em abscissas a raiz quadrada do tempo e em ordenadas os deslocamentos verticais registrados no transdutor ligado ao topo do corpo de prova (logo, os recalques).

A Fig. A11.1a mostra o aspecto do gráfico correspondente à teoria de Terzaghi (note que T é proporcional ao tempo real e $\overline{U}_z$ é proporcional ao recalque em cada instante), enquanto a Fig. A11.2b mostra os resultados de um ensaio real.

É de notar que o tramo inicial do diagrama teórico é praticamente retilíneo (dado que, como mostra a Fig. 4.14, a curva que relaciona T e $\overline{U}_z$ é, no seu início, muito aproximadamente uma parábola cujo eixo é paralelo ao eixo das abscissas).

A Fig. A11.1a mostra duas retas, uma (*OB*) que corresponde à tangente ao diagrama no seu tramo inicial e outra (*OC*) que une a origem com o ponto do diagrama cuja ordenada vale $\overline{U}_z = 90\%$.

As abscissas dos pontos *B* e *C* (ambos com ordenada $\overline{U}_z = 90\%$) estão relacionadas da forma que a figura indica (ou seja, a abscissa de *C* é 1,15 vezes a de *B*).

Atentando para esse fato, o procedimento para a determinação de c_v a partir de um diagrama experimental como o da Fig. A11.1b consiste no seguinte:

1. traçar uma reta tangente ao tramo retilíneo do diagrama experimental e uma outra cujas abscissas sejam 1,15 vezes superiores à primeira;
2. a interseção da segunda reta com o diagrama experimental permite determinar o ponto correspondente a $\overline{U}_z = 90\%$, logo o valor de t_{90};
3. para $\overline{U}_z = 90\%$, o valor teórico de T vale 0,848 (ver Tab. 4.2); sendo conhecida a altura inicial do corpo de prova, $2H$, tem-se:

$$c_v = \frac{T_{90}H^2}{t_{90}} = \frac{0{,}848\,H^2}{t_{90}} \tag{A11.1}$$

É de notar que o prolongamento da tangente ao diagrama experimental cruza o eixo das ordenadas num ponto de ordenada não nula (em geral positiva). Isso deve-se em geral a recalques imediatos, conforme já foi mencionado.

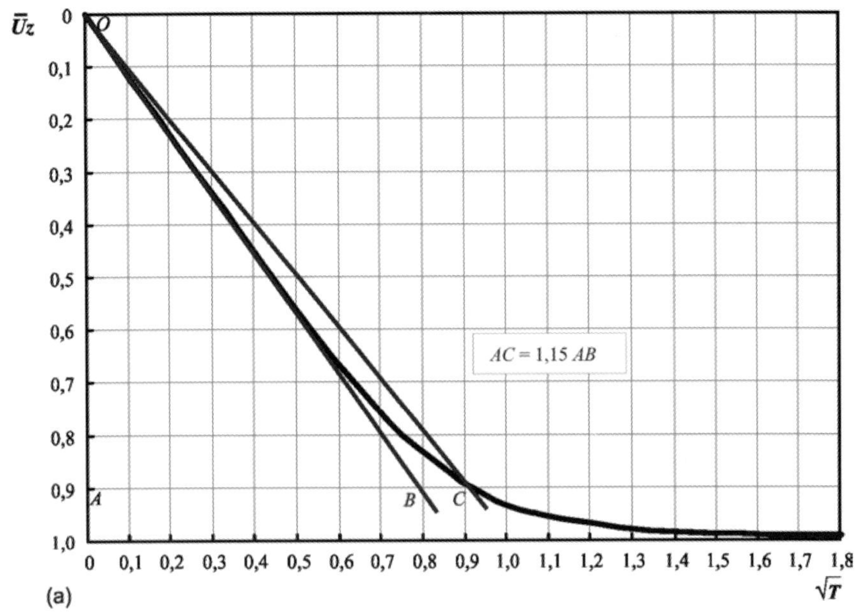

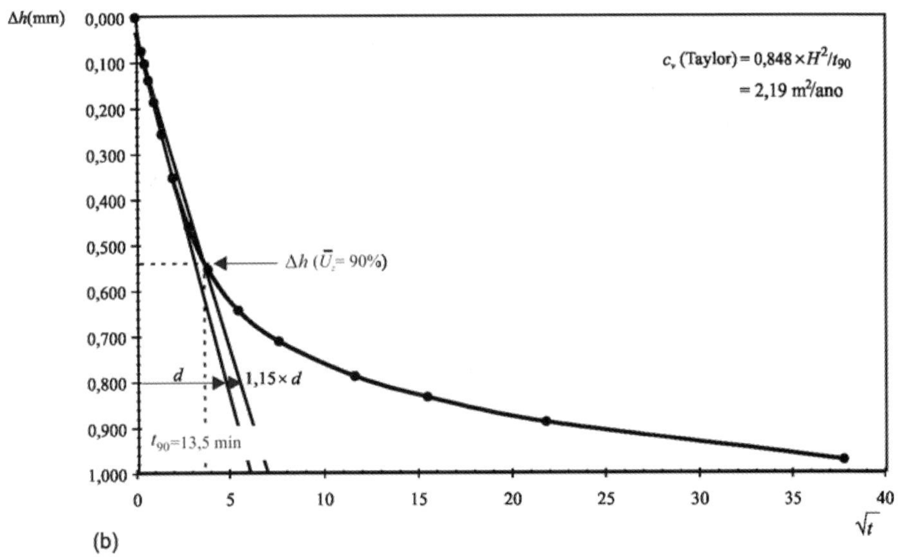

FIG. A11.1 *Determinação de c_v pelo método de Taylor: (a) curva teórica; (b) curva experimental de uma argila mole do Baixo Mondego*
Fonte: Coelho (2000).

A11.2 Método de Casagrande

No método de Casagrande para determinação de c_v, os resultados são representados marcando em abscissas o logaritmo do tempo e em ordenadas os deslocamentos verticais registrados no transdutor ligado ao topo do corpo de prova (logo, os recalques).

A Fig. A11.2a mostra o aspecto do gráfico referente à evolução de acordo com a teoria de Terzaghi, enquanto a Fig. A11.2b mostra os resultados de um ensaio real.

Na curva teórica pode verificar-se que a interseção da assíntota com a tangente à parte central da curva coincide com o ponto correspondente a um grau de adensamento de 100%.

Atentando para esse fato, o procedimento para a determinação de c_v a partir de um diagrama experimental como a da Fig. A11.2b consiste nos seguintes passos:

1. traçar duas retas tangentes ao diagrama experimental, uma à parte intermediária do mesmo (no ponto de inflexão) e outra ao trecho final retilíneo; por analogia com o que ocorre com a curva teórica, o ponto de interseção das duas tangentes corresponde ao fim do adensamento ($\overline{U}_z$ = 100%);
2. a parte inicial da curva é corrigida de modo a expurgar os recalques imediatos, determinando dessa forma o *verdadeiro* s_0, registro correspondente a $\overline{U}_z = 0$; considerando que para $\overline{U}_z < 60\%$ o grau de adensamento é muito aproximadamente proporcional à raiz quadrada de t, tomando dois instantes t_A e $t_B = 4t_A$ na parte inicial do processo de adensamento, deve obter-se $\Delta h_B = 2\Delta h_A$; dessa forma, o valor corrigido de Δh ($\overline{U}_z$=0) obtém-se marcando uma distância para cima de Δh_A igual àquela que no gráfico separa Δh_B de Δh_A;
3. determina-se em seguida:

$$\Delta h\left(\bar{U}_z = 50\%\right) = \left[\Delta h\left(\bar{U}_z = 0\right) + \Delta h\left(\bar{U}_z = 100\%\right)\right] / 2 \qquad \textbf{(A11.2)}$$

e a abscissa respectiva, t_{50};

4. para $\overline{U}_z$ = 50%, o valor teórico de T vale 0,197 (ver Tab. 4.2); sendo conhecida a altura inicial da amostra, $2H$, obtém-se:

$$c_v = \frac{T_{50} H^2}{t_{50}} = \frac{0,197 H^2}{t_{50}} \qquad \textbf{(A11.3);}$$

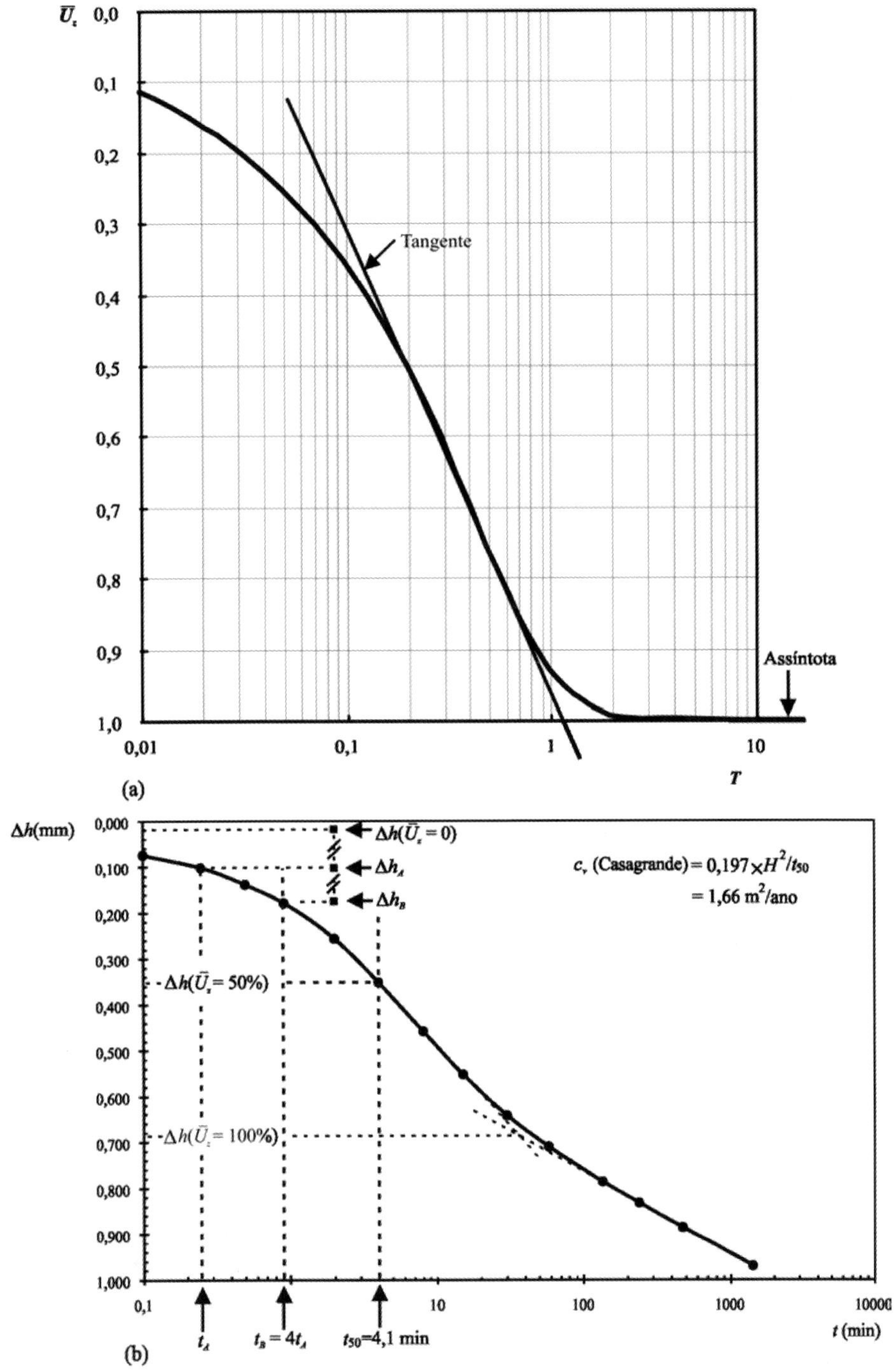

FIG. A11.2 *Determinação de c_v pelo método de Casagrande: (a) curva teórica; (b) curva experimental de uma argila mole do Baixo Mondego*
Fonte: Coelho (2000).

Sob a ação de sismos, certas areias perdem transitoriamente a resistência ao cisalhamento, fenômeno que é designado como liquefação.

Ejeção de areia devido à liquefação, sismo de El Centro, EUA, 1979
Foto: Steinbrugge Collection, NISEE/PEER, University of California, Berkeley.

Rokko Island, Kobe, Japão: ilha artificial (580 ha) que integra o porto de Kobe, construída entre 1972 e 1990; por ocasião do sismo de 1995, a liquefação causou graves danos nos pavimentos e muros-cais
Foto: António Gomes Coelho.

Port Island, Kobe, Japão: ilha artificial (436 ha) que integra o porto de Kobe, construída entre 1966 e 1981; por ocasião do sismo de 1995, a liquefação dos aterros foi generalizada, tendo a ejeção de areias coberto grandes áreas, escondendo os pavimentos fortemente danificados
Foto: António Gomes Coelho.

5 Introdução à resistência ao cisalhamento dos solos. Resistência ao cisalhamento e relações tensões-deformações em areias

As estruturas de engenharia civil induzem nos maciços terrosos com que interatuam estados de tensão que modificam mais ou menos profundamente o estado de tensão de repouso. Os aspectos do dimensionamento dessas estruturas relacionados com a interação com o terreno (adjacente, envolvente ou subjacente, conforme o tipo de estrutura) são orientados, de modo geral, por dois critérios essenciais:

i) o estado de tensão resultante dessa interação deve estar suficientemente afastado daquele que, para carregamento similar do terreno, ocasionaria neste deformações infinitas, isto é, colapso ou ruptura global;
ii) ao estado de tensão resultante dessa interação deve estar associado um estado de deformação tolerável ou aceitável para a resistência e para a funcionalidade das próprias estruturas ou de outras localizadas na vizinhança.

Os assuntos versados neste capítulo e no seguinte constituem a base que permite aos engenheiros trabalharem no contexto esboçado. Com efeito, o primeiro dos critérios enunciados exige o conhecimento da resistência dos solos e o segundo da sua rigidez ou, de forma mais rigorosa, das relações tensões-deformações na fase de carregamento que precede a mobilização da resistência.

Nestes dois últimos capítulos será abordada a caracterização da resistência e da rigidez por meio, essencialmente, de ensaios de laboratório. As amostras ensaiadas, mesmo sendo suficientemente grandes para representar o arranjo da estrutura formada pelas partículas – logo, sendo muito maiores do que as partículas da fração mais grossa do solo –, são, todavia, como se compreende, muitíssimo menores do que o maciço real.

Isso quer dizer que a caracterização da resistência de uma amostra ou série de amostras em laboratório pode conduzir à previsão dos estados de tensão que ocasionam no maciço uma *ruptura local* ou *pontual*, mas já não – pelo menos diretamente – daqueles estados de tensão que podem causar no maciço uma *ruptura global*.

Com efeito, como os maciços terrosos constituem meios tridimensionais, a passagem daqueles para estes estados de tensão exige a aplicação de determinadas teorias ou metodologias, distintas conforme o tipo de estrutura e de carregamento. Essas teorias são aplicadas naquilo que normalmente se designa como *análises de estabilidade*, que integram o processo de dimensionamento. Algumas dessas teorias serão abordadas no segundo volume deste livro, aplicáveis, por exemplo, a fundações, a taludes, a aterros sobre solos moles e a muros de arrimo.

De modo análogo, é por meio das chamadas *análises de deformação*, também integrantes das análises de dimensionamento, que se pode prever a deformação do maciço real, com base na rigidez exibida pelos corpos de prova nos ensaios de laboratório.

A Fig. 5.1 ilustra de forma muito esquemática a metodologia usada. Basicamente:

i) no campo, procede-se à recolha de amostras indeformadas (Fig. 5.1a);
ii) no laboratório, corpos de prova obtidos a partir dessas amostras são submetidos a ensaios em que os estados de tensão (total, efetiva e a pressão na água dos poros), o estado de deformação e as condições de drenagem são controlados e conhecidos (Fig. 5.1b);
iii) a resposta do solo é então passível de interpretação relativamente simples, que conduz à obtenção dos chamados *parâmetros de resistência*: esses parâmetros, por sua vez, definem os estados de tensão que provocam num elemento de solo a ruptura; a interpretação dos ensaios permite ainda caracterizar as relações tensões-deformações na fase prévia à mobilização da resistência, ou, simplesmente, os *parâmetros de deformabilidade* (Fig. 5.1c);
iv) esses parâmetros de resistência e de deformabilidade são depois usados nas teorias e metodologias com que se procura satisfazer, em cada caso, os dois critérios de projeto já mencionados (Fig. 5.1d).

Importa esclarecer que essa não é a única via de trabalho. Em particular, os parâmetros de resistência e de deformabilidade são estimados também – e até, com frequência, preferencialmente – com base em resultados de ensaios *in situ*. Na sua maioria esses ensaios serão tratados no segundo volume deste livro.

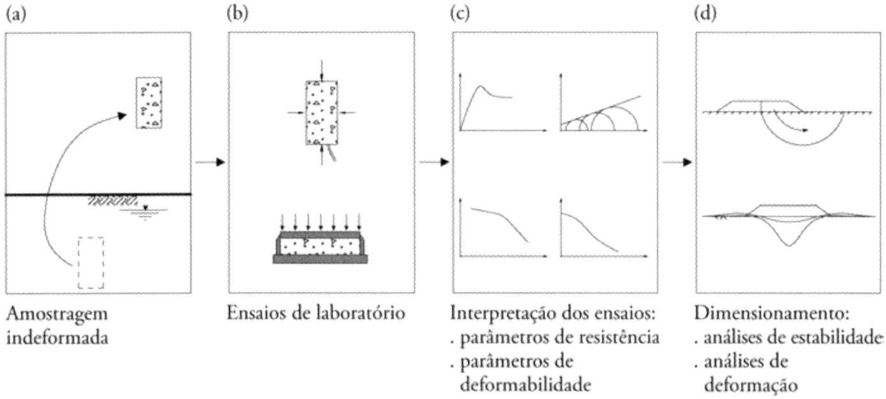

FIG. 5.1 *Esquema simplificado do processo de dimensionamento de estruturas geotécnicas com base em ensaios de laboratório*

Deve ser destacado que o uso dos parâmetros avaliados em laboratório ou *in situ* no processo de dimensionamento não é direto, isto é, não é feito sem um prévio tratamento, que conduz à seleção dos respectivos valores característicos e envolve também a aplicação de coeficientes de segurança; isso será tratado também no segundo volume deste livro.

Por causa da considerável extensão do texto necessário para tratar o assunto esboçado anteriormente, resolveu-se dividilo em dois capítulos, o presente e o capítulo seguinte. Neste Cap. 5 começa-se por discutir a questão da ruptura nos solos, são apresentados em seguida os principais equipamentos de laboratório para caracterizar a resistência ao cisalhamento dos solos e, por fim, são tratadas a resistência ao cisalhamento e as relações tensões-deformações em areias e, de modo geral, nos solos granulares. O capítulo seguinte será dedicado às argilas.

Antes de encerrar esta introdução é porventura útil chamar a atenção do leitor que o assunto tratado no capítulo anterior, que se enquadra na metodologia geral agora apresentada.

5.1 A RUPTURA NOS SOLOS

Considere-se um maciço de superfície horizontal e peso específico γ que vai ser solicitado por uma carga crescente, Δq_s, uniformemente distribuída numa faixa de desenvolvimento infinito, como indica a Fig. 5.2. Admita-se, por simplificação, que o solo está emerso e seco, sendo coincidentes as tensões totais e efetivas.

Considere-se um ponto *P* sobre o eixo de simetria vertical da área carregada, à profundidade *z*, e na sua vizinhança três planos mutuamente ortogonais, sendo um deles horizontal e outro perpendicular ao eixo da faixa solicitada. Nesse ponto as tensões de repouso valem:

$$\sigma'_{v0} = \gamma\, z \tag{5.1}$$

e

$$\sigma'_{h0} = K_0\, \sigma'_{v0} = K_0\, \gamma\, z \tag{5.2}$$

As tensões efetivas incrementais naqueles planos, $\Delta\sigma_z$, $\Delta\sigma_x$ e $\Delta\sigma_y$, são puramente normais e, como é sabido, podem ser calculadas com razoável aproximação de acordo com as soluções da teoria da elasticidade estudadas no Cap. 2. Durante o carregamento, as tensões principais vão manter-se na vertical (a maior, admitindo $K_0 < 1$) e na horizontal (a intermediária e a menor) e valem:

$$\sigma'_1 = \sigma'_z = \sigma'_{v0} + \Delta\sigma'_z \tag{5.3}$$

$$\sigma'_2 = \sigma'_y = \sigma'_{h0} + \Delta\sigma'_y \tag{5.4}$$

$$\sigma'_3 = \sigma'_x = \sigma'_{h0} + \Delta\sigma'_x \tag{5.5}$$

O estudo apresentado a seguir refere-se fundamentalmente a tensões existentes num plano, o plano *xOz*, que contém a maior e a menor tensão principal. Deve ser notado, contudo, que a tensão principal intermediária tem certa influência, quer na resistência ao cisalhamento dos solos, quer nas respectivas relações tensões-deformações. Essa influência não está ainda perfeitamente esclarecida, por um lado, e, por outro, a consideração, neste estudo, de σ'_2 complicaria excessivamente a exposição. De qualquer forma, algumas referências serão feitas oportunamente a respeito da influência dessa tensão principal.

Portanto, no que segue, considera-se:

$$\sigma'_1 = \sigma'_v = \sigma'_{v0} + \Delta\sigma'_v \tag{5.6}$$

$$\sigma'_3 = \sigma'_h = \sigma'_{h0} + \Delta\sigma'_h \tag{5.7}$$

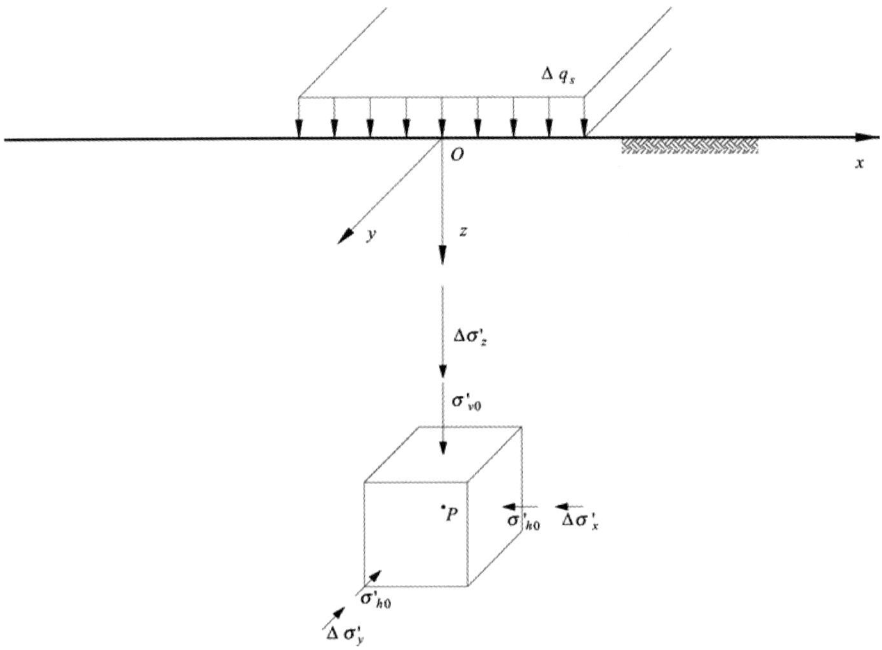

FIG. 5.2 *Maciço terroso carregado à superfície – esquema geral e tensões iniciais e incrementais num ponto P situado no eixo de simetria da área carregada*

A Fig. 5.3a mostra a evolução do estado de tensão no ponto *P* para, por exemplo, os três primeiros incrementos da carga superficial, admitidos como de igual grandeza, podendo observar-se que à medida que cresce o carregamento à superfície, crescem no ponto em questão a tensão normal média e a tensão de cisalhamento.

Será possível compreender que tendo os solos, como todos os materiais, resistência finita, o estado de tensão em *P* não pode evoluir indefinidamente, da forma indicada, com o crescimento de Δq_s. Em outras palavras: no sistema de eixos usado, existe uma fronteira que separa os estados de tensão compatíveis com a resistência do solo daqueles que o solo não pode suportar. Essa fronteira designa-se como *envoltória de ruptura* e a sua equação corresponde ao chamado *critério de ruptura*.

5.1.1 CRITÉRIO DE RUPTURA DE MOHR-COULOMB

A maioria dos solos experimenta ruptura de acordo com o chamado *critério de Mohr-Coulomb*. Segundo esse critério, um material – um solo, no caso presente – entra em ruptura num ponto quando num par de planos que passa nesse ponto é atingida uma dada relação entre a componente normal, σ'_f, e a componente tangencial, τ_f, da tensão, expressa por:

$$\tau_f = c' + \sigma'_f \; tg\phi' \tag{5.8}$$

em que ϕ' é o chamado *ângulo de atrito efetivo* e c' é a chamada *coesão efetiva*. O subíndice f das componentes da tensão destina-se a indicar que essas componentes correspondem à ruptura (*failure*).

Para materiais em que $c' = 0$, a equação anterior fica, simplesmente:

$$\tau_f = \sigma'_f \; tg\phi' \tag{5.9}$$

Para esse tipo de materiais pode-se verificar que a ruptura é atingida quando:

$$\frac{\tau_f}{\sigma'_f} = tg\phi' \tag{5.10}$$

isto é, quando a obliquidade da tensão atingiu um valor limite, definido pelo ângulo ϕ', em relação à normal. Compreende-se que essa condição de máxima inclinação corresponde a uma condição de atrito, daí o nome dado ao ângulo respectivo.

O uso dos símbolos c' e ϕ' (e não, simplesmente, de c e ϕ) resulta do fato de nos solos o critério de ruptura de Mohr-Coulomb se aplicar em tensões efetivas. Daí ser também comum designar aqueles parâmetros como, respectivamente, *coesão efetiva* e *ângulo de atrito efetivo*.

Voltando ao maciço terroso da Fig. 5.2, suponha-se que o solo no ponto P atinge a ruptura precisamente quando se completa o terceiro incremento do carregamento à superfície, o que corresponde ao maior círculo de Mohr da Fig. 5.3a.

A Fig. 5.3b ilustra então a aplicação do critério de Mohr-Coulomb ao ponto P. O ponto entra em ruptura quando o círculo de Mohr representativo do estado de tensão instalado com o terceiro incremento tangencia a envoltória de ruptura.

Atendendo a que, nesse caso, o polo do círculo é o ponto que representa a menor tensão principal, unindo esse ponto com os dois pontos em que ele tangencia a envoltória pode obter-se a orientação dos planos em que a ruptura ocorreu, isto é, onde foi atingida a relação limite entre as duas componentes da tensão; essas componentes são σ'_f e τ_f, respectivamente, a tensão normal no plano de ruptura na ruptura e a tensão tangencial no plano de ruptura na ruptura. Como mostra ainda a figura, aqueles planos de ruptura fazem um ângulo de $\pi/4-\phi'/2$ com a direção da tensão principal máxima.

Repare-se que na Fig. 5.3b se representou com tracejado a envoltória na parte à esquerda do eixo das ordenadas, porque os solos não exibem praticamente resistência à tração.

5.1.2 RUPTURA PONTUAL *VERSUS* RUPTURA GLOBAL

Considere-se agora a seguinte questão: tendo sido o ponto *P*, por hipótese, o primeiro ponto do maciço da Fig. 5.2 a entrar em ruptura por cisalhamento, o que acontecerá se Δq_s experimentar novo incremento, por exemplo, similar aos três anteriores?

De acordo com a mesma lei (elástica, recorde-se) que ditou os precedentes incrementos de tensão, o novo estado de tensão em *P* evoluiria para o círculo de Mohr representado com tracejado fino na Fig. 5.4. Ora, sabe-se que isso é fisicamente impossível, porque esse estado ultrapassa a resistência do solo. O que ocorre então?

De modo simplificado, pode-se dizer que uma vez esgotada a resistência em *P* o solo nesse ponto passa, a partir de então, a ser muito mais deformável ao cisalhamento do que nos pontos vizinhos. Esse contraste de deformabilidade vai induzir, caso o carregamento prossiga, uma *redistribuição* ou *transferência de tensões* de *P* para aqueles pontos, assegurando-se dessa forma o equilíbrio estático do maciço. Mas, em consequência dessa redistribuição, mais pontos em volta de *P* experimentarão ruptura. Isto é, tal como aconteceu a *P* no incremento anterior, passarão de um *equilíbrio elástico* para um *equilíbrio plástico*.

Naturalmente, o que foi referido significa que a partir da plastificação do ponto *P* a lei elástica de crescimento das tensões no maciço induzidas pelo carregamento à superfície deixa progressivamente de ser válida, primeiro nas imediatas vizinhanças daquele ponto, e progressivamente para o restante maciço carregado.

Aspecto que interessa comentar é que, após a plastificação, o estado de tensão em *P* não fica propriamente *congelado* no círculo de Mohr da Fig. 5.3b, também representado com tracejado largo na Fig. 5.4. Esse estado de tensão de fato vai evoluir, mas mantendo-se tangente à envoltória, como é o caso do círculo de Mohr representado a traço contínuo na mesma figura.

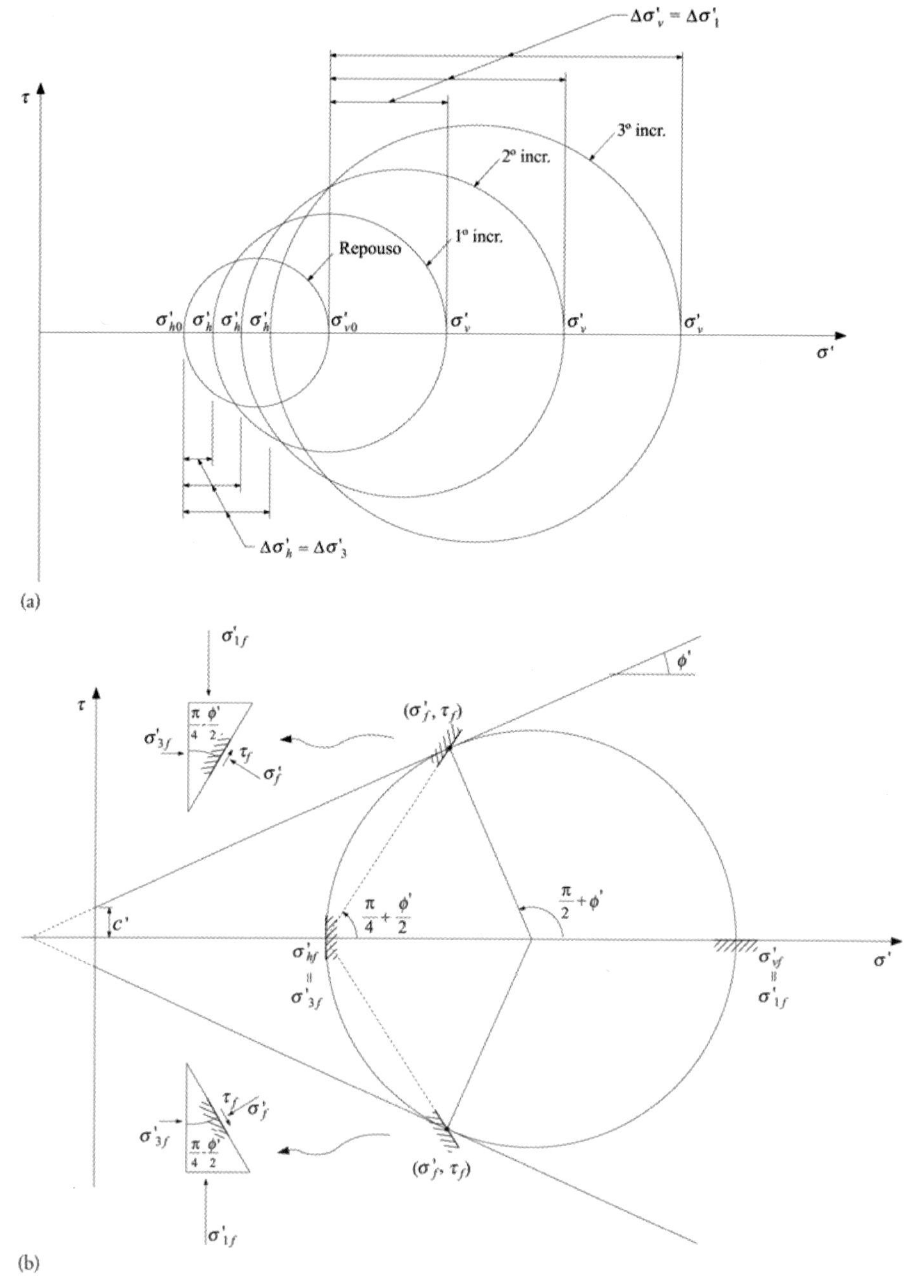

Fig. 5.3 *Círculos de Mohr descritivos do estado de tensão no ponto P da figura anterior: (a) estados de tensão de repouso e após três incrementos de igual grandeza da carga superficial; (b) ruptura do solo de acordo com o critério de Mohr-Coulomb, para o estado de tensão resultante do último incremento da carga superficial*

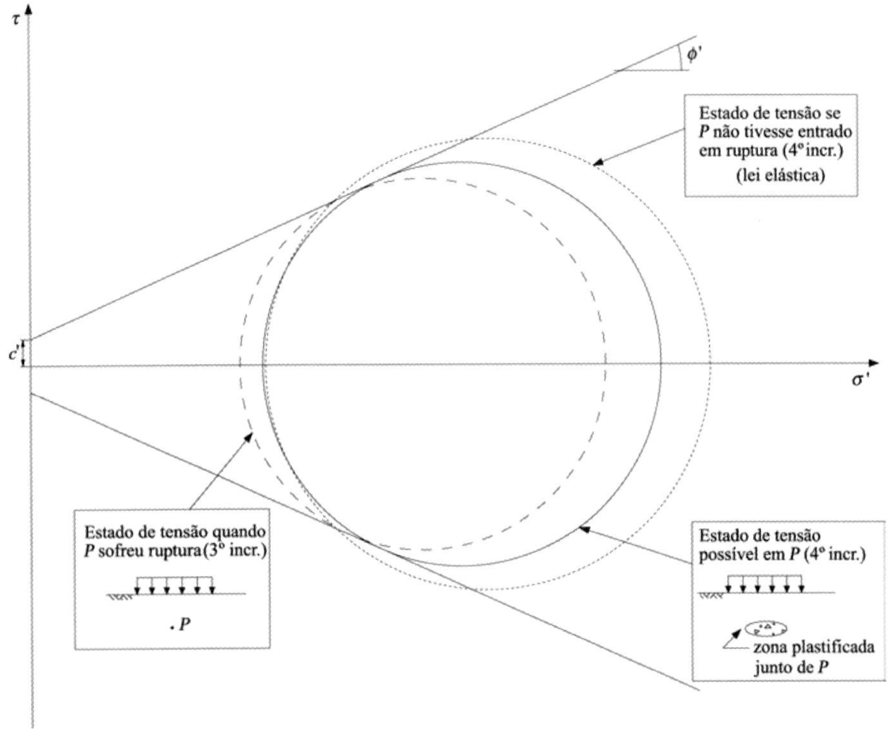

FIG. 5.4 *Estado de tensão em P quando prossegue o carregamento à superfície para além do valor que ocasionou a ruptura por cisalhamento do solo naquele ponto*

A situação do maciço para os dois primeiros incrementos pode ser descrita, em termos simplificados, como *equilíbrio elástico*, passando a um *equilíbrio elastoplástico* nos incrementos seguintes. No terceiro incremento ocorre apenas uma *plastificação pontual*, enquanto no incremento seguinte, como está sugerido na Fig. 5.4, a situação pode ser descrita como um *escoamento plástico confinado*, isto é, a região plastificada está envolvida por pontos ainda em equilíbrio elástico. Só quando existir uma massa plastificada contínua até à superfície envolvendo a área carregada, isto é, um *escoamento plástico não confinado*, é que ocorrerá aquilo que se pode designar como *ruptura global*.

A avaliação dessa última situação, em termos quantitativos, é assunto que será tratado no segundo volume deste livro. Pode desde já adiantar-se, todavia, que em situações similares à que tem vindo a ser equacionada, a ruptura global seria atingida, tipicamente, para um valor de Δq_s substancialmente maior que aquele que provocou a plastificação do primeiro ponto. Desta forma, parece totalmente apropriado dizer – usando uma terminologia que é particularmente cara aos engenheiros civis – que *um maciço terroso é uma estrutura altamente hiperestática*.

5.1.3 Aplicação aos solos reais

Nas considerações precedentes admitiu-se o solo seco e emerso, sendo iguais as tensões totais e efetivas. Num solo saturado só a parcela da tensão normal correspondente à tensão efetiva contribui para a resistência ao cisalhamento, escrevendo-se então:

$$\tau_f = c' + \left(\sigma_f - u\right) \operatorname{tg}\phi' = c' + \sigma_f' \operatorname{tg}\phi' \tag{5.11}$$

razão pela qual todas as equações anteriores continuam válidas.

As areias e em geral os solos granulares comportam-se de acordo com o critério de Mohr-Coulomb com coesão efetiva nula. Esse critério também se aplica, como se verá, às argilas normalmente adensadas.

Uma envoltória de ruptura com coesão efetiva não nula é típica das argilas sobreadensadas e também – em razão de sua estrutura cimentada – dos solos residuais do granito e do gnaisse.

Deve desde já referir-se que o critério de Mohr-Coulomb não é o único envolvido nas formulações da Mecânica dos Solos clássica. Com efeito, existe outro critério, o *critério de Tresca*, também aplicado em circunstâncias muito particulares. Segundo esse critério, um material entra em ruptura num ponto quando nesse ponto a tensão de cisalhamento máxima atinge um dado valor, independente da tensão normal. Este critério aplica-se, portanto, a materiais puramente coesivos. No capítulo seguinte, será discutido que os solos saturados carregados sem que seja permitida a drenagem da água dos poros, se comportam de acordo com este critério de Tresca. É assunto complexo, a que oportunamente se voltará.

5.2 Ensaios para caracterização em laboratório da resistência ao cisalhamento dos solos

5.2.1 Ensaio triaxial

Generalidades

O ensaio de laboratório mais utilizado para caracterizar a resistência ao cisalhamento dos solos é o ensaio triaxial.

A Fig. 5.5 representa o esquema de uma câmara triaxial convencional.

O corpo de prova do solo, de forma cilíndrica, protegido por uma membrana impermeável, é colocado num pedestal ficando o seu eixo e o da câmara coincidentes. Duas pedras porosas são colocadas nas bases do corpo de prova.

A câmara tem água no seu interior cuja pressão pode ser estabelecida por meio de uma ligação a um compressor (a ligação *c* na figura). Por sua vez, o topo do corpo da prova é carregado por meio de um êmbolo ligado a uma prensa, sendo medida a força por ele aplicada por meio de um anel dinamométrico ou por um transdutor de força.

No que diz respeito à pressão na água dos poros do corpo de prova, ela pode ser medida por meio de um transdutor de pressão colocado numa das ligações ao exterior (a ligação *a* na figura). Além disso, um dado valor da pressão na água dos poros pode ser imposto por meio da ligação a um compressor (ligação *b* na figura).

As deformações do corpo de prova são medidas durante o carregamento triaxial. A forma convencional de proceder consiste em: i) medir as deformações axiais do corpo de prova por meio de um defletômetro ligado ao pistão; ii) no caso de corpos de prova secos, medir as variações volumétricas por meio da água que entra na (ou sai da) câmara pela ligação *c* (havendo neste caso necessidade de considerar que o volume da própria câmara depende da pressão do fluido no seu interior); iii) nos corpos de prova saturados e no caso dos ensaios em que a ligação *d* permanece aberta (adiante denominados ensaios drenados), controlando o volume de água que passa pela mesma ligação.

Para a medição das deformações axiais, como alternativa ao processo convencional, pode recorrer-se a transdutores aplicados (por colagem) na superfície lateral da membrana que envolve o corpo de prova (medida de deformação local). Esse método, mais rigoroso, permite registrar deformações da ordem de 10^4 ou mesmo inferiores, o que se reveste de muita utilidade para a caracterização mais aproximada da deformabilidade do solo em muitas situações.

O diâmetro dos corpos de prova, nas câmaras triaxiais mais comuns, pode variar entre cerca de 38 mm (1,5 polegadas) e 100 mm.

Da explicação apresentada, pode concluir-se que os ensaios triaxiais foram concebidos de forma a permitirem um controle completo dos estados de tensão total e efetiva, da pressão neutra e do estado de deformação dos corpos de prova.

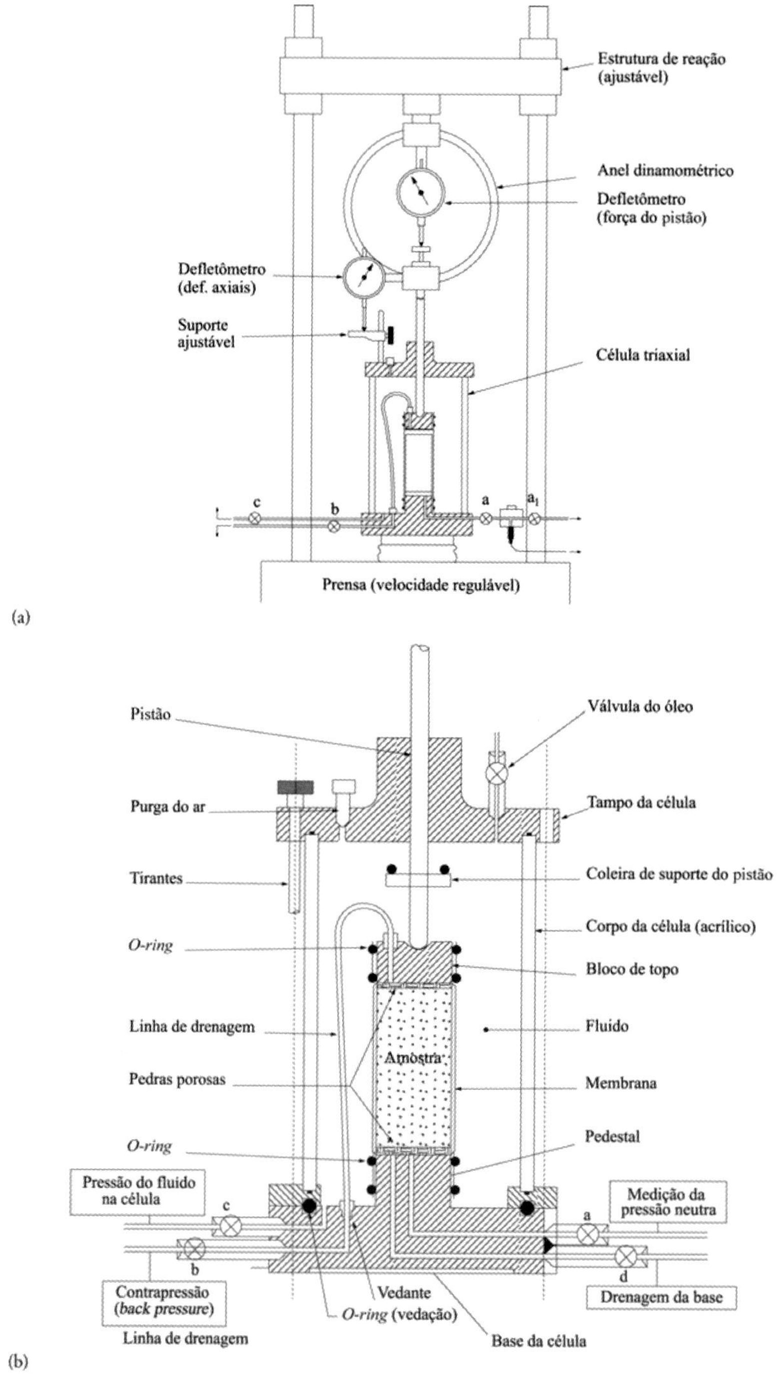

Fig. 5.5 *Ensaio triaxial: (a) esquema geral da prensa com a câmara triaxial; (b) detalhe da câmara triaxial*
Fonte: adaptado de Head (1986).

Potencialidades dos ensaios triaxiais. Aspectos importantes na caracterização dos solos

A filosofia subjacente aos métodos e ensaios de caracterização mecânica de solos em laboratório consiste em simular de forma tão aproximada quanto possível as condições prevalecentes nos maciços terrosos antes do carregamento e aquelas que vão ser impostas pelas estruturas com que vão interagir. Aliás, isso já foi devidamente salientado a propósito dos ensaios edométricos. No que diz respeito ao caso particular dos ensaios triaxiais, essa filosofia traduz-se nos aspectos que seguidamente são mencionados.

No que diz respeito à reprodução das condições *in situ* antes do carregamento, ela exige, primeiramente, o uso nos ensaios de corpos de prova obtidos a partir de amostras indeformadas (ver 5.2.5). Por outro lado, sendo o comportamento do solo, como já foi discutido, comandado pelas tensões efetivas, compreender a conveniência de os ensaios de cisalhamento serem precedidos pela reinstalação nos corpos de prova do estado de tensão efetiva de repouso – que, naturalmente, a amostragem alterou profundamente – ou de um estado próximo daquele. Tal é condição básica para que a resposta no ensaio se aproxime da resposta do solo no campo. Esse processo é designado por adensamento *dos corpos de prova* e assume particular importância para as argilas, como no capítulo seguinte se discutirá em detalhe (ver 6.1).

Outro aspecto a considerar é a necessidade de reprodução das *condições de drenagem* do problema a estudar. Com efeito, já foi discutido que quando se aplica determinada solicitação sobre um solo fino se desenvolve na água dos poros um excesso de pressão neutra. O desenvolvimento desse excesso de pressão neutra vai dar origem a um processo de adensamento por meio do qual ele se dissipa, retomando a água dos poros as condições de equilíbrio. Se o tempo necessário para o adensamento for muito maior do que o correspondente à fase de aplicação da solicitação, é possível abordar o problema, simplificadamente, em duas fases:

a) uma primeira fase de *carregamento sob condições não drenadas*, durante a qual se desenvolve no maciço o excesso de pressão neutra, mas sem variação do teor de umidade do solo;
b) uma segunda fase de dissipação do excesso de pressão neutra (adensamento).

Para simular o carregamento em condições não drenadas são realizados ensaios nos quais o solo é carregado mantendo fechadas todas as ligações da água dos poros ao exterior, garantindo-se assim que não há variação do teor de umidade do corpo de prova durante o cisalhamento. Esses ensaios são correntemente designados como *ensaios não drenados*.

Em outras situações, interessa caracterizar o comportamento e a resistência do solo carregado de tal forma que nele não se geram excessos de pressão neutra ou, tendo estes sido gerados, distinguir o comportamento do maciço após o processo de adensamento. Realizam-se, então, ensaios em que durante o carregamento se permite a drenagem do corpo de prova e se garante que este é carregado sem geração de excessos de pressão neutra. Esses ensaios são designados como *ensaios drenados*.

Prosseguindo na abordagem dos aspectos a contemplar nos ensaios triaxiais, convém sublinhar que a simulação da trajetória de tensões que o maciço ou determinada zona deste vai experimentar sob ação do carregamento é, em certas circunstâncias, igualmente de grande importância, já que os solos apresentam em geral comportamento inelástico e, por vezes, anisotrópico.

Existem fundamentalmente quatro formas simples de, atuando nas tensões da câmara e no pistão, levar as amostras de solo à ruptura: 1) manter constante a tensão na câmara e aumentar a tensão axial; 2) reduzir a tensão na câmara mantendo constante a tensão axial; 3) aumentar a tensão na câmara mantendo constante a tensão axial; 4) manter constante a tensão na câmara e diminuir a tensão axial. Os dois primeiros ensaios designam-se como *ensaios de compressão triaxial*, enquanto os dois últimos são chamados *ensaios de extensão triaxial*. Nestes verifica-se durante o ensaio uma rotação de 90° das direções principais de tensão (quando K_0 é menor que 1, naturalmente), passando a tensão horizontal a ser a tensão principal máxima e a tensão vertical, a tensão principal mínima. Os ensaios de extensão triaxial exigem aparelhos triaxiais especiais (*stress path cells*) nos quais sejam independentes as tensões de confinamento (na câmara) e a axial (repare-se que no esquema presente na Fig. 5.5 a tensão na câmara aplica-se também no topo do corpo de prova, o que implica que a tensão axial não pode ser menor que a de confinamento).

Na Fig. 5.6a indicam-se as trajetórias de tensões efetivas de ensaios drenados em que a amostra de solo é levada à ruptura segundo as quatro modalidades anteriores (os números colocados na figura indicam aquelas modalidades pela ordem com que foram mencionadas). Todas elas se iniciam na chamada linha K_0, representativa, no sistema de eixos $s' - t$ (como descrito na seção 2.6.2), dos estados de tensão efetiva de repouso às diversas profundidades, e terminam na linha K_f, nome dado à envoltória de ruptura no sistema de eixos utilizado. A figura inclui ainda a trajetória de tensões efetivas do ensaio edométrico, que coincide com a linha K_0. Essa trajetória, ao contrário das restantes, não se aproxima da envoltória de ruptura. Por isso, verifica-se que naquele ensaio o solo exibe rigidez crescente com o progresso do carregamento, precisamente o contrário do que se passa nos ensaios triaxiais, como nos pontos seguintes se verá.

A Fig. 5.6b ilustra exemplos de problemas em que, nos pontos assinalados com *P*, ocorrem trajetórias de tensões similares às quatro trajetórias da Fig. 5.6a.

Atualmente, são comuns células tipo *stress path* controladas por computador que permitem a realização de ensaios sob qualquer trajetória de tensões e não apenas as ilustradas na Fig. 5.6a. De qualquer modo, deve-se referir que tais ensaios só se justificam em estudos de especial responsabilidade. Os ensaios de compressão triaxial na modalidade 1 são os mais comuns, designando-se como *ensaios de compressão triaxial convencionais*.

Passando ao último dos aspectos relevantes da modelação laboratorial das condições *in situ*, importa notar que nos ensaios triaxiais com câmaras como a da Fig. 5.5, o equilíbrio presente é do tipo axissimétrico, isto é, existe uma simetria dos estados de tensão e de deformação em relação à direção vertical. Embora um equilíbrio desse tipo exista também em geral no estado de repouso, os estados de tensão e de deformação associados a muitas das obras de engenharia civil afastam-se daquelas condições. São, em particular, comuns os estados de deformação plana, associados a obras de grande desenvolvimento linear.

Nos estudos de maior exigência procura-se realizar ensaios triaxiais reproduzindo as condições referentes aos estados de tensão e de deformação da obra em questão. Esses ensaios são efetuados sobre corpos de prova cúbicos nas chamadas *câmaras verdadeiramente triaxiais*, que permitem manter independentes as três tensões principais. Com tais câmaras é, em particular, possível efetuar ensaios em estado plano de deformação, controlando durante o ensaio a tensão principal intermediária (horizontal) de modo que seja nula a deformação correspondente.

5.2.2 Ensaio de cisalhamento direto

Generalidades

Mais antigo e de concepção muito mais simples do que o ensaio triaxial é o ensaio de cisalhamento direto, cujo esquema se representa na

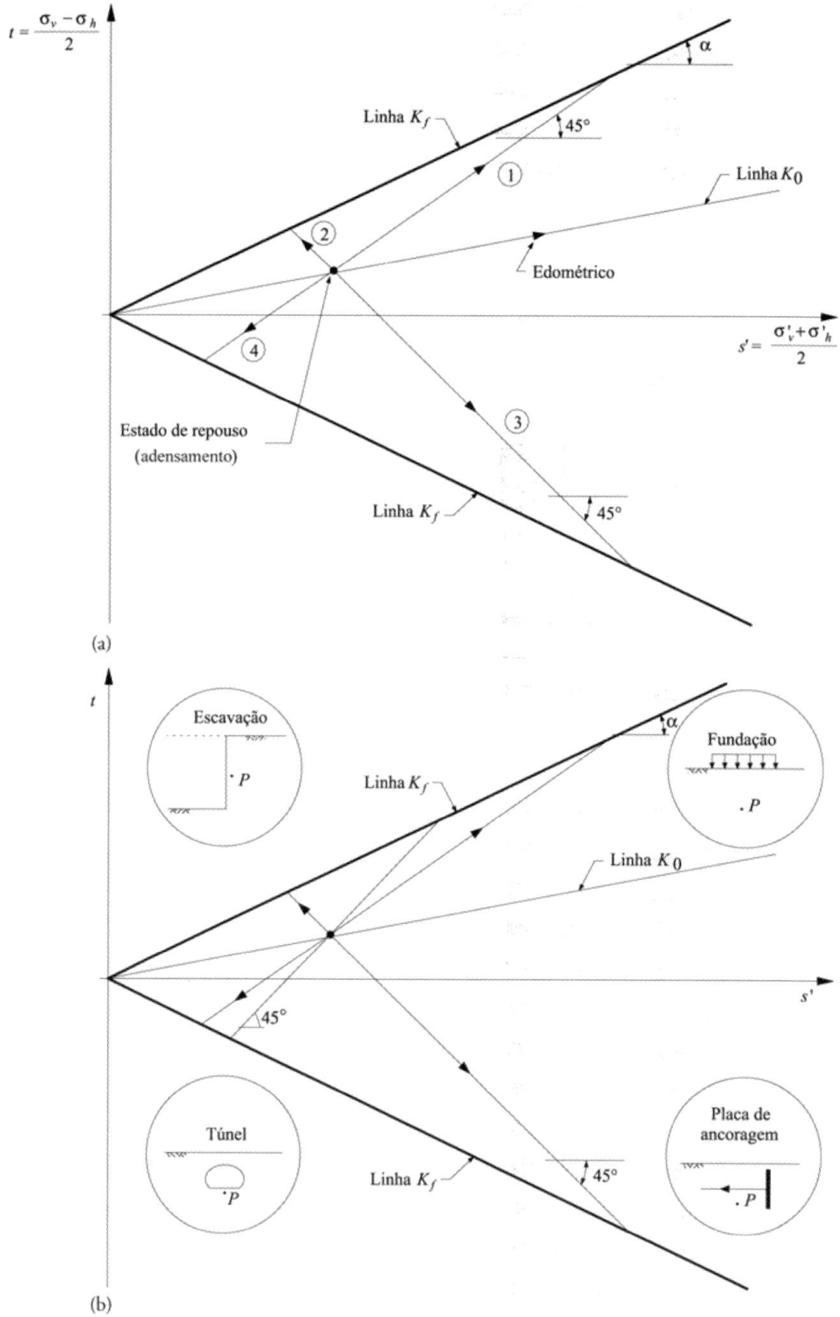

Fig. 5.6 *Trajetórias de tensões efetivas (a) para as quatro modalidades principais de ensaios triaxiais drenados e (b) exemplos de problemas em que ocorrem trajetórias de tensões similares*
Fonte: adaptado de Lambe (1967).

Fig. 5.7. Nesse ensaio, o corpo de prova de seção quadrangular é introduzido numa caixa cortada horizontalmente em duas metades. Uma força normal, *N*, é aplicada à base superior do corpo de prova por meio de um sistema de pesos e alavancas e mantida constante.

O ensaio é efetuado impondo uma translação horizontal com velocidade constante à metade inferior da caixa de cisalhamento, enquanto a superior é mantida fixa à custa de uma reação, *T*, cujo valor é medido em cada instante por meio de um anel dinamométrico. Antes do início do movimento, garante-se um pequeno afastamento na vertical entre as duas metades da caixa de modo a evitar que se mobilizem forças de atrito entre as duas peças.

A tensão tangencial é obtida dividindo a reação mobilizada, *T*, pela área da seção de cisalhamento, *S*, área esta que deve ser corrigida para atender à variação (redução) durante o ensaio. Para além da força e do deslocamento tangenciais são ainda registrados os deslocamentos normais ao plano de cisalhamento.

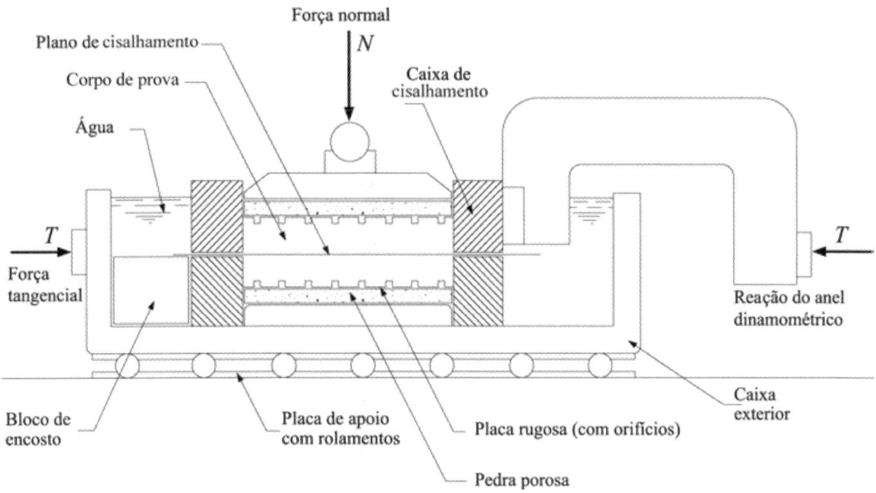

FIG. 5.7 Esquema de um aparelho de cisalhamento direto

Principais limitações do ensaio de cisalhamento direto

O ensaio de cisalhamento direto apresenta algumas limitações que importa discutir. Primeiramente, o ensaio não permite controlar nem medir a tensão horizontal e a pressão neutra; logo, não permite também controlar a drenagem do corpo de prova. Não obstante, é possível adensar o corpo de prova para o estado de tensão efetiva de repouso, aplicando uma força *N*, tal que $N/S = \sigma'_{v0}$, e aguardando o tempo suficiente para que o excesso de pressão neutra resultante da aplicação de *N* se dissipe (24 horas serão em geral suficientes). Por outro lado, o confinamento do corpo de prova por meio da caixa de cisalhamento tenderá a reproduzir nesta fase as condições K_0. Note-se que a água que envolve o corpo de prova se destina a mantê-la sob condições próximas da saturação.

Como consequência do que anteriormente foi referido, no ensaio de cisalhamento direto só é conhecida a tensão no plano de cisalhamento, pelo que não é possível a determinação das tensões nos planos restantes, nem das tensões principais e das respectivas direções. Acrescente-se que estas, a partir do momento em que a força tangencial atua sobre o solo, experimentam, naturalmente, uma rotação progressiva em relação às direções vertical e horizontal. É isso que é sugerido na Fig. 5.8, embora seja de salientar que o círculo de Mohr representado é meramente hipotético, pois o único ponto que dele se conhece é o que representa a tensão no plano de cisalhamento.

Não sendo possível com o aparelho medir as pressões neutras nem controlar a drenagem do solo, surgem dificuldades na interpretação dos resultados, especialmente nos solos argilosos. Podendo a velocidade de cisalhamento ser estabelecida dentro de uma gama bastante ampla, procura-se ultrapassar a dificuldade referida impondo velocidades ou muito lentas ou muito rápidas, conforme se pretende realizar ensaios drenados ou não drenados, respectivamente. Todavia, no tocante aos ensaios lentos, podem em certas situações levantar-se ainda dúvidas a respeito da completa dissipação do excesso de pressão neutra durante o cisalhamento.

Prosseguindo, um dos aspectos mais criticáveis na concepção do ensaio é o fato de o estado de deformação no (potencial) plano de ruptura não ser uniforme durante o ensaio. As deformações por cisalhamento, num dado instante, são maiores junto da borda da meia caixa móvel que empurra o corpo de prova (lado esquerdo, em termos da Fig. 5.7) e menor no lado oposto. Sendo heterogêneo o estado de deformação, também o é o estado de tensão, iniciando-se a ruptura por cisalhamento no lado em que as deformações são mais elevadas e avançando no mesmo sentido do deslocamento da meia-caixa móvel. Esse fenômeno, designado como *ruptura progressiva*, pode causar uma subestimação da resistência em solos que exibem ruptura de pico (ver 5.4).

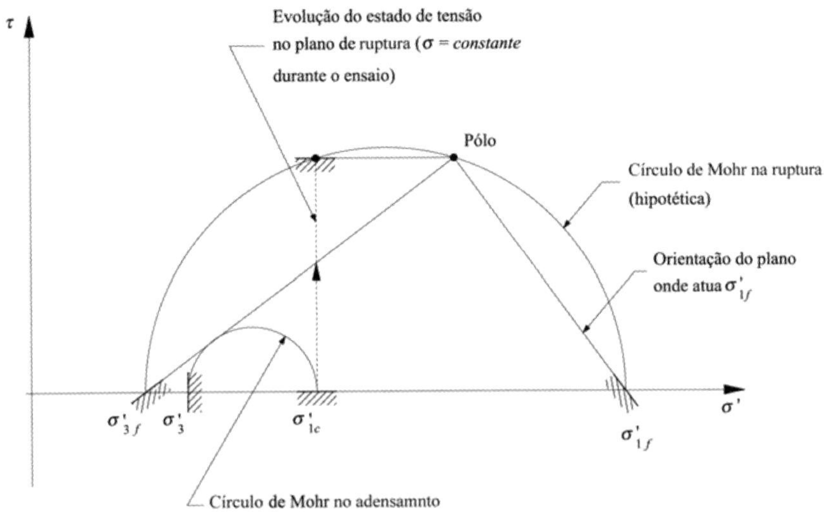

Fig. 5.8 *Rotação das tensões principais num ensaio de cisalhamento direto*

Uma sobrestimação da resistência pode, ao contrário, resultar do fato de o plano de ruptura ser imposto. Com efeito, já que as partículas têm espessura finita, a ruptura exige que as que são cruzadas por aquele plano sejam arrancadas das posições iniciais, o que em particular nos solos mais grossos exigirá a mobilização de forças significativas (Folque, 1987).

Com as limitações sucintamente discutidas, não admira que o ensaio de cisalhamento direto tenha vindo a ser progressivamente substituído pelo ensaio triaxial na caracterização da resistência ao cisalhamento dos solos em laboratório, restringindo-se hoje o seu uso a alguns problemas e aspectos particulares, alguns dos quais serão adiante referidos.

Aspecto interessante do ensaio é o fato de, em consequência do confinamento pela caixa de cisalhamento, o corpo de prova durante o ensaio se encontrar em estado plano de deformação. A conjugação desse ensaio com o ensaio triaxial pode permitir avaliar a dependência dos parâmetros de resistência em relação às condições de deformação.

5.2.3 Ensaio de cisalhamento direto simples (DSS)

Para ultrapassar alguns dos inconvenientes apontados ao ensaio de cisalhamento direto foi desenvolvido o chamado ensaio de cisalhamento direto simples (ensaio DSS – *direct simple shear test*), representado em um esquema simplificado na Fig. 5.9a.

Neste ensaio o corpo de prova é cilíndrico e está envolvido por uma membrana de borracha, por sua vez envolvida por uma série de anéis de aço sobrepostos, destinados a impedir as deformações laterais sem restringir a distorção do solo. A membrana permite ainda controlar as pressões neutras e a drenagem do solo de modo análogo ao que se passa nos ensaios triaxiais.

Tal como no ensaio de cisalhamento direto, o corpo de prova pode ser adensado sob uma dada força normal, *N*, aplicada no seu topo e que é mantida constante durante o cisalhamento. Este é efetuado aplicando às bases do corpo de prova uma força tangencial *T*, crescente, com determinada velocidade, correspondente a determinada velocidade de deformação.

Ao contrário do que indica o nome que lhe foi dado, o estado de tensão ocasionado no solo pelo ensaio em questão não é, de fato, de cisalhamento simples, ou mesmo resultante de um estado de cisalhamento simples e de um estado de tensão isotrópico. Esse estado de tensão só ocorreria se, tal como indica a Fig. 5.9b, as tensões tangenciais mobilizadas nas faces laterais do corpo de prova, τ_h, se igualassem a τ_v (= T / S). Nessas circunstâncias, os estados de tensão e de deformação na amostra de solo seriam uniformes, logo representáveis, cada um deles, por um único círculo de Mohr, estando representado o referente ao estado de tensão, a título meramente exemplificativo, na Fig. 5.9c.

Na realidade, como sugere a Fig. 5.9d, as tensões nas faces laterais do corpo de prova não são nem controladas nem medidas – pelo menos nos aparelhos de cisalhamento direto simples comerciais –, sendo no entanto previsível que τ_h seja significativamente menor que τ_v. Logo, para o equilíbrio dos momentos causados por tal desigualdade, é necessário que as forças normais passem a ter determinada excentricidade nas faces em que atuam. Isso quer dizer que o estado de tensão no corpo de prova passa a ser variável de ponto para ponto, e por isso não é possível representá-lo por um único círculo de Mohr. Aliás, só é de fato conhecida a tensão nas bases do corpo de prova (σ'_v = N / S e τ_v = T / S) e mesmo esta apenas em valor médio. Nessa situação, o estado de deformação não será também uniforme.

Do exposto pode concluir-se que o ensaio de cisalhamento direto simples, tendo sido introduzido como um melhoramento do clássico ensaio de cisalhamento direto, não deixa de apresentar ainda assim algumas limitações evidentes.

É, de qualquer forma, um ensaio bastante divulgado internacionalmente, especificamente para o estudo da anisotropia das argilas moles. Como

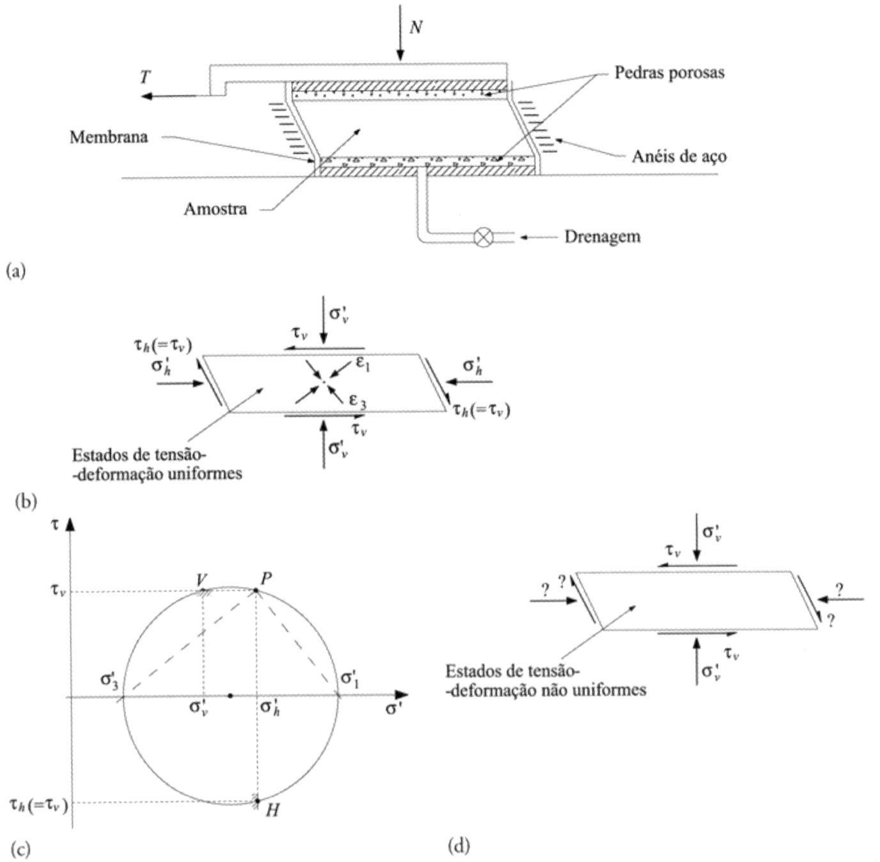

Fig. 5.9 *Ensaio de cisalhamento direto simples: (a) esquema simplificado do aparelho; (b) estados de tensão-deformação de cisalhamento simples; (c) círculo de Mohr correspondente à alínea anterior; (d) estado de tensão existente num corpo de prova submetido a ensaio no aparelho representado em (a)*

se verá no próximo capítulo (em 6.4.6), esse aspecto do comportamento das argilas faz com que a sua resistência ao cisalhamento dependa da orientação das tensões principais na ruptura. Ora, os ensaios triaxiais, com todas as suas extraordinárias potencialidades, permitem apenas considerar situações em que σ'_{1f} é vertical (ensaios de compressão) ou horizontal (ensaios de extensão). Em determinados problemas, porém, as tensões principais têm orientações intermediárias em relação àquelas direções, casos em que a avaliação da resistência do solo por meio dos ensaios de cisalhamento direto simples apresenta especial utilidade (veja-se, a propósito, embora não represente em rigor o que ocorre nesses ensaios, a Fig. 5.9c e a orientação de σ'_1 e σ'_3).

Antes de encerrar este ponto importa referir que existem outros ensaios para caracterizar a resistência ao cisalhamento e a deformabilidade dos solos em laboratório. Os três abordados – o triaxial, o de cisalhamento direto e o de cisalhamento direto simples – são, todavia, os mais generalizadamente empregados, especialmente o primeiro, razão porque se optou por limitar a esses ensaios a apresentação neste livro.

5.2.4 Determinação da envoltória de Mohr-Coulomb a partir dos resultados dos ensaios

Realizados diversos ensaios triaxiais, cada um com uma dada tensão efetiva de confinamento, mantida constante durante o ensaio, os parâmetros de resistência do solo, c' e ϕ', podem ser determinados de duas formas distintas: a) traçando os círculos de Mohr correspondentes à ruptura e a respectiva envoltória (Fig. 5.10a); b) marcando num sistema de eixos s'–t os pontos correspondentes ao estado de ruptura em cada um dos ensaios e traçando a reta que melhor os aproxima (Fig. 5.10b). Optando pelo segundo processo, será necessário calcular c' e ϕ' com base em a e α. A relação entre esses parâmetros encontra-se deduzida no Anexo A12.

Para o caso dos ensaios de cisalhamento direto ou de cisalhamento direto simples, a partir dos resultados da tensão tangencial máxima horizontal mobilizada para vários valores da tensão efetiva normal, é possível, como sugere a Fig. 5.11a, obter uma reta que é interpretada como a envoltória de Mohr-Coulomb. É indispensável chamar a atenção, todavia, que entre a reta referida e a envoltória pode existir uma sensível discrepância. Com efeito, a construção da Fig. 5.11a tem por base a hipótese de que o plano em que se deu a ruptura por cisalhamento é o horizontal, o que pode não ser necessariamente correto. A Fig. 5.11b mostra o círculo de Mohr já representado na Fig. 5.9c, hipotético círculo representativo do estado de tensão na ruptura de um ensaio de cisalhamento simples sobre uma amostra de um solo puramente friccional. Pode-se constatar que nesse caso o ângulo ρ tal que:

$$tg\rho = \frac{\tau_{vf}}{\sigma'_{vf}} \tag{5.12}$$

é sensivelmente inferior a ϕ'. Em outras palavras, no caso representado o plano em que foi mobilizada a resistência ao cisalhamento não foi de fato o horizontal, mas um outro com orientação sensivelmente diferente. Como

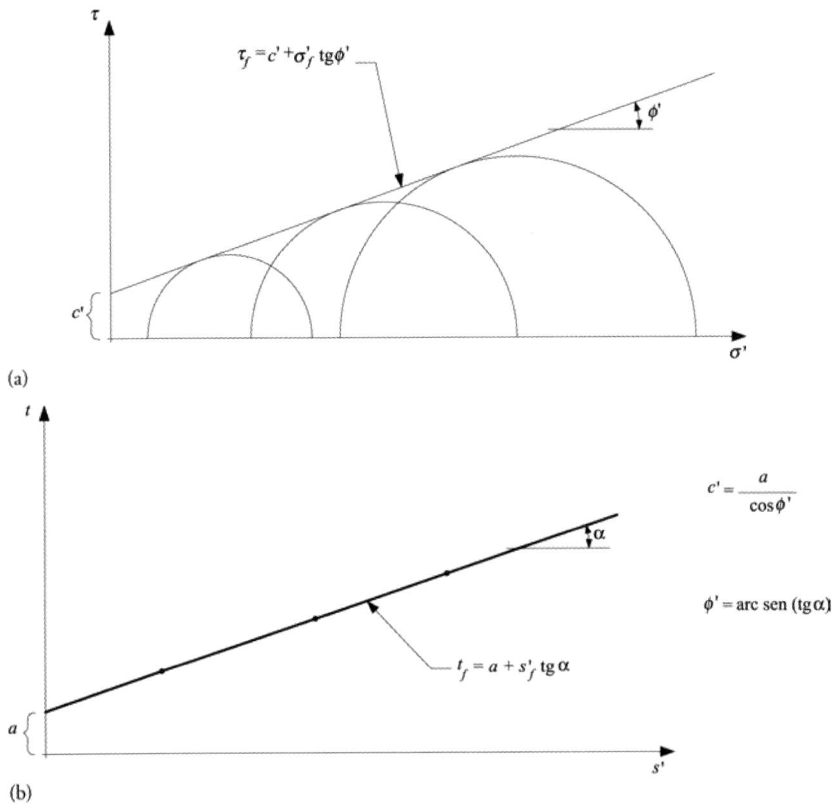

FIG. 5.10 *Determinação dos parâmetros de resistência a partir dos resultados de ensaios triaxiais: a) usando os círculos de Mohr; b) usando o diagrama $s'-t$*

mostra a Fig. 5.11c, para que $\rho=\phi'$ será necessário que σ'_{1f} faça um ângulo de $\pi/4+\phi'/2$ com a vertical.

5.2.5 AMOSTRAGEM INDEFORMADA DE SOLOS

Para que os ensaios laboratoriais que acabam de ser apresentados, e ainda outros como o ensaio edométrico referido no capítulo anterior, possam fornecer resultados que conduzam a previsões aproximadas do comportamento mecânico dos solos, devem ser realizados sobre corpos de prova obtidos a partir de *amostras indeformadas*. Idealmente, amostra indeformada será aquela que em relação ao maciço de onde foi retirada só sofreu alteração no que diz respeito ao estado de tensão. Como se compreenderá, no sentido estrito do termo não é possível obter amostras indeformadas, pois alguma perturbação é sempre

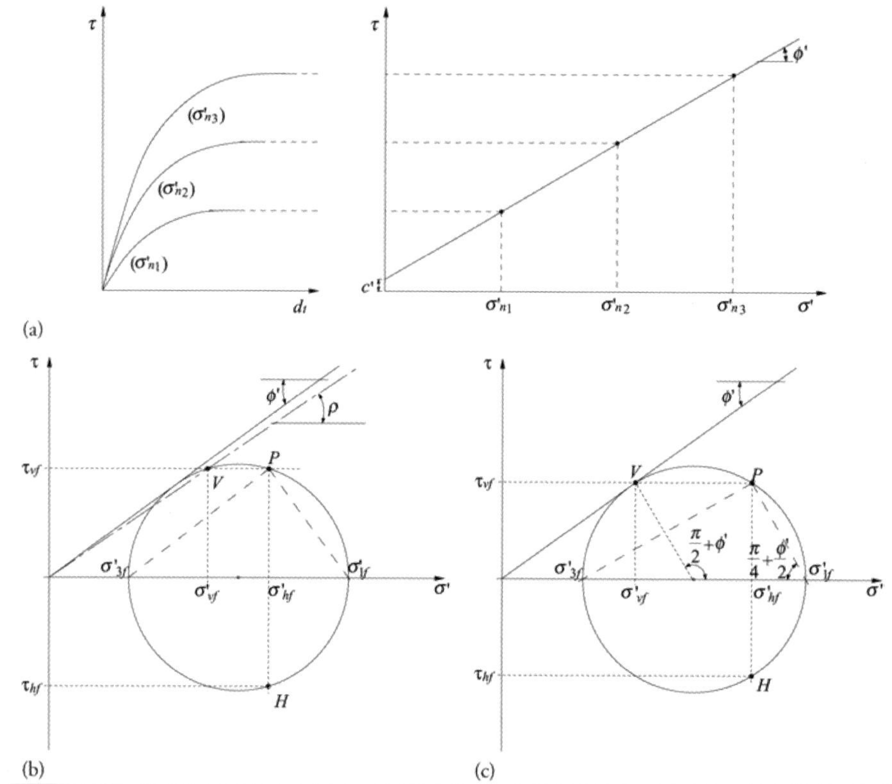

Fig. 5.11 *Determinação dos parâmetros de resistência a partir dos resultados dos ensaios de cisalhamento direto ou de cisalhamento direto simples: (a) usando os valores da tensão de cisalhamento máxima no plano horizontal obtidos dos diagramas (à esquerda) tensão de cisalhamento nesse plano versus deslocamento tangencial; (b) situação em que a ruptura por cisalhamento ocorreu em plano não horizontal; (c) situação em que a ruptura por cisalhamento ocorreu em plano horizontal*

inevitável, quer na retirada do maciço, quer em toda a sequência de operações que precede o ensaio propriamente dito, conforme ilustra de forma esquemática a Fig. 5.12 (Hight, 2000).

Para efeitos práticos, são consideradas amostras indeformadas aquelas que, não tendo sofrido distorções nem variações de volume e de teor de umidade, conservam a estrutura do solo essencialmente inalterada. É usual designar como *amolgadas* as amostras que, por terem sofrido perturbação ou perda de água, não possam ser consideradas indeformadas.

O tratamento aprofundado da amostragem indeformada de solos não se justifica no presente livro. Considera-se conveniente, todavia, apresentar no contexto do presente capítulo algumas considerações sobre o assunto.

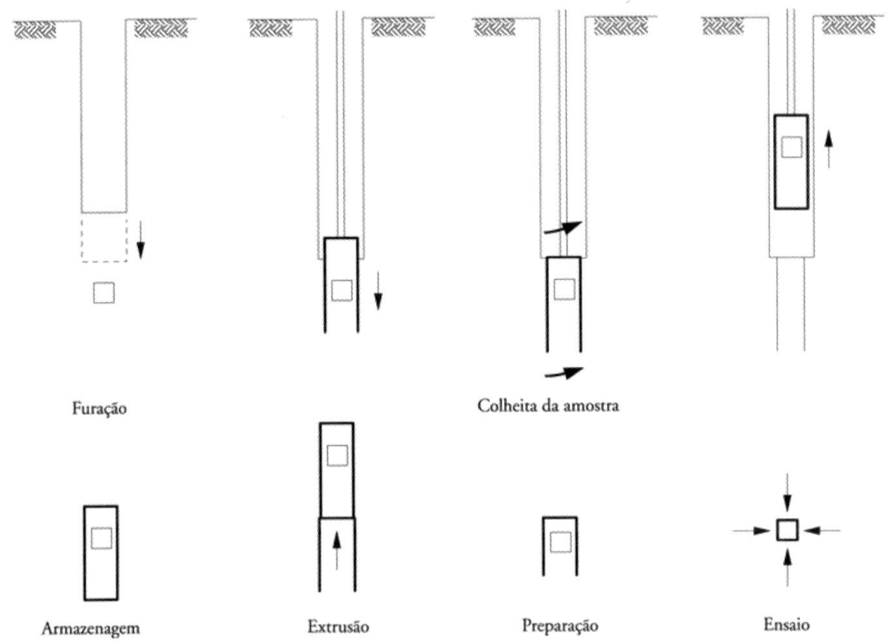

Fig. 5.12 *Fases por que passa uma amostra de solo entre a amostragem convencional com tubo amostrador num furo de sondagem e o ensaio em laboratório*
Fonte: Hight (2000).

Amostragem por meio de acesso direto

Como mostra a Fig. 5.13, quando se tem acesso direto ao solo a amostrar, por meio de poços ou valas, é possível talhar blocos de dimensões relativamente grandes, que são levados para o laboratório cuidadosamente acondicionados e protegidos de modo a evitar vibrações, choques e perda de umidade. Os corpos de provas são posteriormente extraídos dos blocos no laboratório por técnicas particularmente cuidadas.

É desta forma que se consegue amostras com melhor qualidade numa vasta gama de materiais, como os solos residuais do granito e as argilas sobreadensadas. Como se compreende, este processo de amostragem está limitado a profundidades relativamente pequenas.

Amostragem com acesso indireto

Na grande maioria das situações a amostragem é realizada ao abrigo de um furo de sondagem (caso da Fig. 5.12) e exige o uso de aparelhos

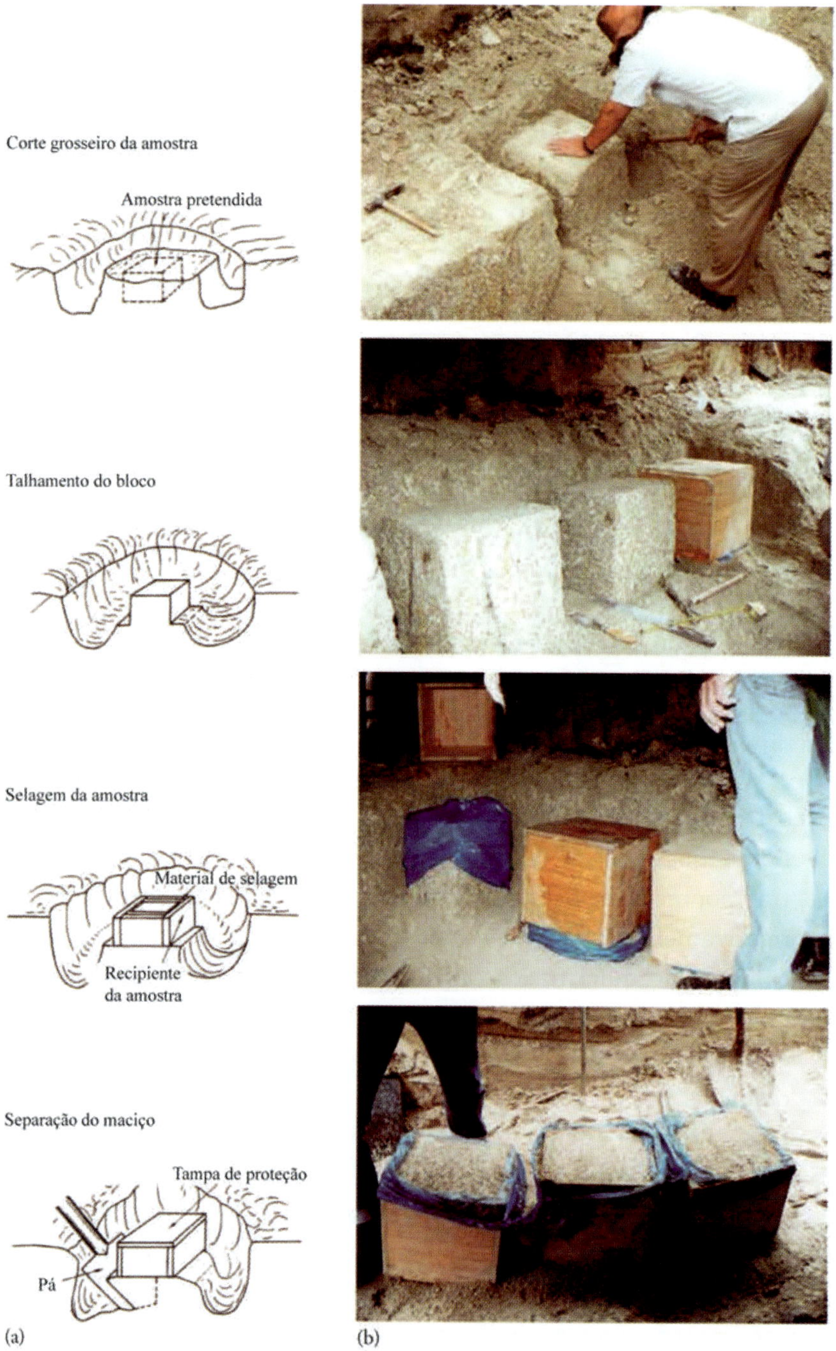

Fig. 5.13 *Amostragem indeformada de blocos: (a) procedimento típico; (b) blocos de solos residuais do granito no campus da FEUP*
Fonte: (a) JGS (1998) e (b) Ferreira (2003).

designados como *amostradores*. Basicamente, amostrador é um tubo metálico que é cravado no solo a partir do fundo de um furo de sondagem, envolvendo um volume cilíndrico de solo. Após a recolha do amostrador à superfície, este serve também como invólucro do solo durante as fases de transporte para laboratório e de armazenagem na câmara úmida até à preparação dos corpos de prova para ensaio.

Existem no mercado tipos de amostradores muito diversos, devendo a sua escolha ter em consideração as características do solo a colher. Compreende-se, por exemplo, que paredes muito finas do tubo serão favoráveis à redução do amolgamento das amostras. Por outro lado, a cravação dos amostradores em solos muito rijos envolve forças que excedem a resistência desses tubos de parede muito delgada. Como exemplo, inclui-se na Fig. 5.14 um esquema do amostrador apropriado para argilas moles.

De modo geral, para reduzir a perturbação do solo: i) a cravação deve ser feita por meios estáticos e não com recurso à percussão; ii) a espessura da parede do amostrador deve ser apenas a necessária para resistir aos esforços associados à penetração; iii) a parede do tubo na boca do amostrador deve ser biselada, de forma a facilitar a penetração.

Amostragem de areias

Os processos anteriormente mencionados não são praticáveis quando se trata de amostrar areias ou outros solos granulares, muito especialmente quando estes se apresentam limpos e abaixo do nível freático.

O processo de amostragem indeformada de areias atualmente disponível foi desenvolvido por pesquisadores japoneses e tem assegurado excelentes resultados. Essencialmente, consiste em provocar previamente a congelação de um dado volume de solo, de modo a, em seguida, colher a amostra com um amostrador que avança à rotação, como os que são usados para os maciços rochosos. A Fig. 5.15 mostra um esquema do processo (Yoshimi; Tokimatsu; Ohara, 1994).

O processo de congelação é de execução complexa e envolve custos muito elevados, só se justificando em estudos de excepcional importância. Como alternativa, é possível recorrer à reconstituição em laboratório de corpos de prova com o mesmo índice de vazios do solo *in situ*, com base em amostras amolgadas do mesmo. Na bibliografia da especialidade podem ser encontradas diversas técnicas de fabricação. O Anexo A13 resume algumas dessas técnicas, que permitem fabricar amostras numa vasta gama de compacidades.

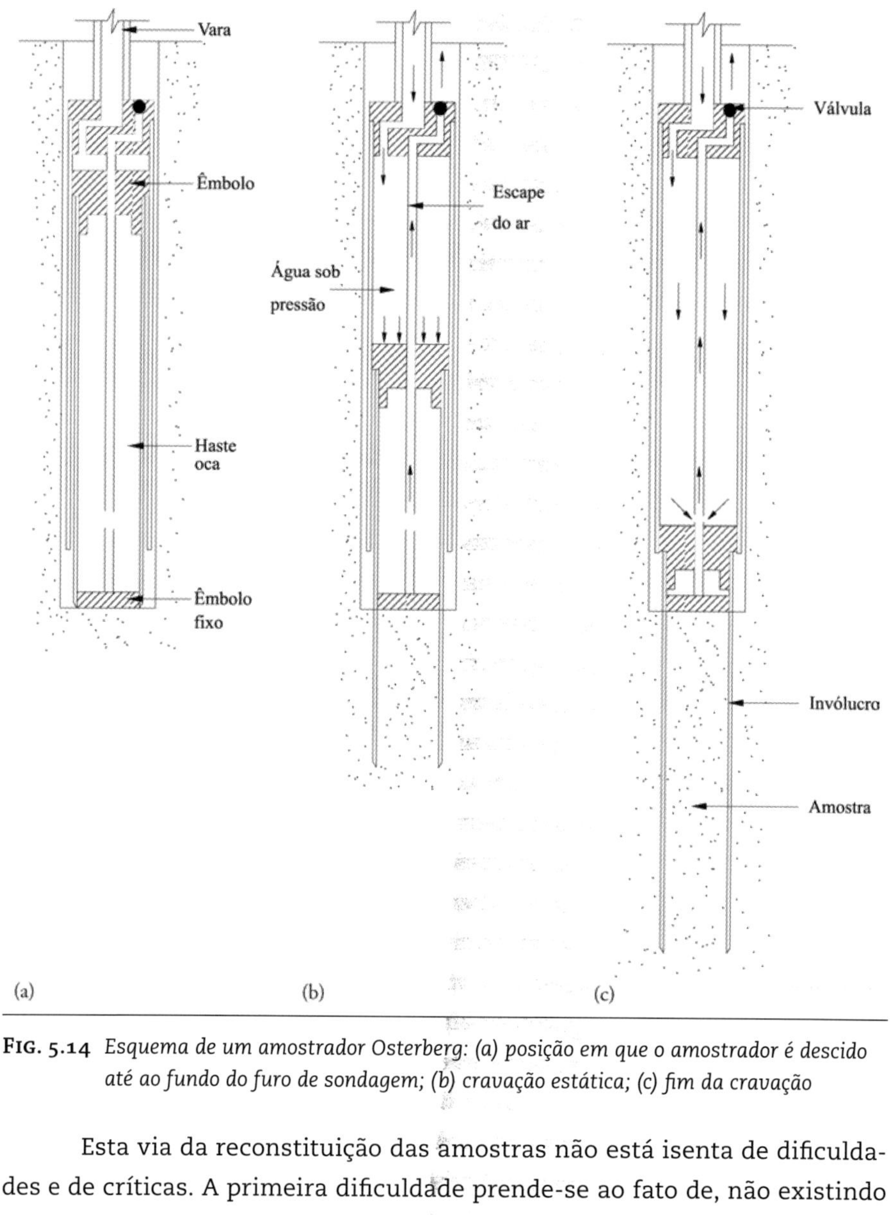

Fig. 5.14 *Esquema de um amostrador Osterberg: (a) posição em que o amostrador é descido até ao fundo do furo de sondagem; (b) cravação estática; (c) fim da cravação*

Esta via da reconstituição das amostras não está isenta de dificuldades e de críticas. A primeira dificuldade prende-se ao fato de, não existindo amostras indeformadas, não ser possível estimar diretamente o índice de vazios do solo *in situ*, a menos que se tenha acesso direto a este. Com acesso direto poderia, por exemplo, proceder-se a um ensaio com o frasco de areia. Aquele índice tem assim de ser avaliado por via indireta, por meio de relações com resultados de ensaios *in situ*, que serão abordados no segundo volume do presente livro. Por outro lado, verifica-se que o comportamento

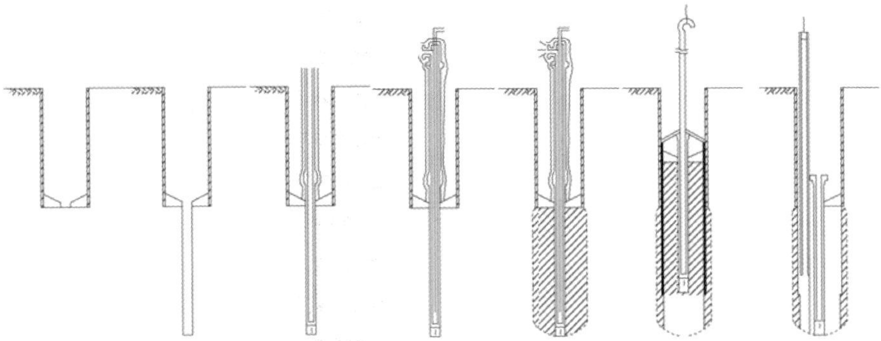

Fase	Descrição
1	Execução de um furo com 830 mm de diâmetro até uma profundidade muito próxima da camada a amostrar. O furo é entubado e um anel de concreto é colocado na sua base.
2	Um furo com diâmetro menor do que o anterior, mas suficientemente grande para acomodar o tubo de refrigeração, é executado até profundidade superior à da amostragem prevista.
3	O tubo de refrigeração é introduzido até à base do furo de menor diâmetro.
4	Um tubo de aço de fundo aberto com 34 mm de diâmetro é inserido no interior do tubo de refrigeração com uma folga de 100 mm na base.
5	É introduzido nitrogênio líquido (-196 °C) no tubo interior; 30 horas representam o tempo aproximado para congelar uma coluna de solo com 800 mm de diâmetro.
6(a)	O tubo interior e a parte superior do tubo de congelação são removidos e a coluna de solo congelado é extraída por meio de um amostrador com avanço à rotação com diâmetro de 610 mm, usando água fria com anticongelante como fluido de circulação.
6(b)	Como alternativa, uma amostra do solo congelado pode ser extraída lateralmente ao tubo de congelação, com um amostrador com avanço à rotação de 150 mm de diâmetro.
Observações:	Para que o processo tenha sucesso é necessário que: i) o solo esteja saturado ou próximo da saturação (S_r > 80%); ii) o teor em finos seja pequeno; iii) o solo deve estar confinado durante a congelação e a água dos poros deve ter possibilidades de drenagem; iv) a amostra deve ser extraída a certa distância do tubo de congelação.

Fig. 5.15 *Esquema de amostragem indeformada de areias por congelação*
Fonte: Yoshimi, Tokimatsu e Ohara (1994).

de amostras da mesma areia com o mesmo índice de vazios não é de todo independente da respectiva técnica de fabricação. Por último – e como crítica de fundo –, a reconstituição das amostras em laboratório não permite reproduzir a estrutura dos maciços aluviais de areias, os quais são tipicamente formados por sucessivas subcamadas muito finas, praticamente uniformes em granulometria, refletindo as variações sazonais do ambiente em que a sedimentação se processou. Essa estrutura das camadas perde-se com a reconstituição em laboratório, que tende a produzir corpo de provas *homogêneos*, isto é, resultantes da mistura das diversas subcamadas amostradas.

Parece oportuno antecipar ao leitor que, na prática, se procura ultrapassar muitas dessas dificuldades com recurso a ensaios de caracterização mecânica *in situ*, que serão abordados no segundo volume deste livro.

5.3 Resistência ao cisalhamento e relações tensões-deformações em areias

5.3.1 Resistências de pico e residual. Dilatância. Índice de vazios crítico

Imagine-se que, com base em uma massa de areia (amostra amolgada), se fabricavam em laboratório dois corpos de provas secos, um com muito baixa compacidade e outro muito compacto, para serem submetidos a ensaios na câmara triaxial. Considere-se que, após a montagem dos corpos de prova, se procedia à instalação de uma dada pressão na água da câmara, igual para os dois casos; após a instalação dessa pressão – normalmente denominada tensão efetiva de confinamento, mantida constante durante o ensaio – a prensa era ligada levando os corpos de prova à ruptura por compressão triaxial.

A Fig. 5.16 mostra o que seria de esperar dos resultados desses ensaios. Na figura relacionam-se com as deformações axiais do corpo de prova as tensões deviatórias, as deformações volumétricas e os índices de vazios. Em rigor, a tensão deviatória não vale $\sigma_1 - \sigma_3$, mas sim: $\sigma_1 - \sigma_{med} = \sigma_1 - (\sigma_1 + 2\sigma_3)/3 = 2(\sigma_1 - \sigma_3)/3$. Todavia, a designação de $\sigma_1 - \sigma_3$ por tensão deviatória está muito divulgada no âmbito do tema do presente capítulo, pelo que também será aqui usada, embora sob reserva.

Antes de passar a comentar em pormenor o aspecto dos diagramas apresentados, deve adiantar-se que os fenômenos de cisalhamento nos solos granulares não são meros fenômenos de atrito entre partículas. Devido às dimensões finitas das partículas e ao respectivo arranjo, as forças exteriores têm não só que vencer as resistências friccionais, mas também desfazer o *imbricamento* de cada partícula entre as vizinhas. Naturalmente, as forças requeridas pela destruição desse imbricamento são tanto mais elevadas quanto maior for a compacidade do solo.

Dessa forma – e passando agora à análise das curvas experimentais – a amostra compacta apresenta uma deformabilidade inicial mais reduzida, mas também pronunciados acréscimos de volume, o que se compreende, já que nessa amostra os deslocamentos interpartículas destroem progressivamente a estrutura do solo, de início fortemente *imbricada*. Considerando esse

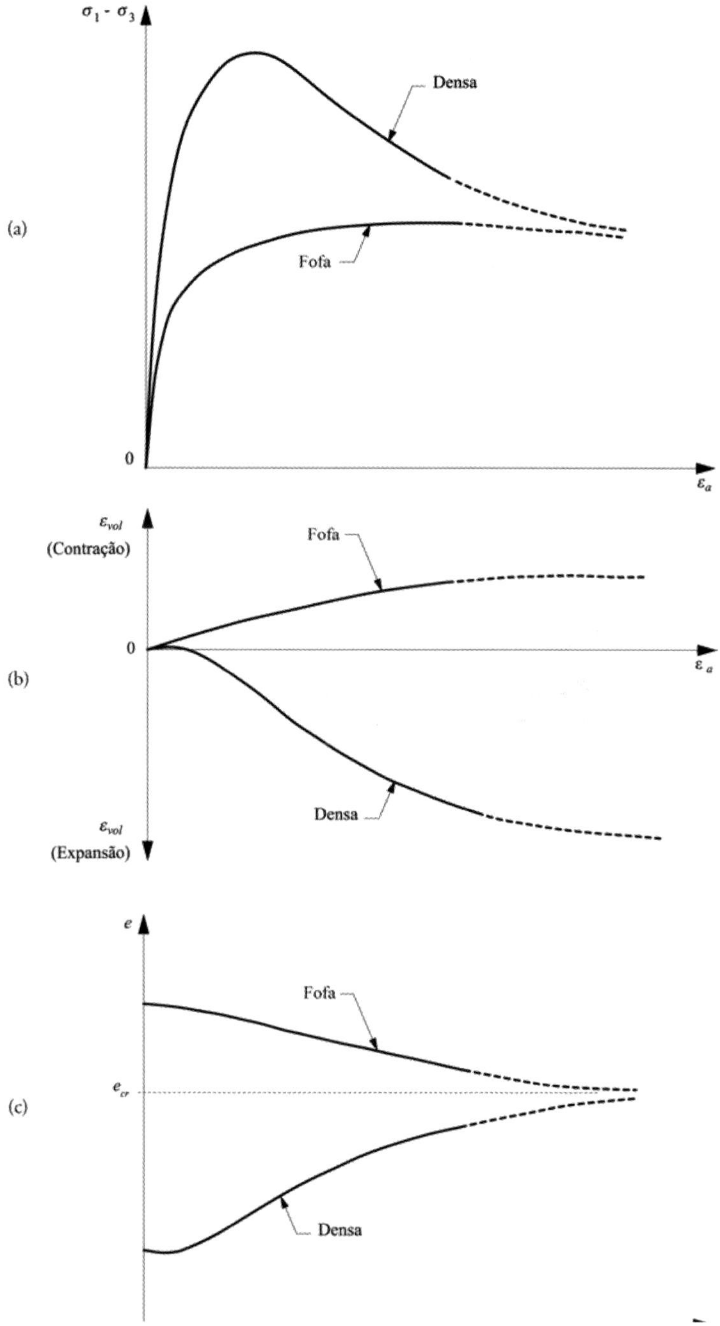

Fig. 5.16 *Resultados típicos de ensaios triaxiais de duas amostras de uma areia, sendo uma compacta e outra fofa, relacionando as deformações axiais com: (a) as tensões deviatórias; (b) as deformações volumétricas; (c) os índices de vazios*
Fonte: adaptado de Taylor (1948).

fato, o corpo de prova em questão tende durante o ensaio para uma compacidade cada vez menor, o que explica que após um *pico* de resistência (note-se que o ensaio é conduzido impondo deformações e registrando a reação que o solo oferece) o solo continue a experimentar deformações com diminuição da tensão deviatória instalada. É usual nomear a resistência máxima oferecida como *resistência de pico* e o patamar de resistência exibido para grandes deformações como *resistência final ou última*.

Feitas essas considerações, fácil será compreender o aspecto das curvas referentes à amostra de solo inicialmente fofa: a deformabilidade inicial mais elevada, devido ao muito menor grau de imbricamento entre partículas; a tendência para a redução de volume, já que existe de início um grande número de equilíbrios instáveis entre partículas que, destruídos, conduzem a um melhor arranjo; a inexistência de pico, porque o corpo de prova vai aumentando a sua compacidade durante o ensaio.

Aspecto muito interessante é o fato de para grandes deformações as resistências dos dois corpos de prova serem sensivelmente coincidentes. Isso resulta do fato de as variações volumétricas experimentadas desde o início do cisalhamento terem levado os dois corpos de prova praticamente à mesma compacidade, correspondente ao chamado *índice de vazios crítico* (Fig. 5.16c). Na literatura da especialidade é comum classificar essas condições do solo como *estado crítico*.

A essa propriedade dos solos de exibirem deformações volumétricas quando solicitados por cisalhamento dá-se o nome de *dilatância*. Esta será positiva quando o volume aumentar e negativa (também chamada de *compressão*) no caso contrário. Dessa forma, as areias com índice de vazios inicial inferior ao crítico exibem *dilatância positiva*, enquanto as areias com índice de vazios superior ao crítico exibem *dilatância negativa*.

Como foi referido, para grandes deformações as amostras de solo tendem para o índice de vazios crítico, logo a dilatância tende para zero. Para explicar esse fato pode imaginar-se que, destruídas as estruturas iniciais de ambos os corpos de prova, começam então a se compensarem as reduções de volume associadas a partículas que passaram a posições mais estáveis, *descendo* em relação às vizinhas, e os acréscimos de volume induzidos pelas partículas que se desencaixaram, *subindo* em relação às adjacentes.

5.3.2 ÂNGULOS DE ATRITO DE PICO E DE VOLUME CONSTANTE. MÓDULOS DE DEFORMABILIDADE

Imagine-se agora três amostras, semelhantes à amostra compacta anteriormente referida, submetidas a ensaios triaxiais de compressão convencionais com distintas tensões efetivas de confinamento. Como mostra a Fig. 5.17a, com o crescimento da tensão de confinamento: i) crescem as tensões de cisalhamento correspondentes às resistências de pico e última; ii) reduz-se a deformabilidade inicial das amostras, isto é, cresce a rigidez do solo; iii) cresce ligeiramente a deformação correspondente à mobilização da resistência de pico.

Os dois primeiros fatos referidos não carecem de longa explicação: já foi discutido que o crescimento das tensões efetivas conduz a um aumento da resistência e da rigidez da estrutura formada pelas partículas. Quanto ao crescimento das deformações correspondentes à resistência de pico com a tensão de confinamento, o qual é por vezes apenas incipiente, parece ocorrer pelo fato de que para tensões de confinamento mais elevadas algumas partículas sofrem maiores deformações ou até fraturas nos contatos, o que facilita a ocorrência de maiores deformações por cisalhamento. Essas fraturas explicam também a tendência à redução da dilatância com o crescimento da tensão efetiva de confinamento.

A Fig. 5.17b mostra a determinação das envoltórias de ruptura a partir dos resultados anteriores: a areia tem dois ângulos de atrito, o de *pico*, ϕ', e o de *volume constante* (*constant volume*), ϕ'_{cv}, conforme a envoltória de Mohr-Coulomb for obtida marcando os círculos de Mohr correspondentes ao pico ou ao patamar do diagrama tensão deviatória *versus* deformação axial para grandes deformações. Considerando que ϕ'_{cv} é o ângulo de atrito que o solo exibe quando possui o índice de vazios crítico, é também usualmente designado como *ângulo de atrito crítico*, ϕ'_{cr}.

O ângulo de atrito crítico ou de volume constante é uma característica intrínseca do solo, dependendo apenas da curva granulométrica. A diferença entre ϕ' e ϕ'_{cv} será tanto maior quanto menor for o índice de vazios inicial da amostra de solo, isto é, quanto mais compacta for a areia.

Pelo fato de a resistência ao cisalhamento das areias não ser apenas devido ao atrito entre grãos, alguns autores preferem denominar o ângulo que define a inclinação da envoltória de Mohr-Coulomb *ângulo de resistência ao cisalhamento* e não *ângulo de atrito*. Neste livro serão utilizadas as duas desig-

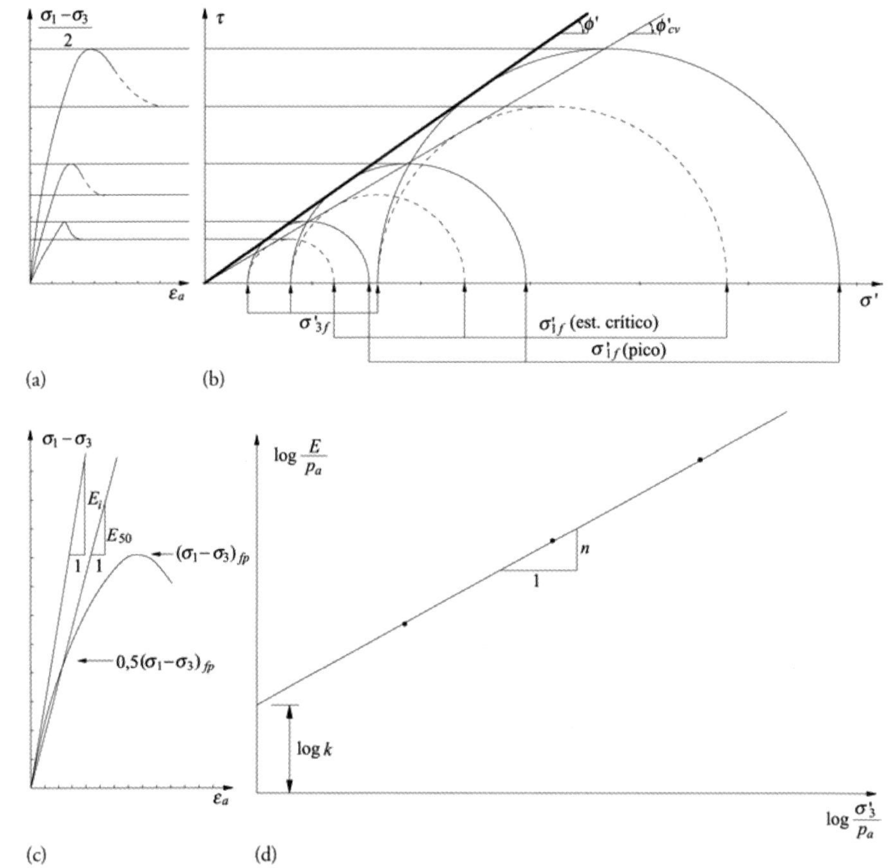

Fig. 5.17 *Ensaios de compressão triaxial de amostras de uma areia compacta, sob várias tensões de confinamento: (a) diagramas tensão de cisalhamento máxima versus deformação axial; (b) envoltórias de Mohr-Coulomb determinadas a partir dos estados de tensão no pico ou no patamar para grandes deformações; (c) definição dos módulos de deformabilidade tangente inicial e secante a 50% da resistência; (d) dependência dos módulos de deformabilidade da tensão efetiva de confinamento*

nações, porque, embora a primeira esteja mais correta, a segunda é a que o meio técnico não especializado melhor conhece.

Das curvas tensão deviatória *versus* deformação axial é possível estimar o módulo de deformabilidade (com significado físico de módulo de Young) do solo. O *módulo tangente inicial*, E_i, obtém-se do declive da reta tangente ao diagrama no ponto de abscissa nula, como mostra a Fig. 5.17c, para um dos três diagramas da Fig. 5.17a. Do mesmo diagrama podem ser extraídos *módulos de deformabilidade secantes*, correspondentes a uma dada porcentagem da resistência ao cisalhamento; na figura está também traçado o módulo E_{50}, correspondente à mobilização de metade da resistência.

Já no comentário sobre a Fig. 5.17a foi salientada a dependência da rigidez do solo em relação à tensão efetiva de confinamento. É comum exprimir essa dependência por uma equação do tipo (Janbu, 1963):

$$E = k\ p_a \left(\sigma_3' / p_a \right)^n \tag{5.13}$$

em que E representa o módulo de deformabilidade (qualquer um daqueles que mostra a Fig. 5.17c, ou ainda outros módulos secantes), σ_3' é a tensão efetiva de confinamento, p_a é a pressão atmosférica e k e n são fatores adimensionais. A Fig. 5.17d mostra como com base nos valores do módulo de deformabilidade para várias tensões de confinamento se obtêm os parâmetros k e n.

5.3.3 CURVATURA DA ENVOLTÓRIA DE MOHR-COULOMB

Convém chamar a atenção neste ponto para o fato de que, em rigor – e ao contrário do que sugerem algumas das figuras anteriores, especificamente a Fig. 5.17b – a envoltória de Mohr-Coulomb para uma dada areia (referida agora com um dado índice de vazios, e_0) é curva. Com a Fig. 5.18 ensaia-se uma explicação simplificada para o fato.

Imagine-se separadamente os dois fenômenos físicos que contribuem para a resistência ao cisalhamento: o *atrito puro* entre partículas e o *imbricamento* e sejam, respectivamente, τ_a e τ_i as tensões de cisalhamento resistentes associadas a cada um desses fenômenos. Como mostra a Fig. 5.18a, a primeira cresce proporcionalmente à tensão efetiva normal, enquanto a segunda será, essencialmente, independente dessa. Assim, para valores baixos da tensão normal, τ_i terá um peso substancial na resistência exibida pelo solo, ao contrário do que acontece para tensões normais mais elevadas. Note-se que o crescimento das tensões tangenciais τ_a é definido por um ângulo ϕ_u', que não é nenhum dos já definidos e que pode ser designado como *ângulo de atrito puro entre partículas*. Esse ângulo não tem, aliás, particular relevância prática, porque em qualquer solo aqueles dois fenômenos físicos, que contribuem para a resistência ao cisalhamento, estão de fato indissociados.

Como sugere a Fig. 5.18b, caso se realizem ensaios de cisalhamento numa gama de tensões efetivas relativamente baixas, os seus resultados conduzirão a maiores valores de ϕ' do que ensaios conduzidos para tensões muito mais elevadas. Daí a redução de ϕ' com o crescimento da tensão efetiva média, ou, em outras palavras, a *curvatura da envoltória de Mohr-Coulomb*.

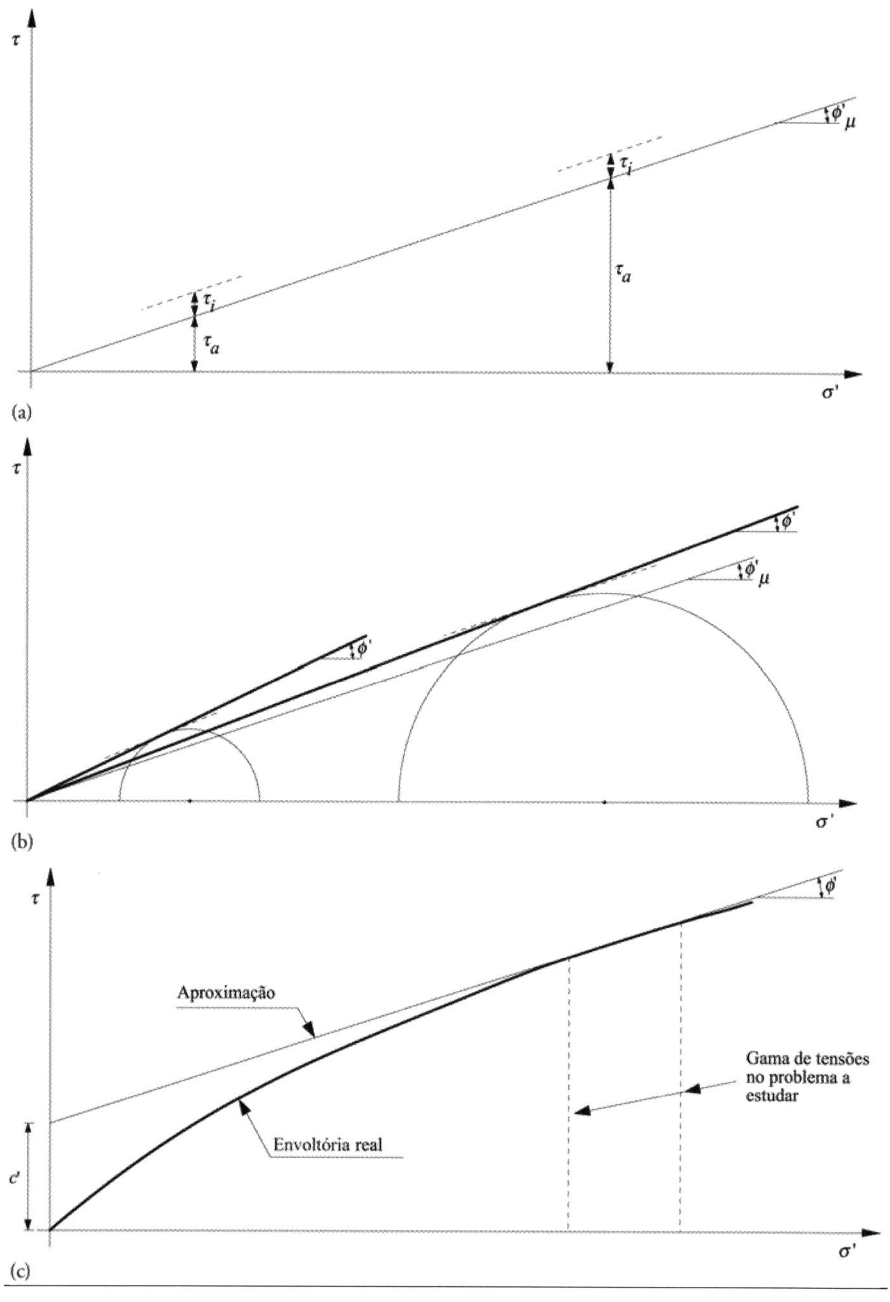

Fig. 5.18 *Curvatura da envoltória de Mohr-Coulomb: (a) influência relativa das forças de imbricamento e de atrito puro para a resistência ao cisalhamento, para tensões efetivas normais muito distintas; (b) círculos de Mohr indicativos de ensaios envolvendo gamas de tensões efetivas normais muito distintas e respectivas tangentes para obtenção do ângulo de atrito; (c) aproximação linear da envoltória para aplicação prática*

Na prática, essa curvatura é tida em conta aproximando a envoltória real por outra retilínea que razoavelmente a aproxime para a gama de tensões efetivas mobilizadas no problema a estudar. Como mostra a Fig. 5.18c, caso estas sejam elevadas, o que pode acontecer, por exemplo, em barragens de aterro de grande altura, pode a reta aproximada ter ordenada não nula na origem, isto é, coesão, embora, como é óbvio, esta tenha significado meramente *matemático*.

Do exposto pode-se concluir que a gama de tensões efetivas envolvidas nos ensaios de caracterização do solo não deve ser arbitrária, antes devendo ter como referência a gama correspondente no campo.

5.3.4 Ângulos de resistência ao cisalhamento das areias

Estimativa rápida de ϕ'_{cv}. Ângulo de repouso ou de talude natural

Muito provavelmente o leitor , numa obra em construção que tenha visitado, terá observado no estaleiro uma central de britagem. Como mostra a Fig. 5.19a, as partículas britadas são transportadas num tapete rolante e caem sobre um cone ou pilha do mesmo material. Se observar com atenção verificará que, de tempos a tempos, grupos de partículas que já se encontravam em repouso sofrem escorregamento ao longo de planos paralelos à superfície, próximos desta. Tais escorregamentos correspondem a uma acomodação da massa em questão às novas condições decorrentes das partículas mais recentemente depositadas, e asseguram que o ângulo da superfície do cone com o plano horizontal se mantém praticamente constante, isto é, não varia com o crescimento do volume de material depositado. Compreende-se que a inclinação que assume o material particulado, que se designa por *ângulo de repouso* ou *ângulo de talude natural*, é aquela estritamente necessária para assegurar o seu equilíbrio, designadamente nos planos paralelos à superfície.

Sendo a escala da pilha muito superior à da espessura da massa que tende a escorregar, uma fatia de faces verticais, largura arbitrária e base paralela à superfície, como mostra a Fig. 5.19a, pode ser considerada representativa, para efeitos da análise do equilíbrio, daquela massa. Considerando que as forças à direita e à esquerda sobre a fatia se anulam, a reação no plano da base tem de ser igual e diretamente oposta ao peso, W, formando com a normal àquele plano um ângulo β, coincidente com a inclinação da super-

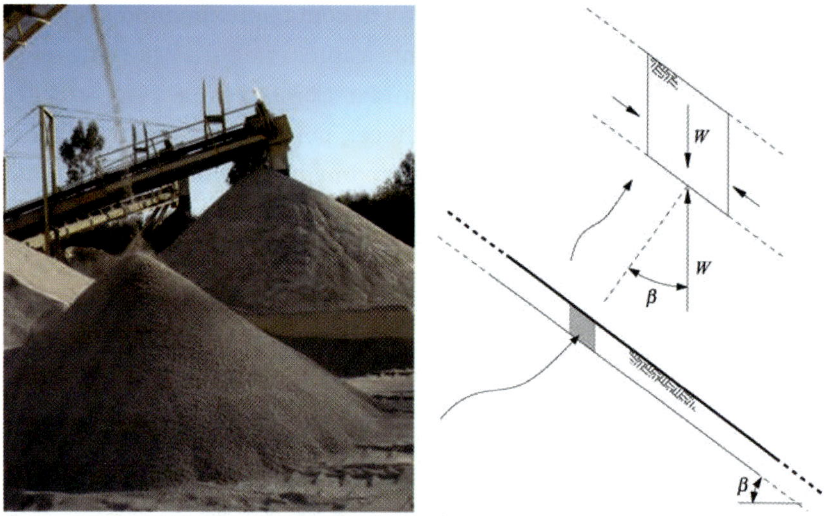

(a) (b)

Fig. 5.19 *Equilíbrio de um material granular nas condições designadas como de talude natural: (a) pilha de material britado; (b) fatia representativa para análise do equilíbrio*
Foto: (a) Rui Costa.

fície. Tomando a base da fatia com uma área unitária, a tensão tangencial mobilizada na base vale:

$$\tau_{mob} = W \text{ sen } \beta \tag{5.14}$$

enquanto que a tensão tangencial resistente, sendo ϕ' o ângulo de atrito do material, vale:

$$\tau_f = \sigma'_f \text{ tg}\phi' = W \cos\beta \text{ tg}\phi' \tag{5.15}$$

A massa de partículas atinge o equilíbrio estático, após os periódicos escorregamentos, quando em resultado destes o ângulo β se reduziu um pouco garantindo que as duas tensões tangenciais se igualem. Assim, numa situação de equilíbrio:

$$W \text{ sen } \beta = W \cos\beta \text{ tg}\phi' \tag{5.16}$$

Daí resulta que:

$$\text{tg } \beta = \text{tg}\phi' \tag{5.17}$$

Logo, o ângulo β da superfície com a horizontal iguala o ângulo de atrito do material, ϕ'. Ora, como o material se encontra num estado de baixa compacidade, pois sofreu apenas deposição e acumulação sob a ação da gravidade, este ângulo corresponde ao ângulo de atrito crítico ou de volume constante, ϕ'_{cr} ou ϕ'_{cv}.

Pode concluir-se que num material granular o ângulo de talude natural coincide com o ângulo de atrito crítico. A formação de um cone ou pilha de solo por processo análogo, em laboratório, pode assim constituir processo simplificado de estimar o ângulo de atrito crítico de uma areia. Há, no entanto, que trabalhar com o solo bem seco, de modo que o fenômeno da coesão aparente não interfira no equilíbrio dos grãos, falseando os resultados.

Valores típicos dos ângulos de resistência ao cisalhamento de areias e outros solos granulares

A Tab. 5.1 indica valores típicos do ângulo de resistência ao cisalhamento de alguns solos granulares.

O exame da tabela permite identificar alguns aspectos muito relevantes:

i) o ângulo de resistência ao cisalhamento é fortemente influenciado não apenas pela compacidade, como já se viu, mas também pela granulometria; entre os solos finos e fofos, por um lado, e os solos grossos e compactos, por outro, a variação é extremamente relevante, ultrapassando 20°;
ii) a influência da granulometria explica-se, em primeiro lugar, porque com o aumento do diâmetro tende a aumentar a rugosidade da superfície das partículas, logo o atrito puro entre grãos; por outro lado, o aumento do diâmetro das partículas potencia o efeito do imbricamento;
iii) este último aspecto explica também que a gama de valores de ϕ' entre os estados fofo e compacto seja bastante restrita para os solos finos e muito mais aberta para os solos grossos.

É interessante ainda observar que o ângulo de atrito crítico depende também significativamente da granulometria. Aliás, isso é facilmente verificável observando as diversas pilhas numa central de britagem; nos materiais mais grossos, a inclinação das pilhas é em geral maior.

Tab. 5.1 Valores indicativos dos ângulos de atrito de pico e de volume constante de solos granulares

Tipo de solo	ϕ'°_{cv}	ϕ'° Medianamente compacto	ϕ'° Compacto
Siltes (não plásticos)	26	28	30
Areias finas a médias mal graduadas	26 a 30	30 a 34	32 a 36
Areias bem graduadas	30 a 34	34 a 40	38 a 46
Areias e pedregulhos	32 a 36	36 a 42	40 a 48

Nota: Dentro de cada intervalo atribuir menores valores se as partículas forem bem arredondadas ou se houver significativo teor de partículas que não sejam de quartzo (mica ou outros minerais) e maiores valores para solos com partículas angulosas de quartzo. Usar menores valores para tensões efetivas muito elevadas.

Fonte: Hough (1957).

Esse fato reflete que mesmo nos solos fofos – como aliás parece evidente – há sempre alguma contribuição do imbricamento para a resistência ao cisalhamento. Por isso, o ângulo de atrito crítico será sempre superior ao ângulo de atrito puro entre partículas, ϕ'_{μ}. Os dois ângulos tenderiam a coincidir para um solo granular muito fino (mas quimicamente inerte, bem entendido), em que o efeito do imbricamento tenderia a desaparecer.

O ângulo de dilatância

Como foi anteriormente referido a propósito da discussão da Fig. 5.16, contendo resultados de ensaios triaxiais, a dilatância consiste na variação de volume induzida pela aplicação de tensões de cisalhamento. O fenômeno é todavia mais fácil de apreender nos ensaios de cisalhamento direto ou de cisalhamento direto simples. A Fig. 5.20a mostra resultados de ensaios desse último tipo sobre dois corpos de prova análogos aos da Fig. 5.16, isto é, com a mesma granulometria, mas compacidades contrastantes. Em abscissas representam-se as deformações por cisalhamento ou distorções e em ordenadas as tensões de cisalhamento no plano horizontal e as deformações volumétricas, que no caso presente coincidem com as deformações verticais.

A existência de dilatância traduz-se, como ilustra a Fig. 5.20b, pelo desenvolvimento de deslocamentos normais ao plano de cisalhamento. O *ângulo de dilatância*, como indica o diagrama inferior da Fig. 5.20a, é o declive

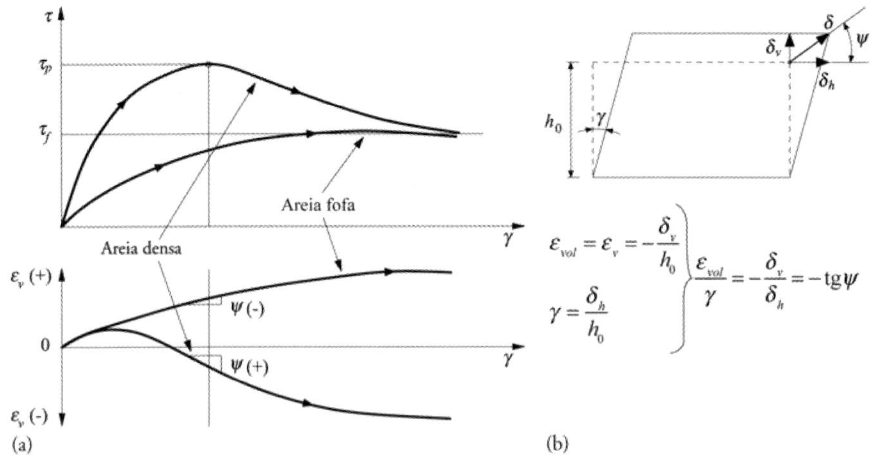

FIG. 5.20 *Ângulo de dilatância: (a) diagramas de tensões de cisalhamento no plano de ruptura e deformações volumétricas* versus *distorções, para duas amostras de areia (idêntica granulometria mas compacidade contrastante) em ensaios de cisalhamento direto; (b) definição do ângulo de dilatância*

pontual da curva deformações volumétricas *versus* distorções. O sinal negativo na equação destina-se a fazer corresponder um ângulo de dilatância positivo a uma deformação volumétrica negativa (aumento de volume):

$$tg\,\psi = -\frac{d\epsilon_{vol}}{d\gamma} \tag{5.18}$$

É de notar que o valor máximo positivo do ângulo de dilatância coincide com o pico do diagrama tensão de cisalhamento no plano de ruptura *versus* distorção, naturalmente para a amostra densa.

Na Fig. 5.20b mostra-se a razão de ser da definição apresentada: ψ é precisamente o ângulo que o vetor deslocamento de um ponto da amostra de solo faz com o plano de cisalhamento.

O fenômeno da dilatância pode ser interpretado à luz de uma analogia proposta por Rowe (1963) e desenvolvida posteriormente por Bolton (1986). A Fig. 5.21 ilustra dois corpos de prova, cada um formado por dois blocos cuja superfície de contato é plana e horizontal (Fig. 5.21a) ou denteada (Fig. 5.21b), embora neste caso sendo ainda horizontal o seu *plano médio*. Supõe-se que a rugosidade de cada um dos trechos retilíneos (S - S) da superfície de contato do segundo corpo de prova coincide com a da superfície do primeiro corpo de prova.

Quando submetidos tais corpos de prova a um ensaio de cisalhamento, em qualquer deles o deslizamento estará iminente quando a resultante das forças na superfície de contato fizer um ângulo com a normal igual ao respectivo ângulo de atrito. No caso do corpo de prova da Fig. 5.21a, a mobilização de tensões tangenciais no contato não implica deslocamentos normais ao mesmo, isto é, variação volumétrica ou dilatância. O ângulo de atrito corresponderá assim ao que anteriormente foi designado como ϕ'_{cv} ou ϕ'_{cr}, como indica a figura. Passando agora à análise do corpo de prova da Fig. 5.20b, quando a resultante das forças de interação entre blocos fizer um ângulo ϕ'_{cv} com a normal ao contato, fará também um ângulo ϕ' em relação à horizontal, isto é, ao plano médio do contato, ângulo esse que, como mostra a figura, vale $\phi'_{cv}+\psi$.

Desta forma, neste modelo simplificado os ângulos de atrito de pico e de volume constante estão relacionados com o chamado ângulo de dilatância por meio da expressão:

$$\phi' = \phi'_{cv} + \psi \tag{5.19}$$

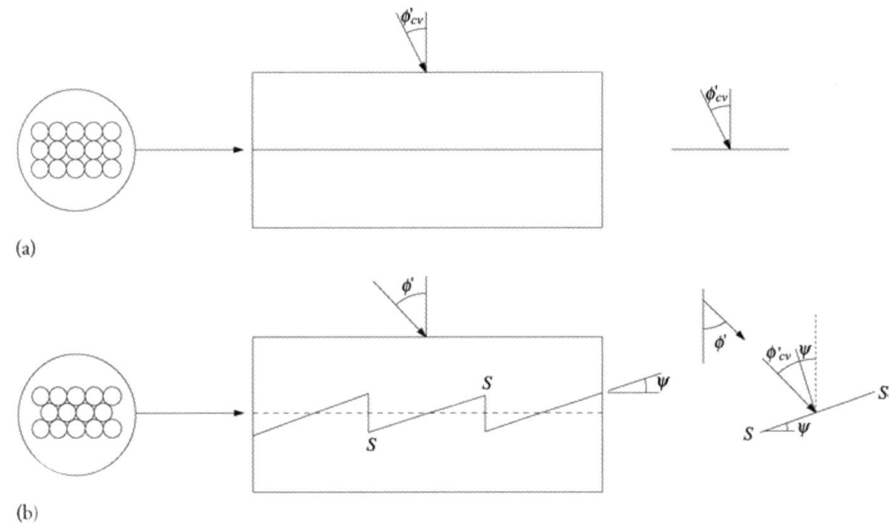

Fig. 5.21 *Analogia com a dilatância: (a) material com dilatância nula; (b) material com dilatância*
Fonte: Rowe (1963) e Bolton (1986).

Esta última equação é útil porque, como salienta Bolton (1986), associa à dilatância a diferença (toda a diferença, aliás) entre as resistências de pico e para grandes deformações. Nos solos, todavia, os fenômenos de cisalhamento são mais complexos, razão pela qual esta equação deve ser tomada apenas como aproximação simplificada.

O mesmo autor mostrou que, tomando ψ de acordo com a sua definição rigorosa (Eq. 5.18), a equação:

$$\phi'_{ps} = \phi'_{cv} + 0{,}8\psi \tag{5.20}$$

constitui uma boa aproximação aos resultados experimentais em estado plano de deformação (daí o uso do símbolo ϕ'_{ps} para o ângulo de atrito, já que estado plano de deformação se designa como *plane strain*).

5.4 Liquefação das areias

Já no Cap. 1 foi discutido que um maciço arenoso fofo sob a ação de um sismo tenderá a experimentar uma brusca redução do índice de vazios, logo redução também da sua espessura, tendo como consequência o recalque da superfície do terreno.

Os depósitos arenosos de baixa compacidade situam-se geralmente em vales aluvionares geologicamente muito recentes, com o nível freático próximo da superfície, estando pois submersos, logo, também, saturados. Esta última condição pode proporcionar, sob a ação de um sismo intenso, um fenômeno ainda mais grave do que um recalque brusco e de elevada grandeza! Tal fenômeno designa-se como *liquefação das areias*.

A ação de um sismo corresponde a um carregamento de cisalhamento cíclico aplicado a todo o maciço de forma muitíssimo rápida. Numa camada de areia solta e saturada, cada ciclo vai acarretar a geração de excessos de pressão neutra positivos. Como os ciclos se sucedem muito rapidamente, e como os excessos de pressão neutra abrangem praticamente todo o depósito arenoso, não há possibilidade de significativa dissipação daqueles durante o sismo. Como a tensão total média não varia, a subida da pressão da água nos poros diminui a tensão efetiva, logo durante o evento sísmico a resistência ao cisalhamento vê-se progressivamente reduzida.

Se o sismo for suficientemente intenso – o que se traduz em mais elevadas acelerações sísmicas, que são proporcionais às tensões de cisalhamento comunicadas ao maciço – e longo, pode acontecer que em muitos pontos do solo os excessos de pressão neutra acumulados façam com que o valor da pressão neutra iguale o valor da tensão total. Nessas circunstâncias, verifica-se naqueles pontos a anulação das tensões efetivas, logo a anulação da resistência ao cisalhamento do solo. É este o fenômeno designado como liquefação.

Se a liquefação abranger grande parte da camada arenosa, isso terá efeitos catastróficos nas estruturas fundadas sobre o maciço, embora a sua duração seja muito curta, já que findo o sismo a dissipação dos excessos de pressão neutra se processa rapidamente, tendendo as partículas a rearrumar-se com uma compacidade maior que a anterior ao sismo, o que conduz a um recalque da superfície do terreno.

A Fig. 5.22 inclui um esquema simplificado, que ilustra de forma particularmente feliz o fenômeno descrito (Ishihara, 1985).

A manifestação do fenômeno à superfície consiste frequentemente na *ejeção de água e areia*. A explicação para o fato é que a superfície do terreno está normalmente coberta por materiais de menor permeabilidade, como pavimentos, nas zonas urbanas, ou terra vegetal, nas zonas agrícolas. Desta

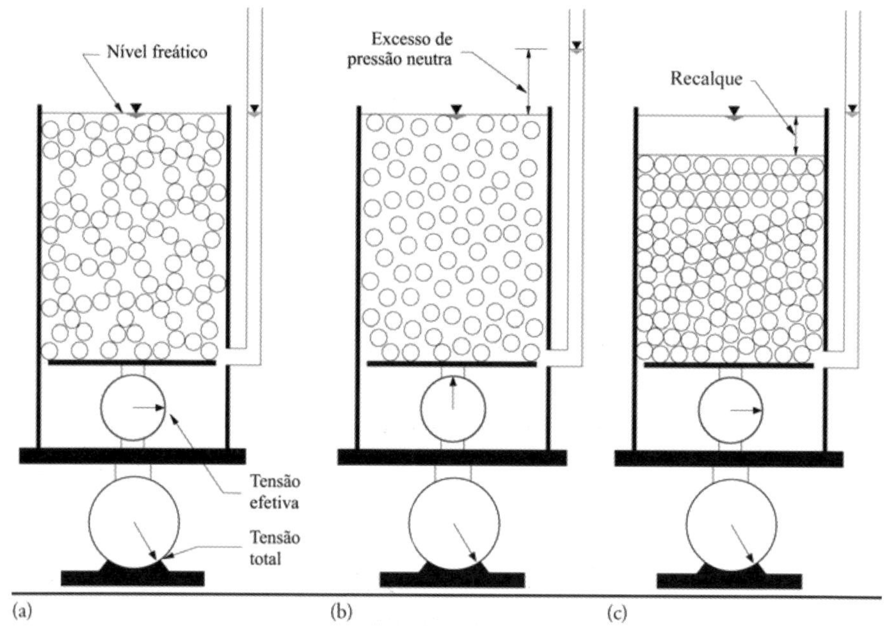

Fig. 5.22 *Esquema simplificado de Ishihara para explicar a liquefação: (a) antes da liquefação; (b) durante a liquefação; (c) após a liquefação*

forma, como ilustra a Fig. 5.23, ocorrendo liquefação numa camada arenosa subjacente, as pressões da água na areia atingem valores muito elevados, que vão provocar, em determinadas zonas, a fratura dos materiais de recobrimento. É por essas zonas que se processa a ejeção de água e areia. O leitor pode observar essas manifestações nas fotografias que iniciam este capítulo.

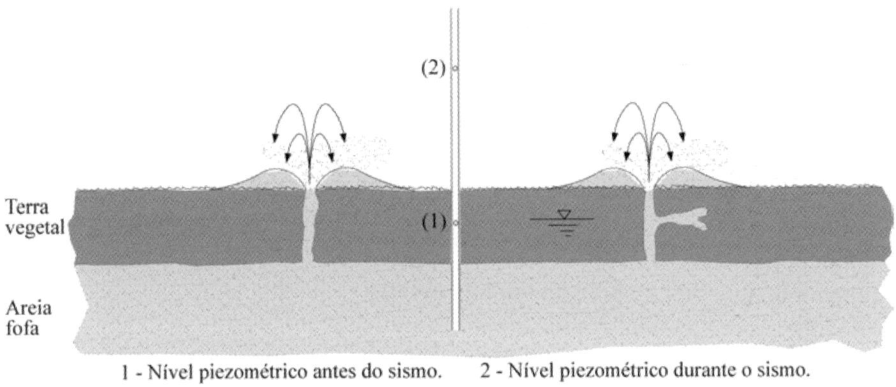

FIG. 5.23 *Esquema explicativo das ejeções de areia por causa da liquefação*

Parece relevante acrescentar que é pela menção a esse tipo de ocorrências que é possível deduzir os locais em que se verificou liquefação nos sismos históricos. Como exemplo, inclui-se na Fig. 5.24 o mapeamento dos fenômenos de liquefação ocorridos em Portugal, deduzido a partir de relatos de testemunhas contemporâneas dos sismos indicados.

Existe uma modalidade de ensaios triaxiais, os *ensaios triaxiais dinâmicos*, por meio dos quais se pode avaliar o potencial de liquefação de uma amostra de areia saturada. Esses ensaios são conduzidos impondo tensões de cisalhamento cíclicas (com determinadas frequência e amplitude) ao corpo de prova sem permitir a drenagem desta. A ruptura do solo ocorre precisamente quando se anula a tensão efetiva no seu interior. As amostras para esses estudos podem ser obtidas com a técnica da congelação (ver Fig. 5.15) ou compactadas em laboratório (ver Anexo A13).

No segundo volume serão abordados os métodos de avaliação do potencial de liquefação dos depósitos arenosos e os métodos de tratamento dos terrenos que permitem prevenir o fenômeno.

Fig. 5.24 *Mapeamento dos locais de liquefação em Portugal a partir de relatos de testemunhas contemporâneas de sismos históricos*
Fonte: Jorge (1994).

Anexos

A12 Dedução das relações entre c' e ϕ' e a e α

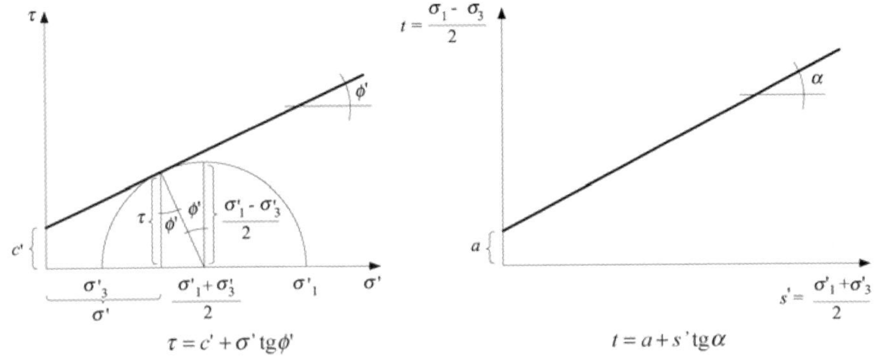

Fig. A12.1 *Envoltórias de ruptura usando o sistema de representação* s' versus τ *(envoltória de Mohr-Coulomb) e* s' *versus* t

Da figura da esquerda tira-se que:

$$\begin{cases} \tau = \dfrac{\sigma'_1 - \sigma'_3}{2}\cos\Phi' \\ \sigma' = \dfrac{\sigma'_1 + \sigma'_3}{2} - \dfrac{\sigma'_1 - \sigma'_3}{2}\operatorname{sen}\Phi' \end{cases} \Rightarrow \begin{cases} \tau = t\cos\Phi' \\ \sigma' = s' - t\operatorname{sen}\Phi' \end{cases} \tag{A12.1}$$

Então, o critério de Mohr-Coulomb expressa-se necessariamente em:

$$\tau = c' + \sigma'\operatorname{tg}\Phi' \Rightarrow t\cos\Phi' = c' + (s' - t\operatorname{sen}\Phi')\operatorname{tg}\Phi' \Rightarrow$$

$$\Rightarrow \quad t\cos\Phi' = c' + s'\operatorname{tg}\Phi' - t\frac{\operatorname{sen}^2\Phi'}{\cos\Phi'} \quad \Rightarrow \quad t(\cos\Phi' + \frac{\operatorname{sen}^2\Phi'}{\cos\Phi'}) = c' + s'\operatorname{tg}\Phi' \Rightarrow$$

$$\Rightarrow \quad t\frac{\cos^2\Phi' + \operatorname{sen}^2\Phi'}{\cos\Phi'} = c' + s'\operatorname{tg}\Phi' \quad \Rightarrow \quad t = c'\cos\Phi' + s'\operatorname{sen}\Phi' \tag{A12.2}$$

Como, por outro lado:

$$t = a + s'\operatorname{tg}\alpha \tag{A12.3}$$

terá de ser:

$$\begin{cases} c'\cos\Phi' = a \\ \operatorname{sen}\Phi' = \operatorname{tg}\alpha \end{cases} \Rightarrow \begin{array}{l} c' = \dfrac{a}{\cos\Phi'} \\ \Phi' = arc\operatorname{sen}(\operatorname{tg}\alpha) \end{array} \tag{A12.4}$$

A13 Métodos de reconstituição de amostras de areia em laboratório

A13.1 *Chuveiro de areia*

Para fabricação de amostras de areia para ensaios de cisalhamento em laboratório pode recorrer-se a um *chuveiro de areia*, dispositivo que por pluviação de areia seca pelo ar permite preencher um molde cilíndrico com as dimensões pretendidas para os corpos de prova a ensaiar. A Fig. A13.1 mostra um desenho esquemático de um chuveiro desse tipo desenvolvido no LNEC (Bilé Serra et al., 1997).

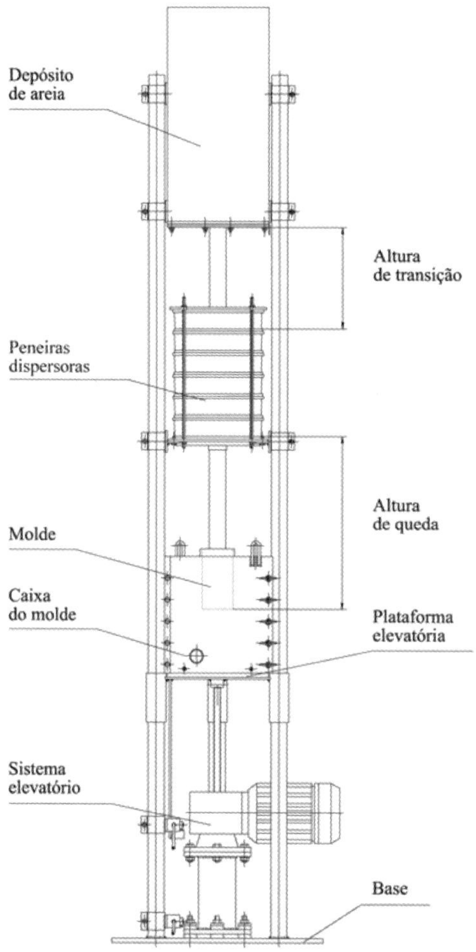

Fig. A13.1 *Desenho esquemático do chuveiro de areia do LNEC*
Fonte: Bilé Serra et al. (1997).

Aparelhos como o da figura: i) permitem a preparação de amostras numa vasta gama de compacidades; ii) garantem uma boa uniformidade da estrutura do solo em cada corpo de prova; iii) asseguram uma boa reprodutibilidade das amostras, sendo praticamente insensíveis ao desempenho do operador.

Basicamente, o sistema comporta os seguintes elementos principais:

* o molde cilíndrico, a cuja parede interior é previamente ajustada, por meio de vácuo, uma membrana de borracha, que posteriormente revestirá a amostra no ensaio; o molde é envolvido por uma caixa para recolha da areia que cai fora daquele;
* o depósito de areia, em cuja base existe um orifício central de diâmetro regulável; este diâmetro permite controlar o chamado fluxo de emissão;
* o sistema elevatório do molde e da caixa do molde, que assegura que a altura de queda das partículas se mantém constante durante o enchimento;
* o sistema de peneiras dispersoras, intercalado entre o depósito e o molde; as partículas incidem a partir da base do depósito no centro da peneira superior e, ao atravessarem esta e as peneiras inferiores, afastam-se progressivamente do eixo do sistema, conduzindo a uma deposição uniforme em toda a seção do corpo de prova.

A compacidade relativa da areia compactada depende essencialmente, para o sistema representado, dos dois seguintes fatores: i) a altura de queda; ii) o chamado fluxo de deposição, parâmetro que é diretamente proporcional à razão do peso do corpo de prova pelo tempo necessário para o enchimento do respectivo molde. A compacidade relativa cresce com o primeiro fator e decresce com o segundo.

A13.2 Reconstituição diretamente na câmara triaxial

O Quadro A13.1, adaptado de Ishihara (1993), resume três procedimentos que permitem fabricar amostras de areia para ensaios triaxiais no próprio pedestal da câmara triaxial. Essas técnicas permitem reconstituir amostras de areia com um dado índice de vazios – em geral o índice de vazios natural – ou amostras com índices de vazios dentro de uma certa gama de valores. Foram desenvolvidas no âmbito de estudos para caracterizar o comportamento de areias em relação ao fenômeno da liquefação, que afeta em particular depósitos arenosos fofos e submersos.

Quadro A13.1 Técnicas de fabricação de corpos de prova de areia para ensaios triaxiais

Método	Descrição
Areia úmida 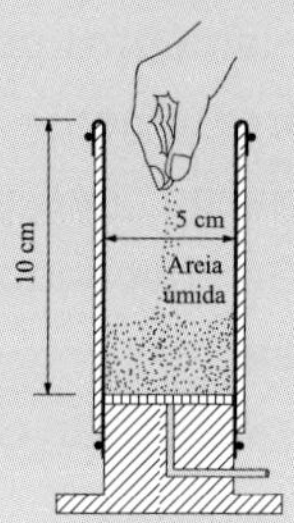	Cinco ou seis porções iguais de areia seca em estufa são misturadas com água destilada até um teor de umidade de cerca de 5%. Cada porção é introduzida no molde como mostra a figura. Antes de passar à porção seguinte, a superfície do solo é percutida com uma pequena peça de fundo chato. Devidos às pressões capilares a areia pode ser colocada num estado muito fofo, acima do índice de vazios máximo (determinado de acordo com a norma da ASTM). A energia de compactação das camadas deve ser ajustada por tentativas em função da compacidade desejada.
Areia seca 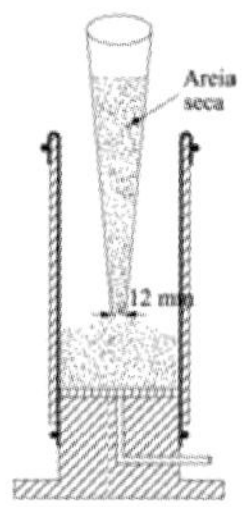	Areia seca em estufa é introduzida e espalhada com um funil, de modo que a altura de queda seja nula, com taxa constante, até completo preenchimento do molde. A compactação é efetuada batendo lateralmente no molde até obter a compacidade desejada. Esse método conduz a amostras mais compactas que o anterior; mesmo sem aplicação de qualquer compactação as amostras apresentam ligeira dilatância negativa.
Sedimentação 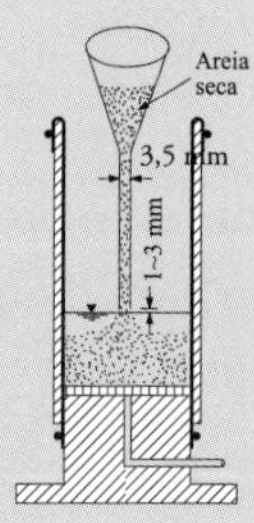	A areia é misturada com água destilada e colocada num funil com um tubo de plástico acoplado. A mistura é vazada por um tubo para o molde, em quatro camadas, com altura de queda nula e velocidade constante, de modo que a superfície da areia e da água se mantenham coincidentes. A compactação durante o processo de vazamento faz-se batendo lateralmente no molde até à compacidade desejada. Com esse método é praticamente impossível obter amostras com dilatância negativa.
Aspectos comuns – antes do enchimento	1) Uma membrana de borracha é estendida e ajustada à face interior do molde metálico; 2) O molde é colocado no aparelho triaxial envolvendo parcialmente o pedestal; 3) A membrana, na sua parte inferior, é fixa (com *Oring*) ao pedestal.
Aspectos comuns – depois do enchimento	1) Aplica-se o bloco de topo no corpo de prova e fixa-se a este a parte superior da membrana; 2) Aplica-se vácuo (10-20 kPa) no interior do corpo de prova; 3) Desmonta-se o molde e monta-se a câmara triaxial; 4) Provoca-se um fluxo de dióxido de carbono através do corpo de prova e, em seguida, de água destilada para proceder à saturação; 5) O índice de vazios medido após saturação é considerado o índice de vazios inicial do corpo de prova.

Fonte: adaptado de Ishihara (1993).

As corridas de lama são escorregamentos de terras associados à estrutura sensível de certas argilas cuja formação ocorreu no fundo do mar.

Corrida de lama de Rissa: 5 a 6 milhões de m^3 *de argilas sensíveis passaram ao estado fluido e escoaram para o lago (no canto superior direito da foto), Noruega, 1978*

Fonte: cortesia do Norwegian Geotechnical Institute.

Em alguns escorregamentos de taludes naturais envolvendo solos argilosos, a orientação das partículas de argila segundo a superfície de escorregamento reduz consideravelmente a resistência do solo.

Escorregamento de depósitos de vertente sobre uma argila do Jurássico, autoestrada A8, junto a Torres Vedras, Portugal
Foto: Carlos Sacadura.

6 Resistência ao cisalhamento e relações tensões-deformações em argilas

Neste capítulo serão estudadas a resistência ao cisalhamento dos solos argilosos e as relações tensões-deformações que, naqueles solos, precedem a ruptura por cisalhamento.

O contexto em que as questões aqui serão tratadas é em tudo análogo ao do capítulo anterior. Por isso, as considerações tecidas na introdução do Cap. 5 são ainda aqui inteiramente válidas. De igual modo, o que em 5.1 foi discutido sobre a ruptura nos solos e o que em 5.2 foi apresentado sobre os ensaios de cisalhamento em laboratório e sobre a amostragem têm completa aplicação ainda para as argilas. Optou-se pelo tratamento em capítulo separado da resistência e das relações tensões-deformações em argilas apenas porque o assunto é bastante extenso e envolve alguma complexidade.

Grande parte dessa complexidade advém da muito baixa permeabilidade das argilas. Essa característica vai propiciar, em muitos casos, que o carregamento dos maciços argilosos gere excessos de pressão na água dos poros. Esses excessos irão depois dissipar-se por meio de um processo de adensamento, durante o qual as tensões efetivas vão variar, logo o mesmo acontece com a resistência, dado que, seja qual for o tipo de solo, são essas tensões as determinantes para esta resistência.

Por simplicidade metodológica, distingue-se então, no que diz respeito às condições de carregamento de argilas, e à resistência mobilizável em cada caso, as *condições drenadas* e as *condições não drenadas*. Nas primeiras admite-se um carregamento sem geração de excessos de pressão neutra, que é, aliás, a regra – com a importante exceção da liquefação – para as areias. Nas últimas admite-se que durante o carregamento não há variação do teor de umidade do solo, gerando-se excessos de pressão neutra; o processo de adensamento começa assim, nessa perspectiva, apenas após a conclusão do carregamento.

Como se verá, as resistências exibidas pelos solos argilosos para aquelas condições, digamos, *extremas*, são em geral muito distintas. O seu valor relativo (isto é, qual é a menor e qual é a mais elevada) vai, todavia, depender de diversos fatores, especificamente do tipo de solo, normalmente adensado ou sobreadensado, e do tipo de obra, que vai condicionar o estado de tensão total incremental. Desta forma, muitas vezes é a resistência em condições não drenadas a menor enquanto em outras, mais raras, será a resistência em condições drenadas.

Parece oportuno referir que na generalidade das obras que envolvem maciços de argila o carregamento vai de fato ocorrer em *condições parcialmente drenadas*, isto é, durante a fase de aplicação do mesmo ocorre em cada ponto a dissipação (adensamento) de parte do excesso de pressão na água dos poros. Considerando que, na maioria das situações, não é possível estimar aproximadamente a parcela do excesso de pressão neutra que é dissipada durante o carregamento, não é também possível avaliar a resistência disponível para essas condições parcialmente drenadas. Daí que, por simplificação, sejam consideradas as resistências para as duas situações anteriormente denominadas extremas.

6.1 Ensaios drenados e não drenados

6.1.1 Introdução

A resistência das argilas nas condições anteriormente denominadas drenadas e não drenadas é avaliada em laboratório por meio de ensaios designados como ensaios drenados e não drenados. As considerações que se seguem são essencialmente dirigidas aos ensaios triaxiais, de longe os mais frequentemente usados e que mais satisfatoriamente cumprem os objetivos com que são conduzidos. Entre os ensaios triaxiais os mais usuais são os ensaios de compressão mantendo constante a tensão na câmara e aumentando a tensão axial (vertical) por meio do pistão (trajetória de tensões 1 na Fig. 5.6).

Já em 5.2 foi sublinhado que uma condição de grande relevância para que a resposta das amostras de solo em laboratório seja aproximada da resposta no campo é a semelhança dos estados de tensão efetiva antes do carregamento propriamente dito. Em outras palavras, a conveniência em readensar a amostra sob o estado de tensão efetiva de repouso ou sob um estado próximo deste. Para tal, são usadas, essencialmente, duas alternativas. Uma delas, a mais apropriada, consiste no adensamento sob as tensões σ'_{v0} e σ'_{h0}, portanto, sob um estado de tensão (não isotrópico) coincidente com o de repouso.

Outro procedimento corresponde ao adensamento das amostras sob um estado de tensão isotrópico, σ'_c, próximo ou coincidente com a tensão efetiva média de repouso, isto é:

$$\sigma'_c = \sigma'_{v0}\left(1 + 2K_0\right)/3 \tag{6.1}$$

A vantagem deste último método é que as amostras podem ser adensadas usando apenas a pressão da água na câmara. Aos dois processos referidos correspondem as designações simplificadas CK_0 e CI, respectivamente (a letra *C* vem da palavra inglesa *consolidation*, que significa adensamento). Após cada um daqueles processos de adensamento, caso os ensaios sejam efetuados em condições drenadas ou não drenadas, eles serão nomeados de forma simplificada como segue: CK_0D, CK_0U, *CID* e *CIU*, respectivamente. O Quadro 6.1 resume e esclarece as modalidades de ensaio que acabam de ser mencionadas.

Quadro 6.1 Principais tipos de ensaios triaxiais (compressão)

Condições de drenagem	Tipo de adensamento	
	Isotrópico	**Anisotrópico (K_0)**
Com drenagem	CID	CK_0D
Sem drenagem	CIU	CK_0U

As diversas fases dos ensaios CK_0D e CK_0U estão esquematizadas nos Quadros 6.2 e 6.3, cujas três primeiras linhas são comuns, pois correspondem às fases de preparação, saturação e adensamento. As adaptações para os ensaios com adensamento isotrópico são óbvias ($\sigma_{1c} = \sigma_{3c} = \sigma_c$ e $\sigma'_{1c} = \sigma'_{3c} = \sigma'_c$). Os quadros referem-se aos chamados ensaios de compressão triaxial convencionais e têm como hipótese que K_0 é inferior à unidade.

6.1.2 Estado de tensão após a amostragem

A coleta da amostra implica, naturalmente, a anulação das tensões totais que o maciço envolvente sobre ela exercia. Esse brusco alívio de tensões provoca uma tendência para a expansão, a qual, supondo que o solo está praticamente saturado, vai levar a um abaixamento da pressão neutra para valores negativos (inferiores à pressão atmosférica). A essa pressão negativa residual, u_{res} (ver Quadro 6.2), corresponderá – via princípio da tensão efetiva – um estado de tensão efetiva isotrópico simétrico de u_{res}, logo, positivo. É basicamente esse o estado de tensão

Quadro 6.2 Ensaio CK_0D

Fase	Tensões totais	Pressão neutra	Tensões efetivas	Observações
Obtenção, preparação e montagem da amostra	0 0	u_{res}	$\sigma'_{res} \simeq -u_{res}$ $\sigma'_{res} \simeq -u_{res}$	u_{res} – pressão neutra residual de origem capilar.
Saturação	σ_s σ_s	u_s $u_s = bp$ bp	$\sigma'_s = \sigma_s - bp$ $\sigma'_s = \sigma_s - bp$	*bp* – *contrapressão* variável (crescente). σ_s – tensão isotrópica variável, um pouco superior a *bp*.
Adensamento tipo K_0	σ_{1c} σ_{3c}	u_c $u_c = bp$ bp	$\sigma'_{1c} = \sigma_{1c} - bp = \sigma'_{v0}$ $\sigma'_{3c} = \sigma_{3c} - bp = \sigma'_{h0}$	*bp* – valor final da contrapressão da fase anterior.
Cisalhamento drenado	$\sigma_1 = \sigma_{1c} + \Delta\sigma_1$ $\sigma_3 = \sigma_{3c}$	u $u = bp$ bp	$\sigma'_1 = \sigma'_{v0} + \Delta\sigma_1$ $\sigma'_3 = \sigma'_{h0}$	$\Delta\sigma_1$ – incremento de tensão deviatória. σ_3 – tensão horizontal total, constante.
Ruptura (*failure*)	$\sigma_{1f} = \sigma_{1c} + \ \sigma_{1f}$ $\sigma_{3f} = \sigma_{3c}$	u $u = bp$ bp	$\sigma'_{1f} = \sigma'_{v0} + \Delta\sigma_{1f}$ $\sigma'_{3f} = \sigma'_{h0}$	$\Delta\sigma_{1f}$ – incremento de tensão deviatória na ruptura.

nas amostras imediatamente após a retirada do maciço e – atendendo a que são imediatamente protegidas de modo a impedir a variação do teor de umidade, logo, variações volumétricas – também no próprio laboratório quando são preparadas para introdução na câmara triaxial. Outro aspecto a considerar é que a amostragem afeta também o grau

Quadro 6.3 Ensaio CK_0U

Fase	Tensões totais	Pressão neutra	Tensões efetivas	Observações
Obtenção, preparação e montagem da amostra	0 ; 0	u_{res}	$\sigma'_{res} \approx -u_{res}$; $\sigma'_{res} \approx -u_{res}$	u_{res} – pressão neutra residual de origem capilar.
Saturação	σ_s ; σ_s	u_s ; $u_s = bp$; bp	$\sigma'_s = \sigma_s - bp$; $\sigma'_s = \sigma_s - bp$	*bp – contrapressão* variável (crescente). σ_s – tensão isotrópica variável, um pouco superior a *bp*.
Adensamento tipo K_0	σ_{1c} ; σ_{3c}	u_c ; $u_c = bp$; bp	$\sigma'_{1c} = \sigma_{1c} - bp = \sigma'_{v0}$; $\sigma'_{3c} = \sigma_{3c} - bp = \sigma'_{h0}$	*bp* – valor final da contrapressão da fase anterior.
Cisalhamento não drenado	$\sigma_1 = \sigma_{1c} + \Delta\sigma_1$; $\sigma_3 = \sigma_{3c}$	u ; $u = bp + \Delta u$	$\sigma'_1 = \sigma'_{v0} + \Delta\sigma_1 - \Delta u$; $\sigma'_3 = \sigma'_{h0} - \Delta u$	$\Delta\sigma_1$ – incremento de tensão deviatória. σ_3 – tensão horizontal total, constante. Δu – excesso de pressão neutra.
Ruptura (*failure*)	$\sigma_{1f} = \sigma_{1c} + \Delta\sigma_{1f}$; $\sigma_{3f} = \sigma_{3c}$	u ; $u = bp + \Delta u_f$	$\sigma'_{1f} = \sigma'_{v0} + \Delta\sigma_{1f} - \Delta u_f$; $\sigma'_{3f} = \sigma'_{h0} - \Delta u_f$	$\Delta\sigma_{1f}$ – incremento de tensão deviatória na ruptura. Δu_f – excesso de pressão neutra na ruptura.

de saturação da amostra, que geralmente desce abaixo de 100%, ou de um valor muito próximo deste, correspondente às condições *in situ*.

Várias razões podem ser apontadas para o fato: i) a redistribuição de água no interior da amostra, entre a zona da mesma mais perturbada pela amostragem – a zona periférica, mais próxima do amostrador – e a parte menos perturbada; ii) a libertação de ar pela água dos poros do solo devido ao abaixamento da pressão a que estava submetida; iii) alguma perda de água ocorrente entre a operação, já efetuada em laboratório, de extrusão da amostra do amostrador e a sua montagem na câmara triaxial.

Em resumo: o corpo de prova imediatamente após a sua montagem na câmara triaxial encontra-se com um grau de saturação e com estado de tensão efetiva distinto (o primeiro) ou muito distinto (o segundo) dos prevalecentes *in situ*.

Compreender-se-á que se o corpo de prova, nessas condições, fosse carregado na câmara triaxial, a sua resposta seria consideravelmente distinta daquela que, sob o mesmo carregamento, seria exibida pelo maciço real. Considerando isso, antes do ensaio propriamente dito, é necessário proceder a algumas operações que permitam ultrapassar aquelas *sequelas da amostragem*. Essas operações, descritas em seguida, são, sucessivamente, a fase de (res)saturação e a fase de reposição das tensões efetivas de repouso. Esta última é comumente denominada fase de adensamento ou de readensamento da amostra.

6.1.3 Fase de saturação das amostras

Como sugere a segunda linha do Quadro 6.2, a saturação é processada impondo por meio de uma das ligações do corpo de prova ao exterior (a ligação b da Fig. 5.5) uma determinada pressão neutra, *bp* – a *contrapressão* (*back-pressure*) –, de valor crescente, até um nível suficientemente elevado para que sejam expulsas ou dissolvidas na água as bolhas de ar presentes nos poros do solo. Como se compreenderá, nesta fase terá de haver o cuidado de manter a pressão na câmara sempre um pouco acima do valor da contrapressão, de modo que as tensões efetivas se mantenham positivas.

Considera-se que o corpo de prova atingiu a saturação quando para um dado incremento – em geral pequeno – da tensão na câmara se registra um incremento praticamente igual da pressão na água dos poros nos transdutores acoplados às ligações do corpo de prova ao exterior (ligação *a* da Fig. 5.5). Adiante será abordada a razão de ser desse critério (ver 6.4.1).

Para além da razão anteriormente apontada, a saturação das amostras pelo processo apresentado torna-se ainda conveniente porque:

i) conduz à dissolução do ar existente entre o corpo de prova e a membrana envolvente e nas ligações ao sistema de medição de pressões neutras, melhorando a confiabilidade das medidas;
ii) num ensaio drenado, caso o corpo de prova tenda a aumentar de volume, a água poderá ser livremente absorvida pelo solo sem obstrução do sistema pela formação de bolhas de ar;
iii) num ensaio não drenado, e num corpo de prova semelhante ao que em ii) expandiria, a redução das pressões neutras devido ao cisalhamento, isto é, um excesso de pressão neutra negativo, não corresponderá a pressões neutras realmente negativas, inferiores à pressão atmosférica, cuja medição é também problemática.

6.1.4 ADENSAMENTO DAS AMOSTRAS PARA AS TENSÕES EFETIVAS DE REPOUSO

O modo de concretizar a passagem do estado de tensão efetiva no final da fase de saturação para o estado de tensão efetiva de repouso precisa ser esclarecido (Baldi; Hight; Thomas, 1988).

Idealmente, este último estado de tensão deveria ser atingido por meio de um carregamento incremental, crescendo em cada incremento a tensão efetiva vertical e a tensão efetiva horizontal, esta última segundo a proporção K_0 em relação à primeira. Tal corresponderia, como ilustra a Fig. 6.1, essencialmente a uma trajetória de tensões efetivas sobre a linha K_0 entre os dois estados de tensão anteriormente mencionados (trajetória *a c b*, em que o trecho *ac* corresponde a um carregamento apenas na direção vertical de modo a passar de um estado de tensão isotrópico para um estado de tensão anisotrópico sobre a linha K_0).

Procedimento muito mais simples corresponde a, partindo do estado (isotrópico) de tensão efetiva do final da fase de saturação, aplicar um incremento de tensão, por meio de um aumento da pressão na água da câmara, de modo a perfazer um estado de tensão isotrópico igual a σ'_{h0}, como ilustra também a Fig. 6.1; em seguida, por meio da ação do pistão, aplicar um incremento de tensão de modo que a tensão efetiva vertical atinja σ'_{v0} (trajetória *a d b* na figura).

Do que foi exposto, pode compreender-se que o corpo de prova ao ser ensaiado parte de um estado de tensão efetiva igual ao que possuía *in situ*, mas de estados de tensão total e neutra diferentes (em geral mais elevados). Como são as tensões efetivas que comandam o comportamento do solo,

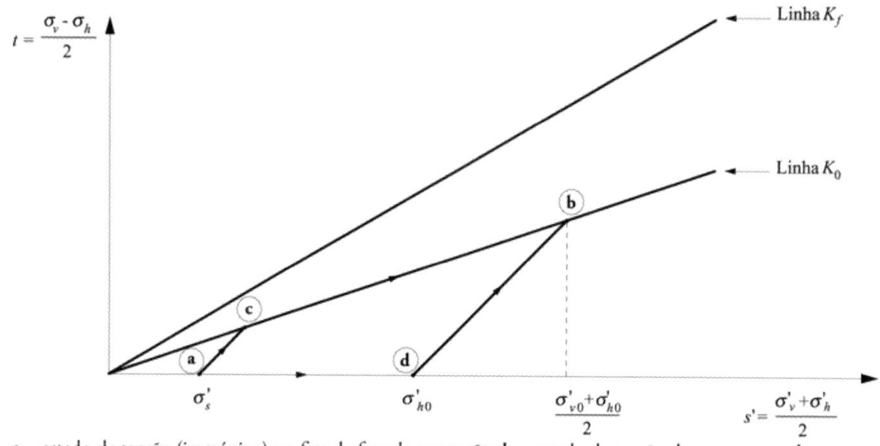

a – estado de tensão (isotrópico) no fim da fase de saturação; **b** – estado de tensão de repouso; **a c b** – modo de reconsolidação segundo a linha K_0; **a d b** – modo de reconsolidação simplificado

Fig. 6.1 *Ensaios CK_0 – reinstalação do estado de tensão efetiva de repouso a partir da fase de saturação da amostra*
Fonte: adaptado de Baldi, Hight e Thomas (1988).

esta última discrepância não tem repercussões nos resultados a obter. Na prática, o valor de *bp* correspondente ao fim da fase de saturação é o *zero* das medições a efetuar durante o ensaio propriamente dito, sendo omitido dos diagramas ilustrativos dos resultados.

6.1.5 Aplicação das tensões de cisalhamento

A aplicação das tensões de cisalhamento nos ensaios CK_0D e CK_0U é realizada mantendo constante a tensão na câmara, como já foi dito.

Nos ensaios não drenados, fechadas as ligações da amostra ao exterior (ligações *a*, *b* e *d* da Fig. 5.5), a prensa é ligada de modo que o pistão carregue o corpo de prova por meio da imposição de uma deformação axial, ε_a. São ensaios com deformação controlada, isto é, conduzidos impondo uma determinada velocidade de deformação axial da amostra. Os excessos de pressão neutra, u_e ou Δu (neste capítulo será usada esta última notação para o excesso de pressão neutra, igualmente muito divulgada), são lidos nos transdutores colocados nas ligações já referidas, especificamente na ligação *a*. Como o solo está saturado e estão cortadas as suas comunicações com o exterior, nos ensaios não drenados são praticamente nulas as variações volumétricas.

O estabelecimento da velocidade de deformação exige alguma ponderação, pois a mesma é suscetível de afetar os resultados em certas circunstâncias. Com efeito, velocidades de deformação muito elevadas nos ensaios triaxiais não drenados podem conduzir à superestimação da resistência. Uma das razões é o fato de uma taxa muito rápida não permitir a uniformização dos excessos de pressão na água dos poros, em particular quando a amostra se aproxima da ruptura. Taxas de deformação da ordem de 0,5% a 1,0% por hora nos ensaios triaxiais são, em geral, consideradas apropriadas.

Os ensaios drenados podem ser realizados quer com deformação controlada quer com tensão controlada. Nessa última modalidade, mantendo sempre abertas as ligações do corpo de prova ao exterior, aplica-se a tensão deviatória (por meio do pistão) por estágios de pequena grandeza, só se passando ao estágio seguinte após a dissipação do excesso de pressão neutra gerado pelo anterior. Em qualquer caso, procura-se conduzir o ensaio com excesso de pressão neutra nulo, ou seja, de modo que sejam iguais os incrementos de tensões totais e efetivas. Os ensaios CK_0D são ensaios lentos. Note-se que as pressões neutras são medidas nos mesmos transdutores acoplados às ligações da amostra de solo ao exterior. Naturalmente, nesses ensaios, ocorrem variações volumétricas no solo.

6.2 Relações tensões-deformações em ensaios drenados e não drenados

6.2.1 Introdução

Considere-se dois pares de amostras indeformadas colhidas à mesma profundidade num depósito de argila normalmente adensado, submetidas a ensaios CK_0U (duas delas) e CK_0D (as duas restantes). Imagine-se, todavia, que por cada par uma das amostras era previamente submetida a um ciclo de carregamento e descarregamento (em condições drenadas) ao longo da linha K_0, de modo a conferir-lhe uma elevada razão de sobreadensamento. Tem-se assim para cada tipo de ensaio, drenado e não drenado, amostras de uma mesma argila, uma delas normalmente adensada e outra sobreadensada.

A Fig. 6.2 ilustra em termos qualitativos os resultados típicos dos ensaios. Para os ensaios CK_0D exibem-se três diagramas, todos eles com o eixo das abscissas representando as deformações axiais da amostra e em ordenadas, respectivamente, a tensão deviatória, as deformações volumétricas e o teor de umidade (Fig. 6.2a). Para os ensaios CK_0U mostram-se dois diagramas, representando também em abscissas as deformações axiais e em ordenadas a tensão deviatória e os excessos de pressão neutra (Fig. 6.2b).

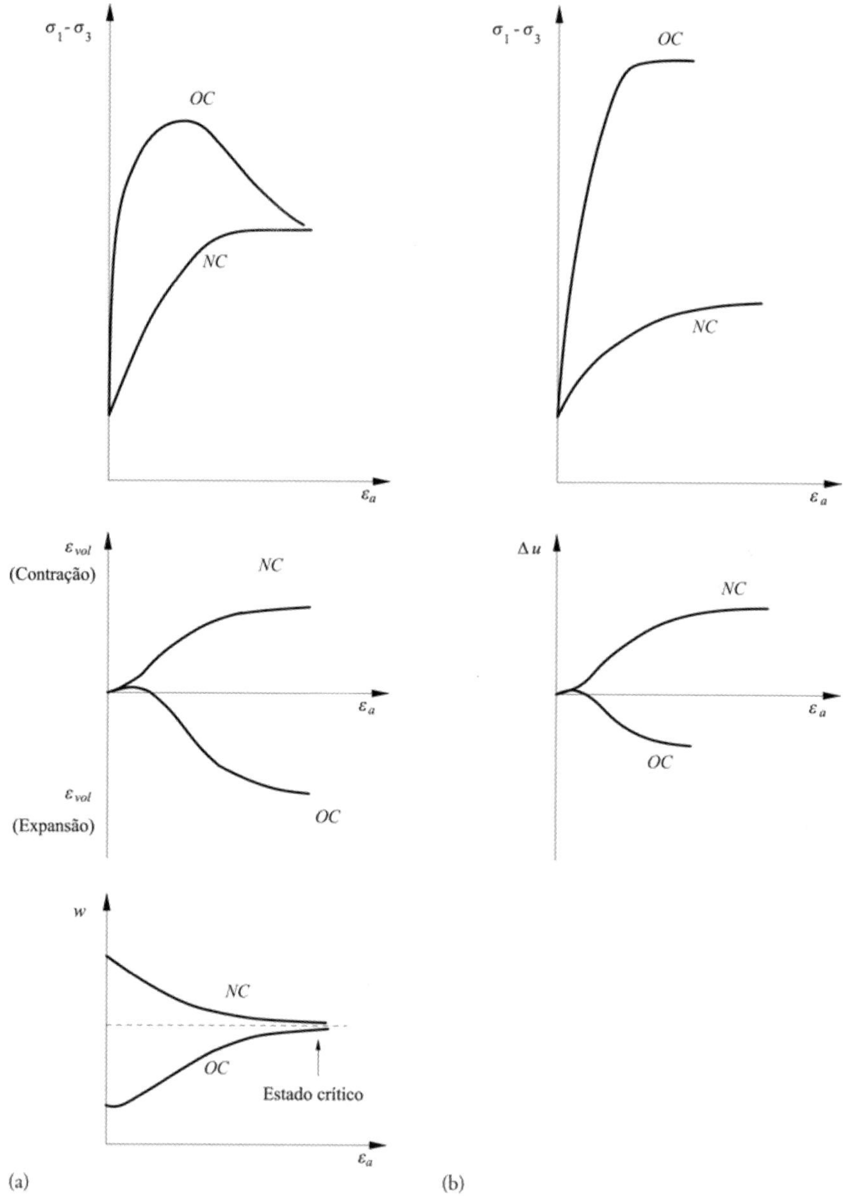

Fig. 6.2 *Relações tensões-deformações de amostras normalmente adensadas (NC) e sobreadensadas (OC) de uma argila submetidas a ensaios (a) drenados e (b) não drenados*

6.2.2 Condições drenadas

Nos ensaios drenados (Fig. 6.2a) as semelhanças com o comportamento das areias são óbvias.

Para a amostra sobreadensada a resistência máxima (denominada resistência de pico) é mobilizada para deformações relativamente pequenas, tendendo a resistência a diminuir com o aumento das deformações. A mobilização da resistência de pico é acompanhada por uma expansão do solo, que, por sua vez, propicia um progressivo aumento do teor de umidade. A explicação para esse fato é simples: a tendência para a expansão, logo para o aumento do volume dos poros do solo sob o incremento da tensão de cisalhamento associada a um dado estágio do carregamento, vai gerar, imediatamente após aplicação deste, um decréscimo da pressão na água dos poros, isto é, um excesso de pressão neutra negativo; passando a pressão na água a ser menor nos poros do que no resto do sistema, gera-se um fluxo de água deste para aqueles, o que aumenta o volume e o teor de umidade do corpo de prova.

Na amostra normalmente adensada o pico de resistência é menos pronunciado ou não existe e a resistência é mobilizada para maiores deformações. Sendo relativamente alto o teor de umidade inicial da amostra, a aplicação das tensões de cisalhamento gera uma tendência para a aproximação das partículas, isto é, para uma contração. Assim, imediatamente após a aplicação de um dado estágio de carga, cresce a pressão na água dos poros, gera-se um excesso de pressão neutra positivo, o que leva o corpo de prova a expulsar água para o sistema, com a concomitante redução de volume.

Verifica-se assim que a argila sobreadensada exibe dilatância positiva enquanto a argila normalmente adensada exibe dilatância negativa. Para grandes deformações a dilatância anula-se, ambas as amostras tendem para o mesmo teor de umidade (logo, para o mesmo índice de vazios), exibindo a mesma resistência: atingiram o chamado *estado crítico*.

Antes de concluir este ponto justifica-se fazer uma observação, em jeito de ressalva. As tendências expressas na Fig. 6.2a são razoavelmente rigorosas quando se compara, como foi o caso, amostras sobreadensadas em laboratório com amostras do mesmo solo normalmente adensadas. Já para solos sobreadensados pela Natureza as tendências apontadas correspondem a uma aproximação simplificada, porque aqueles experimentam determinadas transformações ao longo do tempo (como a diagênese, o adensamento secundário, eventuais alterações químicas ligadas ao intemperismo etc.) que tornam o seu comportamento mais complexo e mais dificilmente enquadrável em formulações relativamente abrangentes como as contidas na figura comentada.

6.2.3 Condições não drenadas

Após a explicação dos resultados dos ensaios drenados, não é difícil interpretar os resultados dos ensaios CK_0U sobre as amostras normalmente adensada e sobreadensada (Fig. 6.2b). Sendo os ensaios não drenados e estando as amostras saturadas, são nulas as variações de volume e de teor de umidade.

A tendência para a contração (dilatância negativa) vai gerar na amostra normalmente adensada excessos de pressão neutra positivos, enquanto que a tendência para a expansão (dilatância positiva) gera excessos de pressão neutra negativos na amostra sobreadensada.

Atente-se agora no diagrama tensão deviatória *versus* deformação axial dos ensaios CK_0U, pois há duas observações pertinentes a fazer:

i) a resistência ao cisalhamento, após o pico, não tende para o mesmo valor nas duas amostras, uma vez que o teor de umidade, logo o índice de vazios, não varia ao longo do ensaio;
ii) a resistência ao cisalhamento na amostra normalmente adensada no ensaio não drenado é inferior à da amostra similar no ensaio drenado, enquanto o contrário acontece com a resistência da amostra sobreadensada.

A explicação para o último fato reside nos excessos de pressão neutra gerados em cada caso e pode ser vista analisando a Fig. 6.3.

Na Fig. 6.3a representa-se, do lado esquerdo, os diagramas $\xi_a - t$ das amostras normalmente adensadas nos ensaios CK_0D e CK_0U. Do lado direito, num diagrama $s' - t$, representa-se as trajetórias de tensões efetivas nos dois ensaios. Ambas partem do mesmo ponto da linha K_0e acabam sobre a linha K_f. No ensaio CK_0D a trajetória é uma linha reta com inclinação de 45°, correspondendo o seu ponto de interseção com a linha K_f à resistência ao cisalhamento.

A trajetória de tensões efetivas do ensaio não drenado, considerando que neste se desenvolvem excessos de pressão neutra positivos, está situada à esquerda da trajetória homóloga do ensaio drenado. Para cada valor da tensão de cisalhamento, a diferença de abscissas entre aquelas duas trajetórias corresponde precisamente ao valor do excesso de pressão neutra gerado no ensaio não drenado. Compreende-se que o excesso de pressão neutra

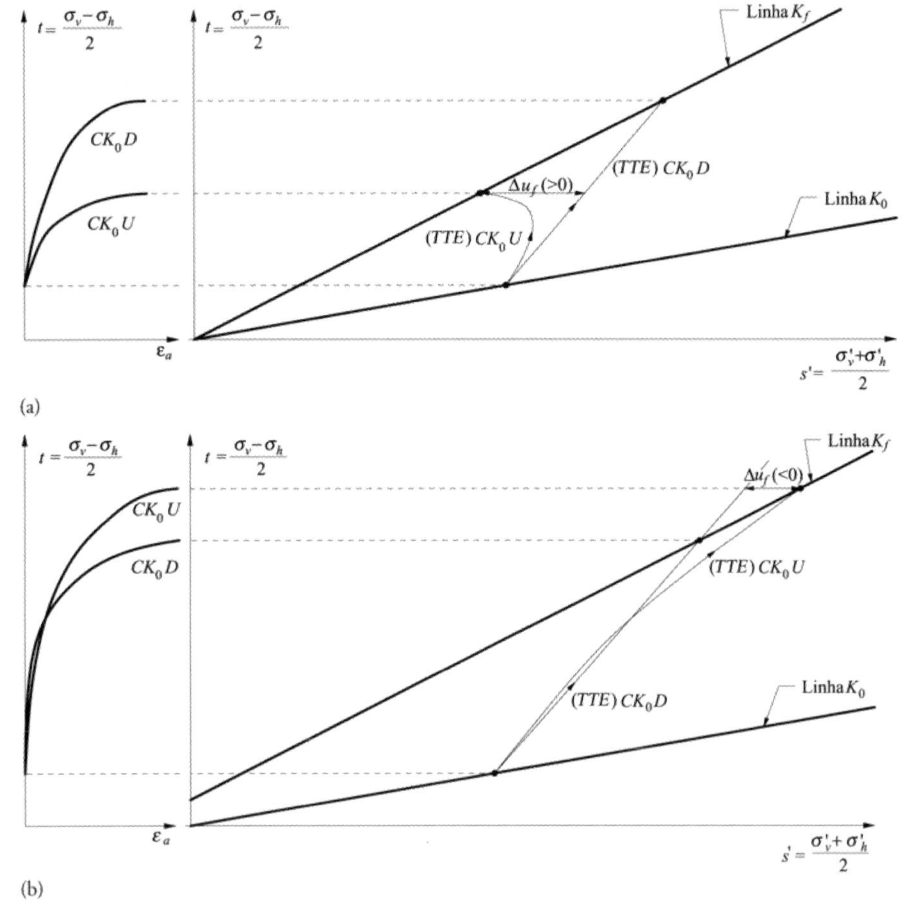

FIG. 6.3 *Curvas de tensões de cisalhamento máximas versus deformações axiais e trajetórias de tensões efetivas nos ensaios CK_0D e CK_0U para: (a) uma argila normalmente adensada; (b) uma argila sobreadensada.*

positivo leva a que a trajetória de tensões do ensaio não drenado atinja a envoltória de ruptura para um menor valor de tensão de cisalhamento, logo que a resistência exibida no ensaio CK_0U seja menor. A forma como a trajetória de tensões efetivas no ensaio CK_0U está representada, não mediante uma linha reta, mas de uma curva, decorre do fato de durante a aplicação das tensões de cisalhamento em condições não drenadas a taxa de geração dos excessos de pressão neutra não ser constante, como adiante será discutido.

Tendo em conta as considerações precedentes, será fácil compreender agora o que está representado na Fig. 6.3b, com respeito às duas amostras sobreadensadas. O fato de no ensaio CK_0U se desenvolverem excessos de pressão neutra negativos vai conduzir a que a resistência neste ensaio seja superior à exibida no ensaio drenado.

6.3 Envoltória de ruptura em tensões efetivas

6.3.1 Parâmetros de resistência de pico

Considere-se um conjunto de amostras indeformadas de uma dada argila normalmente adensada. Suponha-se que essas amostras, como sugere a Fig. 6.4a, foram submetidas a tensões de adensamento sobre a linha K_0, uma delas sobre o ponto correspondente ao estado de repouso e as restantes em pontos da mesma linha para além deste último. Pretende-se com isso obter diversas amostras do mesmo solo, todas elas normalmente adensadas, embora com tensões efetivas de adensamento (σ'_{vc}, σ'_{hc}) distintas, obedecendo essas tensões, todavia, à proporção $\sigma'_{hc}/\sigma'_{vc} = K_0$.

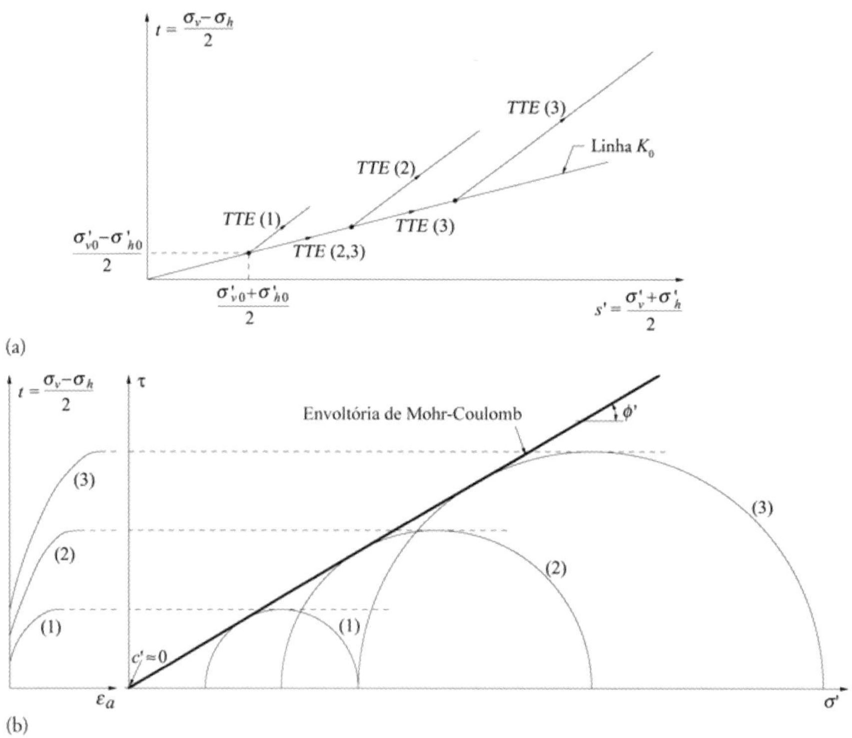

Fig. 6.4 *Parâmetros de resistência em tensões efetivas para argilas normalmente adensadas: (a) adensamento sobre a linha K_0 e TTE de diversos ensaios; (b) diagramas de tensões de cisalhamento máximas versus deformações axiais e envoltória de Mohr-Coulomb*

Conduzidos ensaios CK_0D para essas amostras e traçando os círculos de Mohr representativos dos estados de tensão efetiva na ruptura de pico, pode obter-se, como mostra a Figura 6.4b, os chamados parâmetros de resistência *em tensões efetivas*, c' e ϕ'. A necessidade de acrescentar as palavras em itálico deriva do fato de, nas argilas, como adiante se verá, ser também usada em certos casos a envoltória de ruptura em tensões totais.

De um modo geral, verifica-se tendência para o decréscimo do ângulo de resistência ao cisalhamento com o crescimento do índice de plasticidade, como ilustra a Fig. 6.5 (Terzaghi; Peck; Mesri, 1996). Existem, todavia, exceções notáveis, como a da argila da Cidade do México, que sendo um solo de altíssima plasticidade exibe um ângulo de resistência ao cisalhamento superior a 40°, valor típico, pode-se notar, de solos granulares compactos. A explicação para o fato parece residir no elevado teor de partículas provenientes de conchas ultramicroscópicas de diatomáceas (Diaz-Rodriguez, 2003).

Suponha-se agora novas séries de amostras do mesmo solo que, antes de serem ensaiadas a partir da linha K_0, eram sobreadensadas em laboratório por meio de ciclos (um para cada amostra) de carga-descarga sobre aquela linha, mas de modo que amostras da mesma série adquirissem a mesma razão de sobreadensamento.

A Fig. 6.6 ilustra simplificadamente o que será de esperar dos resultados das séries de amostras em questão no que diz respeito à envoltória de Mohr-Coulomb: o ângulo de resistência ao cisalhamento não é significativamente afetado pelo sobreadensamento, acontecendo o contrário com a

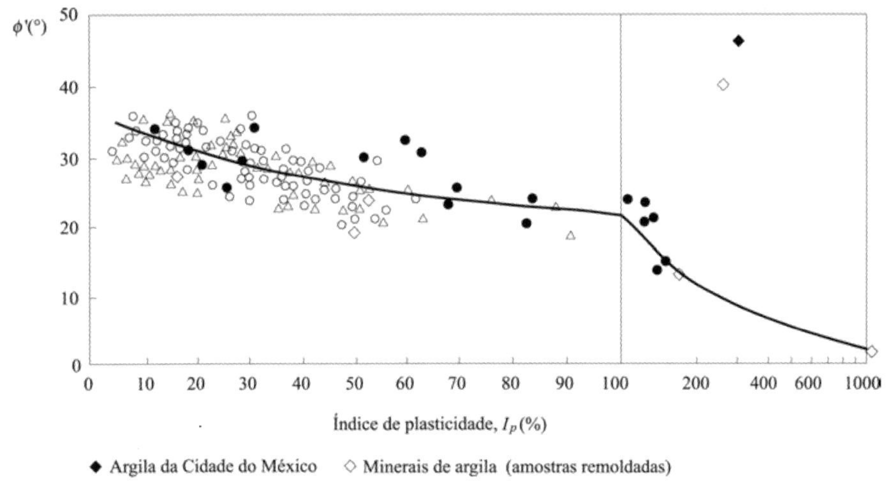

Fig. 6.5 *Valores do ângulo de atrito efetivo de argilas e respectivo índice de plasticidade*
Fonte: adaptado de Terzaghi, Peck e Mesri (1996).

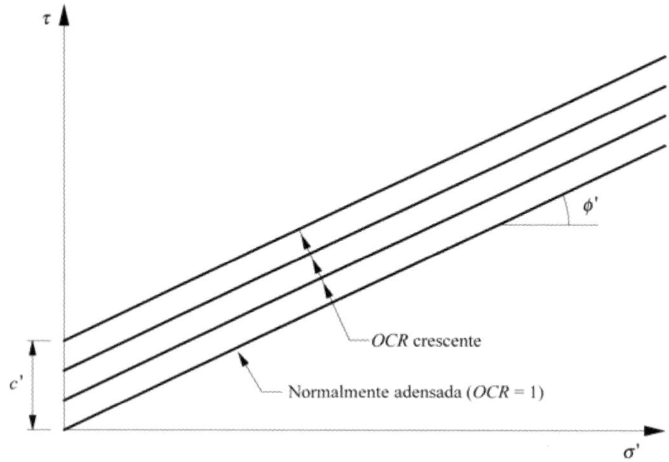

FIG. 6.6 *Evolução da envoltória de MohrCoulomb de uma dada argila com a razão de sobreadensamento*

coesão efetiva. Com efeito, a coesão efetiva, praticamente nula para argilas normalmente adensadas, como ilustra a Fig. 6.4, cresce com a razão de sobreadensamento.

Julga-se conveniente, antes de prosseguir, proceder a uma clarificação da terminologia usada. Como em 6.2 foi discutido, as argilas sobreadensadas tendem a exibir ruptura de pico, enquanto que isso não acontece, ou é muito menos manifesto, nas argilas normalmente adensadas. Por outro lado, a Fig.6.6 patenteia que aquilo que distingue a envoltória de ruptura em tensões efetivas de uma dada argila normalmente adensada ou sobreadensada é, fundamentalmente, a coesão efetiva. Parece assim legítimo concluir que o *pico* nas argilas sobreadensadas está essencialmente relacionado com a mobilização da parcela coesiva da resistência.

Sendo o ângulo de atrito efetivo, no ponto de máxima resistência, muito semelhante nas argilas sobreadensadas e normalmente adensadas, não é comum nas argilas o uso dos símbolos ϕ' e ϕ'_{cv} para o ângulo de atrito de pico e para o ângulo de atrito crítico, adotando-se como alternativa, simplesmente, ϕ'. Não obstante, quer para as argilas sobreadensadas, quer para as argilas normalmente adensadas, alguns autores designam ϕ' como ângulo de atrito de pico, considerando que, como se verá adiante, para muito grandes deformações por cisalhamento a resistência das argilas designa-se como resistência residual, sendo expressa pelo ângulo de atrito residual.

6.3.2 A questão da coesão efetiva nas argilas sobreadensadas

Com o crescimento da razão de sobreadensamento, para uma dada argila, vai, naturalmente, decrescer o seu teor de umidade. A dependência da coesão efetiva em relação ao teor de umidade foi primeiramente demonstrada e quantificada pela teoria de Hvorslev (1937), cuja complexidade excede o âmbito deste livro. Todavia, porque o assunto em questão apresenta grande relevância, esboça-se em seguida uma explicação de natureza qualitativa para a dependência da coesão efetiva em relação à razão de sobreadensamento.

Repare-se que a coesão efetiva representa a existência de resistência ao cisalhamento para tensão efetiva nula. Como o conceito de tensão efetiva se vulgarizou, em certa bibliografia, como representando (embora indiretamente) as forças interpartículas, poderá questionar-se como é que um meio particulado pode exibir resistência ao cisalhamento se entre os seus grãos ou partículas aquelas forças são nulas!

Essa questão é pertinente e para lhe dar resposta talvez seja útil proceder a uma reflexão acerca das diferenças entre o comportamento das areias e das argilas.

A influência do sobreadensamento na resistência ao cisalhamento de areias

A Fig. 6.7 mostra na parte superior (Fig. 6.7a) um depósito normalmente adensado de areia (situação 1), que é carregado por uma nova camada de sedimentos (situação 2), camada esta que em seguida sofre erosão pela Natureza (situação 3), gerando no ponto *P* genérico do maciço aquilo que se designa como sobreadensamento. Como sugere a Fig. 6.7b, considerando o fato de os solos arenosos serem, sob carregamento estático, relativamente pouco compressíveis, as variações do índice de vazios entre as três situações são modestas, logo o ângulo de resistência ao cisalhamento exibirá também reduzida variação.

Na Fig. 6.7c mostra-se a envoltória de Mohr-Coulomb do solo nas três situações, que permite calcular a resistência ao cisalhamento num plano horizontal no ponto *P*. De modo a usar o mesmo diagrama para as três situações, pode imaginar-se que na situação 2 a origem do sistema de eixos está,

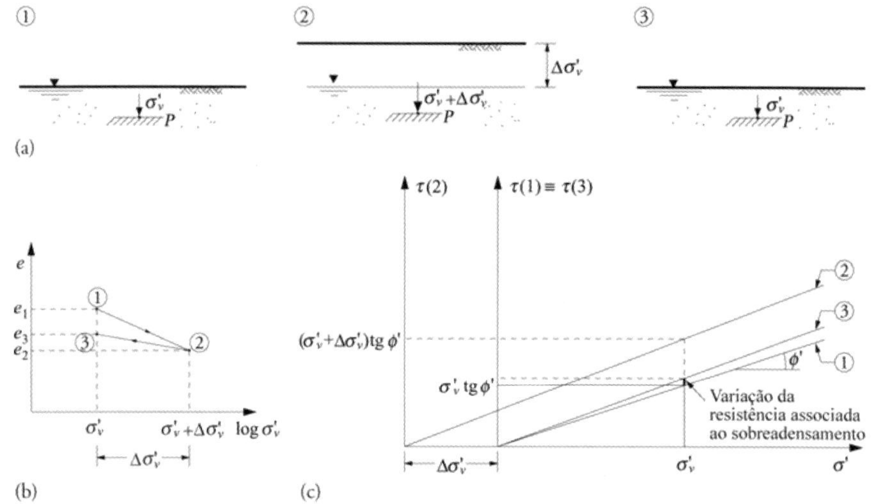

Fig. 6.7 *Efeito do sobreadensamento na resistência ao cisalhamento de areias*

em relação à mesma origem nas situações 1 e 3, deslocada para a esquerda de $\Delta\sigma'_v$, o incremento da tensão efetiva associado ao peso da nova camada.

A variação da resistência ao cisalhamento entre as situações 1 e 2 no plano em questão será quase exclusivamente associada ao aumento da tensão efetiva, $\Delta\sigma'_v$, já que a inclinação da envoltória 2 é pouco superior à da envoltória 1.

A passagem para a situação 3, ao repor as tensões efetivas em *P* no nível inicial, vai anular a quase totalidade do ganho anterior da resistência ao cisalhamento.

Concluindo: em termos de resistência ao cisalhamento, a diferença entre o solo arenoso normalmente adensado e o solo sobreadensado é pequena e resulta de um ligeiro incremento da compacidade, logo do ângulo de atrito.

A influência do sobreadensamento na resistência ao cisalhamento de argilas

Passará a ser analisada a Fig. 6.8 que se refere agora a um maciço de argila que experimenta um carregamento em tudo análogo ao anterior para o maciço de areia. A parte superior da figura (Fig. 6.8a) é assim idêntica à parte correspondente da figura anterior. As diferenças aparecem de fato no resto da figura.

Da situação 1 para a situação 2 a argila, carregada em ramo virgem (Fig. 6.8b), experimenta pronunciadas deformações volumétricas, reduzindo substancialmente o índice de vazios e o teor de umidade. Apesar deste fato, como mostra a Fig. 6.8c, o incremento da resistência ao cisalhamento entre as duas situações é quase exclusivamente devido ao incremento de tensão efetiva, pois a dependência do ângulo de resistência ao cisalhamento em relação ao índice de vazios é, nas argilas, por razões já referidas, muito baixa.

Ao passar agora da situação 2 para a situação 3, como sugere a Fig. 6.8b, grande parte da deformação volumétrica associada ao carregamento anterior é irrecuperável. Isto é, embora na situação 3 as tensões efetivas verticais voltem a coincidir com as da situação 1, a estrutura do solo, o índice de vazios, a distância média entre partículas são muito mais próximos da situação 2.

Ora, nos solos argilosos, formados por partículas quimicamente ativas, as forças interpartículas são fortemente dependentes das forças de superfície e estas crescem acentuadamente com a redução da distância entre partículas. Sendo assim, como as forças de superfície entre partículas nas situações 2 e 3 serão bastante próximas, pode compreender-se que os valores da resistência ao cisalhamento nas duas situações também o sejam, isto é, que a envoltória de ruptura 3 esteja mais próxima da envoltória 2 do que da envoltória 1, como mostra a Fig. 6.8c.

Mas, note-se, na situação 3 a escala das tensões efetivas normais começa no mesmo ponto da situação 1. Daí decorre que o solo sobreadensado passa a exibir resistência para tensão efetiva nula, isto é, coesão efetiva.

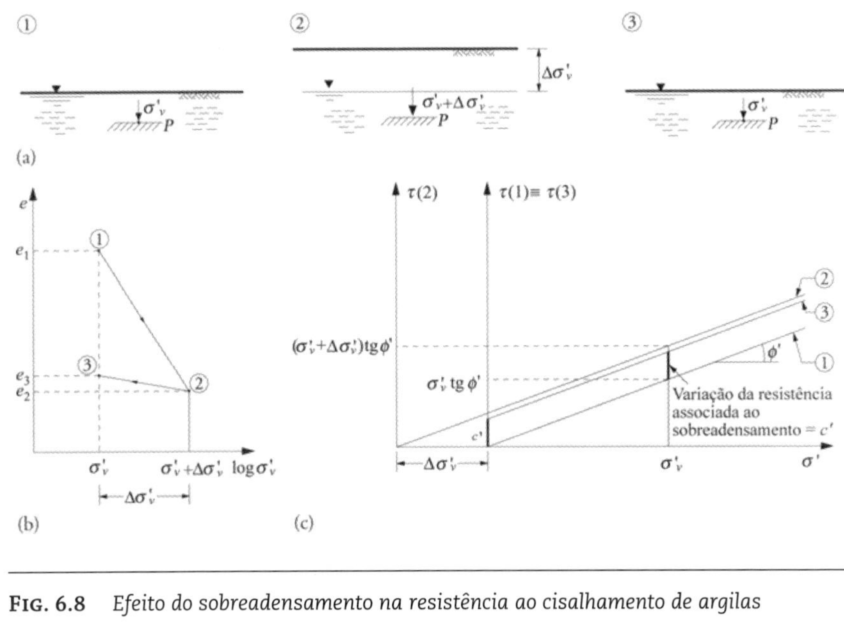

Fig. 6.8 *Efeito do sobreadensamento na resistência ao cisalhamento de argilas*

Conclusões

As considerações precedentes permitem aclarar uma importante questão que se resume nos pontos seguintes:

i) as tensões efetivas são, em qualquer caso e em qualquer solo, calculadas a partir das forças da gravidade;
ii) nas areias, sejam elas normalmente adensadas ou sobreadensadas, as forças interpartículas são exclusivamente devidas à força da gravidade;
iii) por isso, nas areias existe uma relação biunívoca entre tensões efetivas e forças interpartículas; desta forma, para tensões efetivas nulas as forças interpartículas serão necessariamente nulas, logo, é nula a resistência ao cisalhamento;
iv) nas argilas as forças interpartículas dependem da gravidade mas também, e num grau tanto mais alto quanto mais elevada for a respectiva plasticidade, das forças de superfície; estas crescem, de modo muito acentuado, com a redução do teor de umidade e do índice de vazios associada ao carregamento por novos sedimentos;
v) a remoção destes pela Natureza, provocando o fenômeno do sobreadensamento, reduz as tensões efetivas, dado que, repete-se, estas são calculadas à custa do peso das camadas sobrejacentes;
vi) todavia, como o índice de vazios, logo a distância média entre partículas, se mantém, em grande parte, preservado, as forças interpartículas pouco se reduzem;
vii) logo, na argila sobreadensada deixa de haver correspondência entre tensões efetivas e forças interpartículas;
viii) o solo passa a exibir resistência ao cisalhamento para tensões efetivas nulas, isto é, coesão efetiva; e esta cresce com a amplitude do ciclo de carga e descarga que o solo experimentou, isto é, com a razão de sobreadensamento.

6.3.3 Resistência residual

Definição

Como foi mencionado anteriormente (ver 6.3.1), nos solos argilosos, para muito grandes deformações por cisalhamento, em geral uma ordem de grandeza acima das correspondentes ao chamado estado crítico, ocorre geralmente uma redução mais ou menos pronunciada da resistência, para um valor correspondente à chamada *resistência residual*.

Para o nível de deformações em questão os resultados dos ensaios triaxiais deixam de ser representativos devido, essencialmente, à influência da membrana que envolve a amostra. Desde que sejam conduzidos com velocidade de deformação suficientemente baixa para que possam ser considerados ensaios drenados, os ensaios de cisalhamento direto constituem um dos processos mais comuns de avaliar a resistência residual de argilas.

A Fig. 6.9 representa resultados típicos de ensaios drenados de cisalhamento direto sobre duas amostras de uma argila – uma normalmente adensada e outra sobreadensada, em que ambas as amostras exibem redução de resistência para muito grandes deformações. A figura ilustra também, do lado direito, as três envoltórias em tensões efetivas, podendo notar-se que para a envoltória correspondente à resistência residual a coesão efetiva é nula e o ângulo de atrito, ϕ'_r, é consideravelmente mais baixo do que o de pico, ϕ'.

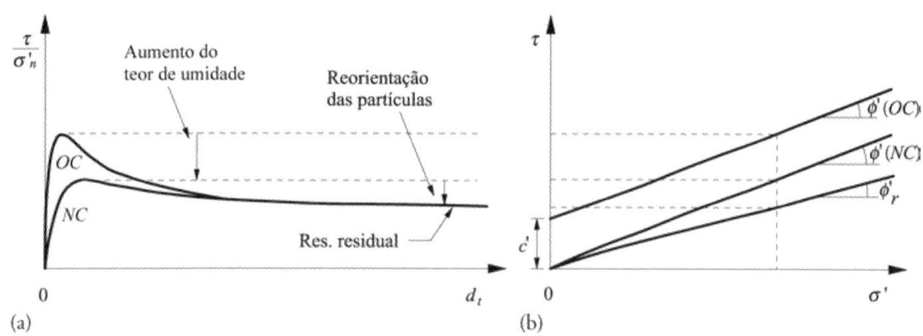

Fig. 6.9 *Resistência residual de argilas (Skempton, 1970b, 1985): (a) diagramas tensão de cisalhamento* versus *deslocamento tangencial de ensaios de cisalhamento direto de amostras normalmente adensada (NC) e sobreadensada (OC) exibindo a redução de resistência para deslocamentos tangenciais muito grandes; (b) envoltórias das tensões efetivas para as resistências de pico e residual*

Resultados experimentais

A diferença entre as resistências de pico e residual nas argilas está relacionada com as partículas de argila, que além de serem muito pequenas têm forma laminar. Observações com microscópio eletrônico mostraram que quando se desenvolve um plano de ruptura, como no ensaio de cisalhamento direto, à medida que se processam os deslocamentos relativos, as partículas vão se dispondo paralelamente ao plano referido, com a consequente redução da resistência ao longo do mesmo. Aliás, a observação a olho nu das superfícies de ruptura após grandes deslocamentos permite constatar que aquelas se mostram brilhantes e *espelhadas* em consequência da reorientação das partículas argilosas.

Considerando essa explicação, compreender-se-à que a fração de partículas de argila no solo é um fator primordial na redução da resistência para grandes deformações.

Esse assunto foi estudado por Lupini, Skinner e Vaughan (1981) que ensaiaram amostras remoldadas constituídas por mistura de uma argila de alta plasticidade (atividade igual a 1,55) e de areia em diferentes proporções. Nos estudos teóricos destinados a compreender o comportamento de argilas é usual recorrer às chamadas *amostras remoldadas*, fabricadas em laboratório. Para isso, a partir de uma amostra amolgada de grande volume, prepara-se uma pasta homogênea com água, de modo que ela atinja um teor de umidade entre o respectivo limite de liquidez e 50% acima deste. Após isso, a pasta é introduzida num edômetro de grandes dimensões e neste é adensada até à tensão efetiva desejada. A partir dessa amostra, talham-se então corpo de provas de menor dimensão para ensaios de cisalhamento em laboratório.

A Fig. 6.10a resume as principais conclusões do estudo, representando em abscissas a fração de argila da amostra e em ordenadas o ângulo de atrito

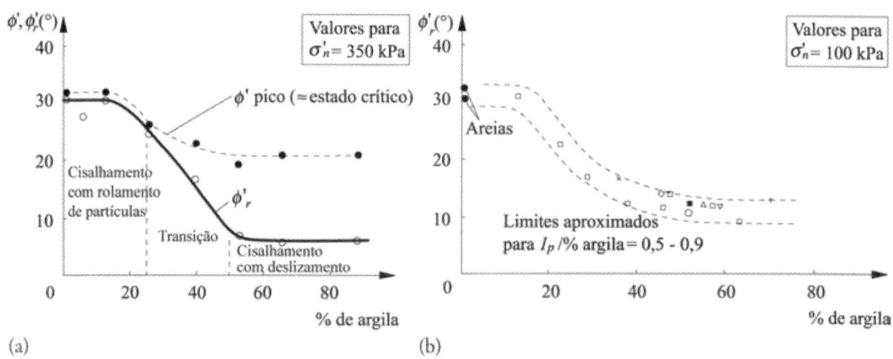

Fig. 6.10 *Ângulos de atrito residuais obtidos em ensaios de cisalhamento rotativo em laboratório: (a) amostras remoldadas com argila e areia em diferentes proporções; (b) amostras de solos naturais*

Fonte: adaptado de (a) Lupini, Skinner e Vaughan (1981) e (b) Skempton (1985).

efetivos de pico (aproximadamente igual ao correspondente ao estado crítico) e o ângulo de atrito residual.

Podem ser identificadas três zonas na figura:

i) para a fração de argila inferior a 20% até 25%, as diferenças entre ϕ' e ϕ'_r são reduzidas; nesta zona os fenômenos na superfície de cisalhamento são descritos como turbulentos, dominados pela rotação de partículas grossas, aproximadamente esféricas;
ii) para a fração argilosa superior a 50% o comportamento parece ser comandado pelas partículas laminares ultramicroscópicas de argila que, reorientadas paralelamente à superfície de cisalhamento, conduzem a valores de ϕ'_r extremamente baixos;
iii) entre as duas zonas anteriores verifica-se uma zona de transição com valores de ϕ'_r decrescentes com o aumento da fração de argila.
iv) A Fig. 6.10b mostra valores de ϕ'_r de diversos solos naturais argilosos (Skempton, 1985), confirmando as tendências dos resultados com as amostras remoldadas.

A interpretação já mencionada para o fenômeno responsável pelo muito baixo ângulo de atrito residual dos solos com maior fração de argila é corroborada pelos resultados experimentais de Lemos (1986), de que se mostra um exemplo na Fig. 6.11. Esta contém fotografias obtidas com microscópio eletrônico (ampliação de 1200 vezes) da superfície de cisalhamento de amostras de dois solos argilosos: i) uma argila terciária muito plástica (Fig. 6.11a); ii) um silte argiloso (com cerca de 20% de argila) (Fig. 6.11b).

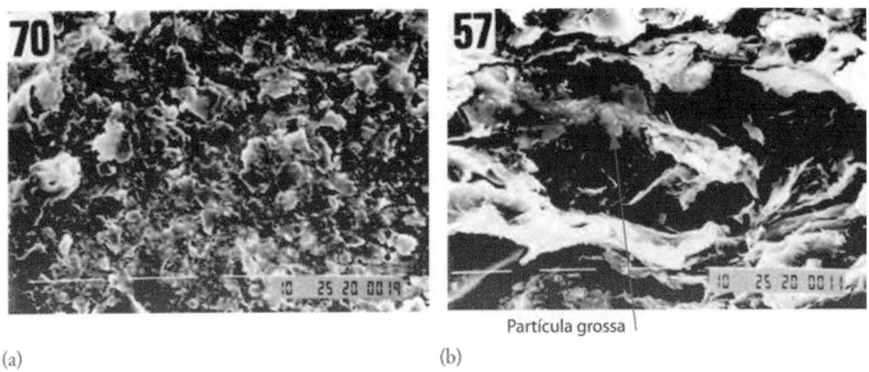

Fig. 6.11 *Fotografias (ampliação de 1.200 vezes) da superfície de cisalhamento de ensaios de cisalhamento rotativo em laboratório: (a) argila muito plástica (Senerchia, Itália); (b) silte argiloso (fundação da barragem de Kalabagh, Paquistão)*
Fonte: Lemos (1986).

Na Fig. 6.11a as partículas de argila encontram-se alinhadas paralelamente à superfície de cisalhamento. Ao contrário, na Fig. 6.11b pode observar-se que a presença de uma partícula grossa na superfície de cisalhamento afeta substancialmente a disposição das partículas de argila.

Contexto em que a resistência residual das argilas tem relevância

A resistência residual das argilas assume especial relevância em certos casos de estabilidade de taludes naturais. Esses taludes podem ter sofrido instabilizações ou escorregamentos ao longo de determinadas superfícies, vindo a encontrar, para a geometria resultante do escorregamento, novas condições de estabilidade. Estas podem ter sido várias vezes violadas e de novo restabelecidas, em correspondência, por exemplo, com condições excepcionalmente adversas da água no maciço ou com eventos sísmicos.

Quando essas ocorrências correspondem a períodos de retorno muito elevados, pode-se estar em presença de instabilizações de que a nossa Civilização não guarda memória, tratando-se assim daquilo que se pode designar como *escorregamentos fósseis*. Nas superfícies correspondentes a estes escorregamentos, os deslocamentos relativos podem atingir metros ou dezenas de metros. Neles está, por isso, mobilizada a resistência residual.

Uma das fotografias que abre este capítulo mostra a superfície de escorregamento de um talude junto à autoestrada A8, perto de Torres Vedras, Portugal. A instabilização ocorreu quando da construção daquela via, no contato entre duas camadas, a superior constituída por depósitos de vertente e a inferior formada por argilas plásticas do Jurássico. A superfície brilhante da argila resulta do fenômeno já discutido. Os sulcos visíveis, resultantes do escorregamento, são designados na literatura internacional como *slickensides*. Para as argilas dessa região foram encontrados valores do ângulo de atrito residual entre 11° e 14°.

6.4 Carregamento não drenado de argilas

6.4.1 Parâmetros de pressões neutras. Carregamento em laboratório

Para aprofundar o estudo do comportamento dos solos argilosos sob condições não drenadas é indispensável apresentar o conceito de *parâmetro de pressão neutra*, introduzido por Skempton (1954) para melhor tratar os excessos de pressão neutra gerados durante carregamentos daquele tipo.

De forma geral, parâmetro de pressão neutra representa uma razão de tensões incrementais: no numerador figura um excesso de pressão neutra, no denominador figura o incremento de tensão total responsável pela geração daquele.

Considere-se, por exemplo, o carregamento de um corpo de prova numa câmara triaxial por meio de uma tensão isotrópica, como mostra a Fig. 6.12a. Suponha-se que previamente o corpo de prova foi adensado sob um estado de tensão arbitrário definido pelas duas tensões principais σ'_1

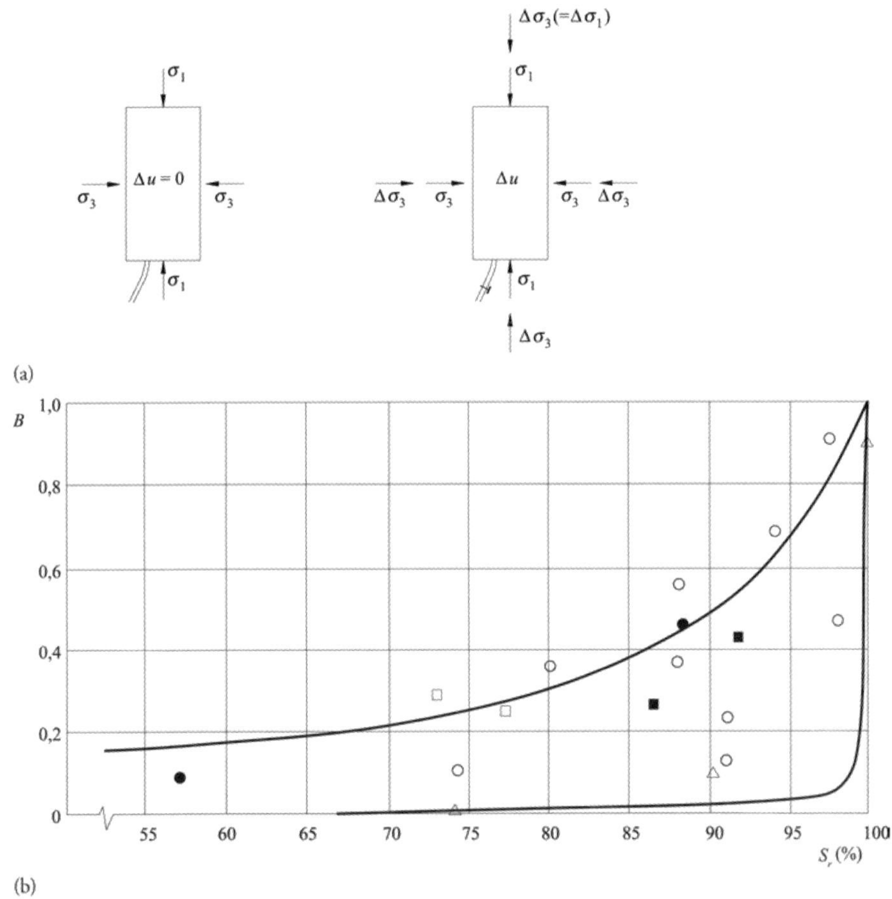

Fig. 6.12 *Carregamento isotrópico num ensaio triaxial não drenado: (a) esquema geral; (b) evolução do valor de B de alguns solos com o grau de saturação Fonte: adaptado de Black e Lee (1973).*

(vertical) e σ'_3(horizontal), mantendo aberto o sistema de drenagem até se anularem os excessos de pressão neutra. Após isso, fechando a válvula de drenagem, aplicou-se um incremento de tensão isotrópica na câmara de valor $\Delta\sigma'_3$. Associado a esse incremento de tensão desenvolve-se um excesso de pressão neutra, Δ_u. Define-se o parâmetro de pressão neutra para carregamento isotrópico, B, como:

$$B = \frac{\Delta u}{\Delta \sigma_3} \tag{6.2}$$

Caso a amostra de solo se encontre saturada, como a compressibilidade do esqueleto sólido é muito maior que a da água dos poros, praticamente todo o incremento de tensão total é equilibrado por meio de um excesso de pressão neutra, logo $\Delta_u \approx \Delta\sigma'_3$, sendo por isso B muito próximo de 1,0. Considerando que o ar é muito compressível, num solo não saturado a compressibilidade equivalente do enchimento dos poros, isto é, do ar e da água, desce substancialmente em relação à do esqueleto. Daí resulta que uma parcela importante do incremento de tensão total é imediatamente transmitida ao esqueleto e que os excessos de pressão neutra desenvolvidos são muito mais modestos, mesmo para graus de saturação relativamente elevados. É isso que patenteia a Fig. 6.12b, que mostra a evolução do parâmetro B com o grau de saturação, S_r (Black; Lee, 1973).

Vem a propósito referir que é por meio da verificação de que $B \approx 1$ que é comprovada a saturação dos corpos de prova nas fases preparatórias dos ensaios triaxiais (ver 6.1.2). A Tab. 6.1 mostra, todavia, que a adoção de um dado valor próximo de 1,0 para aquele parâmetro como critério de saturação nos ensaios triaxiais deve considerar o tipo de solo.

Prosseguindo, suponha-se agora o caso esquematizado na Fig. 6.13 em que, após a saturação e o adensamento de um corpo de prova sob um estado de tensão qualquer, se aplica, depois de fechar a linha de drenagem, ou seja, sob condições não drenadas, um incremento de tensão $\Delta\sigma_1$ por meio do êmbolo do aparelho triaxial (isto é, apenas nas bases do corpo de prova). A aplicação do incremento de tensão $\Delta\sigma_1$ origina um excesso de pressão neutra, Δ_u. O parâmetro de pressões neutras correspondente será:

$$A = \frac{\Delta u}{\Delta \sigma_1} \tag{6.3}$$

TAB. 6.1 VALORES TEÓRICOS DE *B* PARA DIVERSOS TIPOS DE SOLOS

Tipo de argila	S_r = 100%	S_r = 99,5%	S_r = 99%
Mole, normalmente adensada	0,9998	0,99	0,99
Média, ligeiramente sobreadensada	0,999	0,96	0,93
Rija, sobreadensada	0,99	0,69	0,51
Muito rija, fortemente sobreadensada	0,91	0,20	0,10

Fonte: Black e Lee (1973).

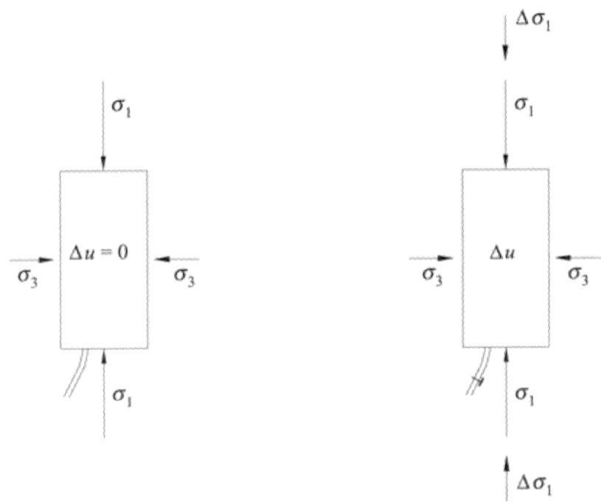

FIG. 6.13 *Carregamento uniaxial num ensaio triaxial não drenado*

É importante notar que a taxa de geração dos excessos de pressão neutra, isto é, o parâmetro *A*, não é constante durante a aplicação da tensão de cisalhamento. Ao contrário, no início desta os excessos gerados são em geral relativamente pequenos, crescendo com a aproximação da ruptura (ver, a propósito, a Fig. 6.2b). Pelo fato de *A* não ser constante, define-se A_f substituindo na Eq. 6.3 os valores de Δ_u e de $\Delta\sigma_1$ correspondentes à ruptura:

$$A_f = \frac{\Delta u_f}{\Delta\sigma_{1f}} \tag{6.4}$$

A Tab. 6.2 inclui valores do parâmetro A_f para diversos tipos de solos argilosos. Os valores apresentados corroboram o que já foi discutido em 6.2, isto é, o fato de as argilas normalmente adensadas, por terem dilatância negativa, gerarem excessos de pressão neutra positivos e as argilas fortemente sobreadensadas, por serem positivamente dilatantes, tenderem a desenvolver excessos de pressão neutra negativos.

TAB. 6.2 VALORES TÍPICOS DE A_f DEDUZIDOS DE ENSAIOS DE COMPRESSÃO TRIAXIAL

Tipo de solo	A_f
Argilas fortemente sobreadensadas	0,5 a 0,0
Argilas medianamente sobreadensadas	0,0 a 0,3
Argilas ligeiramente sobreadensadas	0,3 a 0,7
Argilas normalmente adensadas	0,7 a 1,3
Argilas ultrassensíveis (*quick clays*)	> 1,3

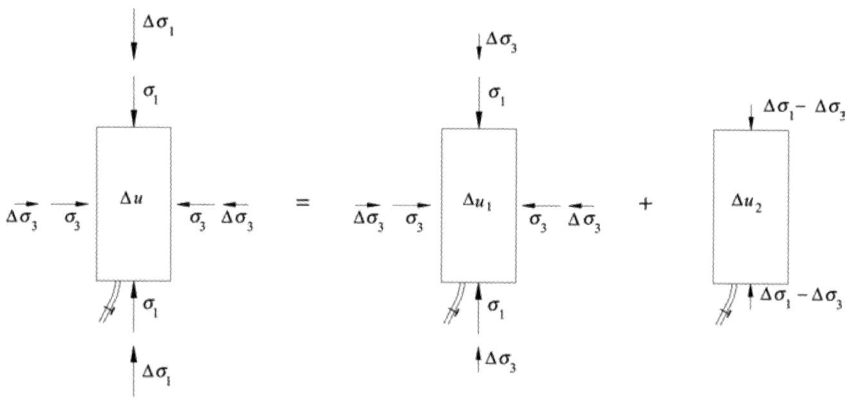

FIG. 6.14 *Decomposição de um carregamento triaxial num carregamento isotrópico e num carregamento uniaxial*

Caso o carregamento não drenado da amostra (saturada) não seja uniaxial, como na situação que acaba de ser analisada, mas triaxial, crescendo a maior e a menor tensões principais de $\Delta\sigma_1$ e $\Delta\sigma_3$, respectivamente, o carregamento em questão pode decompor-se nos dois casos anteriores, conforme ilustra a Fig. 6.14. Desta forma:

$$\Delta u = \Delta u_1 + Au_2 \tag{6.5}$$

e, atendendo a que $B \approx 1$ (solo saturado), obtém-se:

$$\Delta u = \Delta\sigma_3 + A(\Delta\sigma_1 - \Delta\sigma_3) \tag{6.6}$$

expressão amplamente aplicada, que fornece o excesso de pressão neutra num solo saturado para um carregamento em que variam as duas tensões principais.

Nos ensaios CK_0U convencionais (ver Quadro 6.3) só varia a maior tensão principal, razão pela qual o excesso de pressão neutra gerado vale, simplesmente:

$$\Delta u = A\ \Delta\sigma_1 \tag{6.7}$$

Importa ainda notar que a Eq.6.6 foi apresentada por Skempton para os ensaios triaxiais convencionais nos quais o incremento da tensão total é positivo e coincidem as direções da tensão principal máxima inicial e do incremento de tensão principal máxima. Para os outros tipos de ensaios, quer de compressão, quer de extensão triaxial, a aplicação da expressão necessita de esclarecimento.

Desta forma, para aplicação da equação referida a qualquer tipo de ensaio, $\Delta\sigma_1$ e $\Delta\sigma_3$ devem ser entendidos, respectivamente, como a maior e a menor tensão principal do estado de tensão incremental, tomadas em valor algébrico e com a convenção de sinais usual em Mecânica dos Solos, isto é, positivo para a compressão e negativo para a tração. Recorde-se que uma variação de um estado de tensão tem todas as propriedades de um estado de tensão, especificamente tensões principais e direções principais de tensão. No Anexo A14 incluise um quadro-resumo do que foi referido para os quatro tipos de ensaio da Fig. 5.6.

6.4.2 Carregamento no campo

Considere-se, como se mostra na Fig. 6.15a, um maciço de argila normalmente adensada ou ligeiramente sobreadensada (A_f positivo, portanto), em cuja superfície se vai proceder à construção de um aterro com meios de alto rendimento, sendo razoável admitir que o maciço vai ser carregado em condições não drenadas.

Considere-se um ponto P do maciço sobre o eixo de simetria vertical da área carregada. Nesse ponto, as tensões principais vão manter as direções vertical (a maior) e horizontal (a menor), sendo $\Delta\sigma_v = \Delta\sigma_1$ e $\Delta\sigma_h = \Delta\sigma_3$. Nesse ponto vai gerar-se um excesso de pressão neutra dado pela Eq. 6.6.

A Fig. 6.15b representa as trajetórias de tensões totais e efetivas nesse ponto entre o estado de repouso e o fim do carregamento. Os pontos 0 e $0'$ representam os estados de tensão total e efetiva de repouso, respectivamente. Como é sabido, esses pontos têm a mesma ordenada enquanto a abscissa difere do valor da pressão neutra (de repouso, neste caso).

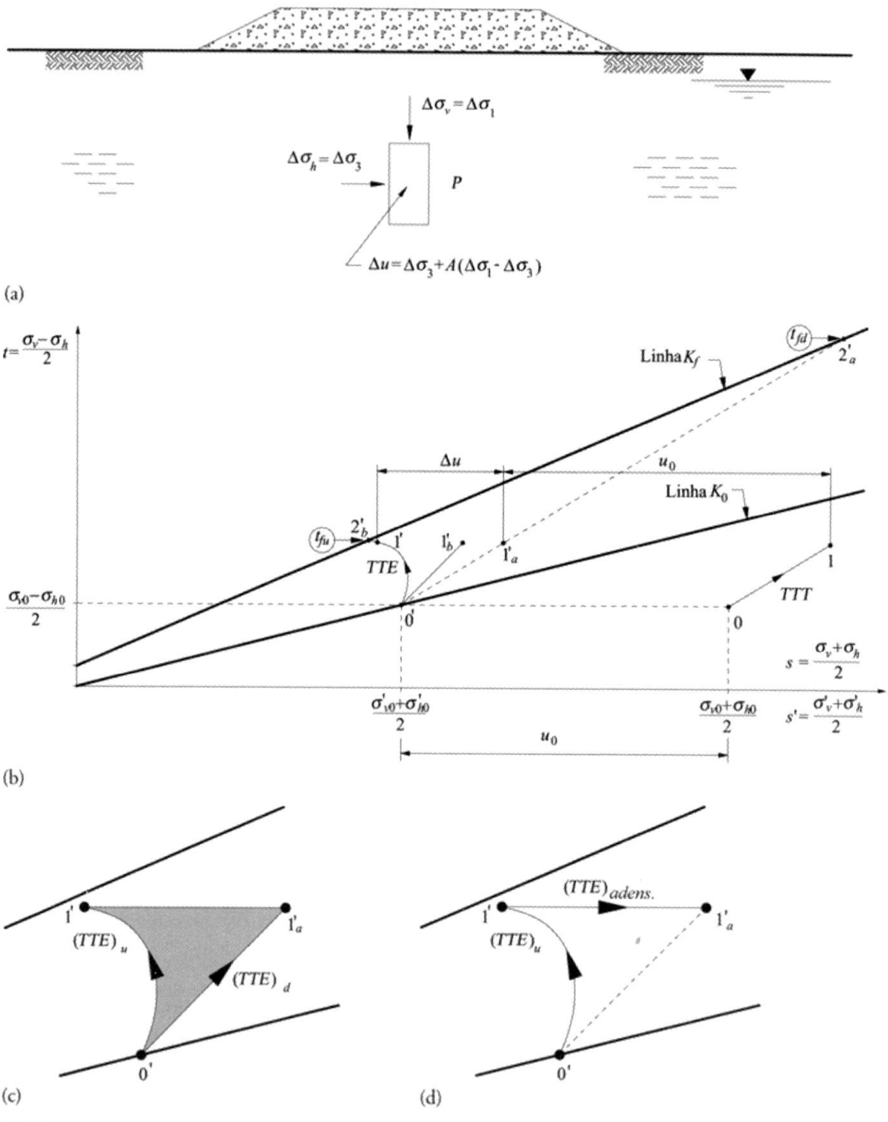

Fig. 6.15 *Carregamento não drenado de um maciço de argila: a) esquema geral e tensões incrementais num ponto P sobre o eixo da área carregada; b) trajetórias de tensões totais e efetivas no ponto P; c) zona do diagrama s, s´, t em que estão necessariamente compreendidas as TTE correspondentes aos carregamentos parcialmente drenados; d) TTE no ponto P durante o adensamento.*

A trajetória de tensões totais (*TTT*) tem o aspecto indicado (segmento 01), já que o carregamento implica no ponto *P* aumento da tensão total média e da tensão de cisalhamento.

Caso não se desenvolvessem excessos de pressão neutra, isto é, se o carregamento se realizasse em condições drenadas, a trajetória de tensões efetivas (*TTE*) seria paralela à *TTT*, isto é, corresponderia ao segmento $0'1'_a$. Como se desenvolve um excesso de pressão neutra positivo, a *TTE* real está para a esquerda de $0'1'_a$. Caso o excesso se resumisse à primeira parcela da Eq. 6.6, a *TTE* seria retilínea, representada por $0'1'_b$. Na realidade, como a segunda parcela daquela equação é diferente de zero e variável ao longo do carregamento (o parâmetro *A*, como foi referido, é variável), a verdadeira trajetória será a curva 0'1'. A diferença de abscissas entre os pontos *1* e *1'*, representativos dos estados de tensão total e efetiva findo o carregamento, corresponde ao valor de pressão neutra nesta altura e vale

$$u = u_0 + \Delta u = u_0 + \Delta\sigma_3 + A(\Delta\sigma_1 - \Delta\sigma_3) \tag{6.8}$$

conforme está indicado na figura.

Se a altura do aterro continuasse a aumentar, a *TTE* evoluiria até interceptar a linha K_f (a envoltória das tensões efetivas no sistema de eixos usado) no ponto $2'_b$, cuja ordenada vale t_{fu}, que é então o valor da tensão de cisalhamento máxima mobilizável no solo à profundidade do ponto *P* num carregamento em condições não drenadas.

Repare-se que se o carregamento se realizasse em condições drenadas a *TTE* no ponto *P* poderia prosseguir (após passar por $1'_a$, como foi visto) até o ponto $2'_a$, sem ruptura, mobilizando a tensão de cisalhamento t_{fd}.

Desta explicação pode compreender-se que, em situações similares às da Fig. 6.15a, o carregamento não drenado é muito desfavorável para o solo por implicar o desenvolvimento de excessos de pressão neutra positivos que levam a *TTE* a interceptar a envoltória respectiva para valores da tensão de cisalhamento bastante menores do que aqueles que ocorreriam caso o carregamento fosse drenado.

Em rigor, o carregamento vai de fato ocorrer em condições parcialmente drenadas, isto é, durante a fase de aplicação do mesmo ocorre em cada ponto a dissipação (adensamento) de parte do excesso de pressão na água dos poros. Isso quer dizer, como mostra a Fig. 6.15c, que a *TTE* real estará na zona sombreada, compreendida entre o segmento 0'1', a trajetória de tensões efetivas para carregamento não drenado, $(TTE)_u$, e o segmento $0'1'_a$, a trajetória de tensões efetivas para carregamento drenado, $(TTE)_d$.

A maior ou menor proximidade em relação às trajetórias extremas e aos respectivos valores da resistência ao cisalhamento, t_{fu} e t_{fd}, vai depender de vários fatores, tais como a taxa a que se processa o carregamento, a permeabilidade do solo e as condições de fronteira. No caso presente, na hipótese de serem usados meios de alto rendimento, seria provável que a *TTE* real estivesse mais próxima em relação a $(TTE)_u$.

Pondere-se agora o que se vai passar no ponto *P* durante o adensamento. Ao longo desse processo, as tensões totais no ponto *P* não ficam rigorosamente constantes, podendo experimentar alguma variação (ver, a propósito, a Fig. 4.19), mas regressam no fim do adensamento praticamente ao valor que tinham no fim do carregamento. Assim, por simplificação, pode-se considerar que durante e no fim do adensamento o ponto representativo do estado de tensão total é ainda o ponto 1. Logo, a *TTE* em *P* durante o adensamento corresponde, como está esquematizado na Fig. 6.15d, ao segmento de reta $1'1'_a$, sendo este último o ponto atingido no fim do processo, momento em que a pressão na água dos poros vale novamente u_0.

Isso significa que durante o processo de adensamento a *TTE* se afasta progressivamente da envoltória de ruptura, logo, a segurança à ruptura aumenta com o decorrer do tempo. Assim, num problema como o analisado, a segurança em relação a uma ruptura, pontual ou global, é mínima no fim do carregamento. As análises de estabilidade global devem, por isso, ser efetuadas para o fim do carregamento. Considerando que na maioria das situações não é possível estimar com rigor a parcela do excesso de pressão neutra dissipada durante o carregamento – não apenas por limitações inerentes à previsão da evolução no tempo do processo de adensamento, mas também à indefinição acerca do modo como decorrerá, na prática, a construção –, naquelas análises toma-se como referência a resistência sob condições não drenadas, dado que esta corresponde, em problemas análogos ao apresentado, à resistência mínima disponível. Daí a enorme importância em caracterizar a *resistência não drenada*, conceito que em seguida será explicado.

6.4.3 Introdução do conceito de resistência não drenada, s_u

A avaliação da resistência das argilas nos carregamentos em condições não drenadas pode ser efetuada por meio de ensaios de compressão triaxial não drenados, CK_0U, já apresentados. Imagine-se, por exemplo, uma amostra indeformada do maciço da Fig. 6.15 submetida a um ensaio daquele tipo.

A Fig. 6.16a mostra as fases do ensaio. Como é sabido, concluído o adensamento, os estados de tensão total e efetiva diferem do valor da pressão neutra que foi necessário impor para saturar o corpo de prova (a chamada contrapressão). Esse valor da pressão, que não tem qualquer significado físico concreto (resultando antes de um expediente para saturar o corpo de prova), é considerado o *zero* a partir do qual se representam todas as tensões (totais, efetivas e neutras) daí para diante.

A Fig. 6.16b ilustra as *TTT* e *TTE* do ensaio, representando-se a última como retilínea por simplificação. A ruptura ocorrerá quando a *TTE* interceptar a linha K_f (que aliás, *a priori*, é desconhecida).

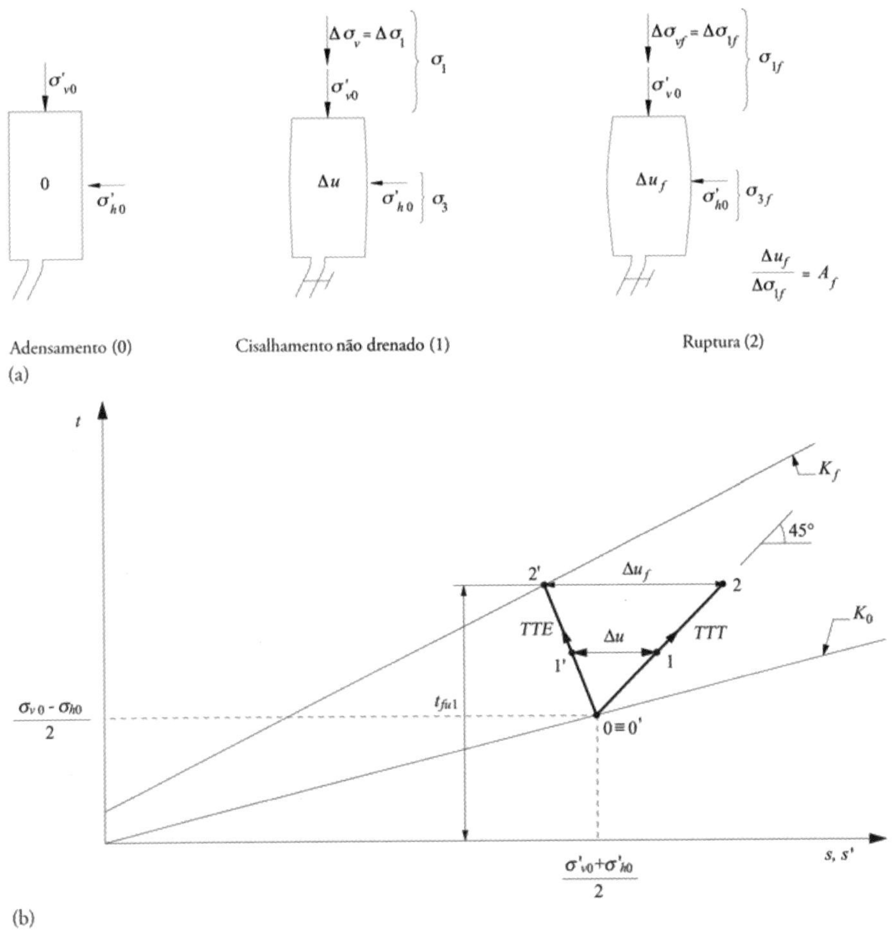

Fig. 6.16 *Avaliação da resistência de uma argila sob carregamento não drenado num ensaio CK_0U: (a) fases simplificadas do ensaio; (b) trajetórias de tensões totais e efetivas*

A diferença de abscissas dos pontos *2* e *2′* corresponde ao excesso de pressão neutra na ruptura. O parâmetro A_f, como é sabido, é a razão $\Delta u_f / \Delta \sigma u_{1f}$. A ordenada daqueles pontos corresponde à resistência ao cisalhamento para carregamento não drenado, t_{fu1}.

Imagine-se agora que um segundo corpo de prova, por hipótese em tudo similar ao primeiro, era ensaiado, mas suponha-se que nesse ensaio, após a fase de adensamento, se aplicava em condições não drenadas um incremento de tensão isotrópica, $\Delta\sigma_3$, só depois se procedendo ao carregamento por meio do êmbolo até à ruptura, como mostra a Fig. 6.17a.

Como é sabido, aquele carregamento isotrópico gera um excesso de pressão neutra de igual valor, razão pela qual as tensões efetivas ficam inalteradas, como se pode observar na Fig. 6.17b (o ponto 1′ coincide com o ponto 0′). Passando agora a aplicar as tensões de cisalhamento por meio do incremento da tensão vertical, a trajetória de tensões totais será análoga à do primeiro ensaio, embora arrancando de um ponto 1 cuja abscissa está deslocada de $\Delta\sigma_3$ para a direita em relação ao ponto 0. Quanto à trajetória de tensões efetivas, ela vai arrancar do ponto 1′ coincidente com 0′, isto é, com o do primeiro ensaio.

Sendo a amostra, por hipótese, igual à do primeiro ensaio, sendo o estado de tensão efetiva de partida coincidente e sendo, também, do mesmo tipo o carregamento por cisalhamento não drenado, a trajetória de tensões efetivas nesse ensaio terá de coincidir com a do primeiro. Logo, a resistência exibida, t_{fu2}, será também coincidente com t_{fu1}. Verifica-se que a componente isotrópica do carregamento não drenado, por não afetar as tensões efetivas, não tem repercussão no valor da tensão de cisalhamento resistente.

Considerando que qualquer variação do estado de tensão pode ser decomponível, como já se viu, num carregamento isotrópico e num carregamento por tensão puramente deviatória, pode então concluir-se que para qualquer amostra do mesmo solo adensada sob as mesmas tensões efetivas, submetida a um ensaio de compressão triaxial não drenado, a resistência exibida seria a mesma, *independentemente da grandeza e do sinal da componente isotrópica do carregamento*. Isso quer dizer que qualquer que seja a trajetória de tensões totais do carregamento não drenado haverá sempre uma única trajetória de tensões efetivas, para amostras do mesmo solo partindo do mesmo estado de tensão efetiva.

A máxima tensão de cisalhamento mobilizável no solo quando carregado em condições não drenadas, s_u, designa-se como por *resistência não drenada*, s_u, parâmetro com enorme relevância prática nos problemas que envolvem o carregamento não drenado de maciços de argila.

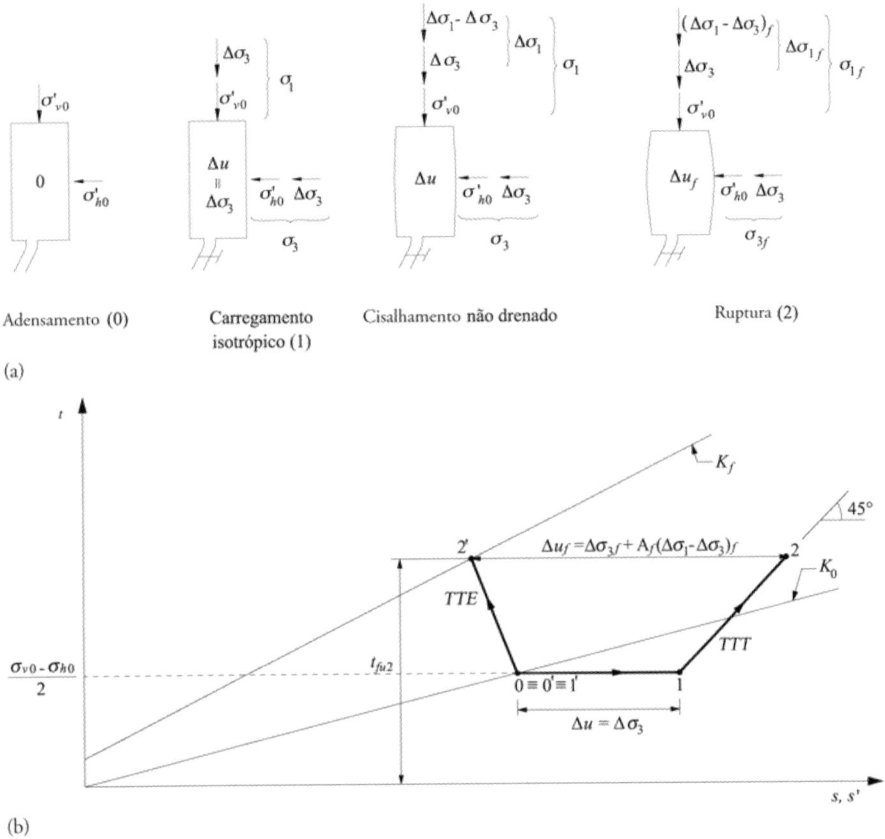

Fig. 6.17 *Avaliação da resistência de uma argila sob carregamento não drenado num ensaio CK_0U, com aplicação de um incremento de tensão isotrópica, $\Delta\sigma_3$: (a) fases simplificadas do ensaio; (b) trajetórias de tensões totais e efetivas*

O que acaba de ser discutido usando o sistema s, s', t pode também ser expresso por meio de um sistema σ, σ', τ que permite trabalhar com círculos de Mohr, como mostra a Fig. 6.18. Para diversos ensaios não drenados de compressão triaxial partindo do mesmo estado de tensão efetiva, o círculo de Mohr em tensões efetivas na ruptura é único, ainda que a componente isotrópica do carregamento varie de ensaio para ensaio. Essa variação repercute-se apenas em distintos círculos de Mohr em tensões totais na ruptura, todos eles com o mesmo raio, coincidente com o do círculo das tensões efetivas. Isso significa dizer que o crescimento da tensão total normal, σ, não acarreta um crescimento da resistência ao cisalhamento. Assim, como mostra a figura, a envoltória dos círculos das tensões totais na ruptura é paralela ao eixo das abscissas. Um material cuja resistência ao cisalhamento

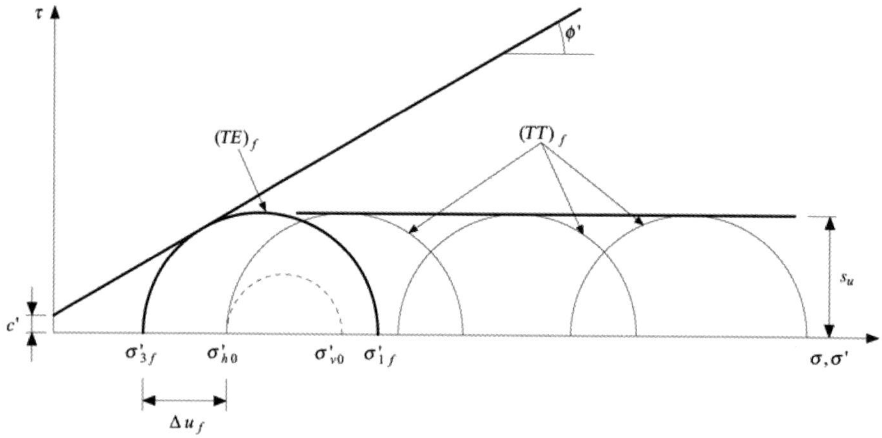

Fig. 6.18 *Envoltória de Mohr em tensões totais de uma argila – resistência não drenada*

é independente da tensão normal obedece ao chamado critério de ruptura de Tresca (ver 5.1.3).

O que foi escrito anteriormente é em certa bibliografia apresentado como tendo as argilas *ângulo de atrito nulo* ($\varphi = 0$). Isso tem conduzido à ideia, muito generalizada no meio técnico, de que, por razões ligadas à sua constituição físico-mineralógica, as argilas seriam solos em que a resistência associada ao atrito é praticamente desprezível.

Essa ideia não é correta. Já foi comentada a banda típica de valores do ângulo de atrito efetivo das argilas (ver Fig. 6.5) e foi visto que, sendo em geral mais reduzidos do que os correspondentes aos solos granulares, tais valores não são de forma alguma próximos de zero.

Imagine o leitor que regressava ao início do presente ponto e que os ensaios esquematizados nas Figs. 6.16 e 6.17 eram conduzidos sobre corpos de prova (iguais entre si) de uma areia e não sobre corpos de prova de argila. Os resultados dos ensaios conduziriam a idêntica conclusão: a resistência seria, ainda, independente da componente isotrópica do carregamento. E tal decorria da mesma razão que foi apresentada para as argilas: aquela componente, porque aplicada em condições não drenadas, não afeta o estado de tensão efetiva.

Nessa perspectiva, pode afirmar-se que qualquer solo solicitado nas condições descritas exibiria independência da resistência em relação à tensão total média, logo – embora tal frase seja pouco feliz (!) – teria, em termos de tensões totais, ângulo de atrito nulo.

A questão da resistência em condições não drenadas coloca-se com particular relevância para as argilas pelo fato, já amplamente discutido, de esses solos serem muito pouco permeáveis e ser necessário efetuar análises de estabilidade quando os excessos de pressão neutra gerados pelo carregamento ainda estão, em grande parte, por dissipar.

Já nas areias a resistência exibida em condições não drenadas é apenas relevante no caso do fenômeno da liquefação. E nesse aspecto, em termos teóricos, o conceito de s_u é idêntico ao apresentado para as argilas, embora não seja usualmente aplicado porque, como se verá no segundo volume, a avaliação do potencial de liquefação das areias é em geral baseada em métodos empíricos.

A Tab. 6.3 inclui duas classificações de argilas quanto à resistência não drenada.

Tab. 6.3 Classificações das argilas quanto à resistência não drenada

Argila	s_u (kPa)	
	Terzaghi e Peck (1948)	**Craig (2004)**
Muito mole	< 12	< 20
Mole	12-25	20-40
Média	25-50	40-75
Rija	50-100	75-150
Muito rija	100-200	150-300
Dura	> 200	> 300

6.4.4 Parâmetros que controlam a grandeza de s_u

A Fig. 6.19 repete de modo simplificado a Fig. 6.16b. Como foi visto, a resistência não drenada é atingida quando a trajetória de tensões efetivas atinge a linha K_f. Da análise da figura é fácil concluir que a resistência não drenada depende:

i) daquilo que define o ponto de partida da *TTE*, isto é, do estado de tensão efetiva de repouso, ou, ainda, de σ'_{v0} e de K_0;
ii) daquilo que define a fronteira que limita a *TTE*, isto é, a linha K_f, que é estabelecida a partir dos parâmetros de resistência em tensões efetivas, c' e ϕ';
iii) daquilo que vai fixar, o caminho concreto das tensões efetivas entre o ponto de partida e a fronteira; é sabido que o ângulo que a *TTE* vai formar com a *TTT* é, na prática, condicionado ou controlado totalmente pelo parâmetro A_f.

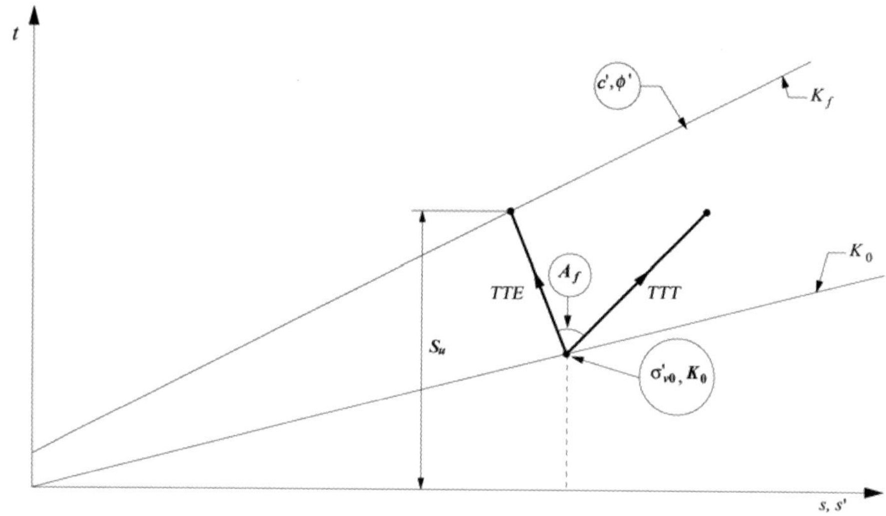

Fig. 6.19 *Parâmetros que determinam a resistência não drenada, s_u*

Compreende-se, assim que não é difícil estabelecer uma equação que exprima s_u em função das cinco grandezas anteriormente referidas, e também destacadas na Fig. 6.19. Esta equação, deduzida no Anexo A15, é a seguinte:

$$s_u = \frac{c' \cos \phi'}{1 - \text{sen}\, \phi' + 2A_f \,\text{sen}\, \phi'} + \sigma'_{vo} \frac{\text{sen}\, \phi'(K_0 + A_f - K_0 A_f)}{1 - \text{sen}\, \phi' + 2A_f \,\text{sen}\, \phi'} \qquad (6.9)$$

Como não podia deixar de ser, essa equação confirma matematicamente as principais conclusões de 6.4.3. Com efeito, nota-se que s_u não depende dos acréscimos de tensão total, sendo portanto independente da trajetória das tensões totais, como mostra a Fig. 6.19.

Importa notar, todavia, que a Eq. 6.9 não é geral, antes exprime a dependência de s_u para carregamentos em que a trajetória de tensões totais corresponde a uma compressão triaxial. Adiante será discutido que o valor de s_u é condicionado pelo tipo de carregamento, sendo distinto para trajetórias de tensões totais em extensão triaxial e em cisalhamento simples (6.4.6 e 6.4.10).

6.4.5 Evolução típica de s_u em profundidade em depósitos argilosos superficiais moles

Para depósitos argilosos normalmente adensados, considerando que c' é praticamente nula, a Eq. 6.9 pode ser simplificada, obtendo-se:

$$\frac{S_u}{\sigma'_{vo}} = \frac{sen\,\phi'(K_0 + A_f - K_0 A_f)}{1 - sen\,\phi' + 2A_f\,sen\,\phi'} = f(K_0, A_f, \phi') = constante \tag{6.10}$$

Para os valores mais usuais de ϕ (ver Fig. 6.5), de K_0 (que para os solos normalmente adensados é, em geral, muito próximo de 1 – sen ϕ') e de A_f (ver Tab. 6.2), a razão S_u/σ'_{v0} não segue, em geral, substancialmente afastada do intervalo 0,20-0,40.

Essas considerações são amplamente corroboradas pelos resultados experimentais da generalidade dos solos argilosos normalmente adensados submetidos a ensaios de compressão triaxial (Mayne, 1988).

Para ilustrar essa conclusão, tome-se como exemplo a Fig. 6.20, que mostra resultados obtidos num depósito de argila normalmente adensada, com espessura superior a 60 m, no Mar do Norte, ao largo da costa da Noruega, num local em que foi construída uma plataforma para exploração de petróleo (Burland, 1990). Esse depósito argiloso já havia sido mencionado sobre a Fig. 1.12.

Analogamente ao que foi mencionado no fim do ponto anterior a propósito da Eq. 6.9, a Eq. 6.10 é aplicável para trajetórias de compressão triaxial, razão pela qual a gama de valores anteriormente apontada para a razão s_u/σ'_{v0} não apresenta, também, caráter geral, como adiante se verá.

Uma relação do tipo da Eq. 6.10, própria dos solos normalmente adensados, implica que à superfície a resistência ao cisalhamento não drenada seja praticamente nula. Isso só ocorre nos depósitos argilosos que, após a sedimentação, se mantiveram permanentemente submersos, que é, aliás, o caso do depósito a que diz respeito a Fig. 6.20.

Considerando, por exemplo, um largo vale aluvionar, apenas no chamado *leito menor* do rio, o solo se encontrará naquelas condições, enquanto que, no chamado *leito de cheia*, a superfície do terreno está normalmente emersa e a zona mais superficial fica sujeita a subidas e descidas sazonais do nível freático. Nessa zona, normalmente emersa, desenvolvem-se pressões neutras negativas, por via do fenômeno da capilaridade, pressões essas que em valor absoluto podem ser elevadas no caso dos solos muito finos. Sendo as tensões totais muito baixas nessa zona superficial, por causa do princípio de tensão efetiva, àquelas pressões neutras vão corresponder tensões efetivas (positivas) bastante elevadas.

Com os sucessivos ciclos de emersão-submersão, logo, de carregamento-descarregamento em termos de tensões efetivas, desenvolve-se

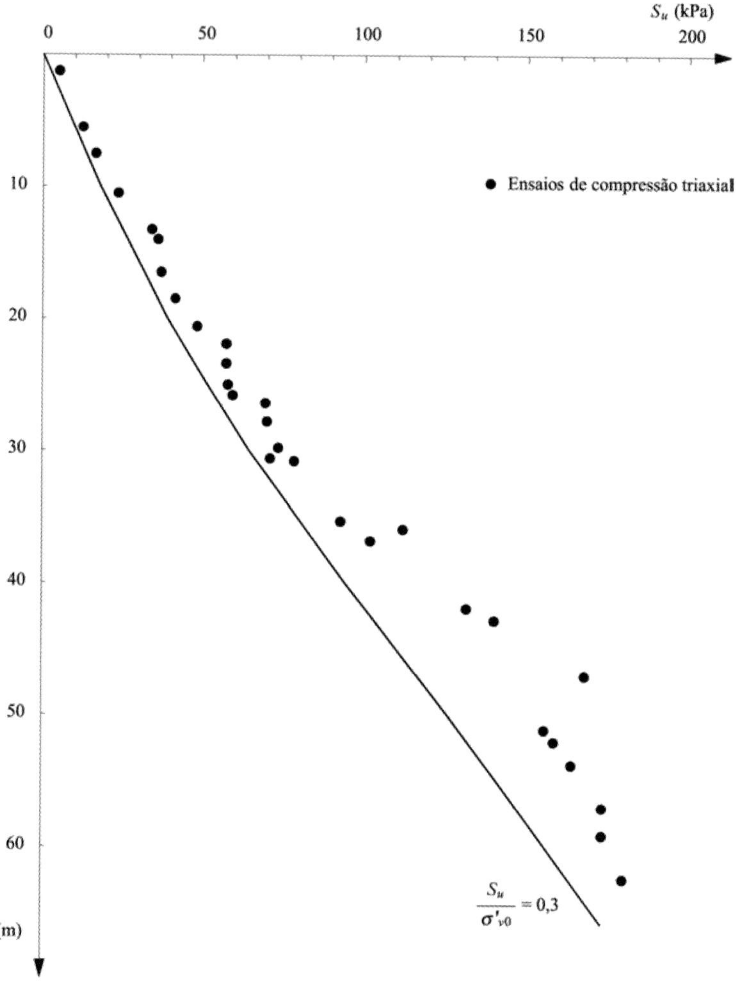

Fig. 6.20 *Evolução de s_u em profundidade no depósito argiloso no local do campo petrolífero de Troll, Mar do Norte, ao largo da costa da Noruega*
Fonte: Burland (1990).

naquela zona uma autêntica *crosta sobreadensada*, na qual a resistência não drenada pode ser bastante substancial (ver 4.2.3).

Nesses depósitos argilosos recentes fora do leito menor do rio, a evolução em profundidade da resistência não drenada tem o aspecto da Fig. 6.21a. Apenas a partir de profundidades em que o solo se encontra, desde a sua formação, permanentemente submerso é que a evolução em profundidade passa a ser típica dos solos normalmente adensados, esta última representada na Fig. 6.21b.

Uma evolução como a da Fig. 6.21a pode ser observada na Fig. 1.23 para as aluviões argilosas do Baixo Mondego, em Portugal (Coelho, 2000).

A propósito ainda do crescimento da resistência não drenada em profundidade, recomenda-se a leitura do Anexo A16, em que se atenta para uma forma menos correta, embora infelizmente bastante divulgada, de interpretá-lo.

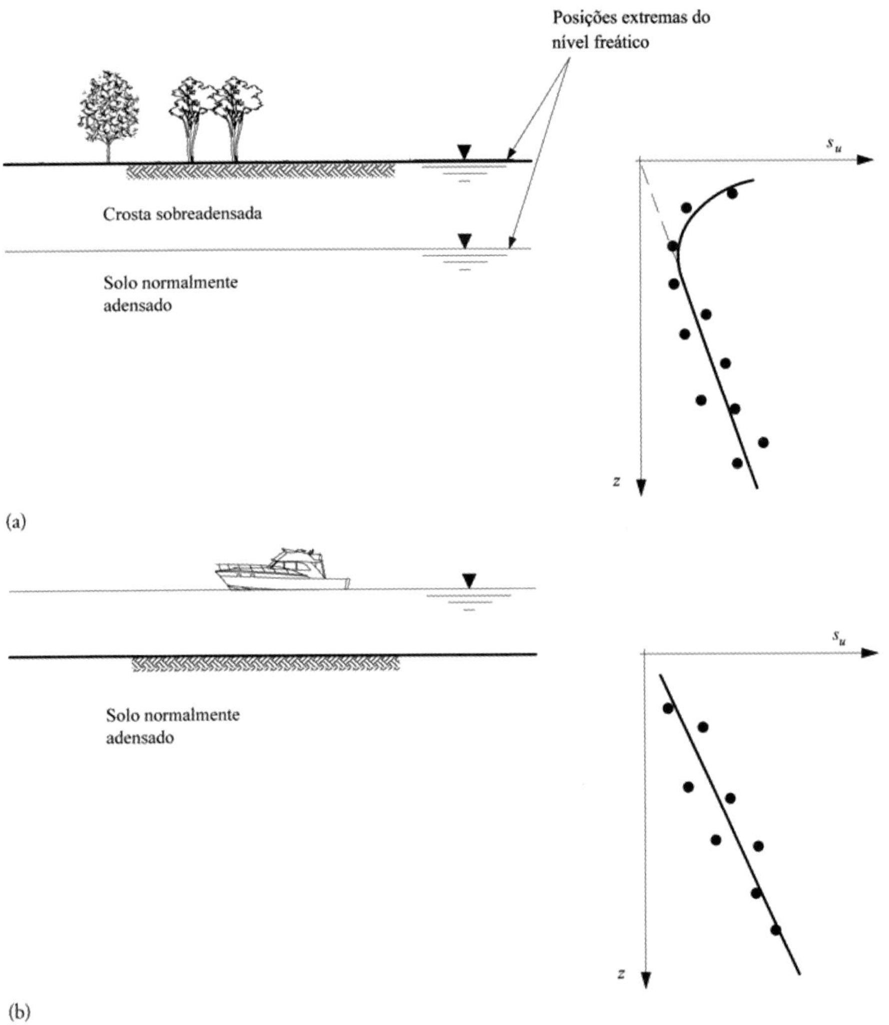

Fig. 6.21 *Evolução da resistência não drenada de uma argila num vale aluvionar: (a) leito de cheia; (b) leito menor do rio*

6.4.6 A anisotropia induzida da resistência não drenada

Em 6.4.3 chegou-se a uma conclusão de maior alcance: para uma argila submetida a ensaios não drenados de compressão triaxial a tensão de cisalhamento máxima (então denominada resistência não drenada) é independente da trajetória de tensões totais ou, ainda, da componente isotrópica do estado de tensão deviatória.

Todavia, amostras do mesmo solo adensadas sob o mesmo estado de tensão, levadas à ruptura por meio de ensaios não drenados de compressão e de extensão triaxial, geralmente exibirão resistências não drenadas diferentes. Isso quer dizer que as argilas exibem anisotropia de resistência, já que esta depende da direção de incremento de tensão principal máxima.

Para traduzir tal anisotropia é usado o parâmetro

$$k_s = \frac{S_u(h)}{S_u(v)} \quad (6.11)$$

razão da resistência não drenada obtida num ensaio de extensão triaxial pela resistência medida num ensaio de compressão (ambos partindo do mesmo estado de tensão efetiva de adensamento).

Para compreender e interpretar corretamente essa evidência dos resultados experimentais, convém discutir separadamente os fatores que para tal podem contribuir.

É conveniente desde já mencionar que as argilas podem apresentar aquilo que se pode designar como *anisotropia inerente* ou *intrínseca*. Com efeito, a história de tensões pode conferir ao solo determinada estrutura caracterizada por uma orientação preferencial das partículas, que vai conduzir a comportamentos mecânicos diferentes conforme a direção em que o carregamento se processe.

Compreender-se-á que esse tipo de anisotropia pode assumir importância nos solos antigos, fortemente sobreadensados, não sendo, entretanto, relevante na generalidade dos solos moles, mais recentes, cuja estrutura é caracterizada por uma disposição essencialmente aleatória das partículas.

Ora, o motivo de muitos desses solos brandos exibirem resistências não drenadas contrastantes nos ensaios de compressão e de extensão triaxial, isto é, o fato de apresentarem anisotropia, é porque esta é induzida pelo estado de tensão incremental. É isso que será em seguida analisado e é precisamente por essa razão que essa anisotropia, por contraponto com a anisotropia inerente, é usualmente denominada *anisotropia induzida*.

Explicação teórica da anisotropia induzida

Considere-se dois corpos de prova idênticos de uma argila normalmente adensada ou ligeiramente sobreadensada, adensados em câmaras triaxiais sob o mesmo estado de tensão efetiva de repouso. Um dos corpos de prova é submetido a um ensaio convencional de compressão não drenado. O outro é submetido a um ensaio de extensão triaxial não drenado, mantendo constante a tensão vertical e aumentando progressivamente a tensão horizontal. Admita-se, ainda, que o solo em questão é isotrópico no que diz respeito à envoltória de ruptura em tensões efetivas, isto é, que c' e ϕ' são independentes da direção do carregamento, e que o mesmo acontece com o parâmetro de pressões neutras A_f.

A Fig. 6.22 ilustra as trajetórias de tensões totais e efetivas dos dois ensaios e a resistência não drenada em cada um deles. É de notar que as hipóteses referentes à isotropia anteriormente referidas, em termos geométricos, implicam que as duas linhas K_f da figura sejam simétricas e que os ângulos formados pelas trajetórias de tensões totais e efetivas em cada um dos ensaios (marcados na própria figura) sejam iguais.

O exame da figura permite compreender a razão da anisotropia induzida. As trajetórias de tensões totais são muito distintas, sendo mais longa a do ensaio de extensão. Sendo o solo, por hipótese, isotrópico em relação à taxa de geração de pressões neutras, a mais longa trajetória de tensões totais no ensaio de extensão vai gerar maiores excessos de pressão neutra, o que leva a que a trajetória de tensões efetivas nesse ensaio atinja a envoltória de ruptura num ponto com menor abscissa e, portanto, com menor ordenada, logo, que seja menor a resistência ao cisalhamento não drenado, $s_u\,(h)$.

Naturalmente, $s_u\,(v)$ e $s_u\,(h)$ seriam coincidentes caso a linha K_0 coincidisse com o eixo das abscissas, isto é, caso K_0 fosse igual à unidade.

O valor de $s_u\,(h)$ pode ser obtido em função do estado de tensão efetiva inicial, dos parâmetros de resistência em tensões efetivas e de A_f, de modo análogo ao que foi visto em 6.4.4 para $s_u\,(v)$. A expressão, cuja dedução se encontra também no Anexo A15, é a seguinte:

$$S_u(h) = \frac{c' \cos\phi'}{1 - \text{sen}\,\phi' + 2A_f\,\text{sen}\,\phi'} + \sigma'_{v0}\,\frac{\text{sen}\,\phi'(1 - A_f + K_0\,A_f)}{1 - \text{sen}\,\phi' + 2A_f\,\text{sen}\,\phi'} \qquad (6.12)$$

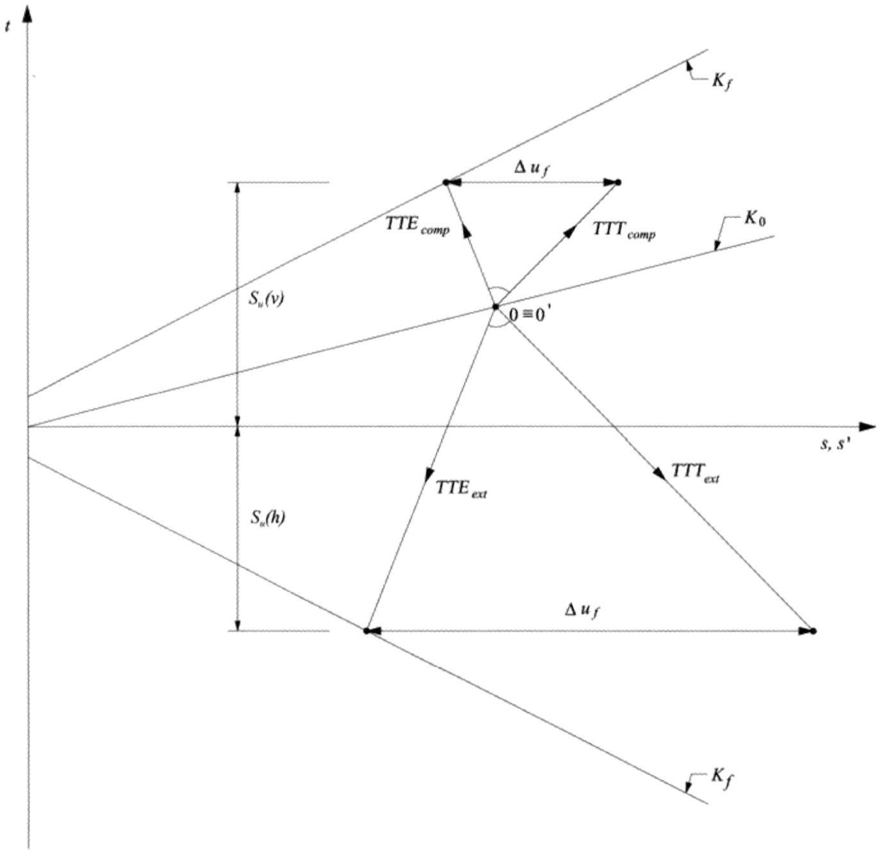

Fig. 6.22 *Trajetórias de tensões totais e efetivas simplificadas de ensaios de compressão e de extensão triaxial sobre duas amostras idênticas, partindo do mesmo estado de tensão efetiva*

Considerando $c' = 0$, o que acontece nos solos normalmente adensados, tem-se:

$$\frac{S_u(h)}{\sigma'_{v0}} = \frac{sen\,\phi'(1 - A_f + K_0 A_f)}{1 - sen\phi' + 2\,A_f\, sen\phi'} \tag{6.13}$$

Dividindo membro a membro as Eqs. 6.13 e 6.10, na qual se usará agora o símbolo $s_u\,(v)$ para a resistência não drenada, obtém-se a medida da anisotropia induzida do solo em termos de resistência não drenada e para as hipóteses de partida:

$$k_s = \frac{S_u(h)}{S_u(v)} = \frac{1 - A_f + K_0 A_f}{K_0 + A_f - K_0 A_f} \tag{6.14}$$

ou ainda, substituindo K_0 por 1 – senϕ':

$$k_s = \frac{S_u(h)}{S_u(v)} = \frac{1 - A_f \operatorname{sen}\phi'}{1 - \operatorname{sen}\phi' + A_f \operatorname{sen}\phi'} \tag{6.15}$$

A evolução de k_s com A_f e ϕ' determinada pela Eq. 6.15 está ilustrada na Fig. 6.23 para os valores mais comuns de A_f nos solos normalmente adensados ou ligeiramente sobreadensados.

Do exame da figura pode verificar-se que o parâmetro k_s é capaz de atingir valores muito inferiores à unidade, indicando que a anisotropia induzida, em particular nos solos com valores mais elevados de ϕ' e de A_f, poderá assumir grande relevância. É interessante notar que para A_f = 0,5 se tem k_s = 1. Isso acontece porque quando $A = A_f$ = 0,5 as *TTE* dos ensaios de compressão e de extensão são verticais, logo, atingem as respectivas linhas K_f em pontos cujas ordenadas têm o mesmo valor absoluto.

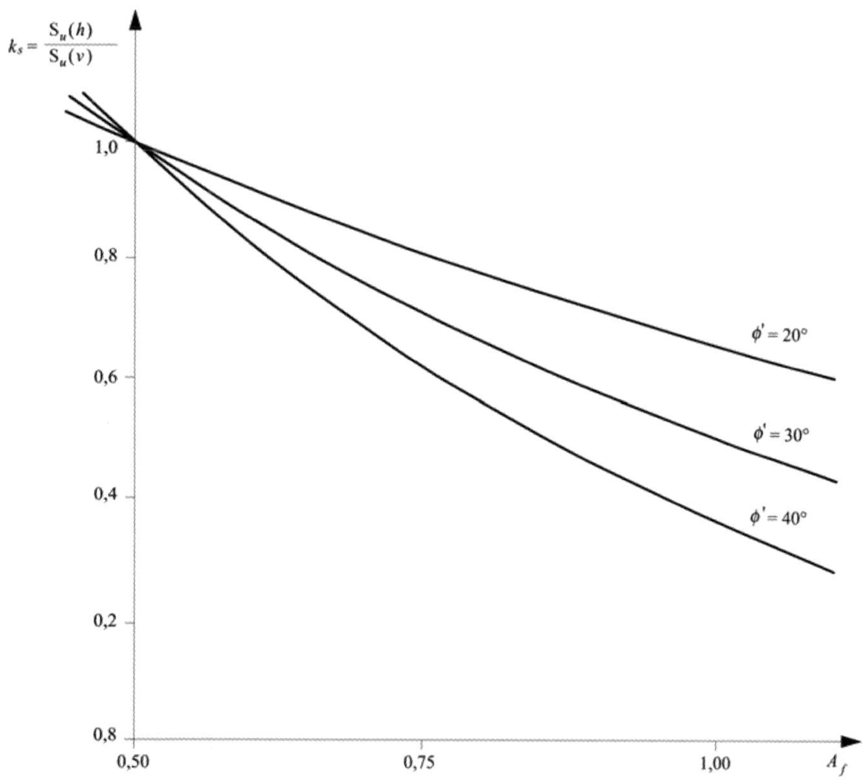

Fig. 6.23 *Evolução de k_s em função de A_f e ϕ' admitindo isotropia inerente do solo e isotropia em relação a A_f e a ϕ'*

Resultados experimentais

Talvez seja oportuno recordar ao leitor que a Eq. 6.15 e a Fig. 6.23 resultam de considerações exclusivamente teóricas e baseadas na isotropia em relação aos parâmetros de resistência efetivos e a A_f. O contexto da questão, recorde-se também, é o das argilas normalmente adensadas ou ligeiramente sobreadensadas, nas quais a anisotropia intrínseca não existe ou é extremamente incipiente. Nesses solos, ainda, a coesão efetiva é muito reduzida ou nula.

No que diz respeito às hipóteses anteriormente colocadas, a isotropia em relação ao ângulo de resistência ao cisalhamento, ϕ', não é assunto que possa considerar-se esclarecido, uma vez que se encontram resultados contraditórios na bibliografia da especialidade.

A propósito da a isotropia ou anisotropia de A_f, como se demonstra no Anexo A17, se os solos se comportassem como materiais elásticos lineares, aquele parâmetro nos ensaios de extensão seria o dobro do correspondente aos ensaios de compressão. Embora as argilas em questão sejam materiais altamente inelásticos, é curioso constatar que a relação mencionada, em termos meramente comparativos, se verifica de fato nos solos reais, isto é, resultados experimentais mostram que A_f em extensão é em geral substancialmente mais elevado do que em compressão (Ladd et al., 1977). Como é óbvio, esse fato tenderá a amplificar a anisotropia induzida em relação ao modelo simplificado teórico tratado no parágrafo anterior.

Qual é, em suma, o efeito combinado de fatores tão diversos como os já analisados: a trajetória de tensões, a (possível) anisotropia em relação a ϕ' e a (comprovada) anisotropia em relação a A_f? Naturalmente que tal efeito, como já se disse, só pode ser avaliado com base em ensaios não drenados de compressão e de extensão sobre amostras indeformadas, partindo do mesmo estado de tensão efetiva de adensamento.

A título exemplificativo, incluise neste livro a Fig. 6.24 na qual Ladd (1991) apresenta, para várias argilas normalmente adensadas, a resistência não drenada (expressa por meio da sua razão pela tensão efetiva vertical de repouso), determinada a partir de ensaios triaxiais de compressão e de extensão e de cisalhamento direto simples em função do índice de plasticidade respectivo.

O exame da figura permite extrair importantes conclusões:

i) a anisotropia é mais marcada nas argilas de baixa plasticidade, nas quais podem ser obtidos valores de k_s significativamente inferiores a 0,50;

ii) os valores da resistência nos ensaios de cisalhamento direto simples, nos quais a rotação da tensão principal máxima na ruptura é em geral próxima de 45° em relação à vertical, são intermediários em relação aos obtidos a partir dos ensaios triaxiais de compressão (os mais altos) e de extensão (os mais baixos).

O fato de a anisotropia induzida ser mais acentuada nas argilas de baixa plasticidade não está completamente esclarecido. Isso, todavia, parece razoável se se atentar nas curvas teóricas da Fig. 6.23, em que se mostra que k_s é menor para maiores valores de ϕ' e é sabido que esse parâmetro é em geral mais elevado nas argilas de baixa plasticidade (ver, por exemplo, a Fig. 6.5).

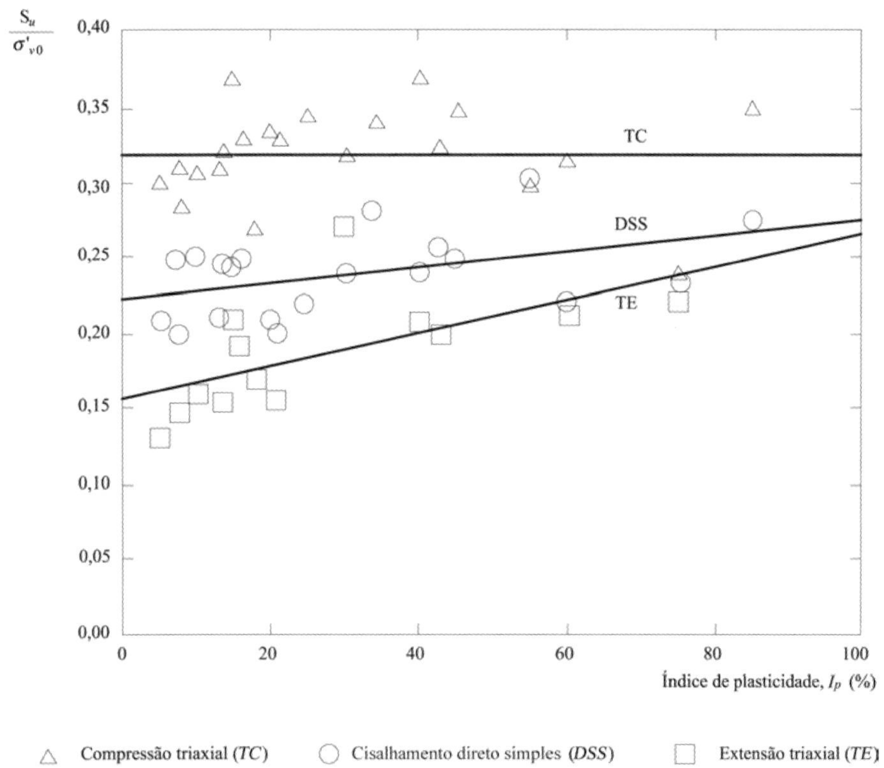

Fig. 6.24 *Valores de s_u / σ'_{v0} de diversas argilas normalmente adensadas a partir de ensaios triaxiais de compressão e de extensão e de ensaios de cisalhamento direto simples – resultados apresentados em função do índice de plasticidade*
Fonte: Ladd (1991).

Nas argilas medianamente sobreadensadas, a anisotropia de resistência pode ainda ser significativa. Nas argilas fortemente sobreadensadas, k_s aproxima-se da unidade, podendo inclusive ultrapassá-la em resultado de diversos fatores: i) porque K_0 se aproxima ou ultrapassa mesmo a unidade (passando neste último caso a serem agora mais longas as trajetórias de tensões em compressão); ii) porque o parâmetro A_f se reduz; iii) porque nesses solos passa a ser significativa a contribuição da anisotropia inerente, a qual tende a conferir maior resistência ao solo quando a direção do incremento de tensão principal máxima coincide com a direção da tensão principal máxima de repouso.

6.4.7 A determinação de s_u por meio do ensaio de palheta *in situ* (*vane shear test*)

Descrição do ensaio

O ensaio de cisalhamento rotativo *in situ* – também muito conhecido no Brasil como ensaio de palheta, ou mesmo pela sua designação em língua inglesa, *vane test* – é particularmente apropriado para a estimativa da resistência não drenada de solos argilosos moles (argilas muito moles, moles e médias).

O ensaio consiste fundamentalmente em introduzir no terreno uma palheta cruciforme, isto é, um conjunto de quatro lâminas retangulares soldadas a uma haste central, esta última ligada à superfície do terreno, conforme ilustra a Fig. 6.25a; posicionado o aparelho à profundidade desejada é-lhe comunicado por meio da haste um momento torsor que o obriga a rodar, interessando nesse movimento de rotação um cilindro de solo que se destaca do terreno envolvente (Fig. 6.25b). O momento é transmitido à haste por um dispositivo mecânico colocado na superfície do terreno, que impõe uma velocidade de rotação constante à palheta e que permite obter o diagrama momento aplicado *versus* ângulo de rotação, cujo aspecto típico se indica na Fig. 6.25c.

A palheta pode ser introduzida no terreno ao abrigo de um furo de sondagem, previamente realizado até à profundidade da camada a caracterizar, ou ser introduzida por cravação a partir da superfície do terreno. Nessa modalidade, é indispensável que a palheta atravesse o terreno, especificamente camadas mais grossas e resistentes, envolvida por um dispositivo protetor, como o ilustrado na Fig. 6.26a. Atingida a camada a caracterizar, a palheta destaca-se então da proteção posicionando-se no ponto a ensaiar

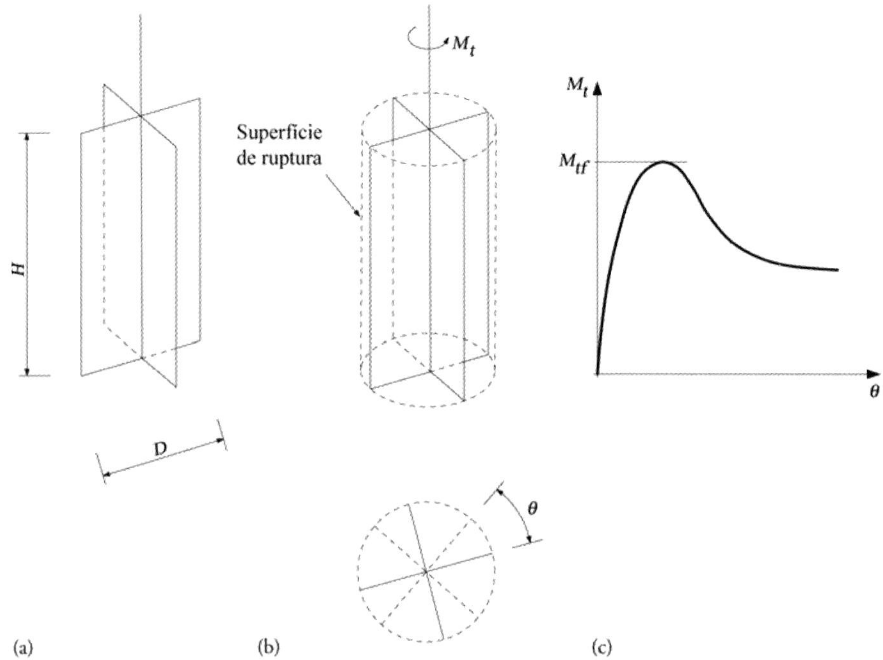

Fig. 6.25 *Ensaio de cisalhamento rotativo ou de palheta* (vane shear test)*: (a) palheta; (b) figura de ruptura; (c) diagrama momento torsor* versus *ângulo de rotação*

Quadro 6.4 Aspectos referentes à execução do ensaio de palheta

Equipamento	
Relação *H/D*	**2**
Dimensões da *palheta*	Máximas $D \times H$ = 100 mm × 200 mm Mínimas $D \times H$ = 40 mm × 80 mm
Espessura das lâminas	0,8 mm a 3 mm
Diâmetro da haste junto à palheta	≤ 16 mm
Diâmetro das haste de extensão	≥ 20 mm
Ensaio	
Velocidade de inserção no solo junto do ponto a ensaiar	≤ 20 mm/s
Profundidade de inserção (método de cravação)	≥ 5D
Profundidade de inserção (método de pré-perfuração)	≥ 5 × Diâmetro do furo
Distância mínima vertical entre ensaios	0,5 m
Intervalo de tempo entre a inserção e o ensaio	2 a 5 minutos
Velocidade de rotação da palheta	6°/min a 12°/min

Fonte: ENV (1997-1999).

(Fig. 6.26b). Nesta última fase a introdução do aparelho tem de ser particularmente cuidadosa, evitando qualquer rotação, de modo a perturbar o solo o menos possível. O Quadro 6.4 resume alguns dos aspectos referentes ao ensaio geralmente adaptados na Europa.

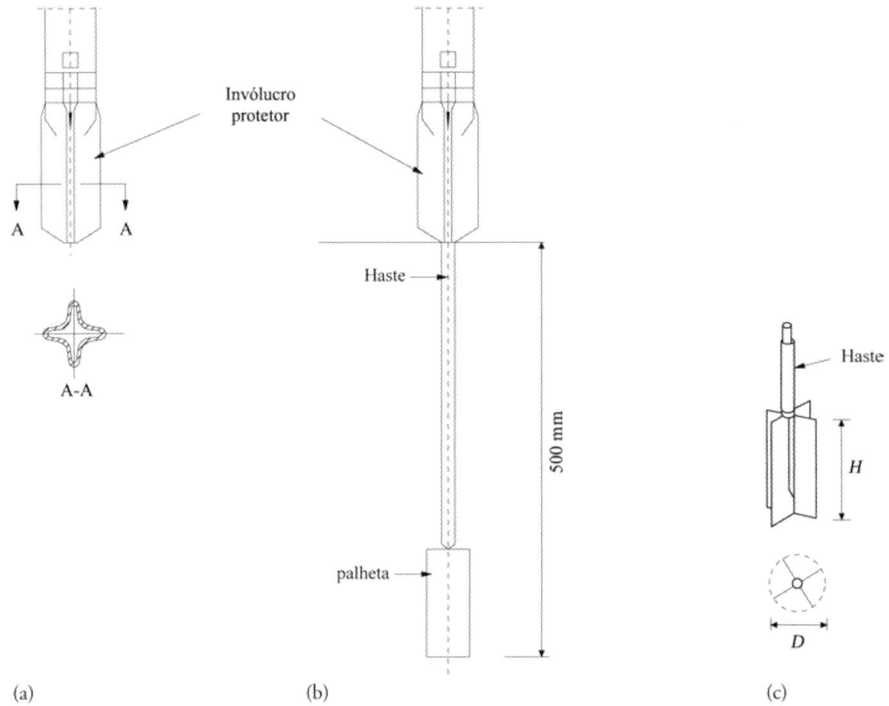

Fig. 6.26 *Aparelho autopenetrante para realização de ensaios de cisalhamento rotativo ou de palheta: (a) penetração; (b) palheta em posição para o ensaio; (c) perspectiva da palheta*

Interpretação dos resultados do ensaio para obtenção de s_u

Admitindo a isotropia do maciço e que a resistência não drenada do solo é mobilizada em toda a superfície exterior do cilindro (superfície lateral mais duas bases), aquela resistência, designada como s_{fv}, pode ser obtida a partir da equação:

$$s_{fv} = \frac{2\,M_{tf}}{\pi D^2 \left(H + \frac{D}{3}\right)} \tag{6.16}$$

Essa equação resulta de uma simples equação de equilíbrio de momentos na altura em que a resistência do solo é mobilizada: o momento torsor máximo aplicado, M_{tf}, e o integral do momento da resistência não drenada do solo em cada unidade de área da superfície exterior do cilindro, em relação ao eixo da palheta. A dedução da Eq. 6.16 encontra-se no Anexo A18.

Os resultados da aplicação da Eq. 6.16 são normalmente corrigidos por um parâmetro adimensional, μ, de modo a obter uma melhor estimativa da resistência não drenada (Bjerrum, 1972):

$$s_u = \mu \, s_{fv} \tag{6.17}$$

Na Fig. 6.27a incluem-se duas propostas para o fator μ em função do limite de liquidez da argila.

Essas correções resultaram da retroanálise de casos bem documentados de aterros sobre argilas moles que experimentaram ruptura. As correções propostas consistem, portanto, num ajuste empírico – porque derivado da observação de casos de obra – de modo a adequar os valores experimentais da resistência no local de cada obra analisada àqueles que os maciços argilosos respectivos de fato exibiram. Ambas as propostas representadas foram fundamentadas nos mesmos casos. A proposta mais recente de Azzouz, Baligh e Ladd (1983) fornece um fator corretivo menor porque os autores procederam a uma análise dos casos de ruptura considerando os efeitos tridimensionais, os quais haviam sido desprezados no trabalho original de Bjerrum, que adotara uma abordagem em estado plano de deformação.

Repare-se que μ é um coeficiente diminutivo para a generalidade dos solos, o que significa que a resistência não drenada retirada diretamente do ensaio de palheta (Eq. 6.16) corresponde a uma superestimação da resistência observada. De acordo com Bjerrum (1972), esse desvio está essencialmente ligado a taxa muito alta (velocidade) de aplicação das tensões de cisalhamento no ensaio. Como foi referido em 6.1.4, velocidades de deformação muito elevadas nos ensaios triaxiais não drenados podem também conduzir à superestimação de s_u em laboratório.

Na Fig. 6.27b mostra-se a comparação das propostas anteriores com os resultados da retroanálise de rupturas de aterros sobre solos moles no Brasil, reunidos por Schnaid e Odebrecht (2012).

Considerando o que nas seções anteriores foi discutido acerca da anisotropia de s_u, importa esclarecer como se enquadram os valores da resistência não drenada derivados do *vane test*, após correção, com os valores de laboratório. Esse ensaio fornece valores em geral bastante próximos dos determinados pelos ensaios de cisalhamento direto simples e intermediários, portanto, em relação aos fornecidos pelos ensaios de compressão e de extensão triaxial (ver Fig. 6.24). A esse assunto se voltará no final de 6.4.10.

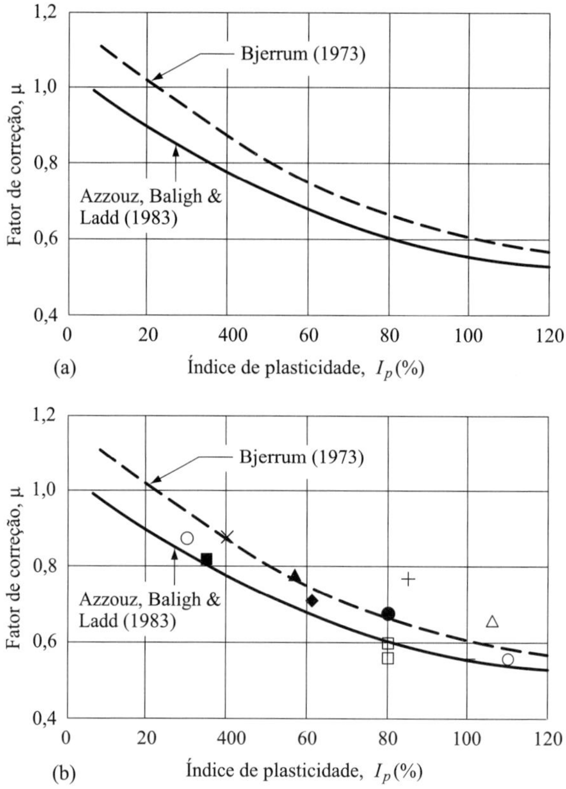

Fig. 6.27 *Correção dos resultados do ensaio de palheta: (a) propostas de Bjerrum (1972) e de Azzouz, Baligh e Ladd (1983); (b) comparação das propostas anteriores com casos de rupturas em obras brasileiras reunidos por Schnaid e Odebrecht (2012)*

O que acaba de ser discutido é, no essencial, corroborado pela Fig. 6.28, que ilustra os resultados da avaliação da resistência não drenada das aluviões argilo-lodosas do rio Tejo, em Lisboa, com cerca de 30 m de espessura, no corredor onde foi construída a Ponte Vasco da Gama. Essa figura também expressa que são em regra muito mais numerosas as estimativas da resistência não drenada obtidas dos ensaios de campo do que as fornecidas pelos ensaios de laboratório, dado o maior custo e o muito mais elevado tempo de execução por estes requerido.

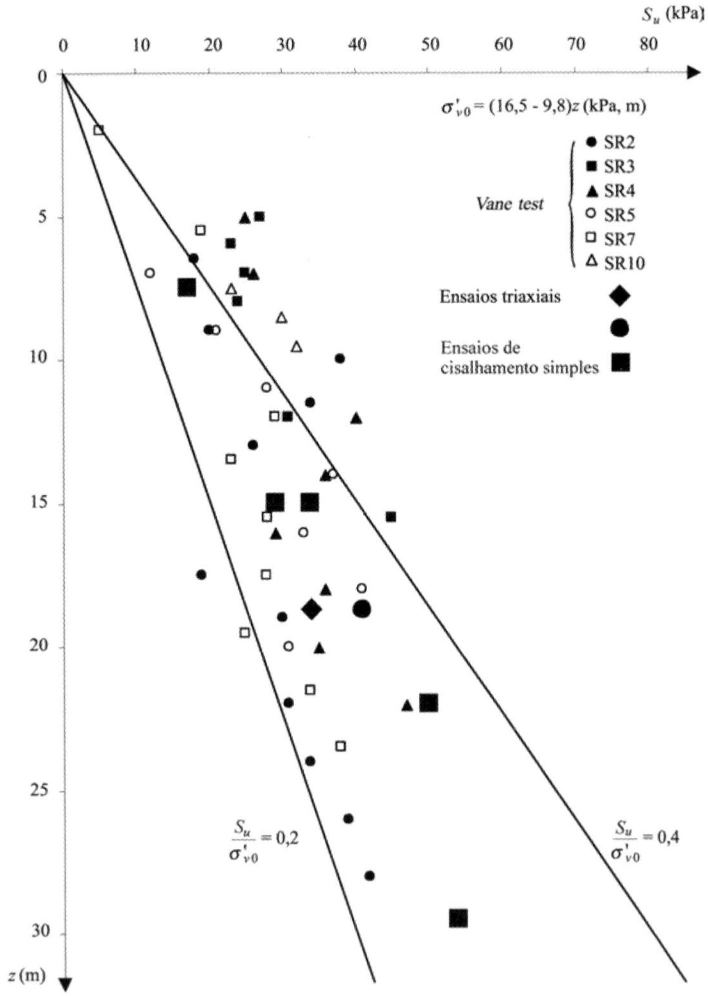

FIG. 6.28 *Evolução de s_u em profundidade no depósito argiloso situado no corredor da Ponte Vasco da Gama sobre o rio Tejo em Lisboa*
Fonte: Matos Fernandes (1994).

Avaliação da sensibilidade do solo e sua importância

O ensaio de palheta é o meio mais utilizado para caracterizar a chamada *sensibilidade da argila*, que é definida como a razão da resistência não drenada do solo indeformado, s_u, e do solo remoldado ou amolgado, s_{ur}:

$$S_t = \frac{S_u}{S_{ur}} \tag{6.18}$$

Após se ter atingido o valor máximo do momento torsor aplicado à palheta, esta é rodada rapidamente dez vezes de modo a remoldar o solo na superfície de ruptura. Em seguida, um novo ensaio é realizado, semelhante ao inicial, quer nos aspectos de execução, quer no que diz respeito à interpretação, conduzindo ao valor a introduzir no denominador da Eq. 6.18.

Esse parâmetro de sensibilidade é útil para aquilatar a suscetibilidade do solo em relação à perda de resistência com a deformação. A Tab. 6.4 inclui uma classificação das argilas quanto à sensibilidade.

Tab. 6.4 Classificação das argilas quanto à sensibilidade

Designação [1]	S_t
Pouco sensíveis	1-2
Moderadamente sensíveis	2-4
Muito sensíveis	4-8
Extremamente sensíveis	8-16
Ultrassensíveis (*quick clays*)	> 16

1. *Na tabela usou-se o termo* sensível *para a tradução da palavra inglesa* sensitive *e o termo* ultra *para a tradução de* quick.
Fonte: Skempton e Northey (1952).

Estudos sobre argilas brasileiras têm encontrado valores da sensibilidade em regra inferiores a 10, com valores mais usuais no intervalo de 3 a 6 (Coutinho, 1986; Lacerda; Almeida, 1995; Schnaid, 2009; Almeida; Marques, 2010).

Valores muito elevados de S_t são próprios de certas *argilas de estrutura ultrassensível* (*quick clays*, na bibliografia em inglês), existentes no Canadá, em alguns países escandinavos e outras regiões de clima similar, que se formaram em depósitos no fundo do oceano, em zonas de águas relativamente pouco profundas, no Período Plistocênico (aproximadamente, entre 400.000 e 600.000 anos antes da nossa era). Depois do fim da última era glaciar, há cerca de 10.000 anos, a fusão da espessa camada de gelo que cobria aquelas regiões provocou, por subida da crosta terrestre, a emersão de alguns daqueles depósitos, integrando-os nos continentes com o desenho que hoje lhes reconhecemos.

Sob a ação de determinada perturbação, ocasionada por um sismo ou outro evento menor, aqueles maciços podem perder quase instantaneamente a sua resistência, passando a um estado praticamente fluido, dando origem a corridas de lama (as chamadas *landslides*, na bibliografia de língua inglesa), que muitas vezes envolvem enormes volumes e têm consequências catastróficas, como ilustra uma das fotografias que precedem este capítulo.

Vários fatores parecem estar na origem desse comportamento tão peculiar quanto perigoso. Para as argilas ultrassensíveis da Noruega a causa fundamental parece residir na remoção progressiva de íons de sódio da sua estrutura, associada aos escoamentos de água doce (pluvial ou subterrânea), ao longo dos últimos milênios. Com efeito, a origem marinha dessas argilas proporcionou-lhes uma estrutura muito floculada – semelhante à ilustrada na Fig. 1.9, com um elevado teor em íons de sódio, que desempenham papel relevante nas ligações interpartículas; a redução desse teor tornaria, assim, ultrassensível a estrutura do solo (Bjerrum et al., 1969; Gregersen, 1981).

Felizmente, existe uma forma relativamente simples de detectar argilas desse tipo. Com efeito, nessas argilas o teor de umidade natural é em geral bastante superior ao limite de liquidez. Note-se que o fato é razoável, considerando que os ensaios para determinação dos limites de Atterberg são realizados sobre o solo remoldado. Como mostra a Tab. 6.3, é típico dessas argilas exibirem valores de A_f bastante superiores a 1,0, fruto também do caráter sensível do seu esqueleto, que conduz a grandes excessos de pressão na água dos poros quando carregadas.

A relevância da avaliação da sensibilidade não se restringe a identificar situações extremas como as das argilas ultrassensíveis. Recorda-se ao leitor o que foi comentado em 5.1 acerca da distinção entre *ruptura local* e *ruptura global*. Tipicamente, quando um maciço é solicitado, a resistência começa por ser mobilizada numa região mais ou menos restrita e, caso o carregamento prossiga, a ruptura vai se estendendo a novos pontos, à custa de redistribuições de tensões, essencialmente determinadas pelas maiores deformações experimentadas pelas regiões já plastificadas. A ocorrência de ruptura global implica a mobilização da resistência ao cisalhamento ao longo de uma *superfície de deslizamento* que, em conjunto com a superfície do terreno, delimita um dado volume de solo que vai experimentar deslocamentos tendencialmente infinitos (ver, por exemplo, mais adiante a Fig. 6.29). Esses deslocamentos vão implicar uma alteração da geometria inicial do terreno para uma outra, distinta da primeira, em que as condições de equilíbrio estático voltam a ser satisfeitas.

Aqui se introduz precisamente a relevância da sensibilidade do solo. Como a mobilização da resistência ao longo de uma superfície de deslizamento como a já referida não se faz simultaneamente, quando a resistência se mobiliza nos pontos mais afastados dos que primeiro plastificaram, nestes as deformações já atingiram valores muito elevados. Se o solo exibe alta sensibilidade, nesses pontos será mobilizado um valor da resistência muito inferior ao inicial ou de pico. Isso pode propiciar o fenômeno designado como *ruptura progressiva*, o qual pode conduzir a uma ruptura global, ainda que o *valor médio da resistência mobilizada* ao longo da superfície de deslizamento seja significativamente inferior ao *valor de pico*. Procura-se evitar essa possibilidade por meio do uso de coeficientes de segurança mais elevados quando em presença de argilas sensíveis.

6.4.8 Dependência de s_u em relação à razão de sobreadensamento

Neste ponto aborda-se a resistência não drenada nos solos sobreadensados convencionais, isto é, aqueles solos, mais ou menos antigos, em que o sobreadensamento foi induzido por um carregamento por novos sedimentos mais tarde total ou parcialmente removidos, por erosão, pela Natureza.

Como seria razoável esperar, a razão s_u/σ'_{v0} tende a crescer com a razão de sobreadensamento. Para um solo sobreadensado esta razão, s_u/σ'_{v0} (OC), pode ser calculada com base no valor para o solo normalmente adensado, s_u/σ'_{v0} (NC), e na razão de sobreadensamento, OCR, por uma expressão do tipo (Ladd et al., 1977):

$$\frac{S_u(OC)}{S_u(NC)} = (OCR)^m \tag{6.19}$$

Com base no tratamento de grande número de resultados experimentais publicados na bibliografia, Mayne (1988) obteve para o coeficiente n valores de 0,78, 0,80 e 0,85, respectivamente, para ensaios de compressão triaxial, de cisalhamento direto simples e de extensão triaxial.

A Eq 6.19 poderia sugerir que nos depósitos sobreadensados a evolução de s_u em profundidade seria similar à dos normalmente adensados – expressa, por exemplo, pelas Figs. 6.20 e 6.28 – embora com valores mais elevados. Essa ideia não é correta, pelas razões que se passa a expor.

Nos solos sobreadensados a coesão efetiva, c', em geral não é nula, razão pela qual a dependência de $s_u/\ \sigma'_{v0}$ para ensaios de compressão e de extensão triaxial passa a ser expressa pelas Eqs. 6.9 e 6.12, respectivamente. Nessas equações os parâmetros K_0, c' e A_f variam com a razão de sobreadensamento, OCR, e esta não é constante em profundidade. De fato, como mostra a Fig. 4.7b, nesses depósitos sobreadensados a diferença entre a tensão efetiva de pré-adensamento e a tensão efetiva vertical de repouso é aproximadamente constante em profundidade, logo, a razão daquela por esta, isto é, a razão de sobreadensamento, decresce em profundidade. Isso explica que a evolução típica da razão s_u/σ'_{v0} nos depósitos sobreadensados corresponda a um decréscimo em profundidade.

6.4.9 Nota sobre a resistência para estados planos de deformação

Como já foi comentado, um número considerável de obras geotécnicas induz nos solos equilíbrios planos de deformação enquanto nos ensaios triaxiais e no ensaio de cisalhamento rotativo *in situ* vigora um estado de equilíbrio axissimétrico.

Tal como para as areias, a resistência das argilas em estado plano de deformação é mais elevada do que num estado axissimétrico, essencialmente porque o ângulo de atrito efetivo é maior em equilíbrios do primeiro tipo. Para o ângulo de atrito efetivo em estado plano de deformação, ϕ'_{ps}, Wroth (1984) propôs a seguinte relação com o ângulo de atrito em estado axissimétrico, ϕ':

$$\phi'_{ps} = \frac{9}{8}\phi' \tag{6.20}$$

Essa equação constitui uma simplificação aproximada da relação teórica entre os dois ângulos.

Analisando resultados de diversos ensaios sobre argilas, Ladd (1991) mostrou que a relação entre a resistência não drenada em câmaras triaxiais com simetria axial de tensões, s_u (TR), e em estado plano de deformação, s_u (PS), em ensaios de compressão e de extensão, vale, respectivamente:

$$\left[S_u(TR)/S_u(PS)\right]_{comp} = 0{,}92 \pm 0{,}05 \tag{6.21}$$

e

$$\left[S_u(TR)/S_u(PS)\right]_{ext} = 0{,}82 \pm 0{,}02 \tag{6.22}$$

Como se pode constatar, as diferenças são muito significativas. Os resultados apresentados mostram também que os ensaios triaxiais com simetria axial de tensões subestimam mais o valor da resistência não drenada em extensão, $s_u(h)$, do que em compressão, $s_u(v)$, em relação aos valores correspondentes em estado plano de deformação. Daqui resulta que os ensaios triaxiais com simetria axial de tensões superestimam a anisotropia do solo, em situações em que o carregamento do maciço conduza a um estado plano de deformação. Este fato é facilmente explicável considerando que se viu anteriormente que o parâmetro A_f é mais elevado nos ensaios de extensão com simetria axial de tensões porque $\Delta\sigma_2$, o incremento de tensão principal média, é igual ao maior incremento de tensão principal (ver Anexo A17). Ora, nos ensaios em estado plano de deformação, $\Delta\sigma_2$ é de fato intermediária em relação às outras duas tensões principais incrementais.

6.4.10 Utilidade das análises de estabilidade em tensões totais com o parâmetro s_u

Das considerações precedentes, em particular em 6.4.3 e 6.4.5, terá ficado claro que a resistência exibida por uma argila sob carregamento não drenado é totalmente comandada pelas tensões efetivas. Considerando esse fato, poderá o leitor se interrogar – fundamentado num salutar bom senso, próprio dos engenheiros – sobre o interesse de estabelecer uma envoltória de ruptura das argilas em tensões totais, associada ao conceito de resistência não drenada, s_u.

Para esclarecer essa questão considere-se, a título de exemplo, ainda o problema do aterro sobre um maciço de argila, como se representa na Fig. 6.29. Como foi concluído em 6.4.2, a segurança em relação a uma ruptura global, envolvendo o aterro e o solo de fundação, é mínima no fim da construção, razão pela qual se admite, nas análises de estabilidade, que a argila é solicitada em condições não drenadas.

A observação de numerosas rupturas em obras similares permitiu concluir que elas ocorrem por meio do deslizamento de parte do aterro e do maciço de fundação ao longo de uma superfície curva que é aproximadamente um arco de circunferência. As análises de estabilidade de obras desse tipo serão abordadas no vol. 2 deste livro, mas pode desde já adiantar-se que elas envolvem, após a divisão da massa de terras envolvida no deslizamento potencial em fatias de faces verticais, o cálculo de dois momentos em relação ao centro da superfície de deslizamento:

i) o momento dos pesos das n fatias, M_S, que tende a provocar a rotação da massa de terras no sentido dos ponteiros do relógio;

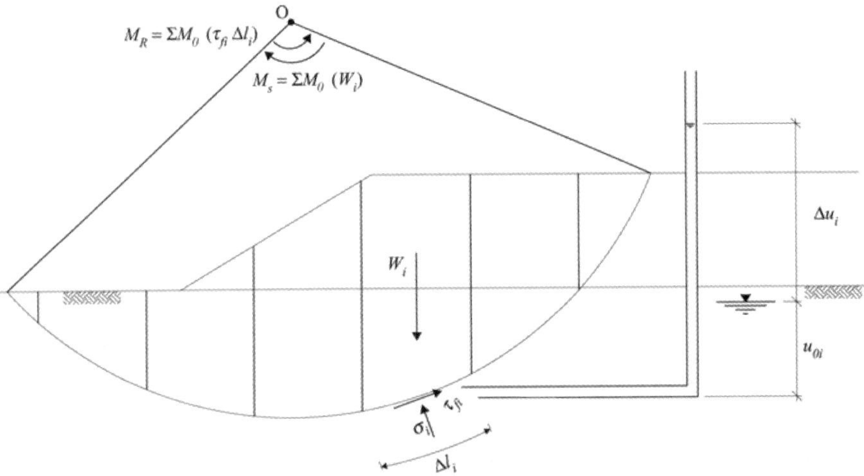

Fig. 6.29 *Carregamento de um maciço de argila por um aterro, com esquema de verificação de estabilidade global pelo método das fatias*

ii) o momento das forças tangenciais resistentes na base das *n* fatias, M_R, que se opõe àquela rotação.

O cálculo deste último momento exige naturalmente a avaliação da resistência ao cisalhamento da argila ao longo da superfície de deslizamento. O Quadro 6.5 mostra de forma resumida os passos da análise do problema requeridos por uma abordagem do mesmo pela via das tensões efetivas. Com os métodos convencionais da Mecânica dos Solos, essa abordagem encontra dificuldades significativas. Com efeito:

i) a avaliação das tensões totais incrementais é feita por via das soluções da teoria da elasticidade; contudo, em problemas desse tipo, o maciço encontra-se plastificado em regiões significativas, o que implica que aquelas soluções forneçam resultados pouco aproximados; a estimativa aproximada de tensão total normal, σ_i, ficará assim comprometida;

ii) os erros anteriores refletem-se, naturalmente, também na avaliação do excesso de pressão neutra, por via das tensões totais principais incrementais, $\Delta\sigma_1$ e $\Delta\sigma_3$; a isto acresce que o excesso de pressão neutra depende do parâmetro *A* de Skempton que, como se viu já, depende do nível das tensões de cisalhamento instaladas e da própria trajetória de tensões;

iii) os erros na estimativa da tensão total normal, σ_i, e da pressão na água dos poros, u_i (estes últimos por via dos erros na avaliação de

Δu_1), conjugam-se para tornar a estimativa de $\sigma'_i = \sigma_i - u_i$ muito pouco confiável, logo a da própria tensão de cisalhamento resistente, τ_{fi}.

Como mostra o Quadro 6.5, numa abordagem por via das tensões totais, a análise envolve apenas a tomada da tensão de cisalhamento resistente igual ao valor da resistência não drenada à profundidade em questão. A aproximação da estimativa de τ_{fi} depende da aproximação com que o perfil de evolução de s_u em profundidade é obtido.

Quadro 6.5 Carregamentos não drenados de maciços argilosos: abordagem em tensões efetivas versus abordagem em tensões totais

	Abordagem em tensões efetivas	Abordagem em tensões totais
Análise	1. Estado de tensão de repouso $\sigma_{v0i}, \sigma_{h01}, u_{0i}, \sigma'_{v0i}, \sigma'_{h0i}$ 2. Estado de tensão total incremental $\Delta\sigma_{zi}, \Delta\sigma_{xi}, \Delta\tau_{xzi}, \Delta\sigma_{1i}, \Delta\sigma_{3i}$ 3. Novo estado de tensão total; tensão normal total, σ_i 4. Excesso de pressão neutra $\Delta u_i = \Delta\sigma_{3i} + A_i\,(\Delta\sigma_{1i} - \Delta\sigma_{3i})$ 5. Tensão efetiva normal $\sigma'_i = \sigma_i - (u_{0i} + \Delta u_i)$ 6. Resistência ao cisalhamento $\tau_{fi} = c'_i + \sigma'_i \, tg\, \phi'_i$	1. Resistência ao cisalhamento $\tau_{fi} = s_{ui}$
Parâmetros envolvidos	Coeficiente de empuxo em repouso, K_0 Coesão efetiva, c'_i Ângulo de atrito efetivo, ϕ'_i Parâmetro de Skempton, A_i (variável com tensões de cisalhamento)	Resistência não drenada, variável em profundidade $s_u\,(z)$
Ensaios de caracterização exigidos	Ensaios triaxiais, CK_0U, de compressão e de extensão com medição de pressões neutras e ensaios de cisalhamento direto simples *DSS*	Ensaio de palheta *in situ*

Atente-se agora na parte inferior do quadro em que estão listados os parâmetros do solo envolvidos em cada uma das abordagens (para além do peso específico, naturalmente), bem como os ensaios que são exigidos para a respectiva avaliação. Pode verificar-se que a abordagem em tensões efetivas, pelos parâmetros que envolve, exige a realização de ensaios de cisalhamento em laboratório com medição das pressões na água dos poros, enquanto que a abordagem em tensões totais é viável com a realização de ensaios de palheta. É em geral recomendável, todavia, que estes sejam confrontados com alguns ensaios de cisalhamento em laboratório, embora em número relativamente reduzido.

Aqui a vantagem das análises em tensões totais não decorre apenas do fato de os ensaios *in situ* serem mais econômicos. Como mostra a Fig. 6.30, ao longo da potencial superfície de deslizamento, as trajetórias de tensões são muito distintas: i) sob o aterro a evolução do estado de tensão corresponde aproximadamente a uma trajetória de compressão; ii) na zona oposta da superfície prevalece uma trajetória de extensão; iii) na zona intermediária o solo está próximo de um carregamento em cisalhamento simples. Considerando o exposto, uma análise em tensões efetivas exigiria a realização de ensaios não drenados dos diversos tipos indicados, de modo a caracterizar a anisotropia do solo.

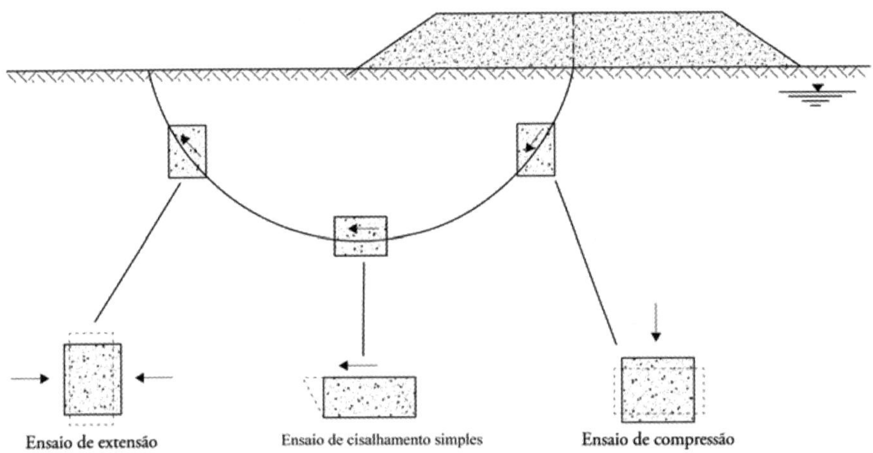

Fig. 6.30 *Relevância dos ensaios de laboratório para a avaliação da resistência não drenada das argilas*
Fonte: adaptado de Bjerrum (1972).

Em contrapartida, numa análise em tensões totais esse problema não se coloca porque a avaliação de s_u por meio do ensaio de palheta (com a respectiva correção) foi precisamente *calibrada* de modo a fornecer valores apropriados para os problemas em questão. Daí o fato de os resultados do *vane test* corresponderem razoavelmente à média dos valores de s_u dos três ensaios laboratoriais mencionados.

Em resumo, a abordagem em tensões totais é muito recomendável quando se pretende estudar um carregamento em condições não drenadas pelas três seguintes razões:

i) pela grande simplificação que permite na análise do problema;
ii) por exigir um conjunto de ensaios de caracterização mecânica do maciço com menores custos e prazos de execução;
iii) porque a sua confiabilidade é, em princípio, superior, dependendo diretamente da aproximação com que o perfil de evolução de s_u em profundidade é caracterizado; no estado atual de conhecimentos, a caracterização por meio dos ensaios de palheta é considerada apropriada.

Desta forma, a abordagem em tensões efetivas dos problemas de estabilidade é reservada para os carregamentos em condições drenadas. Basicamente, a razão última do fato é esta: no âmbito da Mecânica dos Solos clássica não existem disponíveis métodos que permitam estimar com rigor a distribuição da pressão na água dos poros num maciço carregado em condições não drenadas. Ora, devido ao princípio de tensão efetiva, se a distribuição da pressão nos poros não é aproximadamente conhecida, o mesmo acontece com as tensões efetivas!

A abordagem em tensões totais contorna, de fato, essa dificuldade, assimilando o solo a um meio contínuo, ignorando as suas duas fases (água e esqueleto sólido). Como o leitor compreenderá, o valor de s_u em cada profundidade depende manifestamente dos complexos fenômenos de interação entre aquelas duas fases no carregamento não drenado. Aliás, a complexidade dessa dependência está bem expressa pelas Eqs. 6.9 e 6.12! A questão é que não é estritamente necessário caracterizar quantitativamente tal dependência para aceder a uma *estimativa aceitável* da resistência não drenada. É por essa razão que o conceito de resistência não drenada, s_u, assume na Mecânica dos Solos uma importância teórica e prática excepcional.

6.4.11 Nota sobre a avaliação do módulo de deformabilidade não drenado, E_u

Em determinados problemas é necessário proceder à estimativa do módulo de deformabilidade das argilas quando solicitadas em condições não drenadas. Um dos casos mais comuns é quando se pretende avaliar o recalque imediato de aterros ou estruturas similares construídas sobre depósitos argilosos. A metodologia para o cálculo desses recalques foi já abordada genericamente nos Caps. 2 e 4 (2.7 e 4.6.2).

No cálculo das deformações verticais na subcamada genérica j pela lei de Hooke, vai entrar o chamado módulo de deformabilidade não drenado, E_u, e o coeficiente de Poisson não drenado, ν_u:

$$\varepsilon_{zj}=\frac{1}{E_{uj}}\left[\Delta\sigma_{zj}-\nu_{uj}\left(\Delta\sigma_{xj}+\Delta\sigma_{yj}\right)\right] \tag{6.23}$$

O recalque imediato calcula-se então por meio da expressão:

$$s_i=\sum_{j=1}^{n}\varepsilon_{zj}\,h_j \tag{6.24}$$

em que h_j é a espessura da subcamada genérica j. Atendendo a que se trata da deformação imediata de uma argila saturada, logo, com variação volumétrica nula, ν_u vale 0,5.

Quanto a E_u, poderia, em princípio, ser obtido a partir das curvas tensões deviatórias *versus* deformações axiais dos ensaios triaxiais não drenados. Verifica-se, no entanto, que a obtenção de estimativas confiáveis por essa via é problemática, em particular porque aquele parâmetro é muito sensível ao amolgamento das amostras. Considerando esse fato, é comum obter E_u de forma simplificada a partir de uma correlação com a resistência não drenada expressa pela equação:

$$E_u=M\,S_u \tag{6.25}$$

em que o fator adimensional M pode ser estimado a partir da Fig. 6.31.

Anexos

A14 Generalização do parâmetro A de Skempton a ensaios triaxiais não convencionais

O Quadro A14.1 (Law; Holtz, 1978) resume os significados de Ds_1 e Ds_3 a usar na expressão de Skempton para o excesso de pressão neutra

$$\Delta u=\Delta\sigma_3+A(\Delta\sigma_1-\Delta\sigma_3) \tag{A14.1}$$

para os quatro tipos de ensaios triaxiais cujas trajetórias de tensões totais se referem na Fig. 5.6. A última coluna do quadro apresenta a expressão do parâmetro A.

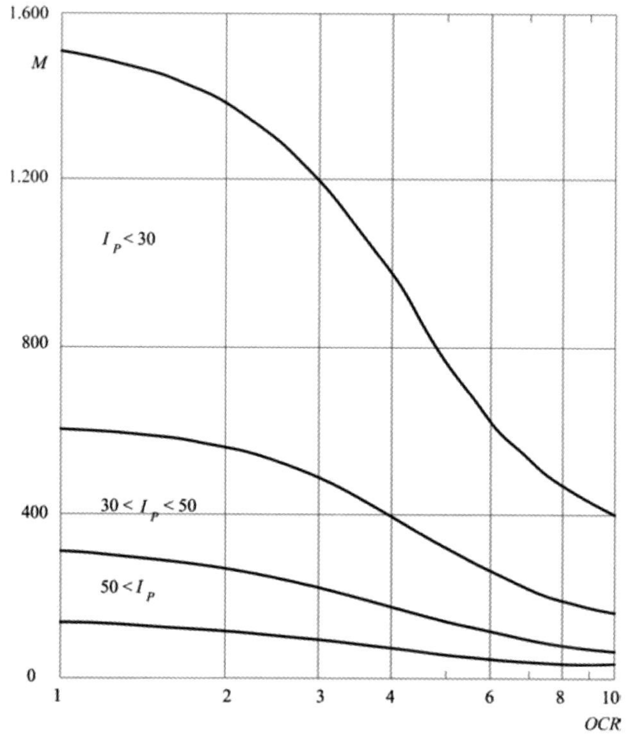

Fig. 6.31 *Fator de proporcionalidade entre E_u e S_u*
Fonte: Duncan e Buchignani (1976).

Quadro A14.1 Expressões do parâmetro A de Skempton para ensaios triaxiais com as trajetórias de tensões totais da Fig. 5.6

Ensaio	$\Delta\sigma_1$	$\Delta\sigma_3$	Expressão de A
Compressão triaxial – trajetória 1	$\Delta\sigma_a$	0	$\frac{\Delta u}{\Delta\sigma_a}$
Compressão triaxial – trajetória 2	0	$\Delta\sigma_r$	$1-\frac{\Delta u}{\Delta\sigma_r}$
Extensão triaxial – trajetória 3	$\Delta\sigma_r$	0	$\frac{\Delta u}{\Delta\sigma_r}$
Extensão triaxial – trajetória 4	0	$\Delta\sigma_a$	$1-\frac{\Delta u}{\Delta\sigma_a}$
$\Delta\sigma_a$ – incremento da tensão axial ou vertical			
$\Delta\sigma_r$ – incremento da tensão radial ou horizontal			

A15 Expressão de s_u para os ensaios de compressão e de extensão triaxial

A15.1 Expressões de s_u para os ensaios de compressão triaxial

Considere-se a Fig. A15.1, similar à Fig. 6.16.

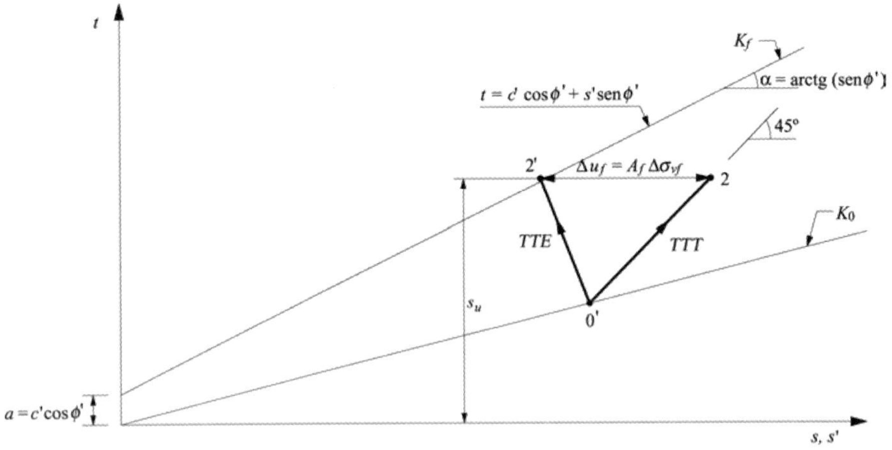

Fig. A15.1 *Trajetórias de tensões totais e efetivas para um ensaio de compressão triaxial convencional*

As coordenadas dos pontos 0', 2 e 2' são as seguintes:

$$\text{Ponto } 0' \begin{cases} s'_{0'} = \dfrac{\sigma'_{v0} + \sigma'_{h0}}{2} = \dfrac{\sigma'_{v0}}{2}(1 + K_0) \\ t'_{0'} = \dfrac{\sigma'_{v0} - \sigma'_{h0}}{2} = \dfrac{\sigma'_{v0}}{2}(1 - K_0) \end{cases} \tag{A15.1}$$

$$\text{Ponto } 2 \begin{cases} s_2 = s'_{0'} + \dfrac{\Delta\sigma_{vf}}{2} \\ t_2 = t'_{0'} + \dfrac{\Delta\sigma_{vf}}{2} \end{cases} \tag{A15.2}$$

$$\text{Ponto } 2' \begin{cases} s'_{2'} = s_2 - A_f\,\Delta\sigma_{vf} = s'_{0'} + \dfrac{\Delta\sigma_{vf}}{2}(1 - 2A_f) \\ t_{2'} = t'_{0'} + \dfrac{\Delta\sigma_{vf}}{2} \end{cases} \tag{A15.3}$$

Sabendo que o ponto *2´* se encontra sobre a linha K_f, pode escrever-se:

$$t_{2'} = c' \cos\phi' + s'_{2'} \,\text{sen}\,\phi' \tag{A15.4}$$

Substituindo nessa equação as duas coordenadas s' e t do ponto 2′ (Eq. A15.3), obtém-se:

$$t_{0'} + \frac{\Delta\sigma_{vf}}{2} = c' \cos\phi' + s_{0'} \operatorname{sen}\phi' + \frac{\Delta\sigma_{vf}}{2}(1 - 2A_f) \operatorname{sen}\phi' \tag{A15.5}$$

da qual se pode deduzir:

$$\frac{\Delta\sigma_{vf}}{2} = \frac{c' \cos\phi' + s'_{0'} \operatorname{sen}\phi' - t_{0'}}{1 - \operatorname{sen}\phi' + 2\,A_f \operatorname{sen}\phi'} \tag{A15.6}$$

Substituindo agora o valor de $\Delta\sigma_{vf}/2$, retirado dessa equação, na equação da ordenada do ponto 2′ (segunda Eq. A15.3), e atendendo a que essa ordenada é a resistência não drenada, s_u, tem-se:

$$s_u = t_{0'} + \frac{c' \cos\phi' + s'_{0'} \operatorname{sen}\phi' - t_{0'}}{1 - \operatorname{sen}\phi' + 2\,A_f \operatorname{sen}\phi'} \tag{A15.7}$$

Substituindo nessa equação $s'_{0'}$ e $t_{0'}$ pelas respectivas equações (Eq. A15.1), obtém-se, após algumas simplificações:

$$s_u = \frac{c' \cos\phi'}{1 - \operatorname{sen}\phi' + 2\,A_f \operatorname{sen}\phi'} + \sigma'_{v0} \frac{\operatorname{sen}\phi'(K_0 + A_f - K_0 A_f)}{1 - \operatorname{sen}\phi' + 2\,A_f \operatorname{sen}\phi'} \tag{A15.8}$$

Em solos normalmente adensados $c' = 0$, obtendo-se a seguinte relação:

$$\frac{s_u}{\sigma'_{vo}} = \frac{\operatorname{sen}\phi'(K_0 + A_f - K_0 A_f)}{1 - \operatorname{sen}\phi' + 2A_f \operatorname{sen}\phi'} = f(K_0, A_f, \phi') = constante \tag{A15.9}$$

A15.2 *Expressão de s_u para os ensaios de tração triaxial*

Considere-se a Fig. A15.2, similar à Fig. 6.22.

As coordenadas do ponto 0' são dadas pelas Eqs. A15.1 e as coordenadas dos pontos 3 e 3' são as seguintes:

$$\text{Ponto 3} \begin{cases} s_3 = s'_{0'} + \dfrac{\Delta\sigma_{hf}}{2} \\ t_3 = t_{0'} - \dfrac{\Delta\sigma_{hf}}{2} \end{cases} \tag{A15.10}$$

$$\text{Ponto 3}' \begin{cases} s_{3'} = s_3 - A_f \Delta\sigma_{hf} = s'_{0'} + \dfrac{\Delta\sigma_{hf}}{2}(1 - 2A_f) \\ t'_3 = t_{0'} - \dfrac{\Delta\sigma_{hf}}{2} \end{cases} \tag{A15.11}$$

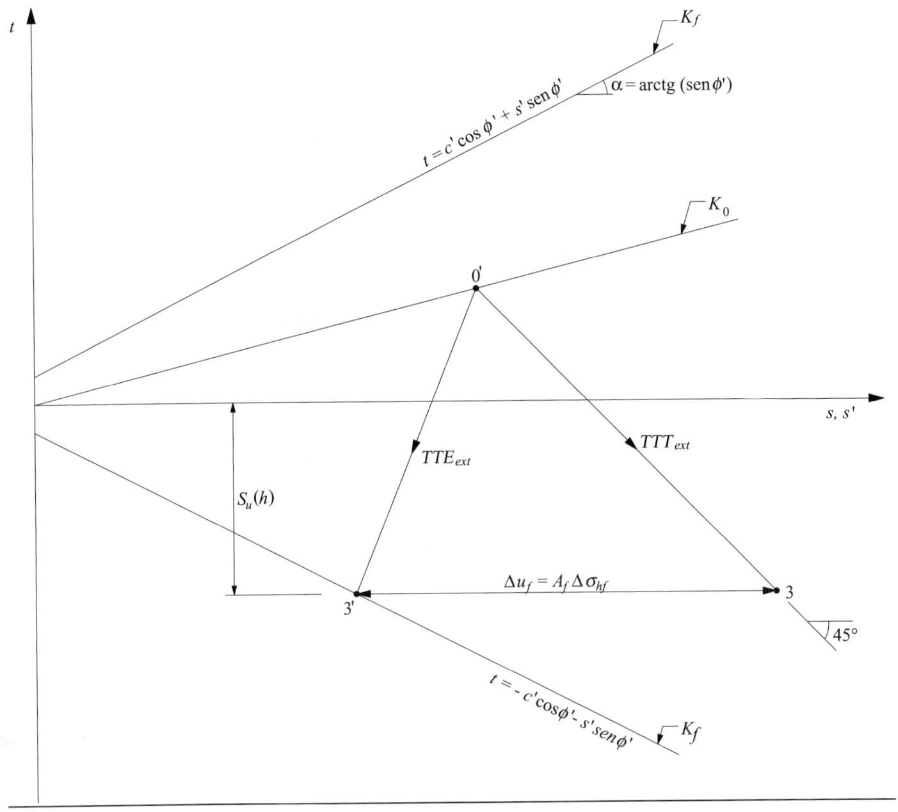

Fig. A15.2 *Trajetórias de tensões totais e efetivas para um ensaio de extensão triaxial com aumento da tensão horizontal*

Sabendo que o ponto 3' se encontra sobre a linha K_f inferior, pode escrever-se:

$$t_{3'} = -c' \cos\phi' - s'_3 \operatorname{sen}\phi' \tag{A15.12}$$

Substituindo nessa equação as duas coordenadas s' e t do ponto 3' (Eq. A15.11), obtém-se:

$$t_{0'} - \frac{\Delta\sigma_{hf}}{2} = -c' \cos\phi' - s'_{0'} \operatorname{sen}\phi' - \frac{\Delta\sigma_{hf}}{2}(1 - 2A_f) \operatorname{sen}\phi' \tag{A15.13}$$

da qual se pode retirar:

$$\frac{\Delta\sigma_{hf}}{2} = \frac{c' \cos\phi' + s'_{0'} \operatorname{sen}\phi' + t_{0'}}{1 - \operatorname{sen}\phi' + 2A_f \operatorname{sen}\phi'} \tag{A15.14}$$

Substituindo agora o valor de $\Delta\sigma_{hf}/2$, retirado dessa equação, na equação da ordenada do ponto 3' (segunda Eq. A15.11), e atendendo a que essa ordenada, em módulo, é a resistência não drenada, s_u (h), tem-se:

$$S_u(h) = -t_{0'} + \frac{c' \cos\phi' - s'_{0'} \operatorname{sen}\phi' + t_{0'}}{1 - \operatorname{sen}\phi' + 2A_f \operatorname{sen}\phi'} \quad \text{(A15.15)}$$

Substituindo nessa equação as duas coordenadas $s'_{0'}$ e $t_{0'}$ pelas equações respectivas (Eq. A15.1), obtém-se, após algumas simplificações:

$$S_u(h) = \frac{c' \cos\phi'}{1 - \operatorname{sen}\phi' + 2A_f \operatorname{sen}\phi'} + \sigma'_{v0} \frac{\operatorname{sen}\phi'(1 - A_f + K_0 A_f)}{1 - \operatorname{sen}\phi' + 2A_f \operatorname{sen}\phi'} \quad \text{(A15.16)}$$

Em solos normalmente adensados $c' = 0$, obtendo-se a seguinte relação:

$$\frac{S_u(h)}{\sigma'_{v0}} = \frac{\operatorname{sen}\phi'(1 - A_f + K_0 A_f)}{1 - \operatorname{sen}\phi' + 2A_f \operatorname{sen}\phi'} \quad \text{(A15.17)}$$

A16 O ângulo ϕ_{cu} e sua relação com o crescimento de s_u com as tensões de adensamento

Uma referência merece ser feita para desaconselhar o uso da envoltória dos círculos de Mohr em tensões totais na ruptura em ensaios não drenados partindo de diversas tensões de adensamento (ver Fig. A16.1). O ângulo dessa envoltória com a horizontal costuma ser designado, nos tratados em que aparece, por ϕ_{cu} (*ângulo de atrito adensado não drenado*).

Naturalmente que o valor do ângulo ϕ_{cu} está relacionado com o crescimento de s_u com a profundidade, isto é, com as tensões efetivas de adensamento, sendo tanto maior quanto mais acentuado for esse crescimento. Com efeito, da Fig. A16.2 pode escrever-se:

$$\operatorname{sen}\phi_{cu} = \frac{S_u}{\frac{\sigma_{3f} + \sigma_{1f}}{2}} = \frac{S_u}{K_0\sigma'_{v0} + S_u} = \frac{\frac{S_u}{\sigma'_{v0}}}{K_0 + \frac{S_u}{\sigma'_{v0}}} \quad \text{(A16.1)}$$

Substituindo a Eq. 6.10 (ou Eq. A15.9) na Eq. A16.1, obtém-se:

$$\operatorname{sen}\phi_{cu} = \frac{\operatorname{sen}\phi'(K_0 + A_f - K_0 A_f)}{K_0 + A_f \operatorname{sen}\phi'(1 + K_0)} \quad \text{(A16.2)}$$

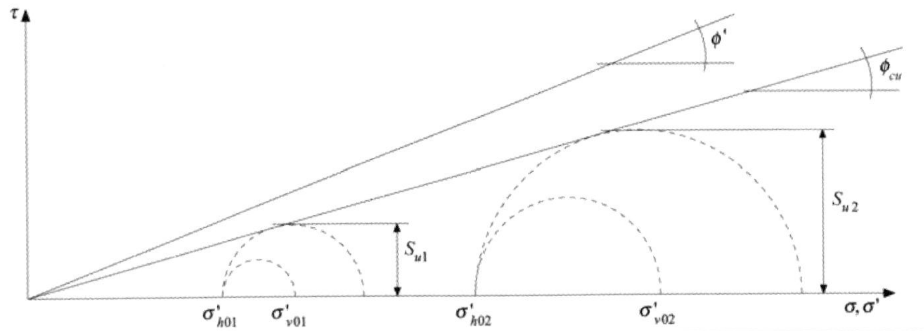

Fig. A16.1 *O ângulo ϕ_{cu} como envoltória em tensões totais dos círculos de Mohr na ruptura a partir de ensaios não drenados de compressão com diferentes tensões de adensamento*

Repare-se que se A_f for nulo, ϕ_{cu} será, naturalmente, igual a ϕ', já que durante o ensaio não se desenvolvem excessos de pressão neutra, logo as tensões totais e efetivas incrementais são coincidentes. Naturalmente, também as diferenças entre os dois ângulos são tanto maiores quanto mais elevado for A_f, conforme ilustra a Fig. A16.3.

O parâmetro ϕ_{cu} deve ser abandonado pois o seu uso pode conduzir a análises incorretas e contra a segurança das obras.

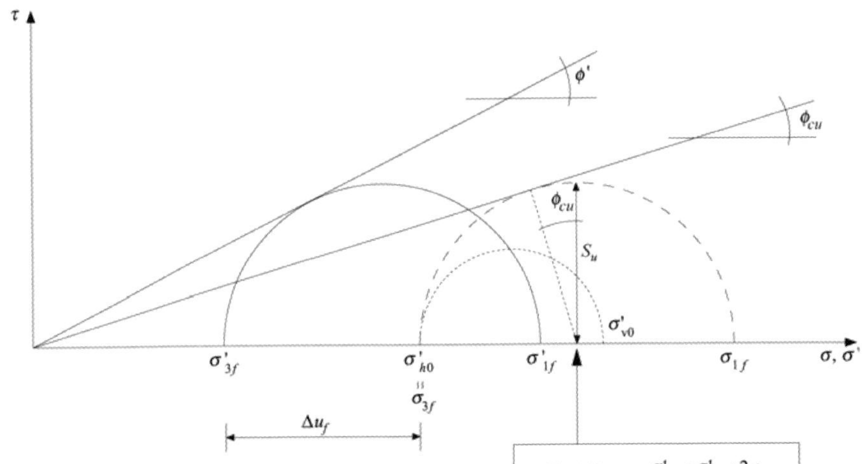

$$\frac{\sigma_{3f} + \sigma_{1f}}{2} = \frac{\sigma'_{h0} + \sigma'_{h0} + 2c_u}{2} =$$
$$= \sigma'_{h0} + c_u = K_0\,\sigma'_{v0} + c_u$$

Fig. A16.2 *Relação entre os ângulos ϕ' e ϕ_{cu}*

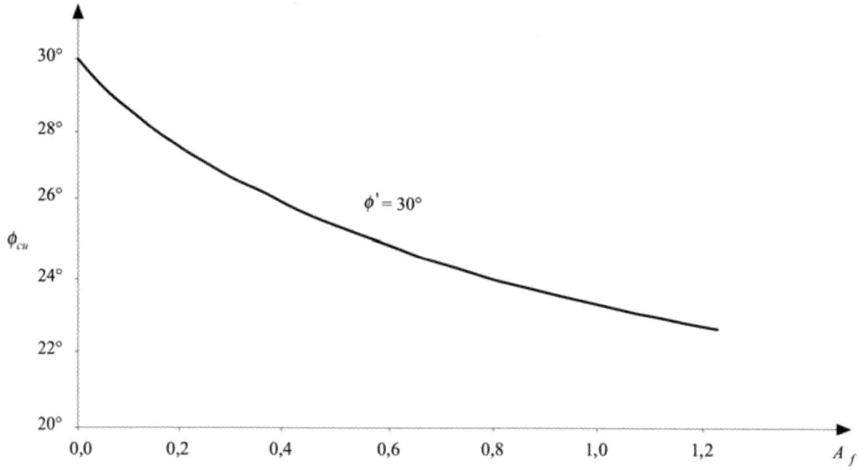

Fig. A16.3 *Evolução dos valores de ϕ_{cu} em função de A_f para $\phi' = 30°$, tomando $K_0 = 1 - \text{sen}\ \phi'$*

Considere-se, por exemplo, a situação esquematizada na Fig. A16.4, referente a um maciço de argila normalmente adensada que num ponto *P*, com determinadas tensões efetivas de adensamento no estado de repouso (σ'_{v0}, $\sigma'_{h0} = K_0\ \sigma'_{v0}$), possui uma determinada resistência não drenada, s_u. O uso de ϕ_{cu} poderia induzir ao erro de, numa análise em tensões totais, considerar que um carregamento não drenado como o indicado na figura (a que corresponde a trajetória de tensões totais *AB*) seria compatível com a resistência do solo à profundidade em questão. Ora, sabe-se que isso não acontece, pois a tensão de cisalhamento após o carregamento excede largamente s_u. O

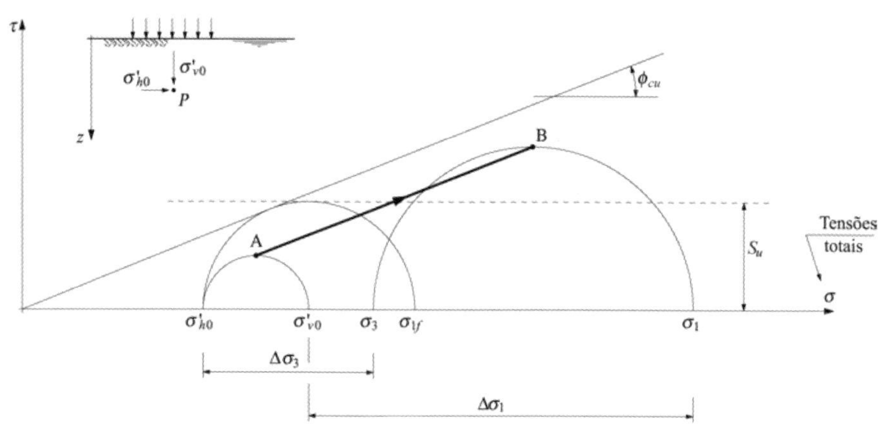

Fig. A16.4 *Exemplo de uso indevido do ângulo ϕ_{cu}*

estado de tensão incremental só seria compatível com a resistência do solo à profundidade de P caso a respectiva componente normal se instalasse no esqueleto sólido, isto é, se o carregamento fosse feito sob condições drenadas. Mas para esse último caso já não é o ângulo ϕ_{cu} que define a fronteira dos estados de tensão admissíveis para o solo, mas sim o ângulo de atrito em termos de tensões efetivas, ϕ'_{cu}.

Concluindo, o ângulo ϕ_{cu} não tem qualquer utilidade, já que não tem, de fato, o significado de ângulo de atrito. O ângulo ϕ_{cu} reflete, ainda que indiretamente, o crescimento de s_u com as tensões efetivas de adensamento, mas apenas isso.

A17 Expressões de A_f num solo idealmente elástico submetido a ensaios de compressão e de extensão triaxial

Como mostra a Fig. A17.1a, num ensaio de compressão triaxial a tensão principal intermediária coincide com a menor tensão principal, razão pela qual a tensão normal octaédrica do estado de tensão incremental vale, no caso geral (isto é, para um ensaio em que varie também a tensão horizontal):

$$\Delta\sigma_{oct} = \frac{\Delta\sigma_1 + 2\Delta\sigma_3}{3} \quad \text{(A17.1)}$$

Se o solo fosse elástico só as tensões normais incrementais tenderiam a provocar deformações volumétricas (a dilatância é uma propriedade de um material inelástico), logo, num ensaio não drenado de um solo saturado, já que ΔV é nulo, terá de ser:

$$\Delta u = \Delta\sigma_{oct} = \frac{\Delta\sigma_1 + 2\Delta\sigma_3}{3} = \Delta\sigma_3 + \frac{1}{3}(\Delta\sigma_1 - \Delta\sigma_3) \quad \text{(A17.2)}$$

Comparando a Eq. A17.2 com a Eq. 6.6 (ou Eq. A14.1), pode concluir-se que num solo idealmente elástico submetido a um ensaio de compressão:

$$A = A_f = \frac{1}{3} \quad \text{(A17.3)}$$

Como mostra agora a Fig. A17.1b, num ensaio de extensão triaxial o incremento de tensão principal intermediária é igual à maior tensão principal, logo, no caso geral:

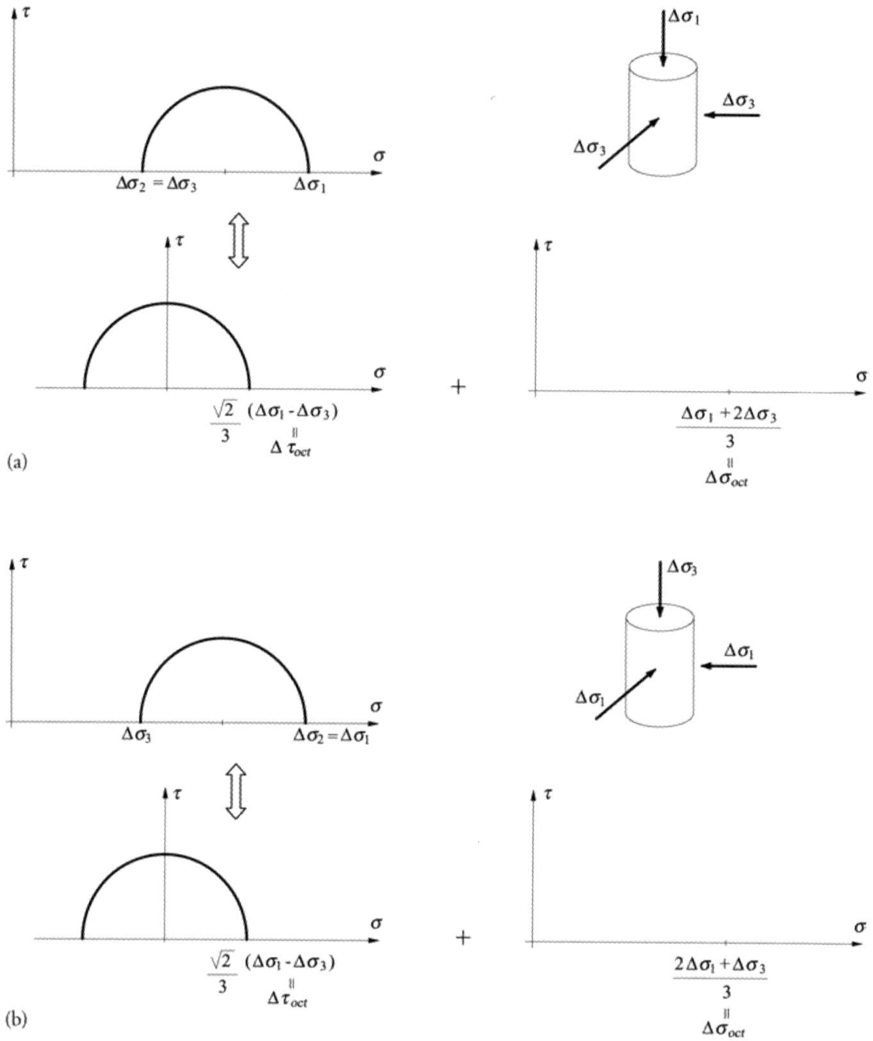

Fig. A17.1 *Decomposição do estado de tensão total incremental em ensaios de compressão triaxial (a) e de extensão triaxial (b) num estado puramente distorcional e num estado puramente isotrópico*

$$\Delta\sigma_{oct} = \frac{2\Delta\sigma_1 + \Delta\sigma_3}{3} \tag{A17.4}$$

Analogamente ao que foi visto, num ensaio não drenado de um solo saturado idealmente elástico, terá de ser:

$$\Delta u = \Delta\sigma_{oct} = \Delta\sigma_3 + \frac{2}{3}(\Delta\sigma_1 - \Delta\sigma_3) \tag{A17.5}$$

ou ainda:

$$A = A_f = \frac{2}{3} \tag{A17.6}$$

Em resumo: se o solo fosse um material elástico, o parâmetro A_f de Skempton nos ensaios de extensão seria o dobro do valor correspondente aos ensaios de compressão.

A18 Dedução da Eq. 6.16 que permite avaliar s_u com base no ensaio de palheta ou vane test

Como mostra a Fig. A18.1a, quando o momento torsor atinge o valor máximo, M_{tf}, estando mobilizada a resistência não drenada do solo na superfície lateral do cilindro, cujo momento em relação ao eixo vale M_{lf}, e nas bases do cilindro, cujo momento em relação ao eixo do cilindro vale M_{bf} (em cada uma das bases), pode escrever-se:

$$M_{tf} = M_{lf} + 2\ M_{bf} \tag{A18.1}$$

Começando pelo cálculo de M_{lf}, o momento da resistência não drenada mobilizada na unidade de área sobre a superfície lateral do cilindro vale $s_{fv} \cdot D/2$; considerando que a superfície lateral do cilindro vale $\pi\ D\ H$, então:

$$M_{lf} = \frac{\pi\ D^2\ H\ s_{fv}}{2} \tag{A18.2}$$

Passando ao cálculo de M_{bf}, como mostra a Fig. A18.1b, numa coroa circular de espessura dr à distância r do centro, o momento da resistência ao cisalhamento em relação ao eixo do cilindro vale $2\ \pi r^2\ dr\ s_{fv}$. Logo, o momento na base do cilindro pode obter-se por integração:

$$M_{bf} = \int_0^{D/2} 2\pi r^2 s_{fv}\ dr \tag{A18.3}$$

Substituindo os resultados das Eqs. A18.2 e A18.3 na equação A18.1, obtém-se:

$$s_{fv} = \frac{2 M_{tf}}{\pi D^2 \left(H + \frac{D}{3} \right)} \tag{A18.4}$$

Considerando que $H = 2D$, pode ainda escrever-se:

$$s_{fv} = 0{,}273 \frac{M_{tf}}{D^3} \tag{A18.5}$$

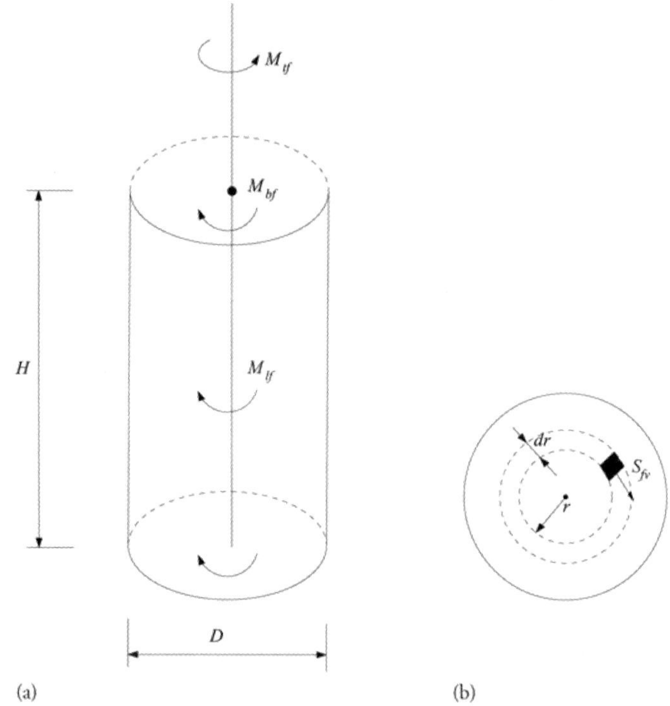

Fig. A18.1 *Ensaio de palheta* in situ*: (a) equilíbrio de momentos quando é mobilizada a resistência não drenada na superfície exterior do cilindro de cisalhamento; (b) área elementar na base do cilindro.*

referências bibliográficas

ABEF – ASSOCIAÇÃO BRASILEIRA DE EMPRESAS DE ENGENHARIA DE FUNDAÇÕES E GEOTECNIA. Research on Foundation Engineering. Associação Brasileira de Engenharia de Fundações, published on the occasion of the 12th Int. Conf. Soil Mechanics and Foundation Engineering, Rio de Janeiro, p. 9-45, 1989.

ALMEIDA, M. S. S.; MARQUES, M. E. S. The behaviour of Sarapuí soft clay. Characterisation and Engineering Properties of Natural Soils – Tan et al. (eds.), Swets & Zeitlinger, Lisse, v. 1, p. 477-504, 2003.

ALMEIDA , M. S. S.; MARQUES, M. E. S. *Aterros sobre solos moles*: projeto e desempenho. São Paulo: Oficina de Textos, 2010.

ALMEIDA, M. S. S.; MARQUES, M. E. S.; FUTAI, M. M.; LACERDA, W. A.; Laboratory behaviour of Rio de Janeiro soft clays. Part 1: index and compression properties. *Soils & Rocks*, v. 31, n. 2, p. 69-75, 2008.

AZZOUZ, A. S.; KRIZEK, R. V.; COROTIS, R. B. Regression analysis of soil compressibility. *Soil and Foundation*, v. 16, n. 2, 1976

AZZOUZ, A. S.; BALIGH, M. M.; LADD, C. C. Corrected field vane strength for embankment design. Journal of Geotechnical Engineering, *ASCE*, v. 109, n. 5, p. 730-734, 1983.

BABENDERERDE, S.; HOEK, E.; MARINOS, P.; CARDOSO, A. Characterization of granite and the underground construction in Metro do Porto, Portugal. Proc. ISC-2 on Geotechnical and Geophysical Site Characterization, Viana da Fonseca & Mayne (Ed.), v. 1, p. 39-48, 2004.

BALDI, G.; HIGHT, D. W.; THOMAS, G. E. A reevaluation of conventional triaxial test methods. In: DONAGHE, R. T.; CHANEY, R. C.; SILVER, M. L. (Eds.). *Advanced triaxial testing of soil and rock*. ASTM STP 977. Philadelphia: ASTM, p. 219-263, 1988.

BEGONHA, A. *Alteração de rochas graníticas do norte e centro de Portugal* - uma contribuição. Tese (Mestrado) – FCT/UNL, Lisboa, 1989.

BEGONHA, A. *Meteorização do granito e deterioração da pedra em monumentos e edifícios da cidade do Porto*. Porto: FEUP Edições, 2001.

BILÉ SERRA, J.; MADEIRA, L.; TOCO EMÍLIO, F.; PALMA, J. Desenvolvimento e aplicação de um chuveiro de areia para preparação de provetes em *laboratório. Actas do 6.° Congresso Nacional de Geotecnia*, Lisboa, v. 1, p. 231-240, 1997.

BIOT, M. A. Le problème de la consolidation des matières argileuses sous une charge. *Annales de la Société Scientifique de Bruxelles*, v. 55B, p. 110-113, 1935.

BIOT, M. A. General theory of threedimensional consolidation. *Journal of Applied Physics*, v. 12, p. 155-164, 1941a.

BIOT, M. A. Consolidation settlement under a rectangular load distribution. *Journal of Applied Physics*, v. 12, p. 426-430, 1941b.

BJERRUM, L. Embankments on soft ground. *Proceedings of the ASCE Conference on Performance of Earth and EarthSupported Structures*, Lafayette, v. 2, p. 154, 1972.

BJERRUM, L.; LOKEN, T.; HEIBERG, S.; FOSTER, R. A field study of factors responsible for quick clay slides. *Proceedings of the 7th International Conference on Soil Mechanics and Foundation Engineering*, Mexico City, v. 2, p. 531-540, 1969.

BLACK, D. K.; LEE, K. L. Saturating laboratory samples by back pressures. *Journal of the Soil Mechanics and Foundations Division*, ASCE, v. 99, n. SM1, p. 75-93, 1973.

BOLTON, M. D. The strength and dilatancy of sands. *Géotechnique*, v. 36, n. 1, p. 65-78, 1986.

BORGES, J. M. L. *Aterros sobre solos moles reforçados com geossintéticos* - análise e dimensionamento. Tese (Doutoramento) – FEUP, Porto, 1995.

BOUSSINESQ, J. *Application des potentiels à l'étude de l'équilibre et du mouvement des solides élastiques*. Paris: GauthierVillars, 1885.

BUREAU OF RECLAMATION. *Earth manual*. A water resources technical publication. 2. ed. Denver: Denver Federal Centre, 1974.

BURLAND, J. B. On the compressibility and shear strength of natural clays. *Géotechnique*, v. 40, n. 3, p. 329-378, 1990.

CARDOSO, A. S. *Comunicação pessoal*. [S.l.: s.n.], 1994.

CARMAN, P. C. The determination of the specific surface of powders. *Journal of Society of Chemical Industry Transactions*, v. 57, p. 225, 1938.

CARRIER III, W. D. Goodbye, Hazen; hello, KonezyCarman. *Journal of Geotechnical and Geoenvironmental Engineering*, ASCE, v. 129, n. 11, p. 1054-1056, 2003.

CASAGRANDE, A. The determination of the preconsolidation load and its practical significance. *Proceedings of the 1st International Conference on Soil Mechanics and Foundation Engineering*, Cambridge, v. 3, p. 60-64, 1936.

CASAGRANDE, A. Classification and identification of soils. *Transactions of American Society of Civil Engineers*, v. 113, p. 901, 1948.

CASAGRANDE, A. Notes on the design of earth dams. *Journal Boston Society of Civil Engineers*, v. 37, p. 405-429, 1950.

CASAGRANDE, A.; FADUM, R. E. Notes on soil testing for engineering purposes. *Publication n. 8*, Harvard University Graduate School Engineering, 1940.

CASTRO, E. *Fenómenos de superfície nos solos* - ligações entre as fases. Mecânica dos Solos - conceitos fundamentais. Lisboa: LNEC, 1974.

CECÍLIO Jr., M. O. Estudo do comportamento de um túnel em solo residual de gnaisse por meio de ensaios triaxiais com controle de trajetórias de tensões. Dissertação de Mestrado, Escola Politécnica, Universidade de São Paulo, São Paulo, 2009.

CEDERGREN, H. R. *Seepage, drainage and flow nets*. New York: John Wiley & Sons, 1967.

COELHO, P. A. L. F. *Características geotécnicas de solos moles* - estudo do local experimental da Quinta do Foja (Baixo Mondego). Tese (Mestrado) – FCT/UC, Coimbra, 2000.

CORREIA, R. *Aplicação de modelos matemáticos ao estudo de aterros construídos sobre solos argilosos moles*. Tese (Especialista) – LNEC, Lisboa, 1982.

CORREIA DE ARAÚJO, F. *Elasticidade e plasticidade*. Porto: Edição de Autor, 1962.

COULOMB, C. R. *Essai sur une application des règles des maximis et minimis à quelques problèmes de statique rélatifs à l'architecture*. In: MÉMOIRES DE MATHÉMATIQUE ET DE PHYSIQUE, PRÉSENTÉES À L'ACADÉMIE ROYALE DES SCIENCES PAR DIVERS SAVANTS ET LUS DANS SES ASSEMBLÉES, Paris, v. 7, p. 343-382, 1773.

COUTINHO, R.Q. Características de Adensamento com Drenagem Radial de uma Argila Mole da Baixada Fluminense. Tese de Mestrado, COPPE/UFRJ, 1976.

COUTINHO, R.Q. Aterro Experimental Instrumentado Levado à Ruptura sobre Solos Orgânicos de Juturnaíba. Tese de Doutorado. COPPE/UFRJ, Rio de Janeiro, 1986.

COUTINHO, R.Q.; DUARTE, E.R.. Consolidation characteristics of Rio de Janeiro soft clay. Proc. Conf. on Geotechnical Aspects of Soft Clays, Bangkok, p. 231-243, 1977.

COUTINHO, R. Q.; Oliveira, A. T. J.; Oliveira, J. T. Geotechnical properties of Recife soft clays. Solos e Rochas, Vol. 23, nº 3, p. 177-204, 2000.

CRAIG, R. F. *Craig's Soil Mechanics*. London: Spon Press, 2004.

DANZIGER, F. A. B.; ALMEIDA, M. S. S.; SILLS, G. C. The significance of the strain path analysis in the interpretation of piezocone dissipation data. Géotechnique, v. 47, n. 5, p. 901-914, 1997.

DARCY, H. *Les fontaines publiques de la ville de Dijon*. Paris: Dalmont, 1856.

DAS, B. M. *Advanced Soil Mechanics*. Washington D. C.: Taylor & Francis, 1997.

DIAS DA SILVA, V. *Mecânica e Resistência de Materiais*. 3. ed. Coimbra: Zuari, 2004.

DIAZ-RODRIGUEZ, J. A. Characterization and engineering properties of Mexico City lacustrine soils. *Characterization and Engineering Properties of Natural Soils*, T. S. Tan et al., Editors, A. Balkema, Amesterdam, v. 1, p. 725-755, 2003.

DUNCAN, J.; BUCHIGNANI, A. L. *An engineering manual for settlement studies*. Berkeley: Department of Civil Engineering, Institute of Transportation and Traffic Engineering, University of California, 1976.

ENV 1997-1999. *Eurocode 7*: geotechnical design. Part 3: design assisted by fieldtesting. Brussels: CEN, [199-].

ESTEVES, E. Aluviões Silto-Argilosos Moles de Portugal. Parametrização para o Dimensionamento de Estruturas Geotécnicas. Tese de Doutorado, FEUP, 2013.

FERREIRA, C. *Implementação e aplicação de transdutores piezoeléctricos na determinação de velocidades de ondas sísmicas em provetes*. Avaliação de qualidade de amostragem em solos residuais. Tese (Mestrado) – FEUP, Porto, 2003.

FLAMANT, A. Sur la répartition des pressions dans un solide rectangulaire chargé transversalement. *Comptes Rendus de l'Académie des Sciences de Paris*, v. 114, p. 1465-1468, 1892.

FOLQUE, J. *Introdução à Mecânica dos Solos*. Lisboa: LNEC, 1987.

FUTAI, M. M.. Estudo Teórico-Experimental do Comportamento de Solos Tropicais não-Saturados: Aplicação ao Mecanismo de Voçorocamento. Tese de Doutorado, COPPE/UFRJ, 2002.

FUTAI, M. M.; ALMEIDA, M. S. S.; LACERDA, W. A. Yield, strength, and critical state behavior of a tropical saturated soil. Journal of Geotechnical and Geoenvironmental Engineering, ASCE, Vol. 130, No. 11, p. 1169-1179, 2004.

FUTAI, M.M.; ALMEIDA, M.S.S. An experimental investigation of the mechanical behaviour of an unsaturated gneiss residual soil. Géotechnique, v. 55, n.3, p. 201-213, 2005.

FUTAI, M.M.; GONÇALVES, H.H. Ensaios Geotécnicos em amostras coletadas na Estação Pinheiros. Relatório (não publicado), 39 p., 2007.

FUTAI, M. M.; CECÍLIO JR., M. O.; ABRAMENTO, M. Resistência ao Cisalhamento e Deformabilidade de Solos Residuais da Região Metropolitana de São Paulo. Twin Cities – Solos das Regiões Metropolitanas de São Paulo e Curitiba. Editores: Negro, A. Namba, M., Dyminski, A.S., Sanches, V.L. e Korman, A.C.M, p. 155-187, 2012.

GIROUD, J. P. Stress under linearly loaded rectangular area. *Journal of the Soil Mechanics and Foundations Division*, ASCE, v. 98, n. SM1, p. 263-268, 1970.

GREGERSEN, O. The quick clay landslide in Rissa, Norway. *Proceedings of the 10th International Conference on Soil Mechanics and Foundation Engineering*, Stockholm, v. 3, p. 421-426, 1981.

HAZEN, A. Some physical properties of sands and gravels, with special reference to their use in filtration. *Public Document n. 34*, 24th Annual Report, Massachusetts State Board of Health, p. 539-556, 1892.

HAZEN, A. Water supply. In: MERRIMAN, T. *American civil engineering handbook*. New York: John Wiley & Sons, p. 1444-1518, 1930.

HEAD, K. H. *Manual of soil laboratory testing*, v. 3: effective stress tests. London: Pentech Press, 1986.

HIGHT, D. W. Sampling methods: evaluation of disturbance and new practical techniques for high quality sampling in soils. *VII Congresso Nacional de Geotecnia*, Porto, v. 3, p. 1275-1309, 2000.

HOUGH, B. K. *Basic soil engineering*. New York: Ronald Press, 1957.

HVORSLEV, M. J. *Über die Festigkeitseigenschaften gestörter bindiger Böden*. kbn. (Gad), 1937.

ICOLD. Embankment dams. Granular filters and drains. *Bulletin of the International Commission on Large Dams*, Paris, 1994.

ISHIHARA, K. Stability of natural deposits during earthquakes. *Proceedings of the 11th International Conference on Soil Mechanics and Foundation Engineering*, San Francisco, v. 1, p. 321-376, 1985.

ISHIHARA, K. Liquefaction and flow failure during earthquakes. *Géotechnique*, v. 43, n. 3, p. 351-415, 1993.

ISRM. Basic geotechnical description of rock masses. *International Journal of Rock Mechanics and Mining Sciences and Geomechanics Abstracts*, v. 18, p. 85-110, 1981.

JANBU, N. Soil compressibility as determined by oedometer and triaxial tests. *Proceedings of the European Conference on Soil Mechanics and Foundation Engineering*, Wiesbaden, v. 1, p. 19-25, 1963.

JANNUZZI, G. M. F. Inovadoras, Modernas e Tradicionais Metodologias para a Caracterização Geológico-Geotécnica da Argila Mole de Sarapuí II. Tese de Doutorado, COPPE/UFRJ, 2013.

JANNUZZI, G. M. F.; DANZIGER, F. A. B.; MARTINS, I. S. M. Geological-geotechnical characterization of Sarapuí II clay. *Engineering Geology*, 190, p. 77-86, 2015.

JARDINE, R. *Comunicação pessoal*. [S.l.: s.n.], 2005.

JGS - JAPANESE GEOTECHNICAL SOCIETY. *Methods for obtaining undisturbed soil block samples*. English version. [S.l.], 1998.

JIMENEZ SALAS, J. A. *Geotecnia y cimientos*, 3. Madrid: Editorial Rueda, 1980.

JORGE, C. *Zonamento do potencial de liquefação. Tentativa de aplicação a Portugal*. Tese (Mestrado) – FCT/UNL, Lisboa, 1994.

KOPPULA, S. D. Statistical estimation of compression index. Geotechnical testing Journal, Vol. 4, nº 2, p. 68-73, 1981.

KONEZY, J. Ueber kapillare leitung des wassers im Boden. *Akad.* Wiss., Wien, v. 136, n. 2A, p. 271, 1927.

LACERDA, W. A. Shear strength of soils derived from the weathering of granite and gneiss in Brazil. Calcaterra, D. & Parise, M. (eds) Weathering as a Predisposing Factor to Slope Movement. Geological Society London, Engineering Geology Special Publications, Nº 23, p. 167-182, 2010.

LACERDA, W. A.; ALMEIDA, M. S. S. Engineering properties of regional soils: volcanic, residual, granular and soft clays. Proc. 10th Pan-American Conference on Soil Mechanics and Foundation Engineering, Guadalajara, Mexico, State-of-the-art report, Vol. 4, p. 133-188, 1995.

LACERDA, W.A.; COSTA FILHO, L.M.; COUTINHO, R.Q.; DUARTE, E.R.. Consolidation characteristics of Rio de Janeiro soft clay. Proc. Conf. on Geotechnical Aspects of Soft Clays, Bangkok, p. 231-243, 1977.

LADD, C. C. Stability evaluation during staged construction. *Journal of the Geotechnical Engineering Division*, ASCE, v. 117, n. 4, p. 540-615, 1991.

LADD, C. C.; FOOTT, R.; ISHIHARA, K.; SCHLOSSER, F.; POULOS, H. G. Stressdeformation and strength characteristics. Stateoftheart report. *Proceedings of the 9th International Conference on Soil Mechanics and Foundation Engineering*, Tokyo, v. 2, p. 421-454, 1977.

LAMBE, T. W. Stresspath method. *Journal of the Soil Mechanics and Foundations Division*, ASCE, v. 93, n. SM6, p. 309-331, 1967.

LAMBE, T. W.; WHITMAN, R. V. *Soil Mechanics*. SI version. New York: John Wiley & Sons, 1979.

LAW, K. T.; HOLTZ, R. D. A note on Skempton's A parameter with rotation of principal stresses. *Géotechnique*, v. 28, n. 1, p. 57-64, 1978.

LEMOS, L. L. *The effect of rate on residual strength of soil*. Thesis (Ph.D.) – Imperial College, London, 1996.

LITTLE, A. The engineering classification of residual tropical soils. *Proceedings of the 7th of the International Conference on Soil Mechanics and Foundation Engineering*, Mexico City, v. 1, p. 110, 1969.

LUPINI, J. F.; SKINNER, A. E.; VAUGHAN, P. R. The drained residual strength of cohesive soils. *Géotechnique*, v. 31, n. 2, p. 181-213, 1981.

MAGNAN, J. P.; MIEUSSEN, C.; QUEYROI, D. *Étude* d'un remblai sur sols compressibles: remblai B du site expérimental de CubzaclesPonts. *Raport de Recherche LCPC n. 127.* [S.l.], 1983.

MANSUR, C. L.; KAUFMAN, R. L. Dewatering. In: LEONARDS, G. A. (Ed.). *Foundation Engineering*. New York: McGrawHill, 1962.

MARANHA DAS NEVES, E. *Comportamento de barragens de terraenrocamento*. Tese (Doutoramento) – FCT/UNL, Lisboa, 1991.

MARANHA DAS NEVES, E.; FOLQUE, J. Percolação nos aterros da barragem do Mira. *Geotecnia*, n. 21, p. 39-49, 1997.

MARQUES, F. E. R. *Análise do comportamento de um túnel aberto nas fundações miocénicas de Lisboa*. Tese (Mestrado) – FCT/UC, Coimbra, 1998.

MARTINS, I.S.M. Fundamentos de um Modelo de Comportamento de Solos Argilosos Saturados. Tese de Doutorado, COPPE/UFRJ, Rio de Janeiro, 1992.

MARTINS, I.S.M.; SANTA MARIA, P. E. L.; LACERDA, W. A. A brief review about the most significant results of COPPE research on rheological behaviour of saturated clays subjected to one-dimensional strain. Recent Developments in Soil and Pavement Mechanics, Almeida (ed.), p. 255-264, Balkema, 1997.

MARTINS, I.S.M. Algumas considerações sobre adensamento secundário. Palestra proferida no Clube de Engenharia, Rio de Janeiro, 2005.

MASSAD, F. Braced excavations in lateritic and weathered sedimentary soils. Proc. 11th Int. Conf. Soil Mechanics and Foundation Engineering, San Francisco, v. 4, p. 2113-2116, 1985.

MASSAD, F. Solos Marinhos da Baixada Santista. Características e Propriedades Geotécnicas. Oficina de Textos, São Paulo, 2009.

MASSAD, F. Resistência ao cisalhamento e deformabilidade de solos sedimentares. Twin Cities, Solos das Regiões Metropolitanas de São Paulo e Curitiba, ABMS, Editores: Negro, A., Namba, M., Dyminski, A.S., Sanches, V.L. e Korman, A.C.M,, p. 107-133, 2012.

MATOS FERNANDES, M. *Mecânica dos Solos*, 1. Porto: FEUP, 1994.

MAYNE, P. W. Determining OCR in clays from laboratory strength. Journal of the Geotechnical Engineering, ASCE, v. 114, n. 1, p. 76-92, 1988.

MAYNE, P. W.; CHRISTOPHER, B. R.; DEJONG, J. Manual of subsurface investigation. Publication n. FHWA NHI01031, National Highway Institute, Federal Highway Administration, Washington D. C., 2001.

MAYNE, P. W.; KULHAWY, F. K0 - OCR relationships in soil. Journal of the Geotechnical Engineering Division, ASCE, v. 108, n. GT6, p. 851-872, 1982.

MINEIRO, A. J. C. Mecânica dos Solos e Fundações. Lisboa: FCT/UNL, 1978.

MINEIRO, A. J. C. Dimensionamento de barragem de aterro. Novos critérios de segurança. Geotecnia, n. 62, p. 571, 1991.

NOVAIS BARBOSA, J. A. Mecânica dos Fluidos e Hidráulica Geral. Porto: Porto Editora, 1985.

ORTIGÃO, J. A. R.; WERNECK, M. L. G.; LACERDA, W .A.. Embankment failure on clay near Rio de Janeiro. Journal Geotechnical Engineering Division, ASCE, v. 109, n. 11, p. 1460-1479, 1983.

PACHECO SILVA, F.. Shearing strength of a soft clay deposit near Rio de Janeiro. Géotechnique, v. 3, n. 7, p. 300-305, 1953.

PERLOFF, W. H. Pressure distribution and settlement. In: WINTERKORN, H. F.; FANG, H. Y. (Eds.). Foundation Engineering Handbook. New York: Van Nostrand Reinhold, 1975.

PNCOLD - PORTUGUESE NATIONAL COMMITTEE ON LARGE DAMS. Large Dams in Portugal. Lisbon, 1992.

POULOS, H. G.; DAVIS, E. H. Elastic solutions for soil and rock mechanics. New York: John Wiley & Sons, 1974.

RANKINE, W.J. On the stability of loose earth. Transactions Royal Society, London, v. 147, part 1, p. 9-27, 1857.

ROWE, P. W. Stressdilatancy, earthpressures and slopes. Journal of the Soil Mechanics and Foundations Division, ASCE, v. 89, n. SM3, p. 37-61, 1963.

ROWE, P. W.; BARDEN, L. A new consolidation cell. Géotechnique, v. 16, n. 2, p. 162-170, 1966.

SALENÇON, J. Handbook of Continuum Mechanics. New York: Springer, 2001.

SANDRONI, S. Comunicação pessoal, 2013.

SAYÃO, A. S. J. F.; SANDRONI, S. Aspectos de comportamento tensão-deformação - resistência da argila mole de Sarapuí. Congresso Brasileiro de Mecânica dos Solos e Eng. Fundações, ABMS, Porto Alegre, v. 2, p. 239-250, 1986.

SCHIFFMAN, R. L.; CHEN, A.; JORDAN, J. C. The consolidation of a half plane. MATE Report 673, University of Illinois (Chicago Circle), 1967.

SCHMERTMANN, J. M. The undisturbed consolidation of clay. Transactions of the American Society of Civil Engineers, v. 120, p. 1201-1233, 1955.

SCHMIDT, B. Earth pressures at rest. Canadian Geotechnical Journal, v. 3, n. 4, p. 239-242, 1966.

SCHNAID. F. In situ Testing in Geomechanics, Vol. 1, Taylor & Francis, 2009.

SCHNAID, F.; ODEBRECHT,E. Ensaios de Campo e suas aplicações à Engenharia de Fundações. Ed. Oficina de Textos, 2012.

SCOTT, R. F. Principles of Soil Mechanics. Massachusetts: AddisonWesley, 1963.

SCOTT, R. F.; SCHOUSTRA, J. J. Soil Mechanics and Engineering. New York: McGrawHill, 1968.

SÊCO E PINTO, P. Fracturação hidráulica de barragens de aterro zonadas. Tese (Especialista) – LNEC, Lisboa, 1983.

SEQUEIRA BRAGA, M. A. Arenas e depósitos associados da bacia de drenagem do Rio Cávado (Portugal). Contribuição para o estudo e arenização. Tese (Doutoramento) – Universidade do Minho, Braga, 1988.

SERAJUDDIN, M. Universal compression index equation and Bangladesh soil. Proc. 9th Southeast Asian Geotechnical Conference, Bangkok, p. 5.61-5.72, 1987.

SHERARD, J. L.; DUNNIGAN, L. P. Critical filters for impervious soils. Journal of the Geotechnical Engineering Division, ASCE, v. 115, n. GT7, p. 927-947, 1989.

SKEMPTON, A. W. The colloidal activity of clays. Proceedings of the 3rd. International Conference on Soil Mechanics and Foundation Engineering, v. 1, p. 57, 1953.

SKEMPTON, A. W. The porepressure coefficients A and B. Géotechnique, v. 4, p. 143-147, 1954.

SKEMPTON, A. W. The consolidation of clays by gravitational compaction. Quarterly Journal of the Geological Society, v. 125, p. 373-411, 1970a.

SKEMPTON, A. W. Firsttime slides in overconsolidated clays. Géotechnique, v. 20, n. 3, p. 320-324, 1970b.

SKEMPTON, A. W. Residual strength of clays in landslides, folded strata and the laboratory. Géotechnique, v. 35, n. 1, p. 3-18, 1985.

SKEMPTON, A. W.; BJERRUM, L. A contribution to the settlement analysis of foundation on clay. Géotechnique, v. 7, n. 4, p. 168-178, 1957.

SKEMPTON, A. W.; NORTHEY, R. D. The sensitivity of clays. Géotechnique, v. 12, n. 3, p. 30-53, 1952.

SOUSA PINTO, C. Curso Básico de Mecânica dos Solos. São Paulo: Oficina de Textos, 2002.

SOWERS, G. F. Human factors in Civil and Geotechnical Engineering failures. Journal of Geotechnical Engineering, ASCE, v. 119, n. 2, p. 238-256, 1993.

TAYLOR, D. W. Fundamentals of Soils Mechanics. New York: John Wiley & Sons, 1948.

TERZAGHI, K. Der Grundbruch an Stauwerken und seine Verhütung (A rotura de barragens por piping e a sua prevenção). Die Wasserkraft, v. 17, p. 445-449, 1922. Republicado em TERZAGHI, K. From theory to practice in Soil Mechanics. New York: John Wiley, p. 114-118, 1960.

TERZAGHI, K. Die berechnung der durchlassigkeitsziffer des tones aus dem verlauf der hydrodynamischen spannungserscheinungen. Akademie der Wissenchaften in Wein, v. 132, p. 125-138, 1923a.

TERZAGHI, K. Die beziehungen zwischen elastizitat und innendruck. Akademie der Wisserchaften in Wein, v. 132, p. 105-124, 1923b.

TERZAGHI, K. Erdbaumechanik. Wein: Franz Deuticke, 1925.

TERZAGHI, K. Theoretical Soil Mechanics. New York: John Wiley & Sons, 1943.

TERZAGHI, K.; PECK, R. B. Soil Mechanics in Engineering Practice. 1. ed. New York: John Wiley & Sons, 1948.

TERZAGHI, K.; PECK, R. B. Soil Mechanics in Engineering Practice. 2. ed. New York: John Wiley & Sons, 1967.

TERZAGHI, K., PECK, R. B.; MESRI, G. Soil Mechanics in Engineering Practice. 3. ed. New York: John Wiley & Sons, 1996.

TIMOSHENKO, S.; GOODIER, J. N. Theory of elasticity. New York: McGrawHill, 1951.

VARGAS, M. Geotécnica dos solos residuais. Revista LatinoAmericana de Geotecnia, n. 1, p. 20-41, 1971.

VARGAS, M. Engineering properties of residual soils derived from igneous and metamorphic rocks. Proc. 2nd International Conference of the IAEG, são Paulo, Brazil, Vol. 1, IV-pc1-IV-pc26, 1974.

VENDA OLIVEIRA, P. J. Aterros sobre solos moles. Modelação numérica. Tese (Doutoramento) – FCT/UC, Coimbra, 2000.

VIANA DA FONSECA, A.; MATOS FERNANDES, M.; CARDOSO, A. S.; MARTINS, J. B. Portuguese experience on geotechnical characterization of residual soils from granite. Proceedings of the 13th International Conference on Soil Mechanics and Foundation Engineering, New Delhi, v. 1, p. 377-380, 1994.

VIANA DA FONSECA, A.; MATOS FERNANDES, M.; CARDOSO, A. S. Interpretation of a footing load test on a saprolitic soil from granite. Géotechnique, v. 47, n. 3, p. 633-651, 1997.

VIANA DA FONSECA, A.; CARVALHO, J.; FERREIRA, C.; SANTOS, J.; ALMEIDA, F.; PEREIRA, E.; WROTH, C. P. The interpretation of in situ soil tests. Géotechnique, v. 34, n. 4, p. 449-489, 1984.

YOSHIMI, Y.; TOKIMATSU, K.; OHARA, J. In situ liquefaction resistance of clean sands over a wide density range. Géotechnique, v. 44, n. 3, p. 479-494, 1994.

índice remissivo